강의특징

철저한 개념완성을 통해
수학적 사고력을 극대화 시킬 수 있는 강의
고난도 문항에 대한 다양한 접근방법을 제시
수능 출제원리 학습은 물론 서술형 시험까지
대비할 수 있는 강의

올바른 방법으로 집중력 있게 공부하라

철저하게 개념을 완성하라
수학을 잘하기 위해서는 개념의 완성이 가장 중요합니다.
정확하고 깊이 있게 수학적 개념을 정리하면
어떠한 유형의 문제들을 만나더라도 흔들림 없이
해결할 수 있게 됩니다.

이해'와 '암기'는 별개가 아니다.
수학에서 '암기'라는 단어는 피해야하는 대상이 아닙니다.
수학의 원리 및 공식을 이해하고 받아들이는 과정이
수학 공부의 출발이라고 하면 다음 과정은 이를 반복해서
익히고 자연스럽게 사용할 수 있게 암기하는 것입니다.
'암기'와 '이해'는 상호 배타적인 것이 아니며, '이해'는 '암기'에서
오고 '암기'는 이해에서 온다는 것을 명심해야 합니다.

올바른 방법으로 집중력 있게 공부하라
수학은 한 번 공부하더라도 제대로 깊이 있게 공부하는 것이
중요한 과목입니다. 출발이 늦었더라도 집중력을 가지고
올바른 방법으로 공부하면 누구나 수학을 잘 할 수 있습니다.

수학의 정석®

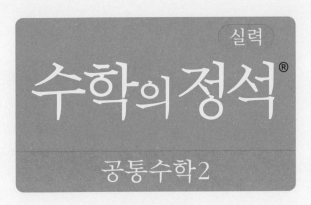

실력

수학의 정석®

공통수학 2

홍성대 지음

동영상 강의 ▶
www.sungji.com

성지출판(주)

머리말

중학교와 고등학교에서 수학을 가르치고 배우는 목적은 크게 두 가지로 나누어 말할 수 있다.

첫째, 수학은 논리적 사고력을 길러 준다. "사람은 생각하는 동물"이라고 할 때 그 '생각한다'는 것은 논리적 사고를 이르는 말일 것이다. 우리는 학문의 연구나 문화적 행위에서, 그리고 개인적 또는 사회적인 여러 문제를 해결하는 데 있어서 논리적 사고 없이는 어느 하나도 이루어 낼 수가 없는데, 그 논리적 사고력을 기르는 데는 수학이 으뜸가는 학문인 것이다. 초등학교와 중·고등학교 12년간 수학을 배웠지만 실생활에 쓸모가 없다고 믿는 사람들은, 비록 공식이나 해법은 잊어버렸을 망정 수학 학습에서 얻어진 논리적 사고력은 그대로 남아서, 부지불식 중에 추리와 판단의 발판이 되어 일생을 좌우하고 있다는 사실을 미처 깨닫지 못하는 사람들이다.

둘째, 수학은 모든 학문의 기초가 된다는 것이다. 수학이 물리학·화학·공학·천문학 등 이공계 과학의 기초가 된다는 것은 상식에 속하지만, 현대에 와서는 경제학·사회학·정치학·심리학 등은 물론, 심지어는 예술의 각 분야에까지 깊숙이 파고들어 지대한 영향을 끼치고 있고, 최근에는 행정·관리·기획·경영 등에 종사하는 사람들에게도 상당한 수준의 수학이 필요하게 됨으로써 수학의 바탕 없이는 어느 학문이나 사무도 이루어지지 않는다는 사실을 실감케 하고 있다.

나는 이 책을 지음에 있어 이러한 점들에 바탕을 두고서 제도가 무시험이든 유시험이든, 출제 형태가 주관식이든 객관식이든, 문제 수준이 높든 낮든 크게 구애됨이 없이 적어도 고등학교에서 연마해 두어야 할 필요충분한 내용을 담는 데 내가 할 수 있는 최대한의 정성을 모두 기울였다.

따라서, 이 책으로 공부하는 제군들은 장차 변모할지도 모르는 어떤 입시에도 소기의 목적을 달성할 수 있음은 물론이거니와 앞으로 대학에 진학해서도 대학 교육을 받을 수 있는 충분한 기본 바탕을 이루리라는 것이 나에게는 절대적인 신념으로 되어 있다.

이제 나는 담담한 마음으로 이 책이 제군들의 장래를 위한 좋은 벗이 되기를 빌 뿐이다.

끝으로 이 책을 내는 데 있어서 아낌없는 조언을 해주신 서울대학교 윤옥경 교수님을 비롯한 수학계의 여러분들께 감사드린다.

1966. 8. 31.

지은이 홍 성 대

개정판을 내면서

2022 개정 교육과정에 따른 고등학교 수학 과정(2025학년도 고등학교 입학생부터 적용)은

　공통 과목 : 공통수학1, 공통수학2, 기본수학1, 기본수학2,

　일반 선택 과목 : 대수, 미적분Ⅰ, 확률과 통계,

　진로 선택 과목 : 미적분Ⅱ, 기하, 경제 수학, 인공지능 수학, 직무 수학,

　융합 선택 과목 : 수학과 문화, 실용 통계, 수학과제 탐구

로 나뉘게 된다. 이 책은 그러한 새 교육과정에 맞추어 꾸며진 것이다.

　특히, 이번 개정판이 마련되기까지는 우선 남진영 선생님, 박재희 선생님, 박지영 선생님의 도움이 무척 컸음을 여기에 밝혀 둔다. 믿음직스럽고 훌륭한 세 분 선생님이 개편 작업에 적극 참여하여 꼼꼼하게 도와준 덕분에 더욱 좋은 책이 되었다고 믿어져 무엇보다도 뿌듯하다. 아울러 편집부 김소희, 오명희 님께도 그동안의 노고에 대하여 감사한 마음을 전한다.

　「수학의 정석」은 1966년에 처음으로 세상에 나왔으니 올해로 발행 58주년을 맞이하는 셈이다. 거기다가 이 책은 이제 세대를 뛰어넘은 책이 되었다. 할아버지와 할머니가 고교 시절에 펼쳐 보던 이 책이 아버지와 어머니에게 이어졌다가 지금은 손자와 손녀의 책상 위에 놓여 있다.

　이처럼 지난 반세기를 거치는 동안 이 책은 한결같이 학생들의 뜨거운 사랑과 성원을 받아 왔고, 이러한 관심과 격려는 이 책을 더욱 좋은 책으로 다듬는 데 큰 힘이 되었다.

　이 책이 학생들에게 두고두고 사랑받는 좋은 벗이요 길잡이가 되기를 간절히 바라마지 않는다.

2024. 1. 15.

지은이 홍 성 대

4

차 례

1. 평면좌표
§1. 두 점 사이의 거리 ································· 7
§2. 선분의 내분점과 외분점 ···················· 11
§3. 좌표와 자취 ································· 16
　　연습문제 1 ································· 20

2. 직선의 방정식
§1. 방정식의 그래프 ···························· 21
§2. 두 직선의 위치 관계 ······················ 24
§3. 직선의 방정식 ······························· 28
§4. 정점을 지나는 직선 ······················ 34
§5. 점과 직선 사이의 거리 ·················· 38
§6. 자취 문제(직선) ··························· 41
　　연습문제 2 ································· 43

3. 원의 방정식
§1. 원의 방정식 ································· 46
§2. 원과 직선의 위치 관계 ·················· 51
§3. 두 원의 위치 관계 ······················ 58
§4. 자취 문제(원) ····························· 63
　　연습문제 3 ································· 66

4. 도형의 이동
§1. 평행이동 ································· 69
§2. 대칭이동 ································· 73
　　연습문제 4 ································· 81

5. 집합
§1. 집합의 뜻과 포함 관계 ··· *82*
§2. 합집합·교집합·여집합·차집합 ································· *91*
　연습문제 5 ··· *99*

6. 집합의 연산법칙
§1. 집합의 연산법칙 ··· *101*
§2. 합집합의 원소의 개수 ································· *108*
　연습문제 6 ··· *112*

7. 명제와 조건
§1. 명제와 조건 ··· *114*
§2. 명제의 역과 대우 ··· *123*
§3. 충분조건·필요조건 ································· *129*
　연습문제 7 ··· *134*

8. 명제의 증명
§1. 명제의 증명 ··· *136*
§2. 절대부등식의 증명 ································· *143*
§3. 절대부등식의 활용 ································· *150*
　연습문제 8 ··· *154*

9. 함수
§1. 함수 ··· *156*
§2. 함수의 그래프 ··· *165*
§3. 일대일대응 ··· *169*
　연습문제 9 ··· *173*

10. 합성함수와 역함수
§1. 합성함수 ·· *174*
§2. 역함수 ·· *181*
연습문제 10 ·· *188*

11. 다항함수의 그래프
§1. 일차함수의 그래프 ·· *190*
§2. 절댓값 기호가 있는 방정식의 그래프 ····················· *193*
§3. 이차함수의 그래프 ·· *199*
§4. 포물선의 방정식 ··· *206*
§5. 간단한 삼차함수의 그래프 ······································ *210*
연습문제 11 ·· *213*

12. 유리함수의 그래프
§1. 유리식 ··· *216*
§2. 유리함수의 그래프 ·· *227*
연습문제 12 ·· *234*

13. 무리함수의 그래프
§1. 무리식 ··· *236*
§2. 무리함수의 그래프 ·· *240*
연습문제 13 ·· *247*

연습문제 풀이 및 정답 ·· *249*

유제 풀이 및 정답 ··· *319*

찾아보기 ··· *360*

1. 평면좌표

§1. 두 점 사이의 거리

1 수직선 위의 두 점 사이의 거리

수직선 위의 두 점 $A(x_1)$, $B(x_2)$ 사이의 거리는

$$\overline{AB} = |x_2 - x_1|$$

2 좌표평면 위의 두 점 사이의 거리

좌표평면 위의 두 점 $A(x_1, y_1)$, $B(x_2, y_2)$ 사이의 거리는

$$\overline{AB} = \sqrt{(x_2 - x_1)^2 + (y_2 - y_1)^2}$$

Advice | 수직선 위의 두 점 $A(x_1)$, $B(x_2)$ 사이의 거리는

$x_2 \geq x_1$일 때 $\overline{AB} = x_2 - x_1$,

$x_2 < x_1$일 때 $\overline{AB} = x_1 - x_2$

이므로 x_1, x_2의 크기에 관계없이

$$\overline{AB} = |x_2 - x_1|$$

로 나타낼 수 있다.

이제 좌표평면 위의 두 점 $A(x_1, y_1)$, $B(x_2, y_2)$ 사이의 거리를 구해 보자.

점 A를 지나고 y축에 수직인 직선과 점 B를 지나고 x축에 수직인 직선의 교점을 C 라고 하면

$$\overline{AC} = |x_2 - x_1|, \quad \overline{BC} = |y_2 - y_1|$$

이므로 직각삼각형 ABC에서

$$\begin{aligned}\overline{AB} &= \sqrt{\overline{AC}^2 + \overline{BC}^2} \\ &= \sqrt{|x_2 - x_1|^2 + |y_2 - y_1|^2} \\ &= \sqrt{(x_2 - x_1)^2 + (y_2 - y_1)^2}\end{aligned}$$

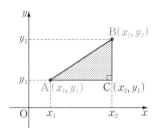

보기 1 다음 두 점 A, B 사이의 거리를 구하시오.

(1) $A(-2)$, $B(5)$ (2) $A(5)$, $B(-3)$

연구 (1) $\overline{AB} = |5 - (-2)| = 7$ (2) $\overline{AB} = |-3 - 5| = 8$

보기 2 다음 두 점 A, B 사이의 거리를 구하시오.

(1) A$(2, 3)$, B$(5, -1)$　　　　　(2) A$(5, 0)$, B$(-2, 0)$

연구 (1) $\overline{AB}=\sqrt{(x_2-x_1)^2+(y_2-y_1)^2}$

$\qquad =\sqrt{(5-2)^2+(-1-3)^2}=\sqrt{25}=\mathbf{5}$

$\qquad$ A$(2,\ 3)$　B$(5,\ -1)$

$\qquad\qquad\vdots\quad\vdots\qquad\quad\vdots\quad\vdots$

(2) $\overline{AB}=\sqrt{(-2-5)^2+(0-0)^2}=\sqrt{(-7)^2}=\mathbf{7}$　A(x_1, y_1)　B(x_2, y_2)

*Note (2)에서 두 점 A, B는 x축 위의 점이므로
수직선 위의 두 점 A(5), B(-2) 사이의 거리를 구하는 것과 같다.

정석 x축 또는 y축 위의 두 점 사이의 거리
　　　두 점 A$(x_1, 0)$, B$(x_2, 0)$ 사이의 거리 $\implies \overline{AB}=|x_2-x_1|$
　　　두 점 A$(0, y_1)$, B$(0, y_2)$ 사이의 거리 $\implies \overline{AB}=|y_2-y_1|$

보기 3 다음 두 점 A, B 사이의 거리를 구하시오.

(1) A$(m^2, -m)$, B$(1, m)$　　　　(2) A$\left(\dfrac{1}{a}, -1\right)$, B$(a, 1)\ (a>0)$

연구 (1) $\overline{AB}=\sqrt{(1-m^2)^2+(m+m)^2}=\sqrt{m^4+2m^2+1}$

$\qquad =\sqrt{(m^2+1)^2}=\mathbf{m^2+1}$　　　　　　　$\Leftarrow m^2+1>0$

(2) $\overline{AB}=\sqrt{\left(a-\dfrac{1}{a}\right)^2+(1+1)^2}=\sqrt{a^2+\dfrac{1}{a^2}+2}=\sqrt{\left(a+\dfrac{1}{a}\right)^2}=\mathbf{a+\dfrac{1}{a}}$

보기 4 다음 세 점을 꼭짓점으로 하는 삼각형은 어떤 삼각형인가?

(1) A$(1, 4)$, B$(-1, 2)$, C$(0, 1)$

(2) O$(0, 0)$, A(a, b), B$(a+b, b-a)$

연구 (1) $\overline{AB}=\sqrt{(-1-1)^2+(2-4)^2}=2\sqrt{2}$,　$\overline{BC}=\sqrt{(0+1)^2+(1-2)^2}=\sqrt{2}$,

$\qquad \overline{CA}=\sqrt{(1-0)^2+(4-1)^2}=\sqrt{10}$

$\qquad\qquad \therefore\ \overline{AB}^2+\overline{BC}^2=\overline{CA}^2$

따라서 $\triangle ABC$는 $\angle \mathbf{B}=\mathbf{90°}$인 직각삼각형이다.

(2) $\overline{OA}=\sqrt{a^2+b^2}$,

$\qquad \overline{AB}=\sqrt{(a+b-a)^2+(b-a-b)^2}=\sqrt{a^2+b^2}$,

$\qquad \overline{BO}=\sqrt{(a+b)^2+(b-a)^2}=\sqrt{2(a^2+b^2)}$

$\qquad\qquad \therefore\ \overline{OA}=\overline{AB},\ \overline{OA}^2+\overline{AB}^2=\overline{BO}^2$

따라서 $\triangle OAB$는 $\angle \mathbf{A}=\mathbf{90°}$인 직각이등변삼각형이다.

*Note 「선분 AB」와 「선분 AB의 길이」는 그 의미가 다르지만 혼동할 염려가 없
으면 모두 $\overline{AB}$로 나타낸다.

또, 「삼각형 ABC」와 「삼각형 ABC의 넓이」는 그 의미가 다르지만 역시 혼동
할 염려가 없으면 모두 $\triangle ABC$로 나타낸다.

필수 예제 **1**-**1** 다음 물음에 답하시오.

(1) 두 점 A$(8, -7)$, B$(12, 5)$에서 같은 거리에 있고,
    직선 $x+2y-3=0$ 위에 있는 점 P의 좌표를 구하시오.

(2) 세 점 A$(6, 1)$, B$(-1, 2)$, C$(2, 3)$을 꼭짓점으로 하는 △ABC의 외심의 좌표와 외접원의 반지름의 길이를 구하시오.

[정석연구] (1) 점 P의 좌표를 (a, b)로 놓고, 문제의 조건 $\overline{PA}=\overline{PB}$를 이용하여 a, b 사이의 관계식을 구한다.

(2) 삼각형의 외접원의 중심을 그 삼각형의 외심이라고 한다. 따라서

정석 △ABC의 외심을 P라고 하면 $\Longrightarrow$ $\overline{PA}=\overline{PB}=\overline{PC}$

이다. 외심을 P(a, b)로 놓고, 위의 관계를 a, b로 나타내어 보자.

[모범답안] (1) 점 P의 좌표를 (a, b)라고 하자.

점 P(a, b)는 직선 $x+2y-3=0$ 위에 있으므로 $a+2b-3=0$ ···①

또, $\overline{PA}=\overline{PB}$에서 $\overline{PA}^2=\overline{PB}^2$이므로

$$(a-8)^2+(b+7)^2=(a-12)^2+(b-5)^2 \quad \therefore a+3b-7=0 \cdots②$$

①, ②를 연립하여 풀면 $a=-5, b=4$ $\therefore$ **P$(-5, 4)$** ← 답

(2) △ABC의 외심을 P(a, b)라고 하면

$$\overline{AP}=\overline{BP}=\overline{CP}$$

따라서 $\overline{AP}^2=\overline{BP}^2$으로부터

$$(a-6)^2+(b-1)^2=(a+1)^2+(b-2)^2$$

$$\therefore 7a-b-16=0 \cdots①$$

또, $\overline{AP}^2=\overline{CP}^2$으로부터

$$(a-6)^2+(b-1)^2=(a-2)^2+(b-3)^2$$

$$\therefore 2a-b-6=0 \cdots②$$

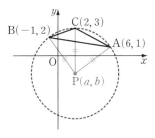

①, ②를 연립하여 풀면 $a=2, b=-2$

따라서 외심의 좌표는 **$(2, -2)$** ← 답

이때, 외접원의 반지름의 길이는

$$\overline{AP}=\sqrt{(2-6)^2+(-2-1)^2}=\sqrt{25}=5 ← 답$$

[유제] **1**-1. 원점과 점 A$(2, 4)$에서 같은 거리에 있는 x축 위의 점의 좌표를 구하시오. 답 **$(5, 0)$**

[유제] **1**-2. 세 점 $(0, 6)$, $(6, -2)$, $(7, 5)$에서 같은 거리에 있는 점의 좌표를 구하시오. 답 **$(3, 2)$**

필수 예제 **1**-2 좌표평면 위에 두 점 $A(0, 2)$, $B(1, 5)$가 있다. 점 P가 직선 $y=1$ 위를 움직일 때, $\triangle ABP$가 직각삼각형이 되도록 하는 점 P의 좌표를 구하시오.

[정석연구] 점 P의 x좌표를 a라고 하면 P는 직선 $y=1$ 위의 점이므로 $P(a, 1)$로 놓을 수 있다.

어느 각이 직각이 되는지 알 수 없으므로

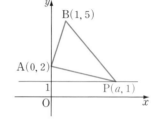

$\angle A$가 직각인 경우,

$\angle B$가 직각인 경우,

$\angle P$가 직각인 경우

로 나누어 생각하고, 각 경우에 대하여

피타고라스 정리

를 이용한다.

[모범답안] 점 P는 직선 $y=1$ 위의 점이므로 $P(a, 1)$로 놓을 수 있다.

이때, $\overline{AB}^2 = (1-0)^2 + (5-2)^2 = 10$,

$\overline{AP}^2 = (a-0)^2 + (1-2)^2 = a^2 + 1$,

$\overline{BP}^2 = (a-1)^2 + (1-5)^2 = a^2 - 2a + 17$

(i) $\angle A = 90°$일 때, $\overline{AB}^2 + \overline{AP}^2 = \overline{BP}^2$이므로

$10 + a^2 + 1 = a^2 - 2a + 17$ $\therefore a = 3$

(ii) $\angle B = 90°$일 때, $\overline{AB}^2 + \overline{BP}^2 = \overline{AP}^2$이므로

$10 + a^2 - 2a + 17 = a^2 + 1$ $\therefore a = 13$

(iii) $\angle P = 90°$일 때, $\overline{AP}^2 + \overline{BP}^2 = \overline{AB}^2$이므로

$a^2 + 1 + a^2 - 2a + 17 = 10$ $\therefore a^2 - a + 4 = 0$

여기서 $D = (-1)^2 - 4 \times 1 \times 4 = -15 < 0$이므로 이 식을 만족시키는 실수 a는 없다.

(i), (ii), (iii)에서 구하는 점 P의 좌표는

$$\mathbf{P(3, 1)} \text{ 또는 } \mathbf{P(13, 1)} \longleftarrow \boxed{\text{답}}$$

[유제] **1**-3. 세 점 $A(0, 1)$, $B(4, 3)$, $C(a, 0)$을 꼭짓점으로 하는 $\triangle ABC$에 대하여 다음 물음에 답하시오.

(1) $\triangle ABC$가 이등변삼각형이 되도록 하는 a의 값을 구하시오.

(2) $\triangle ABC$가 직각삼각형이 되도록 하는 a의 값을 구하시오.

$\boxed{\text{답}}$ (1) $a = 3, \pm\sqrt{19}, 4 \pm \sqrt{11}$ (2) $a = 1, 3, \dfrac{1}{2}, \dfrac{11}{2}$

§2. 선분의 내분점과 외분점

1 **수직선 위의 선분의 내분점과 외분점**

　　수직선 위의 두 점 $A(x_1)$, $B(x_2)$에 대하여

　(1) 선분 AB를 $m:n(m>0, n>0)$으로 내분하는 점 P의 좌표는

$$P\left(\frac{mx_2+nx_1}{m+n}\right)$$

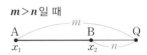

　　　특히 점 P가 선분 AB의 중점일 때는

$$P\left(\frac{x_1+x_2}{2}\right)$$

　(2) 선분 AB를 $m:n(m>0, n>0, m\neq n)$으로 외분하는 점 Q의 좌표는

$$Q\left(\frac{mx_2-nx_1}{m-n}\right)$$

2 **좌표평면 위의 선분의 내분점과 외분점**

　　좌표평면 위의 두 점 $A(x_1, y_1)$, $B(x_2, y_2)$에 대하여

　(1) 선분 AB를 $m:n(m>0, n>0)$으로 내분하는 점 P의 좌표는

$$P\left(\frac{mx_2+nx_1}{m+n}, \frac{my_2+ny_1}{m+n}\right)$$

　　　특히 점 P가 선분 AB의 중점일 때는

$$P\left(\frac{x_1+x_2}{2}, \frac{y_1+y_2}{2}\right)$$

　(2) 선분 AB를 $m:n(m>0, n>0, m\neq n)$으로 외분하는 점 Q의 좌표는

$$Q\left(\frac{mx_2-nx_1}{m-n}, \frac{my_2-ny_1}{m-n}\right)$$

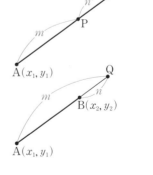

* *Note*　선분의 외분점은 그 선분의 연장선 위에 있다.

Advice 1°　선분의 외분점은 고등학교 교육과정에서 제외되었지만, 선분의 내분점과 함께 공부하면 어렵지 않게 이해할 수 있으므로 좀 더 깊이 있는 공부를 하고자 하는 학생을 위하여 여기에서 함께 소개한다.

Advice 2° 수직선 위의 선분의 내분점, 외분점

▶ 내분점 : 선분 AB 위의 점 P에 대하여

$$\overline{AP} : \overline{PB} = m : n \ (m > 0, \ n > 0)$$

일 때, 점 P는 선분 AB를 $m : n$으로 내분한다고 하고, 점 P를 선분 AB의 내분점이라고 한다.

두 점 $A(x_1)$, $B(x_2)$에 대하여 선분 AB를 $m : n(m > 0, \ n > 0)$으로 내분하는 점을 $P(x)$라고 하자.

$\overline{AP} = |x - x_1|$, $\overline{PB} = |x_2 - x|$이므로

$$\frac{\overline{AP}}{\overline{PB}} = \frac{|x - x_1|}{|x_2 - x|} = \frac{m}{n} \quad 곧, \quad \left| \frac{x - x_1}{x_2 - x} \right| = \frac{m}{n}$$

그런데 $x_2 > x > x_1$ 또는 $x_1 > x > x_2$이므로

$$\frac{x - x_1}{x_2 - x} > 0 \quad \therefore \frac{x - x_1}{x_2 - x} = \frac{m}{n}$$

$$\therefore nx - nx_1 = mx_2 - mx \quad \therefore (m + n)x = mx_2 + nx_1$$

$$\therefore x = \frac{mx_2 + nx_1}{m + n} \quad \therefore P\left(\frac{mx_2 + nx_1}{m + n} \right)$$

특히 점 P가 선분 AB의 중점이면 $m = n$이므로

$$P\left(\frac{mx_2 + nx_1}{m + n} \right) \implies P\left(\frac{mx_2 + mx_1}{m + m} \right) \implies P\left(\frac{x_1 + x_2}{2} \right)$$

▶ 외분점 : 선분 AB의 연장선 위의 점 Q에 대하여

$$\overline{AQ} : \overline{QB} = m : n \ (m > 0, \ n > 0, \ m \ne n)$$

일 때, 점 Q는 선분 AB를 $m : n$으로 외분한다고 하고, 점 Q를 선분 AB의 외분점이라고 한다.

외분점의 좌표도 내분점과 같은 방법으로 구할 수 있다.

$m > n$일 때
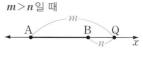

$m < n$일 때

보기 1 두 점 $A(-2)$, $B(4)$에 대하여 다음 물음에 답하시오.

(1) 선분 AB의 중점 M의 좌표를 구하시오.

(2) 선분 AB를 $2 : 1$로 내분하는 점 P와 외분하는 점 Q의 좌표를 구하시오.

연구 (1) $M\left(\dfrac{-2 + 4}{2} \right) \implies \mathbf{M(1)}$

(2) $P(a)$, $Q(b)$라고 하면

$$a = \frac{2 \times 4 + 1 \times (-2)}{2 + 1} = 2, \quad b = \frac{2 \times 4 - 1 \times (-2)}{2 - 1} = 10$$

$$\therefore \mathbf{P(2), \ Q(10)}$$

Advice 3° 좌표평면 위의 선분의 내분점, 외분점

두 점 $A(x_1, y_1)$, $B(x_2, y_2)$에 대하여 선분 AB를 $m:n\,(m>0,\ n>0)$으로 내분하는 점을 $P(x, y)$라 하고, 점 A, P, B에서 x축에 내린 수선의 발을 각각 A′, P′, B′이라고 하면

$$\overline{AA'} /\!/ \overline{BB'} /\!/ \overline{PP'}\text{이므로}\quad \overline{A'P'}:\overline{P'B'}=\overline{AP}:\overline{PB}=m:n$$

따라서 점 P′은 선분 A′B′을 $m:n$으로 내분한다.

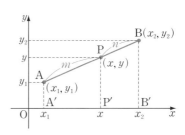

$$\therefore\ x=\frac{mx_2+nx_1}{m+n}$$

y축 위에서도 같은 방법으로 하면

$$y=\frac{my_2+ny_1}{m+n}$$

$$\therefore\ P\left(\frac{mx_2+nx_1}{m+n},\ \frac{my_2+ny_1}{m+n}\right)$$

특히 점 P가 선분 AB의 중점이면 $m=n$이므로

$$P\left(\frac{mx_2+mx_1}{m+m},\ \frac{my_2+my_1}{m+m}\right) \Longrightarrow P\left(\frac{x_1+x_2}{2},\ \frac{y_1+y_2}{2}\right)$$

같은 방법으로 하면 선분 AB를 $m:n\,(m>0,\ n>0,\ m\neq n)$으로 외분하는 점 Q의 좌표는 $Q\left(\dfrac{mx_2-nx_1}{m-n},\ \dfrac{my_2-ny_1}{m-n}\right)$

보기 2 두 점 $A(3, 4)$, $B(-9, -5)$에 대하여 다음 물음에 답하시오.

⑴ 선분 AB의 중점 M의 좌표를 구하시오.

⑵ 선분 AB를 $1:2$로 내분하는 점 P와 외분하는 점 Q의 좌표를 구하시오.

연구 내분점의 공식은 다음 방법으로 기억하면 좋다.

선분 AB를 $m:n$으로 내분할 때 내분점의 좌표의 분모는 $m+n$이고, 분자는 오른쪽 그림과 같이 먼 쪽의 비를 곱하고, 이 두 값을 더한 값이다.

또, 외분점에서는 n 대신 $-n$을 대입한다.

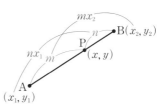

⑴ $M\left(\dfrac{3+(-9)}{2},\ \dfrac{4+(-5)}{2}\right) \Longrightarrow M\left(-3,\ -\dfrac{1}{2}\right)$

⑵ $P\left(\dfrac{1\times(-9)+2\times3}{1+2},\ \dfrac{1\times(-5)+2\times4}{1+2}\right) \Longrightarrow P(-1,\ 1)$

$Q\left(\dfrac{1\times(-9)-2\times3}{1-2},\ \dfrac{1\times(-5)-2\times4}{1-2}\right) \Longrightarrow Q(15,\ 13)$

필수 예제 **1**-3　평행사변형 ABCD의 꼭짓점 A의 좌표는 $(1, 2)$이고, 두
변 AB, BC의 중점의 좌표는 각각 $(5, 3)$, $(9, 10)$이다.
꼭짓점 B, C, D의 좌표를 구하시오.

[정석연구] 평행사변형의 두 대각선은 서로 다른
것을 이등분하므로 대각선의 중점이 일치한다.
　B(x_1, y_1), C(x_2, y_2), D(x_3, y_3)이라 하고,
다음 중점 공식을 이용한다.

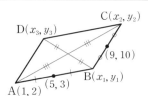

정석　두 점 $P(x_1, y_1)$, $Q(x_2, y_2)$에 대하여
　　선분 PQ의 중점의 좌표는 $\Longrightarrow \left(\dfrac{x_1+x_2}{2}, \dfrac{y_1+y_2}{2} \right)$

[모범답안]　B(x_1, y_1), C(x_2, y_2), D(x_3, y_3)이라고 하자.
　두 변 AB, BC의 중점의 좌표가 각각 $(5, 3)$, $(9, 10)$이므로

$$\frac{1+x_1}{2}=5 \quad \cdots\cdots① \qquad\qquad \frac{2+y_1}{2}=3 \quad \cdots\cdots①'$$

$$\frac{x_1+x_2}{2}=9 \quad \cdots\cdots② \qquad\qquad \frac{y_1+y_2}{2}=10 \quad \cdots\cdots②'$$

　또, 대각선 BD의 중점과 대각선 AC의 중점은 일치하므로

$$\frac{x_1+x_3}{2}=\frac{1+x_2}{2} \quad \cdots\cdots③ \qquad \frac{y_1+y_3}{2}=\frac{2+y_2}{2} \quad \cdots\cdots③'$$

　①에서　$x_1=9$,　②에서　$x_2=9$,　③에서　$x_3=1$
같은 방법으로 하면 ①′, ②′, ③′에서　$y_1=4$, $y_2=16$, $y_3=14$
　따라서　**B$(9, 4)$, C$(9, 16)$, D$(1, 14)$** ⟵ 답

Advice ┃ 다음은 사각형이 평행사변형이 되기 위한 조건이다.
(i) 두 쌍의 대변이 각각 평행하다.
(ii) 두 쌍의 대변의 길이가 각각 같다.
(iii) 두 쌍의 대각의 크기가 각각 같다.
(iv) 두 대각선이 서로 다른 것을 이등분한다.
(v) 한 쌍의 대변이 평행하고 그 길이가 같다.

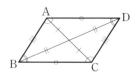

[유제] **1**-4. △ABC에서 세 변 AB, BC, CA의 중점의 좌표가 각각 $(-2, 4)$,
$(1, 0)$, $(3, 5)$일 때, 세 점 A, B, C의 좌표를 구하시오.
　　　　　　　　　　　　　　　　답　**A$(0, 9)$, B$(-4, -1)$, C$(6, 1)$**

[유제] **1**-5. 세 점 A$(0, 6)$, B$(6, -2)$, C$(7, 5)$를 꼭짓점으로 하는 평행사변형
ABCD가 있을 때, 꼭짓점 D의 좌표를 구하시오.　　답　**D$(1, 13)$**

필수 예제 **1**-4 다음 세 점을 꼭짓점으로 하는 $\triangle ABC$의 무게중심 G의 좌표를 구하시오.

$$A(x_1, y_1), \quad B(x_2, y_2), \quad C(x_3, y_3)$$

[정석연구] $\triangle ABC$의 세 변 AB, BC, CA의 중점을 각각 L, M, N이라고 할 때, 세 직선 CL, AM, BN은 한 점에서 만난다. 이 점을 $\triangle ABC$의 무게중심이라고 한다.

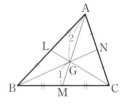

그리고 $\triangle ABC$의 무게중심을 G라고 할 때,

$$\overline{AG} : \overline{GM} = \overline{BG} : \overline{GN} = \overline{CG} : \overline{GL} = 2 : 1$$

이다.

따라서 점 M의 좌표를 구한 다음, 선분 AM을 $2 : 1$로 내분하는 점의 좌표를 구하면 된다.

[모범답안] 변 BC의 중점을 M이라고 하면

$$M\left(\frac{x_2 + x_3}{2}, \frac{y_2 + y_3}{2}\right)$$

점 G의 좌표를 $G(x, y)$라고 하면 점 G는 중선 AM을 $2 : 1$로 내분하는 점이므로

$$x = \frac{2 \times \dfrac{x_2 + x_3}{2} + 1 \times x_1}{2 + 1} = \frac{x_1 + x_2 + x_3}{3},$$

$$y = \frac{2 \times \dfrac{y_2 + y_3}{2} + 1 \times y_1}{2 + 1} = \frac{y_1 + y_2 + y_3}{3}$$

$$\therefore \ G\left(\frac{x_1 + x_2 + x_3}{3}, \frac{y_1 + y_2 + y_3}{3}\right) \leftarrow \boxed{답}$$

Advice | 위의 결과는 공식으로 기억해 두는 것이 좋다.

정석 $A(x_1, y_1)$, $B(x_2, y_2)$, $C(x_3, y_3)$인 $\triangle ABC$의 무게중심의 좌표는

$$\implies \left(\frac{x_1 + x_2 + x_3}{3}, \frac{y_1 + y_2 + y_3}{3}\right)$$

[유제] **1**-6. 세 점 $(2, 5)$, $(-4, 7)$, $(-1, -3)$을 꼭짓점으로 하는 삼각형의 무게중심의 좌표를 구하시오.   [답] $(-1, 3)$

[유제] **1**-7. $\triangle ABC$의 무게중심이 $G(0, 0)$이고, 꼭짓점 A의 좌표가 $(2, 6)$일 때, 변 BC의 중점의 좌표를 구하시오.   [답] $(-1, -3)$

§3. 좌표와 자취

1 좌표와 도형

좌표를 이용하여 도형의 성질을 증명하면 편리할 때가 있다. 이때의 좌표축
은 다음 방법으로 정하는 것이 좋다.
(i) 주어진 도형의 가장 중요한 점을 원점으로 정한다.
(ii) 주어진 도형의 가장 중요한 직선을 축으로 정한다.
(iii) 되도록 주어진 도형의 대칭의 관계를 이용하여 축을 정한다.

2 좌표와 자취

좌표를 이용하여 주어진 조건을 만족시키는 점의 자취를 구하는 방법은 다
음과 같다.
(i) 좌표축을 적당히 정하고(보통 위의 방법을 따른다), 주어진 조건을 만족시
키는 임의의 점의 좌표를 (x, y)라고 한다.
(ii) 주어진 조건을 이용하여 x와 y의 관계식을 만든다.
(iii) 위의 x와 y의 관계식을 보고 자취가 무엇인가를 판정한다.

Advice | 직선 위의 각 점에 실수를 일대일로 대응시키면 수직선을 얻는다.
또, 두 개의 수직선을 한 평면 위에 직교하도록 놓고 평면 위의 각 점에 두 실
수의 순서쌍을 일대일로 대응시키면 좌표평면을 얻는다.

좌표를 도입하면 직선, 평면 및 공간에서 점의 위치를 수 또는 수의 순서쌍
으로 나타낼 수 있고, 이를 이용하여 기하적인 관계를 수식으로 나타낼 수 있
다. 또, 대수적인 관계를 도형으로 바꾸어 시각화할 수 있다.

지금까지는 좌표평면 위의 선분의 길이를 구하거나 선분의 내분점, 외분점
을 찾을 때 좌표를 이용하였다. 여기에서는 좌표를 도입하여 도형의 성질을 증
명하는 방법과 주어진 조건을 만족시키는 점의 자취를 좌표평면 위에 나타내
는 방법을 알아보자.

이와 같이 좌표를 이용하여 기하 문제와 대수 문제를 관련지어 공부하는 분
야를 해석기하라고 한다. 해석기하를 처음 발전시킨 사람은 데카르트(Des-
cartes)이다.

Note 공간에서는 세 개의 수직선을 한 점에서 서로 직교하도록 놓고 좌표공간을
생각한다. 이에 관해서는 기하에서 공부한다.

필수 예제 **1**-5   △ABC의 변 BC의 중점을 M이라고 할 때, 다음 등식이 성립함을 증명하시오.
$$\overline{AB}^2 + \overline{AC}^2 = 2(\overline{AM}^2 + \overline{BM}^2)$$

정석연구 이것을 중선 정리라고 한다.

중학교에서 공부한 평면도형의 성질을 이용하여 증명할 수도 있고, 좌표를 이용하여 증명할 수도 있다.

모범답안 직선 BC를 x축으로, 점 M을 지나고 변 BC에 수직인 직선을 y축으로 잡아

$$A(a, b),\ B(-c, 0),\ C(c, 0)$$

이라고 하면

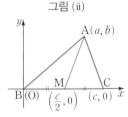

$$\begin{aligned}
\overline{AB}^2 + \overline{AC}^2 &= \{(a+c)^2 + b^2\} + \{(a-c)^2 + b^2\} \\
&= 2(a^2 + b^2 + c^2),
\end{aligned}$$
$$2(\overline{AM}^2 + \overline{BM}^2) = 2(a^2 + b^2 + c^2)$$
$$\therefore\ \overline{AB}^2 + \overline{AC}^2 = 2(\overline{AM}^2 + \overline{BM}^2)$$

Advice │ 점 A, B, C의 좌표를 잡는 방법은 아래와 같이 여러 가지가 있다.

그림 (i)

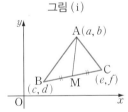

그림 (ii)

그림 (iii)

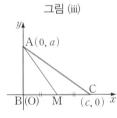

이를테면 그림 (i)은 점 A, B, C의 좌표를 잡는 가장 일반적인 방법이다.

이 형태에서 점 B를 원점으로, 변 BC가 x축에 오게 이동했다고 생각하면 그림 (ii)와 같이 좌표를 잡을 수 있다. 그리고 계산의 편의를 위하여 변 BC의 중점 M을 원점으로 이동하면 위의 **모범답안**과 같은 좌표를 얻는다.

그림 (i) 또는 그림 (ii)를 이용하여 설명하면 복잡하지만 틀린 것은 아니다.

그러나 무작정 좌표를 편하게 잡기 위하여 그림 (iii)과 같이 해서는 안 된다. 왜냐하면 이것은 ∠B=90°인 특수한 삼각형을 나타내기 때문이다.

일반성을 잃지 않으면서 계산이 간단하도록 좌표를 잡아야 한다.

유제 **1**-8. △ABC의 변 AB의 삼등분점 중 점 A에 가까운 점을 D라고 하면 $2\overline{CA}^2 + \overline{CB}^2 = 2\overline{DA}^2 + \overline{DB}^2 + 3\overline{DC}^2$이 성립함을 증명하시오.

필수 예제 1-6 △ABC의 내부의 세 점 P, Q, R에 대하여 점 Q는 선분 AP의 중점, 점 R은 선분 BQ의 중점, 점 P는 선분 CR의 중점이다.

이때, △ABC의 무게중심과 △PQR의 무게중심이 일치함을 보이시오.

정석연구 좌표축을 적절히 잡고, 각 점을 좌표로 나타낸 다음

정석 $A(x_1, y_1)$, $B(x_2, y_2)$, $C(x_3, y_3)$인 △ABC의 무게중심의 좌표는

$$\implies \left(\frac{x_1+x_2+x_3}{3}, \frac{y_1+y_2+y_3}{3} \right)$$

을 이용하여 △ABC와 △PQR의 무게중심의 좌표를 구해 본다.

모범답안 직선 AC를 x축으로, 점 A를 지나고 변 AC에 수직인 직선을 y축으로 잡아

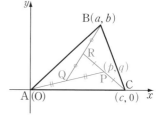

$$A(0, 0), B(a, b), C(c, 0)$$

이라고 하자.

△ABC의 무게중심을 G_1이라고 하면

$$G_1\left(\frac{a+c}{3}, \frac{b}{3} \right) \qquad \cdots\cdots \text{①}$$

또, 점 P의 좌표를 $P(p, q)$라고 하면

$$Q\left(\frac{p}{2}, \frac{q}{2} \right), R\left(\frac{2a+p}{4}, \frac{2b+q}{4} \right) \qquad \Leftarrow \text{중점 공식에 대입}$$

이므로 △PQR의 무게중심을 G_2라고 하면

$$G_2\left(\frac{1}{3} \times \frac{2a+7p}{4}, \frac{1}{3} \times \frac{2b+7q}{4} \right) \qquad \Leftarrow \text{무게중심의 공식에 대입}$$

한편 점 P는 선분 CR의 중점이므로

$$p = \frac{1}{2}\left(\frac{2a+p}{4} + c \right), q = \frac{1}{2}\left(\frac{2b+q}{4} \right) \quad \therefore p = \frac{2a+4c}{7}, q = \frac{2b}{7}$$

점 G_2의 좌표에 대입하면 $G_2\left(\frac{a+c}{3}, \frac{b}{3} \right) \qquad \cdots\cdots \text{②}$

①, ②에 의하여 점 G_1과 점 G_2는 일치한다.

유제 **1-9.** 사각형 ABCD에서 변 AB, CD의 중점을 각각 P, Q라 하고, 대각선 AC, BD의 중점을 각각 R, S라고 할 때, 선분 PQ의 중점과 선분 RS의 중점이 일치함을 증명하시오.

유제 **1-10.** △ABC의 변 AB, BC, CA를 $m : n (m>0, n>0)$으로 내분하는 점을 각각 D, E, F라고 할 때, △ABC의 무게중심과 △DEF의 무게중심이 일치함을 증명하시오.

필수 예제 **1**-7 한 변의 길이가 8인 정사각형 OABC에 대하여 변 OA의 중점을 M, 변 OC의 중점을 N이라고 하자. 사각형 OABC의 내부에서 다음을 만족시키는 점 P의 자취를 구하시오.

(1) $\triangle PAM + \triangle PON = 16$ (2) $\overline{PA}^2 - \overline{PN}^2 = 48$

[정석연구] 도형에 관한 자취 문제를 좌표를 이용하여 다룰 때에는 좌표축을 설정하는 것이 무엇보다 중요하다. 좌표축을 잡을 때에는 중간 계산까지 고려하여 문제의 성격에 알맞게 잡아야 한다.

> **정석** 좌표를 이용할 때에는 계산이 간단하도록 좌표축을 잡는다.

[모범답안] 직선 OA를 x축으로, 직선 OC를 y축으로 잡아 O$(0, 0)$, A$(8, 0)$, C$(0, 8)$이라고 하자.

점 P의 좌표를 P(x, y)라고 하면 $0 < x < 8$, $0 < y < 8$

(1) $\triangle PAM + \triangle PON = 16$에서

$$\frac{1}{2}(8-4)y + \frac{1}{2} \times 4x = 16$$

$$\therefore y = -x + 8 \ (0 < x < 8, \ 0 < y < 8)$$

곧, x절편이 8, y절편이 8인 직선 중 사각형 OABC의 내부에 있는 부분이므로 구하는 점 P의 자취는

사각형 OABC의 대각선 AC 중 양 끝 점 A, C를 제외한 부분 ← [답]

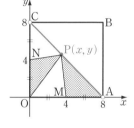

(2) $\overline{PA}^2 - \overline{PN}^2 = 48$에서

$$\{(x-8)^2 + y^2\} - \{x^2 + (y-4)^2\} = 48$$

$$\therefore y = 2x \ (0 < x < 8, \ 0 < y < 8)$$

곧, 원점을 지나고 기울기가 2인 직선 중 사각형 OABC의 내부에 있는 부분이므로 구하는 점 P의 자취는

변 BC의 중점을 D라고 할 때 선분 OD 중 양 끝 점 O, D를 제외한 부분 ← [답]

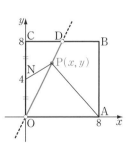

[유제] **1**-11. 두 점 A, B 사이의 거리가 5일 때, $\overline{PA}^2 - \overline{PB}^2 = 15$를 만족시키는 점 P의 자취를 구하시오.

[답] 선분 **AB**를 **4 : 1**로 내분하는 점을 지나고 선분 **AB**에 수직인 직선

연습문제 1

기본 **1**-1　세 점 $A(0, 3)$, $B(4, 1)$, $C(2, -4)$에 대하여 $\overline{PA}^2 + \overline{PB}^2 + \overline{PC}^2$의 값을 최소로 하는 점 P의 좌표와 그때의 최솟값을 구하시오.

1-2　$\triangle ABC$와 $0 < k < 1$인 실수 k에 대하여 선분 BC를 $(1-k) : k$로 내분하는 점을 P, 선분 AP를 $(1-k) : k$로 내분하는 점을 Q라 하고, $\triangle ABQ$의 넓이를 S_1, $\triangle CQP$의 넓이를 S_2라고 하자. $S_2 = 9S_1$일 때, 실수 k의 값을 구하시오.

1-3　세 점 $A(2, 10)$, $B(-8, -14)$, $C(10, 4)$를 꼭짓점으로 하는 $\triangle ABC$가 있다. $\angle A$의 이등분선이 변 BC와 만나는 점을 D, 선분 AD를 $2 : 1$로 내분하는 점을 E라고 할 때, 점 D, E의 좌표를 구하시오.

1-4　오른쪽 그림과 같이 세 점 $O(0, 0)$, $A(2, 2)$, $B(-\sqrt{2}, 4)$를 꼭짓점으로 하는 $\triangle OAB$에 대하여 변 OB 위의 점 C가 $\overline{OA} = \overline{OC}$를 만족시킨다. 점 C를 지나고 선분 AB에 평행한 직선이 선분 OA와 만나는 점을 P라고 할 때, 점 P의 좌표를 구하시오.

1-5　$\triangle ABC$의 무게중심을 G라고 하자. $\overline{GA} = 4$, $\overline{GB} = 6$, $\overline{GC} = 8$일 때, 변 BC의 길이를 구하시오.

1-6　세 점 $O(0, 0)$, $A(3, 0)$, $B(0, 1)$에 대하여 $2\overline{OP}^2 = \overline{AP}^2 + \overline{BP}^2$을 만족시키는 점 P의 자취의 방정식을 구하시오.

실력 **1**-7　정점 $A(0, a)$와 포물선 $y = \dfrac{1}{4}x^2$ 위의 점 (x, y) 사이의 거리를 l이라고 할 때, l의 최솟값을 구하시오. 단, $a > 0$이다.

1-8　세 점 $A(-1, 2)$, $B(2, -4)$, $C(5, 5)$에 대하여 직선 AC 위의 점 P를 지나고 직선 AB에 평행한 직선이 직선 BC와 만나는 점을 Q라고 하자.
　$\triangle ABC$와 $\triangle PQC$의 넓이의 비가 $9 : 4$가 되도록 하는 점 P를 각각 P_1, P_2라고 할 때, $\triangle BP_1P_2$의 무게중심의 좌표를 구하시오.

1-9　$\triangle ABC$에서 꼭짓점 A의 좌표가 $(2, 16)$, 무게중심의 좌표가 $(3, -1)$, 외심의 좌표가 $(2, 1)$일 때, 꼭짓점 B, C의 좌표를 구하시오.
　단, 점 C의 x좌표는 양수이다.

1-10　점 $A(2, 2)$를 한 꼭짓점으로 하는 정삼각형 ABC의 무게중심이 원점일 때, 꼭짓점 B, C의 좌표를 구하시오. 단, 점 B의 x좌표는 음수이다.

2. 직선의 방정식

§1. 방정식의 그래프

기 본 정 석

1 $y=ax+b$의 그래프

$y=ax+b$의 그래프는 기울기가 a이고 y절편이 b인 직선이다.

직선 $y=ax+b$가 x축과 이루는 예각의 크기를 θ라고 하면

(ⅰ) $a>0$일 때, $a=\tan\theta$ (ⅱ) $a<0$일 때, $a=-\tan\theta$

a, b의 조건에 따라 $y=ax+b$의 그래프는 다음과 같다.

① b가 일정하고 a가 변할 때 ② a가 일정하고 b가 변할 때

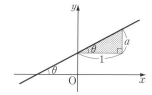 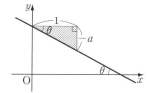

2 $ax+by+c=0$의 그래프

(ⅰ) $b\neq0$일 때 $y=-\dfrac{a}{b}x-\dfrac{c}{b}$

$\Longrightarrow$ 기울기가 $-\dfrac{a}{b}$이고 y절편이 $-\dfrac{c}{b}$인 직선

특히 $b\neq0,\ a=0$일 때 $y=-\dfrac{c}{b}$

$\Longrightarrow$ y절편이 $-\dfrac{c}{b}$이고 y축에 수직인 직선

(ⅱ) $b=0,\ a\neq0$일 때 $x=-\dfrac{c}{a}$

$\Longrightarrow$ x절편이 $-\dfrac{c}{a}$이고 x축에 수직인 직선

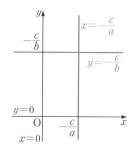

Advice 1° 직선의 기울기

직선 $y=ax+b$가 x축과 이루는 예각의 크기를 θ라고 할 때, 기울기 a와 θ 사이에 다음 관계가 성립한다.

(ⅰ) $a>0$일 때, $a=\tan\theta$ 　　　　　(ⅱ) $a<0$일 때, $a=-\tan\theta$

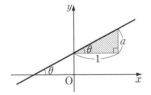 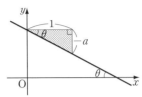

이를테면 기울기가 음수인 직선 $y=mx+n$이 x축과 이루는 예각의 크기가 $60°$이면 $m=-\tan 60°=-\sqrt{3}$이다.

Advice 2° 방정식의 그래프

이를테면 x, y에 관한 일차방정식

$$2x-y+1=0 \qquad\qquad \cdots\cdots ①$$

을 만족시키는 x, y의 값의 순서쌍

$\cdots, (-2, -3), (-1, -1), (0, 1), (1, 3), \cdots$

을 좌표로 하는 점들을 좌표평면 위에 나타내면 오른쪽 그림의 직선 l이 된다.

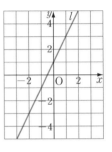

역으로 직선 l 위의 모든 점의 x, y좌표는 방정식 ①을 만족시킨다.

이때, 직선 l을 방정식 ①의 그래프라 하고, 방정식 ①을 직선 l의 방정식 이라고 한다.

보기 1 기울기가 양수인 직선 $(m-2)x-y-n+3=0$이 x축과 이루는 예각의 크기가 $45°$이고, y절편이 4일 때, 상수 m, n의 값을 구하시오.

연구 $(m-2)x-y-n+3=0$에서 $y=(m-2)x-n+3$이므로

기울기 : $m-2=\tan 45°$ 　 $\therefore \boldsymbol{m=3}$

y절편 : $-n+3=4$ 　 $\therefore \boldsymbol{n=-1}$

보기 2 방정식 $y=ax+b$의 그래프가 오른쪽과 같을 때, ①~④에 대하여 상수 a, b의 값 또는 부호를 조사하시오. 단, ③은 y축에 수직이다.

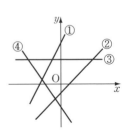

연구 ① $\boldsymbol{a>0, b>0}$ 　　② $\boldsymbol{a>0, b<0}$

　　③ $\boldsymbol{a=0, b>0}$ 　　④ $\boldsymbol{a<0, b<0}$

필수 예제 **2**-1 상수 a, b에 대하여 세 방정식

$$ax+y-2b=0 \qquad \cdots\cdots ①$$
$$x+ay+2ab=0 \qquad \cdots\cdots ②$$
$$ax-y+b-1=0 \qquad \cdots\cdots ③$$

의 그래프가 오른쪽과 같을 때, ①, ②, ③에 대응하는 그래프를 l, m, n으로 답하시오.

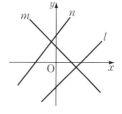

[정석연구] 각 방정식을 $y=px+q$의 꼴로 변형한다.

정석 $y=px+q$의 그래프의 개형은

$\Longrightarrow$ 기울기 p와 y절편 q의 부호로 판정!

[모범답안] ①, ②, ③을 변형하면(②에서 $a=0$이면 y축이므로 $a\neq0$)

$$y=-ax+2b \ \cdots① ' \qquad y=-\frac{1}{a}x-2b \ \cdots② ' \qquad y=ax+b-1 \ \cdots③ '$$

여기에서 ①′, ②′의 기울기는 같은 부호이고, ③′의 기울기와 ①′, ②′의 기울기는 다른 부호인데, 그래프를 보면 n, l의 기울기는 같은 부호(모두 양수)이고, m의 기울기는 n, l의 기울기와 다른 부호이므로 ③′은 m이다.

그런데 m을 보면 기울기가 음수이고 y절편이 양수이므로 ③′에서

$$a<0, \ b-1>0 \qquad 곧, \ a<0, \ b>1$$

이때, ①′, ②′의 기울기는 양수이고, ①′의 y절편은 양수, ②′의 y절편은 음수이다. <u>답 ① n ② l ③ m</u>

[유제] **2**-1. 방정식 $ax+by+c=0$(a, b, c는 상수)에 대하여 다음에 답하시오.

(1) 그래프가 제1, 3, 4사분면을 지날 때, ab, bc, ca의 부호를 조사하시오.

(2) 다음이 성립할 때, 그래프는 제몇 사분면을 지나는가?

① $ab=0$, $bc>0$ ② $ac<0$, $bc<0$ ③ $ab>0$, $ac>0$

<u>답 (1) $ab<0$, $bc>0$, $ca<0$ (2) ① 3, 4 ② 1, 2, 4 ③ 2, 3, 4</u>

[유제] **2**-2. 상수 a, b, c, d, p에 대하여 다음 방정식은 오른쪽 그림에서 어떤 직선을 나타내는가?

단, 식은 어느 것이든 한 직선을 나타내고, ②와 ③은 평행하다.

(1) $ax+by+c=0$ (2) $ax+by+d=0$

(3) $px+2y+b=0$ (4) $px-dy+c=0$

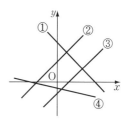

<u>답 (1) ② (2) ③ (3) ① (4) ④</u>

§2. 두 직선의 위치 관계

1 두 직선 $y=ax+b$와 $y=a'x+b'$의 위치 관계

두 직선

$$y=ax+b \qquad \cdots\cdots① \qquad\qquad y=a'x+b' \qquad \cdots\cdots②$$

에 대하여

직선 ①, ②의 교점의 x, y좌표 $\Longleftrightarrow$ 연립방정식 ①, ②의 해

이므로 계수, 그래프, 연립방정식의 해 사이에는 다음 관계가 있다.

(1) $a \neq a'$ $\qquad\Longleftrightarrow$ 한 점에서 만난다 $\Longleftrightarrow$ 한 쌍의 해를 가진다

(2) $a=a'$, $b \neq b'$ $\Longleftrightarrow$ 평행하다 $\qquad\qquad\Longleftrightarrow$ 해가 없다(불능)

(3) $a=a'$, $b=b'$ $\Longleftrightarrow$ 일치한다 $\qquad\qquad\Longleftrightarrow$ 해가 무수히 많다(부정)

(4) $aa'=-1$ $\qquad\Longleftrightarrow$ 수직이다 $\qquad\qquad\qquad\Leftarrow$ 한 쌍의 해를 가진다

(1) (2) (3) (4)

2 두 직선 $ax+by+c=0$과 $a'x+b'y+c'=0$의 위치 관계

일반적으로 $abc \neq 0$, $a'b'c' \neq 0$일 때, 두 직선

$$ax+by+c=0, \quad a'x+b'y+c'=0$$

에 대하여 계수, 그래프, 연립방정식의 해 사이에는 다음 관계가 있다.

(1) $\dfrac{a}{a'} \neq \dfrac{b}{b'}$ $\qquad\Longleftrightarrow$ 한 점에서 만난다 $\Longleftrightarrow$ 한 쌍의 해를 가진다

(2) $\dfrac{a}{a'} = \dfrac{b}{b'} \neq \dfrac{c}{c'}$ $\Longleftrightarrow$ 평행하다 $\qquad\qquad\Longleftrightarrow$ 해가 없다(불능)

(3) $\dfrac{a}{a'} = \dfrac{b}{b'} = \dfrac{c}{c'}$ $\Longleftrightarrow$ 일치한다 $\qquad\qquad\Longleftrightarrow$ 해가 무수히 많다(부정)

(4) $aa'+bb'=0$ $\Longleftrightarrow$ 수직이다 $\qquad\qquad\qquad\Leftarrow$ 한 쌍의 해를 가진다

Advice 1° 두 직선 $y=ax+b$와 $y=a'x+b'$의 위치 관계

평면에서 두 직선의 위치 관계는 다음 세 경우로 나누어 생각할 수 있다.

한 점에서 만나는 경우, 평행한 경우, 일치하는 경우

이와 같은 위치 관계는 두 직선의 방정식의 계수 사이의 관계에 의해서 정해지며, 이는 방정식 $y=ax+b$의 그래프에서 상수 a, b가 가지는 성질을 알면 쉽게 이해할 수 있다.

또, 한 점에서 만나는 특수한 예로서 두 직선이 서로 수직인 경우를 생각할 수 있다. 수직일 조건은

$$\text{두 직선 } \boldsymbol{y=ax}\text{와 } \boldsymbol{y=a'x}\text{가 수직이다} \Longleftrightarrow \boldsymbol{aa'=-1}$$

임을 보여도 충분하다.

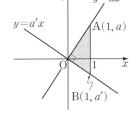

두 직선 위에 각각 점 $A(1, a)$와 점 $B(1, a')$을 잡을 때, 두 직선이 수직이면 원점 O에 대하여 $\triangle AOB$는 직각삼각형이므로

$$\overline{\mathrm{OA}}^2 + \overline{\mathrm{OB}}^2 = \overline{\mathrm{AB}}^2$$
$$\therefore \ (1+a^2)+(1+a'^2)=(a-a')^2$$
$$\therefore \ \boldsymbol{aa'=-1}$$

역으로 $aa'=-1$이면

$$\overline{\mathrm{OA}}^2+\overline{\mathrm{OB}}^2=(1+a^2)+(1+a'^2)$$
$$=a^2-2aa'+a'^2=(a-a')^2=\overline{\mathrm{AB}}^2$$

곧, 피타고라스 정리가 성립하므로 $\triangle AOB$는 직각삼각형이다.

따라서 두 직선은 수직이다.

[보기] 1 두 직선 $y=ax+2$와 $y=3x+b$가 다음을 만족시킬 때, 상수 a, b의 조건을 구하시오.

(1) 두 직선이 서로 평행하다.　　　　(2) 두 직선이 일치한다.

(3) 두 직선이 서로 수직이다.

[연구] (1) $\boldsymbol{a=3, \ b\neq2}$　　(2) $\boldsymbol{a=3, \ b=2}$　　(3) $a\times3=-1$에서　$\boldsymbol{a=-\dfrac{1}{3}}$

𝒜dvice 2° 직선의 방정식의 일반형

방정식 $y=ax+b$는 $a=0$일 때 $y=b$이므로 y축에 수직인 직선을 나타낸다. 그러나 이 방정식은 a, b가 어떤 값을 가진다고 해도 y항은 항상 남게 되므로 $x=k$의 꼴은 될 수 없다. 따라서 x축에 수직인 직선을 나타낼 수는 없게 된다.

그러나 방정식 $ax+by+c=0$은 $a=0$이고 $b\neq0$일 때 y축에 수직인 직선을, $a\neq0$이고 $b=0$일 때 x축에 수직인 직선을 나타내므로 직선의 방정식의 일반형이라고 말할 수 있다.

[정석] 직선의 방정식의 일반형 $\Longrightarrow ax+by+c=0$
단, a와 b 중 적어도 하나는 0이 아니다.

Advice 3° 두 직선 $ax+by+c=0$과 $a'x+b'y+c'=0$의 위치 관계

일반적으로 두 직선

$$ax+by+c=0 \quad \cdots\cdots① \qquad a'x+b'y+c'=0 \quad \cdots\cdots②$$

에서 $abc\neq0$, $a'b'c'\neq0$일 때,

$$①에서 \quad y=-\frac{a}{b}x-\frac{c}{b}, \quad ②에서 \quad y=-\frac{a'}{b'}x-\frac{c'}{b'}$$

(1) 직선 ①, ②가 한 점에서 만나는 경우

기울기 : $-\dfrac{a}{b}\neq-\dfrac{a'}{b'}$이므로 $\dfrac{a}{a'}\neq\dfrac{b}{b'}$

(2) 직선 ①, ②가 평행한 경우

기울기 : $-\dfrac{a}{b}=-\dfrac{a'}{b'}$에서 $\dfrac{a}{a'}=\dfrac{b}{b'}$ $\left.\begin{array}{l}\end{array}\right\}$

y절편 : $-\dfrac{c}{b}\neq-\dfrac{c'}{b'}$에서 $\dfrac{b}{b'}\neq\dfrac{c}{c'}$

$\therefore \dfrac{a}{a'}=\dfrac{b}{b'}\neq\dfrac{c}{c'}$

(3) 직선 ①, ②가 일치하는 경우

기울기 : $-\dfrac{a}{b}=-\dfrac{a'}{b'}$에서 $\dfrac{a}{a'}=\dfrac{b}{b'}$ $\left.\begin{array}{l}\end{array}\right\}$

y절편 : $-\dfrac{c}{b}=-\dfrac{c'}{b'}$에서 $\dfrac{b}{b'}=\dfrac{c}{c'}$

$\therefore \dfrac{a}{a'}=\dfrac{b}{b'}=\dfrac{c}{c'}$

(4) 직선 ①, ②가 수직인 경우

기울기 : $\left(-\dfrac{a}{b}\right)\times\left(-\dfrac{a'}{b'}\right)=-1$에서 $\dfrac{aa'}{bb'}=-1$

$\therefore aa'=-bb'$ $\therefore aa'+bb'=0$

Note $a=0$일 때 $b'=0$이어야 하고, $b=0$일 때 $a'=0$이어야 하므로 수직 조건 $aa'+bb'=0$은 $ab=0$ 또는 $a'b'=0$일 때에도 성립한다.

이상의 결과를 기억해 두면 $ax+by+c=0$의 꼴로 주어진 직선의 위치 관계를 다룰 때, 이를 굳이 $y=mx+n$의 꼴로 변형하지 않고서도 해결할 수 있다.

보기 2 다음을 만족시키도록 상수 a, b의 값을 정하시오.

(1) 두 직선 $2x+3y-1=0$과 $ax+6y+3=0$이 평행하다.

(2) 두 직선 $ax+by+2=0$과 $3x-(a-2)y+1=0$이 일치한다.

(3) 두 직선 $3x+6y=2$와 $ax+y=5$는 서로 수직이다.

(4) 두 직선 $ax+4y-4=0$과 $x+2y+1=0$은 서로 수직이다.

연구 (1) $\dfrac{2}{a}=\dfrac{3}{6}\neq\dfrac{-1}{3}$에서 $a=4$

(2) $\dfrac{a}{3}=\dfrac{b}{-(a-2)}=\dfrac{2}{1}$에서 $a=6$, $b=-8$

(3) $3\times a+6\times1=0$에서 $a=-2$ (4) $a\times1+4\times2=0$에서 $a=-8$

필수 예제 **2**-2 두 직선 $ax+(b+2)y+b=0,\ 2x-(a-3b)y+2=0$에 대하여 다음을 만족시키는 상수 $a,\ b$의 값을 구하시오.

(1) 두 직선이 모두 점 $(-1,\ 1)$을 지난다.

(2) 두 직선이 모두 직선 $2x+y-1=0$에 평행하다.

(3) 두 직선이 모두 직선 $x-2y+1=0$에 수직이다.

(4) 두 직선이 일치한다.

[정석연구] 두 직선 $ax+by+c=0$과 $a'x+b'y+c'=0$에서

평행 조건 : $\dfrac{a}{a'}=\dfrac{b}{b'}\neq\dfrac{c}{c'}$ 일치 조건 : $\dfrac{a}{a'}=\dfrac{b}{b'}=\dfrac{c}{c'}$

수직 조건 : $aa'+bb'=0$

[모범답안] $ax+(b+2)y+b=0$ ······① $\quad 2x-(a-3b)y+2=0$ ······②

(1) 직선 ①, ②가 모두 점 $(-1,\ 1)$을 지나므로 $x=-1,\ y=1$을 대입하면
$$-a+(b+2)+b=0,\quad -2-(a-3b)+2=0$$
연립하여 풀면 $\boldsymbol{a=6,\ b=2}$ ⟵ 답

(2) 직선 ①, ②가 모두 직선 $2x+y-1=0$에 평행할 조건은
$$\frac{a}{2}=\frac{b+2}{1}\neq\frac{b}{-1},\quad \frac{2}{2}=\frac{-(a-3b)}{1}\neq\frac{2}{-1}$$
연립하여 풀면 $\boldsymbol{a=14,\ b=5}$ ⟵ 답

(3) 직선 ①, ②가 모두 직선 $x-2y+1=0$에 수직일 조건은
$$a\times1+(b+2)\times(-2)=0,\quad 2\times1+\{-(a-3b)\}\times(-2)=0$$
연립하여 풀면 $\boldsymbol{a=14,\ b=5}$ ⟵ 답

Note 두 직선 $2x+y-1=0,\ x-2y+1=0$이 수직이므로 (2), (3)의 답은 같다.

(4) $a=3b$이면 ①, ②는 각각 $3bx+(b+2)y+b=0,\ 2x+2=0$이고, 이 두 직선은 일치할 수 없으므로 $a\neq3b$

직선 ①, ②가 일치할 조건은 $\dfrac{a}{2}=\dfrac{b+2}{-(a-3b)}=\dfrac{b}{2}$

$\dfrac{a}{2}=\dfrac{b+2}{-(a-3b)}$에서 $-a(a-3b)=2(b+2)$ ······③

$\dfrac{a}{2}=\dfrac{b}{2}$에서 $a=b$ ······④

③, ④를 연립하여 풀면 $\boldsymbol{a=-1,\ b=-1}$ 또는 $\boldsymbol{a=2,\ b=2}$ ⟵ 답

[유제] **2**-3. 직선 $x+ay+1=0$이 직선 $2x-by+1=0$과는 수직이고, 직선 $x-(b-3)y-1=0$과는 평행할 때, 상수 $a,\ b$의 값을 구하시오.

답 $\boldsymbol{a=1,\ b=2}$ 또는 $\boldsymbol{a=2,\ b=1}$

§3. 직선의 방정식

기본정석

1 축에 수직인 직선의 방정식

(1) x절편이 a, x축에 수직인 직선 $\iff x=a$
특히, y축의 방정식 $\iff x=0$

(2) y절편이 b, y축에 수직인 직선 $\iff y=b$
특히, x축의 방정식 $\iff y=0$

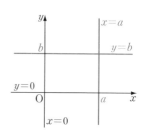

2 직선의 방정식

(1) 기울기가 a이고 y절편이 b인 직선의 방정식은 $y=ax+b$

(2) 기울기가 m이고 점 $(x_1,\,y_1)$을 지나는 직선의 방정식은
$$y-y_1=m(x-x_1)$$

(3) 두 점 $(x_1,\,y_1)$, $(x_2,\,y_2)$를 지나는 직선의 방정식은
$$x_1\neq x_2 \text{일 때} \quad y-y_1=\frac{y_2-y_1}{x_2-x_1}(x-x_1)$$
$$x_1=x_2 \text{일 때} \quad x=x_1$$

(4) x절편이 $a(\neq 0)$, y절편이 $b(\neq 0)$인 직선의 방정식은 $\dfrac{x}{a}+\dfrac{y}{b}=1$

𝒜𝒹𝓋𝒾𝒸𝑒 1° 기울기가 m이고 점 $\mathrm{P}_1(x_1,\,y_1)$을 지나는 직선의 방정식

점 $\mathrm{P}_1(x_1,\,y_1)$이 아닌 이 직선 위의 임의의 점을 $\mathrm{P}(x,\,y)$라고 하면 점 P_1과 P를 지나는 직선의 기울기는 m이므로 $\dfrac{y-y_1}{x-x_1}=m$

$$\therefore \quad y-y_1=m(x-x_1) \quad \cdots\cdots ①$$

또, 점 $\mathrm{P}_1(x_1,\,y_1)$도 ①을 만족시킨다.

따라서 주어진 직선 위의 모든 점은 ①을 만족시키므로 ①은 구하는 직선의 방정식이다.

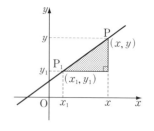

*Note 기울기가 m이므로 직선의 방정식을 $y=mx+b$로 놓고 $x=x_1$, $y=y_1$을 대입하면 $b=y_1-mx_1$ $\therefore y=mx+y_1-mx_1$ $\therefore y-y_1=m(x-x_1)$

보기 1 기울기가 3이고 점 $(3,\,-4)$를 지나는 직선의 방정식을 구하시오.

연구 $y-y_1=m(x-x_1)$에서 $m=3$, $x_1=3$, $y_1=-4$인 경우이므로
$$y-(-4)=3(x-3) \quad \therefore \ \boldsymbol{y=3x-13}$$

Advice 2° 두 점 $P_1(x_1, y_1)$, $P_2(x_2, y_2)$를 지나는 직선의 방정식

(ⅰ) $x_1 \neq x_2$일 때

두 점 $P_1(x_1, y_1)$, $P_2(x_2, y_2)$를 지나는 직선의 기울기 m은

$$m = \frac{y_2 - y_1}{x_2 - x_1}$$

따라서 $y - y_1 = m(x - x_1)$에 대입하면

$$y - y_1 = \frac{y_2 - y_1}{x_2 - x_1}(x - x_1)$$

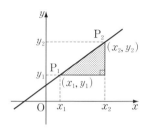

Note 구하는 직선의 방정식을 $y = ax + b$로 놓고, 여기에 두 점 P_1, P_2의 좌표를 대입하여 a, b의 값을 구할 수도 있다.

(ⅱ) $x_1 = x_2$일 때

직선 P_1P_2는 x축에 수직이므로 $x = x_1$

보기 2 다음 두 점을 지나는 직선의 방정식을 구하시오.

(1) $(2, 1)$, $(3, 4)$ (2) $(-3, 1)$, $(2, -4)$

연구 $y - y_1 = \dfrac{y_2 - y_1}{x_2 - x_1}(x - x_1)$에서

(1) $y - 1 = \dfrac{4 - 1}{3 - 2}(x - 2)$ $\therefore$ **$y = 3x - 5$**

$$\begin{array}{cccc} (x_1, & y_1) & (x_2, & y_2) \\ \downarrow & \downarrow & \downarrow & \downarrow \\ (2, & 1) & (3, & 4) \end{array}$$

(2) $y - 1 = \dfrac{-4 - 1}{2 - (-3)}(x + 3)$ $\therefore$ **$y = -x - 2$**

Advice 3° x절편이 $a\,(\neq 0)$, y절편이 $b\,(\neq 0)$인 직선의 방정식

두 점 $(a, 0)$, $(0, b)$를 지나는 직선이므로

$$y - 0 = \frac{b - 0}{0 - a}(x - a) \quad \therefore y = -\frac{b}{a}x + b$$

양변을 b로 나누면 $\dfrac{y}{b} = -\dfrac{x}{a} + 1$

곧, $\dfrac{x}{a} + \dfrac{y}{b} = 1$

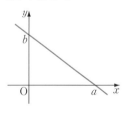

보기 3 x절편이 3이고 y절편이 -2인 직선의 방정식을 구하시오.

연구 $\dfrac{x}{a} + \dfrac{y}{b} = 1$에서 $a = 3$, $b = -2$인 경우이므로

$$\frac{x}{3} + \frac{y}{-2} = 1 \quad 곧, \quad \boldsymbol{\frac{x}{3} - \frac{y}{2} = 1}$$

Note 두 점 $(3, 0)$, $(0, -2)$를 지나는 직선의 방정식을 구하는 것과 같으므로

$$y - 0 = \frac{-2 - 0}{0 - 3}(x - 3) \quad \therefore \boldsymbol{y = \frac{2}{3}x - 2}$$

필수 예제 **2**-3   다음 직선의 방정식을 구하시오.

(1) 기울기가 양수이고 x축과 이루는 예각의 크기가 $60°$이며, 점 $(2, 1)$을 지나는 직선

(2) 직선 $l : \sqrt{3}\,x - y = \sqrt{3}$ 과 x축이 이루는 각을 이등분하는 직선

[정석연구] 직선 $y = ax + b$가 x축과 이루는 예각의 크기를 θ라고 하면

$$a > 0 \text{일 때}\quad a = \tan\theta, \qquad a < 0 \text{일 때}\quad a = -\tan\theta$$

임을 이용한다.

[모범답안] (1) 기울기가 양수이고 x축과 이루는 예각의 크기가 $60°$이므로 기울기는 $\tan 60° = \sqrt{3}$이다. 따라서 구하는 직선의 방정식은

$$y - 1 = \sqrt{3}(x - 2) \quad \therefore \boldsymbol{y = \sqrt{3}\,x - 2\sqrt{3} + 1} \longleftarrow \boxed{\text{답}}$$

(2) $\sqrt{3}\,x - y = \sqrt{3}$에서 $y = \sqrt{3}\,x - \sqrt{3}$

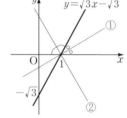

직선 l과 x축이 이루는 각을 이등분하는 직선은 오른쪽 그림에서 직선 ①과 ②이다.

(i) 직선 l과 x축의 교점의 좌표는 $y = 0$일 때 $x = 1$이므로 $(1, 0)$

(ii) 직선 l과 x축이 이루는 예각의 크기를 θ라고 하면 $\tan\theta = \sqrt{3}$으로부터 $\theta = 60°$

따라서 기울기가 양수인 직선 ①이 x축과 이루는 예각의 크기는 $30°$이고, 기울기가 음수인 직선 ②가 x축과 이루는 예각의 크기는 $60°$이다.

(i), (ii)에 의하여 직선 ①, ②의 방정식은

$$y - 0 = \tan 30° \times (x - 1), \quad y - 0 = -\tan 60° \times (x - 1)$$

$$\therefore \boldsymbol{y = \frac{1}{\sqrt{3}}x - \frac{1}{\sqrt{3}}, \ y = -\sqrt{3}\,x + \sqrt{3}} \longleftarrow \boxed{\text{답}}$$

Note 직선 ①, ②가 수직이므로 ①의 기울기로부터 ②의 기울기를 구할 수도 있다.

[유제] **2**-4. 다음 직선의 방정식을 구하시오.

(1) 기울기가 음수이고 x축과 이루는 예각의 크기가 $45°$이며, x절편이 2인 직선

(2) 두 직선 $x = 2$, $y = 1$이 이루는 각을 이등분하는 직선

(3) 두 직선 $3x + \sqrt{3}\,y - 3 = 0$, $\sqrt{3}\,x - y - \sqrt{3} = 0$이 이루는 각 중 둔각을 사등분하는 직선

$\boxed{\text{답}}$ (1) $\boldsymbol{y = -x + 2}$ (2) $\boldsymbol{y = x - 1, \ y = -x + 3}$

(3) $\boldsymbol{x - \sqrt{3}\,y - 1 = 0, \ y = 0, \ x + \sqrt{3}\,y - 1 = 0}$

필수 예제 **2**-4 다음을 만족시키는 직선의 방정식을 구하시오.

(1) 직선 $y=\dfrac{1}{2}x+4$와 x축 위에서 수직으로 만난다.

(2) 두 점 $(2, 1)$, $(3, 4)$를 지나는 직선에 평행하고, 점 $(-1, 2)$를 지난다.

(3) 두 점 $A(1, 3)$, $B(-3, 7)$을 지나는 직선에 수직이고, 선분 AB를 $3:1$로 내분하는 점 C를 지난다.

[정석연구] 기울기 m 또는 점 (x_1, y_1)에 관한 조건이 간접적으로 주어졌다.

$$\boxed{\text{정석}}\ \ y-y_1=m(x-x_1)\text{을 이용!}$$

[모범답안] (1) 직선 $y=\dfrac{1}{2}x+4$의 기울기는 $\dfrac{1}{2}$이고 x절편은 -8이다.

따라서 구하는 직선은 기울기가 -2이고 점 $(-8, 0)$을 지나므로
$$y-0=-2(x+8) \qquad \therefore\ \boldsymbol{y=-2x-16} \longleftarrow \boxed{\text{답}}$$

(2) 두 점 $(2, 1)$, $(3, 4)$를 지나는 직선의 기울기는 $\dfrac{4-1}{3-2}=3$

따라서 구하는 직선은 기울기가 3이고 점 $(-1, 2)$를 지나므로
$$y-2=3(x+1) \qquad \therefore\ \boldsymbol{y=3x+5} \longleftarrow \boxed{\text{답}}$$

(3) 두 점 A, B를 지나는 직선의 기울기는

$\dfrac{7-3}{-3-1}=-1$이므로 이 직선에 수직인 직선의

기울기는 1이다.

또, 점 C의 좌표를 (a, b)라고 하면
$$a=\dfrac{3\times(-3)+1\times1}{3+1}=-2,$$
$$b=\dfrac{3\times7+1\times3}{3+1}=6$$

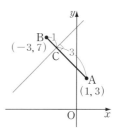

따라서 구하는 직선의 방정식은
$$y-6=1\times(x+2) \qquad \therefore\ \boldsymbol{y=x+8} \longleftarrow \boxed{\text{답}}$$

[유제] **2**-5. 다음을 만족시키는 직선의 방정식을 구하시오.

(1) 직선 $y=\dfrac{2}{3}x+4$에 수직이고, 점 $(3, -2)$를 지난다.

(2) 직선 $3x+2y=3$에 평행하고, 점 $(2, 3)$을 지난다.

(3) 두 점 $A(-2, -1)$, $B(1, 2)$를 지나는 직선에 수직이고, 점 B를 지난다.

(4) 두 점 $A(2, 3)$, $B(5, 0)$을 잇는 선분을 수직이등분한다.

$\boxed{\text{답}}$ (1) $\boldsymbol{y=-\dfrac{3}{2}x+\dfrac{5}{2}}$ (2) $\boldsymbol{y=-\dfrac{3}{2}x+6}$ (3) $\boldsymbol{y=-x+3}$ (4) $\boldsymbol{y=x-2}$

필수 예제 **2**-5 서로 다른 세 점

$$A(-2k-1, 5), \quad B(1, k+3), \quad C(k+1, k-1)$$

이 한 직선 위에 있을 때, k의 값을 구하시오.

[정석연구] 두 점 A, B를 지나는 직선 위에 점 C가 있다. 또, 직선 AB의 기울기와 직선 AC(직선 BC)의 기울기가 같다.

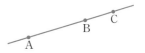

정석 세 점 **A, B, C**가 한 직선 위에 있다

⟺ 두 점 **A, B**를 지나는 직선 위에 점 **C**가 있다

⟺ 직선 **AB**의 기울기와 직선 **AC**의 기울기가 같다

또한 두 점 $A(x_1, y_1)$, $B(x_2, y_2)$를 지나는 직선의 방정식을 구할 때

정석 $y-y_1 = \dfrac{y_2-y_1}{x_2-x_1}(x-x_1)$ ······①

을 흔히 이용하지만 이 공식은 x축에 수직인 직선($x_1=x_2$일 때)을 나타낼 수 없으므로 $x_1=x_2$인 경우와 $x_1 \neq x_2$인 경우로 나누어 생각해야 한다.

[모범답안] (i) $-2k-1=1$, 곧 $k=-1$일 때, $A(1, 5)$, $B(1, 2)$, $C(0, -2)$이므로 이 세 점을 지나는 직선은 없다.

(ii) $k \neq -1$일 때, 두 점 A, B를 지나는 직선의 방정식은

$$y-5 = \dfrac{(k+3)-5}{1-(-2k-1)}(x+2k+1)$$

점 $C(k+1, k-1)$이 이 직선 위에 있으므로 점의 좌표를 대입하면

$$k-1-5 = \dfrac{k-2}{2(k+1)}(k+1+2k+1)$$

양변에 $2(k+1)$을 곱하면 $2(k+1)(k-6)=(k-2)(3k+2)$

$\therefore (k+2)(k+4)=0$ $\therefore \boldsymbol{k=-2, -4}$ ←── [답]

Advice 1° ①의 양변에 x_2-x_1을 곱한

정석 $(x_2-x_1)(y-y_1)=(y_2-y_1)(x-x_1)$

을 활용하면 굳이 $k=-1$, $k \neq -1$일 때로 나누어 생각하지 않아도 된다.

2° 직선 AB의 기울기와 직선 BC의 기울기가 같으므로

$$\dfrac{(k+3)-5}{1-(-2k-1)} = \dfrac{(k-1)-(k+3)}{(k+1)-1} \quad (k \neq 0, \; k \neq -1) \quad \therefore \boldsymbol{k=-2, -4}$$

[유제] **2**-6. 세 점 $A(k, k-2)$, $B(1, k)$, $C(2k, -4)$가 한 직선 위에 있을 때, k의 값을 구하시오. [답] $k=-1, 2$

필수 예제 **2**-6 세 점 O(0, 0), A(8, 0), B(5, 3)을 꼭짓점으로 하는
$\triangle$OAB의 넓이를 직선 $y=x+k$가 이등분할 때, 상수 k의 값을 구하
시오.

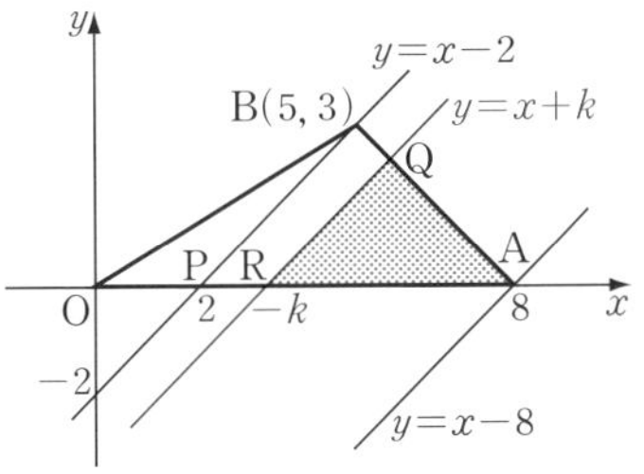

[정석연구] 오른쪽 그림에서

$\qquad \triangle QRA = \square BORQ$

가 되는 k의 값을 구하는 문제이다.

여기에서 $\square BORQ$의 넓이를 계산하
여 해결하자면 그 과정이 복잡하므로

$$\triangle QRA = \frac{1}{2}\triangle OAB$$

가 되는 k의 값을 구하는 것이 좋다.

[모범답안] 위의 그림과 같이 직선 $y=x+k$ $\qquad\qquad$ ……①

이 점 B(5, 3)을 지날 때 변 OA와의 교점을 P라고 하자.

직선 ①에 점 B(5, 3)의 좌표를 대입하면 $k=-2$ $\quad\therefore$ P(2, 0)

이때, $\overline{OP}=2$, $\overline{PA}=6$이므로 $\quad \triangle BOP < \triangle BPA$

따라서 직선 ①이 $\triangle$OAB의 넓이를 이등분하려면 변 AB와 만나야 한다.

그러므로 k의 값의 범위는 $\quad -8 < k < -2$ $\qquad\qquad$ ……②

이때, 직선 ①이 두 변 AB, OA와 만나는 점을 각각 Q, R이라고 하자.

직선 AB의 방정식은 $y=-x+8$이므로 이것과 ①을 연립하여 풀면

$$x=\frac{8-k}{2},\; y=\frac{8+k}{2} \quad\therefore\; Q\left(\frac{8-k}{2},\frac{8+k}{2}\right)$$

또, 점 R의 좌표는 R($-k$, 0)이다.

그런데 문제의 조건으로부터 $\quad \triangle QRA=\frac{1}{2}\triangle OAB$

$$\therefore\; \frac{1}{2}(8+k)\times\frac{8+k}{2}=\frac{1}{2}\left(\frac{1}{2}\times 8\times 3\right)$$

$$\therefore\; (8+k)^2=24 \quad\therefore\; 8+k=\pm 2\sqrt{6}$$

②를 만족시키는 k의 값은 $\quad \boldsymbol{k=-8+2\sqrt{6}}$ ← 답

*Note $\triangle$QRA가 이등변삼각형이므로 점 Q의 x좌표가 선분 RA의 중점의 x좌표
와 같음을 이용하면 직선 AB의 방정식을 구하지 않고도 해결할 수 있다.

[유제] **2**-7. 세 점 O(0, 0), A(0, 4), B(2, 0)을 꼭짓점으로 하는 $\triangle$OAB의 넓
이를 이등분하고 점 C(0, 1)을 지나는 직선의 방정식을 구하시오.

$\qquad\qquad\qquad\qquad\qquad\qquad$ 답 $y=\dfrac{1}{4}x+1$

§4. 정점을 지나는 직선

(1) m이 실수일 때, 직선

$$(ax+by+c)m+(a'x+b'y+c')=0$$

은 m의 값에 관계없이 두 직선

$$ax+by+c=0, \quad a'x+b'y+c'=0$$

의 교점을 지난다. 단, 두 직선이 서로 만나는 경우에 한한다.

(2) 서로 만나는 두 직선

$$ax+by+c=0, \quad a'x+b'y+c'=0$$

의 교점을 지나는 직선의 방정식은 h, k가 실수일 때

$$(ax+by+c)h+(a'x+b'y+c')k=0$$

으로 나타낼 수 있다. 단, h, k가 동시에 0은 아니다.

Advice | $ax+by+c=0$ ······①

$a'x+b'y+c'=0$ ······②

$(ax+by+c)h+(a'x+b'y+c')k=0$ ······③

이라고 하면 h, k가 동시에 0이 아닌 실수일 때 ③은 x, y에 관한 일차방정식
이므로 직선을 나타낸다.

또, ①과 ②의 교점의 좌표를 (x_0, y_0)이라고 하면, 점 (x_0, y_0)은 직선 ①,
② 위에 있으므로

$$ax_0+by_0+c=0, \quad a'x_0+b'y_0+c'=0$$

이다. 따라서 모든 실수 h, k에 대하여

$$(ax_0+by_0+c)h+(a'x_0+b'y_0+c')k=0$$

이 성립한다. 따라서 점 (x_0, y_0)은 직선 ③ 위
에 있다.

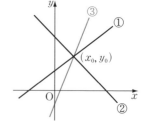

바꾸어 말하면 ③은 직선 ①, ②의 교점을 지
나는 직선이다.

③에서 $h\neq0$, $k=0$이면 ③은 ①을 나타내고, $h=0$, $k\neq0$이면 ③은 ②를
나타낸다.

또, ③의 양변을 $k(\neq0)$로 나누어 $\dfrac{h}{k}=m$으로 놓으면 ③은

$$(ax+by+c)m+(a'x+b'y+c')=0$$

의 꼴이 된다. 이 식은 어떤 m에 대해서도 ①을 나타내지 못한다.

　마찬가지로 ③의 양변을 $h(\neq 0)$로 나누어 $\dfrac{k}{h}=m'$으로 놓으면 ③은

$$(ax+by+c)+(a'x+b'y+c')m'=0$$

의 꼴이 된다. 이 식은 어떤 m'에 대해서도 ②를 나타내지 못한다.

　그래서 일반적으로는 직선 ①, ②의 교점을 지나는 모든 직선을 방정식 ③으로 나타낸다. 그러나 계산의 복잡함을 피하기 위하여

　　정석 서로 만나는 두 직선 $ax+by+c=0$, $a'x+b'y+c'=0$의
　　　　　 교점을 지나는 직선의 방정식을 m이 실수일 때,
$$(ax+by+c)m+(a'x+b'y+c')=0$$
$$또는\ (ax+by+c)+(a'x+b'y+c')m=0$$

으로 나타내기도 한다.

보기 1 직선 $(m+1)x-(m-1)y+m+3=0$은 m의 값에 관계없이 일정한 점을 지난다. 그 점의 좌표를 구하시오.

연구 주어진 식을 m에 관하여 정리하면　$(x-y+1)m+(x+y+3)=0$

　따라서 이 직선은 m의 값에 관계없이 두 직선 $x-y+1=0$, $x+y+3=0$의 교점을 지난다.

　두 식을 연립하여 풀면　$x=-2,\ y=-1$　∴　$(-2,\ -1)$

　　정석 「m의 값에 관계없이 …」 $\Longrightarrow$ m에 관하여 정리!

보기 2 두 직선 $2x-y-1=0$, $x+y-5=0$의 교점과 점 $(1,\ 2)$를 지나는 직선의 방정식을 구하시오.

연구 두 직선의 교점을 지나는 직선의 방정식은

　　$(2x-y-1)h+(x+y-5)k=0$ (단, $h,\ k$가 동시에 0은 아님) $\cdots\cdots$①

　이 직선이 점 $(1,\ 2)$를 지나므로　$-h-2k=0$　∴　$h=-2k$　$\cdots\cdots$②

①에 대입하여 정리하면　$(x-y+1)k=0$

　$k=0$이면 ②에서 $h=0$이므로 $k\neq 0$이다.　∴　$y=x+1$

*$Note$ 1° 두 직선 중 어느 것도 점 $(1,\ 2)$를 지나지 않으므로 구하는 직선의 방정식을　　　　$(2x-y-1)m+(x+y-5)=0$　　　　　　　$\cdots\cdots$③

　　으로 놓고 여기에 $x=1,\ y=2$를 대입하면 $m=-2$를 얻는다.

　　　이 값을 ③에 대입하여 정리하면 $y=x+1$을 간단히 구할 수 있다. 보통은 이와 같은 방법으로 구한다.

　2° 주어진 두 식을 연립하여 풀면 $x=2,\ y=3$이므로 교점의 좌표는 $(2,\ 3)$이다.

　　따라서 두 점 $(2,\ 3)$, $(1,\ 2)$를 지나는 직선의 방정식을 구해도 된다.

필수 예제 **2**-7 다음과 같은 두 직선 ①, ②가 있다.

$$3x+4y=12 \quad \cdots\cdots ① \qquad\qquad 3ax+4by=12 \quad \cdots\cdots ②$$

(1) 점 $P(a, b)$가 직선 ① 위를 움직일 때, 직선 ②는 일정한 점을 지난다. 그 점의 좌표를 구하시오.

(2) 점 $P(a, b)$가 직선 ① 위를 움직이고, 직선 ②가 직선 ①에 평행할 때, 점 P의 좌표를 구하시오.

[정석연구] (1) 점 $P(a, b)$가 직선 ① 위를 움직이므로 a와 b 사이에는 $3a+4b=12$가 성립한다. 이것을 이용하여 ②의 계수를 a 또는 b의 어느 한 문자로 나타내고, 다음 성질을 이용한다.

정석 직선 $(ax+by+c)m+(a'x+b'y+c')=0$($m$은 실수)은
m의 값에 관계없이 다음 두 직선의 교점을 지난다.
$$ax+by+c=0, \quad a'x+b'y+c'=0$$

[모범답안] $3x+4y=12 \quad \cdots\cdots ① \qquad 3ax+4by=12 \quad \cdots\cdots ②$

(1) 점 $P(a, b)$가 직선 ① 위에 있으므로

$$3a+4b=12 \quad \therefore \ 4b=12-3a \qquad\qquad \cdots\cdots ③$$

③을 ②에 대입하면

$$3ax+(12-3a)y=12 \quad 곧, \ (x-y)a+4(y-1)=0$$

이 직선은 a의 값에 관계없이 다음 두 직선의 교점을 지난다.

$$x-y=0, \quad 4(y-1)=0$$

연립하여 풀면 $x=1, \ y=1$ $\boxed{답}$ **(1, 1)**

(2) 점 $P(a, b)$가 직선 ① 위에 있으므로 $3a+4b=12$

또, 직선 ①과 ②가 평행할 조건은 $\dfrac{3a}{3}=\dfrac{4b}{4}\neq\dfrac{12}{12}$

연립하여 풀면 $a=b=\dfrac{12}{7}$ $\boxed{답}$ $P\left(\dfrac{12}{7}, \dfrac{12}{7}\right)$

[유제] **2**-8. 다음 직선은 m의 값에 관계없이 일정한 점을 지난다. 그 점의 좌표를 구하시오.

$$(2m+3)x+(3m+4)y-(m+2)=0 \qquad \boxed{답} \ (2, -1)$$

[유제] **2**-9. 실수 a, b가 $\dfrac{1}{a}+\dfrac{1}{2b}=\dfrac{1}{5}$을 만족시킬 때, 직선 $\dfrac{x}{a}+\dfrac{y}{b}=1$은 a, b의 값에 관계없이 일정한 점을 지난다. 그 점의 좌표를 구하시오.

$$\boxed{답} \ \left(5, \dfrac{5}{2}\right)$$

필수 예제 **2**-8　연립방정식 $\begin{cases} x+y-2=0 \\ mx-y+m+1=0 \end{cases}$ 이 $x>0,\,y>0$인 해를 가

질 때, 실수 m의 값의 범위를 구하시오.

[정석연구] 연립방정식을 풀어서 $x>0,\,y>0$으로 놓으면 m에 관한 부등식이 되므로 이 부등식을 풀면 된다. 그러나 실제로 부등식을 풀어 보면 복잡한 계산과정이 뒤따른다. 이때에는 다음을 생각해 보자.

정석 방정식에 의한 해결이 복잡하면 ⟹ 그래프를 이용!

[모범답안] $y=-x+2$ ……① 　　　　$y=mx+m+1$ ……②

　연립방정식 ①, ②가 $x>0,\,y>0$인 해를 가지면 두 직선 ①, ②가 제1사분면에서 만난다.

　그런데 직선 ①의 제1사분면에 있는 부분은 두 점 P$(2,\,0)$, Q$(0,\,2)$를 잇는 선분(두 점 P, Q는 제외)이다.

　한편 ②를 m에 관하여 정리하면

$$(x+1)m+1-y=0$$

이므로 직선 ②는 m의 값에 관계없이 두 직선 $x+1=0,\,1-y=0$의 교점인 점 $(-1,\,1)$을 지난다.

　따라서 제1사분면에서 만나려면 직선 ②가 그림의 점 찍은 부분에 존재해야 한다.

　그런데 m은 직선 ②의 기울기이고,

직선 ②가 점 P$(2,\,0)$을 지날 때 $2m+m+1=0$에서 $m=-\dfrac{1}{3}$

직선 ②가 점 Q$(0,\,2)$를 지날 때 $m+1=2$에서 $m=1$

$$\therefore\ -\frac{1}{3}<m<1 \leftarrow \boxed{답}$$

[유제] **2**-10. 두 직선 $y=x+2,\,y=mx-m+1$이 제1사분면에서 만날 때, 실수 m의 값의 범위를 구하시오.　　　　　　[답] $m<-1,\ m>1$

[유제] **2**-11. 직선 $l : ax-2y+4-3a=0$에 대하여 다음 물음에 답하시오.

(1) 직선 l은 실수 a의 값에 관계없이 일정한 점을 지난다. 그 점의 좌표를 구하시오.

(2) 두 점 A$(-1,\,1)$, B$(1,\,1)$을 양 끝 점으로 하는 선분과 직선 l이 만나도록 실수 a의 값의 범위를 정하시오.　　　[답] (1) $(3,\,2)$　(2) $\dfrac{1}{2}\le a\le 1$

§5. 점과 직선 사이의 거리

기 본 정 석

점과 직선 사이의 거리

점 (x_1, y_1)과 직선

$$ax+by+c=0$$

사이의 거리를 d라고 하면

$$d=\frac{|ax_1+by_1+c|}{\sqrt{a^2+b^2}}$$

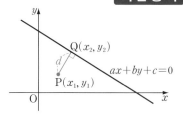

Advice ▌ 점 $P(x_1, y_1)$에서 직선　$ax+by+c=0$　　　　……①

에 내린 수선의 발 $Q(x_2, y_2)$의 좌표를 구한 다음, 두 점 사이의 거리 공식

$$d^2=(x_2-x_1)^2+(y_2-y_1)^2$$

을 이용하여 d를 구한다.

한편 점 $Q(x_2, y_2)$는 직선 ①과 점 P를 지나고 ①에 수직인 직선의 교점이

므로 d^2은 다음과 같이 점 Q의 좌표를 구하지 않고도 계산할 수 있다.

점 $P(x_1, y_1)$을 지나고 ①에 수직인 직선의 방정식은

　(i) $a\neq0$, $b\neq0$일 때　$y-y_1=\dfrac{b}{a}(x-x_1)$

　(ii) $a\neq0$, $b=0$일 때　$y=y_1$

　(iii) $a=0$, $b\neq0$일 때　$x=x_1$

이므로 항상 $b(x-x_1)-a(y-y_1)=0$의 꼴로 나타낼 수 있다.

점 $Q(x_2, y_2)$는 이 직선 위의 점임과 동시에 직선 ① 위의 점이므로

　$b(x_2-x_1)-a(y_2-y_1)=0$　……②　　$ax_2+by_2+c=0$　……③

③$\times a+$②$\times b$하여 y_2를 소거하면　$(a^2+b^2)x_2-b^2x_1+aby_1+ac=0$

　　∴ $(a^2+b^2)(x_2-x_1)=-a(ax_1+by_1+c)$　　　　……④

③$\times b-$②$\times a$하여 x_2를 소거하면　$(a^2+b^2)y_2-a^2y_1+abx_1+bc=0$

　　∴ $(a^2+b^2)(y_2-y_1)=-b(ax_1+by_1+c)$　　　　……⑤

④, ⑤를 각각 $a^2+b^2(\neq0)$으로 나누고 $d^2=(x_2-x_1)^2+(y_2-y_1)^2$에 대입

하면

$$d^2=(ax_1+by_1+c)^2\left\{\left(\frac{-a}{a^2+b^2}\right)^2+\left(\frac{-b}{a^2+b^2}\right)^2\right\}=\frac{(ax_1+by_1+c)^2}{a^2+b^2}$$

$$\therefore\ d=\frac{|ax_1+by_1+c|}{\sqrt{a^2+b^2}}$$

필수 예제 **2**-9 다음 물음에 답하시오.

(1) 점 $(4, 5)$와 직선 $ax+4y=2$ 사이의 거리가 6일 때, 상수 a의 값을 구하시오.

(2) 두 직선 $x+y-3=0$, $x-y-1=0$의 교점을 지나고, 점 $(5, 3)$에서 거리가 2인 직선의 방정식을 구하시오.

[정석연구] 점과 직선 사이의 거리에 관한 다음 공식을 이용한다.

> **정석** 점 (x_1, y_1)과 직선 $ax+by+c=0$ 사이의 거리 d는
> $$d=\frac{|ax_1+by_1+c|}{\sqrt{a^2+b^2}}$$

[모범답안] (1) $ax+4y=2$에서 $ax+4y-2=0$이므로

$$\frac{|a\times 4+4\times 5-2|}{\sqrt{a^2+4^2}}=6 \quad \therefore |2a+9|=3\sqrt{a^2+16}$$

양변을 제곱하면 $(2a+9)^2=9(a^2+16)$

$$\therefore (5a-21)(a-3)=0 \quad \therefore a=\frac{21}{5},\ 3 \longleftarrow \boxed{\text{답}}$$

(2) 점 $(5, 3)$과 직선 $x+y-3=0$ 사이의 거리는 $\dfrac{5\sqrt{2}}{2}$이므로 이 직선은 문제의 뜻에 적합하지 않다. 따라서 조건을 만족시키는 직선의 방정식을

$$(x+y-3)m+(x-y-1)=0$$
$$곧,\ (m+1)x+(m-1)y-3m-1=0 \qquad \cdots\cdots①$$

로 나타낼 수 있다.

점 $(5, 3)$과 이 직선 사이의 거리가 2이므로

$$\frac{|5(m+1)+3(m-1)-3m-1|}{\sqrt{(m+1)^2+(m-1)^2}}=2 \quad \therefore |5m+1|=2\sqrt{2m^2+2}$$

양변을 제곱하면 $(5m+1)^2=4(2m^2+2)$ $\quad \therefore m=-1,\ \dfrac{7}{17}$

①에 대입하여 정리하면 $y=1,\ 12x-5y-19=0 \longleftarrow \boxed{\text{답}}$

*_Note_ 교점이 점 $(2, 1)$이므로 구하는 직선의 방정식을 $y-1=m(x-2)$로 놓아도 된다.

[유제] **2**-12. 점 $(1, 2)$를 지나고, 원점에서 거리가 1인 직선의 방정식을 구하시오. $\boxed{\text{답}}$ $3x-4y+5=0,\ x=1$

[유제] **2**-13. 직선 $3x+4y+1=0$에 수직이고, 원점에서 거리가 1인 직선의 방정식을 구하시오. $\boxed{\text{답}}$ $4x-3y+5=0,\ 4x-3y-5=0$

필수 예제 **2**-10 한 직선 위에 있지 않은 세 점 $A(x_1, y_1)$, $B(x_2, y_2)$, $C(x_3, y_3)$을 꼭짓점으로 하는 $\triangle ABC$의 넓이 S는 다음과 같음을 보이시오.

$$S = \frac{1}{2} |(x_1 - x_2)y_3 + (x_2 - x_3)y_1 + (x_3 - x_1)y_2|$$

[정석연구] 먼저 두 점 A, B 사이의 거리를 구한 다음, 점과 직선 사이의 거리를 구하는 공식을 이용하여 점 C와 직선 AB 사이의 거리를 구한다.

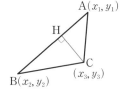

[모범답안] $\overline{AB} = \sqrt{(x_2 - x_1)^2 + (y_2 - y_1)^2}$

또, 직선 AB의 방정식은

$$(x_2 - x_1)(y - y_1) = (y_2 - y_1)(x - x_1)$$
$$\therefore \ (y_2 - y_1)x - (x_2 - x_1)y - (x_1 y_2 - x_2 y_1) = 0$$

점 C에서 직선 AB에 내린 수선의 발을 H라고 하면

$$\overline{CH} = \frac{|(y_2 - y_1)x_3 - (x_2 - x_1)y_3 - (x_1 y_2 - x_2 y_1)|}{\sqrt{(y_2 - y_1)^2 + (x_2 - x_1)^2}}$$

$$= \frac{|(x_1 - x_2)y_3 + (x_2 - x_3)y_1 + (x_3 - x_1)y_2|}{\sqrt{(x_2 - x_1)^2 + (y_2 - y_1)^2}}$$

$$\therefore \ S = \frac{1}{2}\sqrt{(x_2 - x_1)^2 + (y_2 - y_1)^2} \times \frac{|(x_1 - x_2)y_3 + (x_2 - x_3)y_1 + (x_3 - x_1)y_2|}{\sqrt{(x_2 - x_1)^2 + (y_2 - y_1)^2}}$$

$$= \frac{1}{2}|(x_1 - x_2)y_3 + (x_2 - x_3)y_1 + (x_3 - x_1)y_2|$$

*Note 이 공식을 다음과 같이 기억해도 된다.

$$S = \frac{1}{2} \begin{vmatrix} x_1 & x_2 & x_3 & x_1 \\ y_1 & y_2 & y_3 & y_1 \end{vmatrix} = \frac{1}{2}|(x_1 y_2 + x_2 y_3 + x_3 y_1) - (x_2 y_1 + x_3 y_2 + x_1 y_3)|$$

곧, 붉은 화살표로 연결한 값끼리 곱하여 더한 값 X와 초록 화살표로 연결한 값끼리 곱하여 더한 값 Y의 차 $|X - Y|$에 $\frac{1}{2}$을 곱한다.

유제 **2**-14. 다음 세 점을 꼭짓점으로 하는 삼각형의 넓이를 구하시오.

(1) $(0, 0)$, $(2, 6)$, $(6, 3)$ (2) $(9, 8)$, $(1, 2)$, $(7, 3)$

답 (1) **15** (2) **14**

유제 **2**-15. 세 직선 $x + 2y - 6 = 0$, $2x - y - 2 = 0$, $3x + y - 3 = 0$으로 둘러싸인 삼각형의 넓이를 구하시오.   답 $\dfrac{5}{2}$

유제 **2**-16. 세 점 $O(0, 0)$, $A(x_1, y_1)$, $B(x_2, y_2)$를 꼭짓점으로 하는 $\triangle OAB$의 넓이는 $\frac{1}{2}|x_1 y_2 - x_2 y_1|$임을 보이시오.

§6. 자취 문제(직선)

필수 예제 **2**-11 두 점 A$(-1, 2)$, B$(3, 0)$에서 같은 거리에 있는 점의 자취의 방정식을 구하시오.

정석연구 자취 문제를 푸는 방법은

(i) 조건을 만족시키는 임의의 점의 좌표를 (x, y)라 하고,

(ii) 주어진 조건을 이용하여 x와 y의 관계식을 구한다.

모범답안 조건을 만족시키는 임의의 점을 P(x, y)
라고 하면 $\overline{PA}=\overline{PB}$에서 $\overline{PA}^2=\overline{PB}^2$이므로

$$(x+1)^2+(y-2)^2=(x-3)^2+y^2$$
$$\therefore 2x-y-1=0$$

역으로 직선 $2x-y-1=0$ 위의 점은
P$(t, 2t-1)$$(t$는 실수$)$ 꼴로 나타낼 수 있고,

$$\overline{PA}=\sqrt{(t+1)^2+(2t-1-2)^2}=\sqrt{5t^2-10t+10},$$
$$\overline{PB}=\sqrt{(t-3)^2+(2t-1)^2}=\sqrt{5t^2-10t+10}$$

곧, $\overline{PA}=\overline{PB}$이므로 직선 $2x-y-1=0$ 위의 모든 점은 주어진 조건을 만족시킨다.   답 $2x-y-1=0$

*_Note_ 방정식으로부터 명백할 경우에는 역의 증명은 생략하는 것이 보통이다.

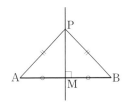

Advice | 오른쪽 그림과 같이 두 점 A, B에 대하여 선분 AB의 중점을 M이라고 하면
$\overline{AM}=\overline{BM}$이다. 선분 AB 위에 있지 않고 두 점 A, B에서 같은 거리에 있는 임의의 점을 P라고 하면 두 삼각형 PAM과 PBM에서

$\overline{PA}=\overline{PB}$, $\overline{AM}=\overline{BM}$, 변 PM은 공통

이므로 $\triangle PAM \equiv \triangle PBM$ (SSS 합동) $\therefore \angle PMA = \angle PMB = 90°$

곧, 점 P는 선분 AB의 수직이등분선 위에 있다.

따라서 두 점 A, B에서 같은 거리에 있는 점의 자취는 선분 AB의 수직이등분선이다.

유제 **2**-17. 두 점 $(0, 2)$, $(3, -4)$에서 같은 거리에 있는 점의 자취의 방정식을 구하시오.   답 $2x-4y-7=0$

필수 예제 **2**-12   두 직선 $5x+12y=22$, $3x-4y=2$에서 같은 거리에 있는 점의 자취의 방정식을 구하시오.

정석연구 조건을 만족시키는 임의의 점을 $P(x, y)$로 놓고

정석 점 (x_1, y_1)과 직선 $ax+by+c=0$ 사이의 거리 d는

$$d=\frac{|ax_1+by_1+c|}{\sqrt{a^2+b^2}}$$

임을 이용한다.

모범답안 조건을 만족시키는 임의의 점을 $P(x, y)$라고 하면, 점 P에서 두 직선에 이르는 거리가 같으므로

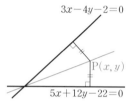

$$\frac{|5x+12y-22|}{\sqrt{5^2+12^2}}=\frac{|3x-4y-2|}{\sqrt{3^2+(-4)^2}}$$

$$\therefore 5|5x+12y-22|=13|3x-4y-2|$$

$$\therefore 5(5x+12y-22)=\pm13(3x-4y-2)$$

따라서 구하는 자취의 방정식은

$$x-8y+6=0, \ 8x+y-17=0 \leftarrow \boxed{\text{답}}$$

Advice 1° 오른쪽 그림과 같이 두 직선 l, m의 교점을 O라 하고, 두 직선 l, m에서 같은 거리에 있는 점 O가 아닌 임의의 점을 P, 점 P에서 두 직선 l, m에 내린 수선의 발을 각각 Q, R이라고 하자.

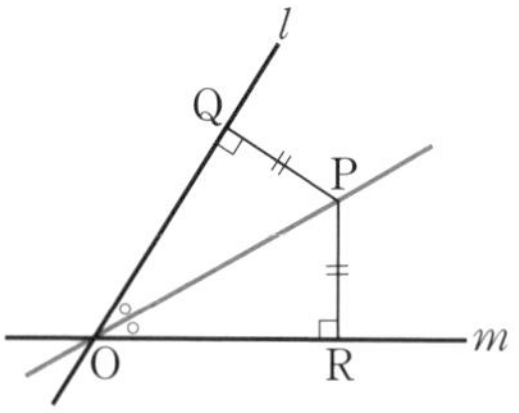

두 직각삼각형 POQ와 POR에서

$$\overline{PQ}=\overline{PR}, \ \text{빗변 PO는 공통}$$

이므로 $\triangle POQ \equiv \triangle POR$ (RHS 합동) $\therefore \angle POQ=\angle POR$

곧, 점 P는 각 QOR의 이등분선 위에 있다.

따라서 두 직선에서 같은 거리에 있는 점의 자취는 두 직선이 이루는 각의 이등분선이다.

2° 두 직선이 이루는 각의 이등분선은 두 개 있다는 것에 주의한다. 이때, 두 이등분선은 서로 수직이다.

유제 **2**-18. 두 직선 $3x-y-1=0$, $x+3y+1=0$이 이루는 각의 이등분선의 방정식을 구하시오. $\boxed{\text{답}} \ x-2y-1=0, \ 2x+y=0$

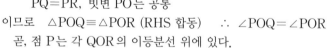

연습문제 2

기본 **2**-1　△ABC의 변 BC, CA, AB의 중점을 각각 L, M, N이라 하고, 직선 MN, NL, LM의 방정식을 각각

$$2x-4y-3=0, \quad 2x+2y-3=0, \quad 4x-2y-9=0$$

이라고 할 때, 점 A, B, C의 좌표를 구하시오.

2-2　원점을 지나고 기울기가 양수인 두 직선 l과 m이 있다. 직선 l의 기울기는 직선 m의 기울기의 4배이고, 직선 m은 x축과 직선 l이 이루는 각을 이등분한다. 이때, 직선 m의 기울기를 구하시오.

2-3　두 직선 $ax+(a^2-a+2)y=a^2$, $(a+1)x+(a^2+a+2)y=3a-1$에 대하여 다음을 만족시키는 상수 a의 값을 구하시오.
(1) 교점이 없다.　　　　　　　　(2) 교점이 무수히 많다.

2-4　두 직선 $l_1 : 3x+y+3=0$, $l_2 : x-3y-9=0$의 교점을 A, 두 직선 l_1, l_2가 x축과 만나는 점을 각각 B, C라고 하자. 제1사분면에서 △ABC의 외접원 위에 있는 점 P에 대하여 △ABC와 △PBC의 넓이가 같을 때, 점 P의 좌표를 구하시오.

2-5　$\overline{AB}=\overline{AC}$, $\overline{BC}=24$인 예각삼각형 ABC의 꼭짓점 A, B에서 대변에 내린 수선의 발을 각각 M, N이라고 하자. 두 선분 AM, BN의 교점 H에 대하여 $\overline{HM}=7$일 때, △ABC의 넓이를 구하시오.

2-6　실수 a에 대하여 x에 관한 이차방정식 $x^2-2x+a^2-a-1=0$이 두 실근 α, β를 가진다. 기울기가 α이고 점 $(1, 0)$을 지나는 직선과 기울기가 $-\beta$이고 점 $(-1, 0)$을 지나는 직선의 교점의 y좌표를 $f(a)$라고 할 때, $f(a)$의 최댓값과 최솟값을 구하시오.

2-7　포물선 $y=x^2-x-3$과 직선 $y=x$가 만나는 두 점을 각각 A, B라고 하자. 이 포물선 위의 점 $P(a, b)$에 대하여 △APB가 $\overline{AP}=\overline{BP}$인 이등변삼각형일 때, a^2의 값을 구하시오.

2-8　점 $(4, 6)$을 지나는 직선 l과 x축, y축의 양의 부분으로 둘러싸인 삼각형의 넓이가 54일 때, 직선 l의 방정식을 구하시오.

2-9　x축 위의 점 P에서 두 직선 $2x-y+1=0$, $x-2y-2=0$까지의 거리가 같을 때, 점 P의 좌표를 구하시오.

2-10　실수 a, b가 $a^2+b^2=9$를 만족시킬 때, 두 직선 $ax+by=1$, $ax+by=4$ 사이의 거리를 구하시오.

2-11 두 점 A$(0,\,-1)$, B$(1,\,1)$과 포물선 $y=x^2+4x+5$ 위의 점 P를 꼭짓점으로 하는 △ABP가 있다. △ABP의 넓이가 최소일 때 점 P의 좌표와 이때의 △ABP의 넓이를 구하시오.

2-12 두 점 A$(1,\,1)$, B$(3,\,6)$과 한 점 P에 대하여 △PAB의 넓이가 3이다. 점 P의 자취의 방정식을 구하시오.

[실력] **2-13** 좌표평면 위의 점 중에서 x좌표와 y좌표가 모두 정수인 점을 격자점이라고 할 때, 다음 중 옳은 것만을 있는 대로 고르시오.

> ㄱ. a, b가 유리수이면 직선 $y=ax+b$는 반드시 격자점을 지난다.
> ㄴ. a, b가 무리수이면 직선 $y=ax+b$는 격자점을 지나지 않는다.
> ㄷ. 격자점을 오직 하나만 지나는 직선이 존재한다.

2-14 △ABC의 무게중심을 G라고 할 때, 직선 GB, GC의 방정식은 각각 $x-3y+4=0$, $2x+3y-10=0$이다. 점 A의 좌표가 $(2,\,5)$일 때, 점 G, B, C의 좌표를 구하시오.

2-15 방정식 $2x^2-3xy+ay^2-3x+y+1=0$에 대하여 다음 물음에 답하시오.
⑴ 이 방정식이 두 개의 직선을 나타낼 때, 실수 a의 값을 구하시오.
⑵ ⑴의 두 직선이 이루는 각의 크기를 구하시오.

2-16 세 직선 $4x+y=4$, $mx+y=0$, $2x-3my=4$가 삼각형을 만들지 않도록 하는 실수 m의 값을 구하시오.

2-17 실수 x에 대하여 $\sqrt{5x^2-2x+1}+\sqrt{5x^2-8x+4}$의 최솟값과 이때의 x의 값을 구하시오.

2-18 x절편은 소수이고 y절편은 양의 정수인 직선 중에서 점 $(4,\,3)$을 지나는 직선의 개수를 구하시오.

2-19 한 변의 길이가 1인 정사각형 모양의 종이 ABCD에서 점 A가 변 CD 위에 오도록 접는다. 이때, 두 점 A와 B가 옮겨진 점을 각각 E, F라 하고, 접는 선을 선분 GH라고 하자. 사다리꼴 EHGF의 넓이의 최솟값을 구하시오.

2-20 좌표평면 위에 네 점 A$(0,\,-3)$, B$(-3,\,1)$, C$(3,\,2)$, D$(5,\,0)$이 있다. 직선 $y=mx-m+1$이 두 선분 AB, CD와 만날 때, 실수 m의 값의 범위를 구하시오.

2-21 실수 k에 대하여 원점과 직선 $(k+1)x+(k-2)y-4k-1=0$ 사이의 거리를 $f(k)$라고 할 때, $f(k)$의 최댓값을 구하시오.

2-22 직선 $l : (x-2y+3)+m(x-y-1)=0$과 두 점 P$(1, 3)$, Q$(5, 1)$에 대하여 다음 물음에 답하시오.
  (1) 실수 m의 값에 관계없이 직선 l이 지나는 점의 좌표를 구하시오.
  (2) 실수 m의 값에 관계없이 직선 l이 지나지 않는 선분 PQ 위의 점의 좌표를 구하시오.

2-23 세 직선 $3x-y=0$, $x-2y=0$, $2x+y-10=0$으로 둘러싸인 삼각형의 넓이를 직선 $y=a$가 이등분할 때, 상수 a의 값을 구하시오.

2-24 좌표평면 위에 점 A$(0, 2)$와 x축 위의 점 B, 제1사분면의 점 C가 있다. 점 C와 직선 AB 사이의 거리가 $9\sqrt{2}$이고 삼각형 ABC의 무게중심의 좌표가 $(9, 5)$일 때, 두 점 B, C의 좌표를 구하시오.
  단, 점 B의 x좌표는 양수이다.

2-25 다음 세 직선으로 둘러싸인 △ABC가 있다.
$$x+y-1=0, \quad x-2y+2=0, \quad 2x-y-2=0$$
  (1) △ABC의 내심의 좌표를 구하시오.
  (2) △ABC의 내접원의 반지름의 길이를 구하시오.

2-26 좌표평면 위의 정사각형 ABCD에 대하여 네 점 P$(1, 4)$, Q$(-4, 4)$, R$(-4, -1)$, S$(-1, -2)$가 각각 네 변 AB, BC, CD, DA 위에 있을 때, 정사각형 ABCD의 넓이를 구하시오.

2-27 포물선 $y=x^2$ 위의 두 점 P, Q가 ∠POQ$=90°$를 만족시키며 움직일 때, 선분 PQ의 중점 M의 자취의 방정식을 구하시오.
  단, O는 원점이고, 점 P는 제1사분면에 있다.

2-28 포물선 $y=x^2$ 위의 서로 다른 두 점 P, Q에서의 접선이 수직으로 만날 때, 그 교점의 자취의 방정식을 구하시오.

2-29 점 A$(a, 0)$과 점 B$(0, b)$가 △OAB의 넓이가 항상 $\frac{1}{2}$이 되도록 x축, y축 위를 각각 움직인다. 선분 AB를 한 변으로 하는 정사각형 ABCD를 직선 AB에 대하여 원점 O의 반대쪽에 만들고, 이 정사각형의 두 대각선의 교점을 M이라고 하자. 단, a, b는 양수이다.
  (1) $a+b$의 값의 범위를 구하시오.
  (2) 점 M의 자취를 그림으로 나타내시오.

3. 원의 방정식

§1. 원의 방정식

1 원

평면 위의 한 점 C에서 일정한 거리에 있는 점의 자취를 원이라 하고, 점 C를 원의 중심, 점 C와 원 위의 임의의 한 점을 이은 선분을 원의 반지름이라고 한다.

2 원의 방정식의 표준형

중심이 점 (a, b)이고 반지름의 길이가 r인 원의 방정식은
$$(x-a)^2+(y-b)^2=r^2$$
특히 중심이 원점이고 반지름의 길이가 r인 원의 방정식은
$$x^2+y^2=r^2$$

3 원의 방정식의 일반형

$$x^2+y^2+Ax+By+C=0 \ (A^2+B^2-4C>0)$$

Advice 1° 원의 방정식의 표준형

중심이 점 $C(a, b)$이고 반지름의 길이가 r인 원 위의 임의의 점을 $P(x, y)$라고 하자.

$\overline{CP}=r$이므로
$$\sqrt{(x-a)^2+(y-b)^2}=r$$
$$\therefore \ (x-a)^2+(y-b)^2=r^2 \quad \cdots\cdots ①$$

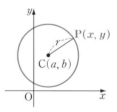

역으로 방정식 ①을 만족시키는 점 $P(x, y)$는 항상 $\overline{CP}=r$이므로 모두 이 원 위에 있다.

따라서 중심이 점 $C(a, b)$이고 반지름의 길이가 r인 원의 방정식은 ①이다.

이 식을 원의 방정식의 표준형이라고 한다.

특히 중심이 원점이고 반지름의 길이가 r인 원의 방정식은 ①에서 $a=0$, $b=0$인 경우이므로
$$x^2+y^2=r^2$$

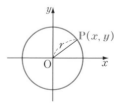

보기 1 다음 원의 방정식을 구하시오.

(1) 중심이 점 $(3, -2)$이고 반지름의 길이가 5인 원

(2) 중심이 점 $(-1, 2)$이고 점 $(1, 3)$을 지나는 원

연구 (1) $(x-a)^2+(y-b)^2=r^2$에서 $a=3,\ b=-2,\ r=5$인 경우이므로
$$(x-3)^2+(y+2)^2=25$$

(2) 원의 반지름의 길이를 r이라고 하면 $(x+1)^2+(y-2)^2=r^2$

　　 이 원이 점 $(1, 3)$을 지나므로 $(1+1)^2+(3-2)^2=r^2$ $\therefore\ r^2=5$

　　　　 $\therefore\ (x+1)^2+(y-2)^2=5$

Advice 2° 원의 방정식의 일반형
$$(x-a)^2+(y-b)^2=r^2 \qquad\qquad \cdots\cdots①$$

을 전개하면 $x^2+y^2-2ax-2by+a^2+b^2-r^2=0$이다.

　　 여기서 $-2a=A,\ -2b=B,\ a^2+b^2-r^2=C$로 놓으면
$$x^2+y^2+Ax+By+C=0 \qquad\qquad \cdots\cdots②$$

이며, 이 식을 원의 방정식의 일반형이라고 한다.

　　 이 일반형은 $x^2,\ y^2$의 계수가 같고, xy항이 없다는 것에 주의하길 바란다.

　　 ②를 ①과 같은 꼴로 변형하면
$$\left(x+\frac{A}{2}\right)^2+\left(y+\frac{B}{2}\right)^2=\frac{A^2+B^2-4C}{4}$$

이므로 $A^2+B^2-4C>0$이면 ②는

　　 중심이 점 $\left(-\dfrac{A}{2},\ -\dfrac{B}{2}\right)$, 반지름의 길이가 $\dfrac{\sqrt{A^2+B^2-4C}}{2}$인 원

의 방정식이다.

*Note ②에서 $A^2+B^2-4C=0$이면 점원(點圓), $A^2+B^2-4C<0$이면 허원(虛圓)이라 하고, 이에 대하여 $A^2+B^2-4C>0$이면 실원(實圓)이라고 한다. 보통 원이라고 하면 실원을 뜻한다.

보기 2 다음 방정식이 나타내는 원의 중심과 반지름의 길이를 구하시오.

(1) $x^2+y^2-8x-4y+11=0$ 　　　 (2) $4x^2+4y^2+4x+12y+1=0$

연구 (1) $(x^2-8x+4^2)+(y^2-4y+2^2)=9$ 　 $\therefore\ (x-4)^2+(y-2)^2=9$

　　 따라서 중심 : 점 $(4, 2)$, 반지름의 길이 : 3

(2) $4(x^2+x)+4(y^2+3y)+1=0$에서
$$4\left(x+\frac{1}{2}\right)^2-1+4\left(y+\frac{3}{2}\right)^2-9+1=0 \quad \therefore\ \left(x+\frac{1}{2}\right)^2+\left(y+\frac{3}{2}\right)^2=\frac{9}{4}$$

　　 따라서 중심 : 점 $\left(-\dfrac{1}{2},\ -\dfrac{3}{2}\right)$, 반지름의 길이 : $\dfrac{3}{2}$

필수 예제 3-1 다음 물음에 답하시오.

(1) 두 점 A$(1, 2)$, B$(-3, -2)$를 지름의 양 끝 점으로 하는 원의 방정식을 구하시오.

(2) 세 점 A$(-3, 5)$, B$(-2, -2)$, C$(6, 2)$를 꼭짓점으로 하는 △ABC의 외심의 좌표와 외접원의 반지름의 길이를 구하시오.

[정석연구] (1) 중심이 선분 AB의 중점이고, 지름이 선분 AB인 원이다.

(2) 세 점 A, B, C를 지나는 원, 곧 △ABC의 외접원의 방정식을 구한 다음 이 원의 중심의 좌표와 반지름의 길이를 구한다.

정석 원의 방정식을 구할 때,

중심이나 반지름의 길이가 주어지면 $\Longrightarrow$ $(x-a)^2+(y-b)^2=r^2$을 이용!

원 위의 세 점이 주어지면 $\Longrightarrow$ $x^2+y^2+Ax+By+C=0$을 이용!

[모범답안] (1) 선분 AB의 중점을 C(a, b)라고 하면

$$a=\frac{1+(-3)}{2}=-1, \ b=\frac{2+(-2)}{2}=0$$

따라서 원의 중심은 C$(-1, 0)$이다.

또, $\overline{AC}=\sqrt{(-1-1)^2+(0-2)^2}=2\sqrt{2}$

∴ $(x+1)^2+y^2=8$ ← [답]

(2) △ABC의 외접원의 방정식을

$$x^2+y^2+ax+by+c=0$$

이라 하면 점 A, B, C는 이 원 위에 있으므로

$$\begin{cases} 9+25-3a+5b+c=0 \\ 4+4-2a-2b+c=0 \\ 36+4+6a+2b+c=0 \end{cases} \quad ∴ \begin{cases} a=-2 \\ b=-4 \\ c=-20 \end{cases}$$

∴ $x^2+y^2-2x-4y-20=0$ ∴ $(x-1)^2+(y-2)^2=25$

따라서 외심의 좌표 : $(1, 2)$, 반지름의 길이 : 5 ← [답]

Note (2) △ABC의 외심을 P(x, y)로 놓고 $\overline{PA}=\overline{PB}=\overline{PC}$로부터 x, y의 값을 구할 수도 있다.

또, $\overline{AB}$와 $\overline{BC}$의 수직이등분선의 교점이 외심임을 이용하여 구할 수도 있다.

[유제] **3**-1. 다음 원의 방정식을 구하시오.

(1) 두 점 P$(-1, -3)$, Q$(5, 1)$을 지름의 양 끝 점으로 하는 원

(2) 세 점 $(0, 0)$, $(2, 2)$, $(0, 4)$를 지나는 원

[답] (1) $(x-2)^2+(y+1)^2=13$ (2) $x^2+y^2-4y=0$

필수 예제 **3**-2 다음 물음에 답하시오.

(1) 중심이 직선 $2x+y=6$ 위에 있고, x축과 y축에 접하는 원의 방정식을 구하시오. 단, 중심은 제1사분면에 있다.

(2) 중심이 직선 $y=2x+3$ 위에 있고, 두 점 $(1, 2)$, $(-2, 3)$을 지나는 원의 방정식을 구하시오.

[모범답안] (1) 중심이 제1사분면에 있고, x축과 y축에 접하므로 양수 a에 대하여 원의 방정식을

$$(x-a)^2+(y-a)^2=a^2 \qquad \cdots\cdots①$$

로 놓을 수 있다.

점 (a, a)는 직선 $2x+y=6$ 위에 있으므로

$$2a+a=6 \quad \therefore \ a=2$$

①에 대입하면 $(x-2)^2+(y-2)^2=4$ ← [답]

*_Note_ 문제의 조건 중에서 '제1사분면'이라는 조건이 없을 때에는 중심이 점 $(a, -a)$인 원도 생각해야 한다.

왜냐하면 x축과 y축에 접하는 원의 중심은 직선 $y=x$ 또는 $y=-x$ 위에 있으므로 중심이 두 직선 $2x+y=6$, $y=x$의 교점인 원과 두 직선 $2x+y=6$, $y=-x$의 교점인 원이 있기 때문이다.

(2) 구하는 원의 중심을 점 (a, b), 반지름의 길이를 r이라고 하면

$$(x-a)^2+(y-b)^2=r^2 \qquad \cdots\cdots②$$

두 점 $(1, 2)$, $(-2, 3)$은 원 ② 위에 있으므로

$$(1-a)^2+(2-b)^2=r^2 \ \cdots\cdots③ \qquad (-2-a)^2+(3-b)^2=r^2 \ \cdots\cdots④$$

또, 점 (a, b)는 직선 $y=2x+3$ 위에 있으므로 $b=2a+3 \qquad \cdots\cdots⑤$

③$-$④하면 $-6a+2b-8=0 \quad \therefore \ -3a+b=4 \qquad \cdots\cdots⑥$

⑤, ⑥을 연립하여 풀면 $a=-1$, $b=1 \quad \therefore \ r^2=5 \qquad \Leftarrow ③$

이 값을 ②에 대입하면 $(x+1)^2+(y-1)^2=5$ ← [답]

[유제] **3**-2. 두 점 $(1, 0)$, $(4, 0)$을 지나고, y축에 접하는 원의 방정식을 구하시오. [답] $\left(x-\dfrac{5}{2}\right)^2+(y-2)^2=\dfrac{25}{4}$, $\left(x-\dfrac{5}{2}\right)^2+(y+2)^2=\dfrac{25}{4}$

[유제] **3**-3. 중심이 y축 위에 있고, 두 점 $(-3, -3)$, $(3, 5)$를 지나는 원의 방정식을 구하시오. [답] $x^2+(y-1)^2=25$

[유제] **3**-4. 중심이 직선 $y=x+3$ 위에 있고, 점 $(6, 2)$를 지나며, x축에 접하는 원의 방정식을 구하시오. [답] $(x-2)^2+(y-5)^2=25$, $(x-14)^2+(y-17)^2=289$

필수 예제 **3**-3   좌표평면 위에 두 점 A$(3, 6)$, B$(5, 2)$가 있다.

점 P(x, y)가 원 $x^2+y^2=1$ 위를 움직일 때, 다음 물음에 답하시오.

(1) △PAB의 넓이의 최솟값을 구하시오.

(2) $\overline{\text{PA}}^2+\overline{\text{PB}}^2$의 최솟값을 구하시오.

[모범답안] (1) 원점 O에서 선분 AB에 내린 수선의 발을 H라 하고, 선분 OH가
원과 만나는 점을 P라고 할 때, △PAB의 넓이가 최소이다.

직선 AB의 방정식은

$y=-2x+12$ 곧, $2x+y-12=0$

이므로 원점과 이 직선 사이의 거리는

$$\overline{\text{OH}}=\frac{|-12|}{\sqrt{2^2+1^2}}=\frac{12}{\sqrt5} \quad \therefore \ \overline{\text{PH}}=\frac{12}{\sqrt5}-1$$

또, $\overline{\text{AB}}=\sqrt{(5-3)^2+(2-6)^2}=2\sqrt5$

따라서 △PAB의 넓이의 최솟값은

$$\frac12\times2\sqrt5\times\left(\frac{12}{\sqrt5}-1\right)=\mathbf{12-\sqrt5} \ \longleftarrow \ \boxed{답}$$

(2) 선분 AB의 중점을 M이라고 하면 중선 정리에 의하여

$$\overline{\text{PA}}^2+\overline{\text{PB}}^2=2(\overline{\text{PM}}^2+\overline{\text{AM}}^2) \quad \cdots\cdots①$$

여기에서 선분 AM의 길이가 일정하므로
$\overline{\text{PM}}$이 최소일 때 $\overline{\text{PA}}^2+\overline{\text{PB}}^2$이 최소이고, 이
때 점 P는 선분 OM이 원과 만나는 점이다.

그런데 M$(4, 4)$이므로 $\overline{\text{PM}}$의 최솟값은

$$\overline{\text{OM}}-\overline{\text{OP}}=\sqrt{4^2+4^2}-1=4\sqrt2-1$$

또, $\overline{\text{AM}}=\sqrt{(4-3)^2+(4-6)^2}=\sqrt5$

①에 대입하면 구하는 최솟값은

$$\overline{\text{PA}}^2+\overline{\text{PB}}^2=2\{(4\sqrt2-1)^2+(\sqrt5)^2\}=\mathbf{76-16\sqrt2} \ \longleftarrow \ \boxed{답}$$

[유제] **3**-5. 좌표평면 위에 원 $x^2+y^2+2x-4y=0$ 위를 움직이는 점 P와 직선
$2x-y=6$ 위를 움직이는 점 Q가 있다. 선분 PQ의 길이의 최솟값을 구하시
오.   [답] $\sqrt5$

[유제] **3**-6. 좌표평면 위에 두 점 A$(0, 3)$, B$(4, 1)$이 있다.

점 P(x, y)가 원 $x^2+y^2=1$ 위를 움직일 때, 다음 물음에 답하시오.

(1) △PAB의 넓이의 최솟값을 구하시오.

(2) $\overline{\text{PA}}^2+\overline{\text{PB}}^2$의 최솟값을 구하시오.   [답] (1) $\mathbf{6-\sqrt5}$ (2) $\mathbf{28-8\sqrt2}$

§2. 원과 직선의 위치 관계

1 원과 직선의 위치 관계(I)

직선 $y=mx+n$ ······①
원 $f(x, y)=0$ ······②

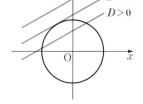

에서 y를 소거하면

$f(x, mx+n)=0$ ······③

이때, x에 관한 이차방정식 ③의 실근은 ①, ②의 교점의 x좌표이므로 ③의 판별식을 D라고 하면 다음 관계가 있다.

$$f(x, mx+n)=0 의 근 \qquad 직선과 원$$

$D>0$ ⟺ 서로 다른 두 실근 ⟺ 서로 다른 두 점에서 만난다
$D=0$ ⟺ 중근 ⟺ 접한다
$D<0$ ⟺ 서로 다른 두 허근 ⟺ 만나지 않는다

2 원과 직선의 위치 관계(II)

오른쪽 그림과 같이 반지름의 길이가 r인 원과 직선이 있을 때, 원의 중심과 직선 사이의 거리를 d라고 하면 다음 관계가 있다.

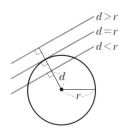

$d<r$ ⟺ 서로 다른 두 점에서 만난다
$d=r$ ⟺ 접한다
$d>r$ ⟺ 만나지 않는다

3 접선의 방정식

(1) 원 위의 점에서의 접선의 방정식

① 원 $x^2+y^2=r^2$ 위의 점 (x_1, y_1)에서의 접선의 방정식은

$$x_1x+y_1y=r^2$$

② 원 $(x-a)^2+(y-b)^2=r^2$ 위의 점 (x_1, y_1)에서의 접선의 방정식은

$$(x_1-a)(x-a)+(y_1-b)(y-b)=r^2$$ ⇐ 연습문제 **3**-22 참조

(2) 기울기가 m인 접선의 방정식

원 $x^2+y^2=r^2$에 접하고 기울기가 m인 직선의 방정식은

$$y=mx±r\sqrt{m^2+1}$$

Advice 1° 원과 직선의 위치 관계(Ⅰ)

포물선과 직선의 위치 관계와 마찬가지로 원과 직선의 위치 관계 역시

서로 다른 두 점에서 만나는 경우, 접하는 경우, 만나지 않는 경우

로 나누어 생각할 수 있다.

또, 이와 같은 위치 관계를 알아보는 데에는

판별식을 이용하는 방법, 원의 성질을 활용하는 방법

이 있다.

보기 1 직선 $y=3x+b$와 원 $x^2+y^2=10$의 위치 관계가 다음과 같을 때, 실수 b의 값 또는 값의 범위를 구하시오.

⑴ 서로 다른 두 점에서 만난다.

⑵ 접한다.

⑶ 만나지 않는다.

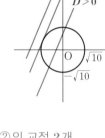

연구 $y=3x+b$ 　　　　　　　⋯⋯①

$x^2+y^2=10$ 　　　　　　　⋯⋯②

①을 ②에 대입하여 정리하면

$10x^2+6bx+b^2-10=0$ 　　⋯⋯③

이고, ③의 실근이 직선 ①과 원 ②의 교점의 x좌표이다.

따라서 x에 관한 이차방정식 ③의 판별식을 D라고 하면

$D>0 \Longleftrightarrow$ ③은 서로 다른 두 실근 $\Longleftrightarrow$ ①, ②의 교점 2개

$D=0 \Longleftrightarrow$ ③은 중근 　　　　　　 $\Longleftrightarrow$ ①, ②의 교점 1개

$D<0 \Longleftrightarrow$ ③은 서로 다른 두 허근 $\Longleftrightarrow$ ①, ②의 교점 없다

곧, ③에서

$D/4=9b^2-10(b^2-10)=-b^2+100=-(b+10)(b-10)$

이므로 다음과 같이 b의 값 또는 값의 범위를 구할 수 있다.

⑴ $D/4>0$으로부터 $-(b+10)(b-10)>0$ 　∴ $\boldsymbol{-10<b<10}$

⑵ $D/4=0$으로부터 $-(b+10)(b-10)=0$ 　∴ $\boldsymbol{b=-10,\ 10}$

⑶ $D/4<0$으로부터 $-(b+10)(b-10)<0$ 　∴ $\boldsymbol{b<-10,\ b>10}$

*Note 1° 직선의 방정식 $ax+by+c=0$, 원의 방정식 $x^2+y^2+Ax+By+C=0$ 등을 간단히 $f(x,\ y)=0$으로 나타내기도 한다.

　2° 직선과의 위치 관계와 판별식의 관계는 방정식 $f(x,\ y)=0$의 그래프가 원뿐만 아니라 포물선, 타원, 쌍곡선을 나타낼 때에도 성립하는 성질이다.

Advice 2° 원과 직선의 위치 관계(Ⅱ)

포물선이나 타원, 쌍곡선의 경우와는 달리 원의 경우에는 원의 성질을 활용하면 직선과의 위치 관계를 보다 쉽게 알 수 있다.

보기 2 직선 $3x+4y+c=0$과 원 $x^2+y^2=4$의 위치 관계가 다음과 같을 때, 실수 c의 값 또는 값의 범위를 구하시오.

(1) 서로 다른 두 점에서 만난다.　　(2) 접한다.　　(3) 만나지 않는다.

연구 $x^2+y^2=2^2$은 중심이 원점이고 반지름의 길이가 2인 원이다.

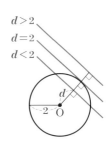

원의 중심과 직선 사이의 거리를 d라고 하면

$$d=\frac{|c|}{\sqrt{3^2+4^2}}=\frac{|c|}{5}$$

(1) $d<2$에서 　$|c|<10$　 $\therefore$ $-10<c<10$

(2) $d=2$에서 　$|c|=10$　 $\therefore$ $c=-10,\ 10$

(3) $d>2$에서 　$|c|>10$　 $\therefore$ $c<-10,\ c>10$

*Note 보기 1과 같이 판별식을 이용하여 구해 보자.

또, 보기 1을 보기 2와 같이 구해 보자.

Advice 3° 원 위의 점 $(x_1,\ y_1)$에서의 접선의 방정식

보기 3 원 $x^2+y^2=25$ 위의 점 $(3,\ 4)$에서의 접선의 방정식을 구하시오.

연구 (방법 1) 접선의 방정식을　$y=mx+n$　　　　　　　　　　……①

이라고 하면 ①은 점 $(3,\ 4)$를 지나므로　$4=3m+n$　　　　……②

또, ①을 $x^2+y^2=25$에 대입하여 정리하면

$$(m^2+1)x^2+2mnx+n^2-25=0$$

원과 직선이 접하려면

$$D/4=m^2n^2-(m^2+1)(n^2-25)=0 \quad \therefore 25m^2-n^2+25=0$$

이 식과 ②에서 n을 소거하면　$(4m+3)^2=0$　 $\therefore$ $m=-\dfrac{3}{4}$

②에 대입하면　$n=\dfrac{25}{4}$

$$\therefore y=-\frac{3}{4}x+\frac{25}{4}$$

(방법 2) 그림에서 직선 OP의 기울기는 $\dfrac{4}{3}$이므로 점 P에서의 접선의 기울기는 $-\dfrac{3}{4}$이다.

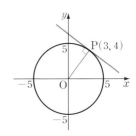

따라서 구하는 접선의 방정식은

$$y-4=-\frac{3}{4}(x-3) \quad \therefore y=-\frac{3}{4}x+\frac{25}{4}$$

보기 4 원 $x^2+y^2=r^2$ 위의 점 (x_1, y_1)에서의 접선의 방정식을 구하시오.

연구 (i) 접점 (x_1, y_1)이 좌표축 위에 있지 않을 때, 곧 $x_1 y_1 \neq 0$일 때

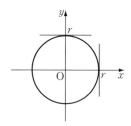

오른쪽 그림에서 직선 OP의 기울기가

$\dfrac{y_1}{x_1}$이므로 접선의 기울기는 $-\dfrac{x_1}{y_1}$이다.

따라서 접선의 방정식은

$$y-y_1=-\frac{x_1}{y_1}(x-x_1)$$
$$\therefore x_1 x+y_1 y=x_1{}^2+y_1{}^2$$

한편 점 (x_1, y_1)은 원 $x^2+y^2=r^2$ 위의

점이므로 $x_1{}^2+y_1{}^2=r^2$이다.

따라서 접선의 방정식은

$$x_1 x+y_1 y=r^2 \qquad \cdots\cdots ①$$

(ii) 접점 (x_1, y_1)이 좌표축 위에 있을 때

이를테면 점 $(r, 0)$에서의 접선의 방정식은

분명히 $x=r$이고, 이 방정식은 ①에 $x_1=r$,

$y_1=0$을 대입해도 얻을 수 있다.

점 $(-r, 0)$, $(0, r)$, $(0, -r)$에서의 접선의

방정식도 같은 방법으로 얻을 수 있다.

(i), (ii)에 의하여 구하는 접선의 방정식은 $x_1 x+y_1 y=r^2$

$*Note$ **보기 3**은 $x_1 x+y_1 y=r^2$에서 $x_1=3$, $y_1=4$, $r=5$인 경우이므로
$$3\times x+4\times y=5^2 \qquad \therefore \boldsymbol{3x+4y=25}$$

Advice 4° 기울기가 m인 접선의 방정식

이를테면 원 $x^2+y^2=10$에 접하고 기울기가 3인 직선의 방정식은 p. 52의
보기 1과 같이 판별식을 이용하여 구할 수 있다. 이를 일반화하여 기울기가 m
인 접선의 방정식을 구할 수 있다.

보기 5 원 $x^2+y^2=r^2$에 접하고 기울기가 m인 직선의 방정식을 구하시오.

연구 접선의 방정식을 $y=mx+b$라고 하자.

접선과 원의 방정식에서 y를 소거하면 $x^2+(mx+b)^2=r^2$

x에 관하여 정리하면 $(m^2+1)x^2+2bmx+b^2-r^2=0$

접하므로 $D/4=b^2m^2-(m^2+1)(b^2-r^2)=0$ $\therefore b^2=(m^2+1)r^2$
$$\therefore b=\pm r\sqrt{m^2+1} \qquad \therefore \boldsymbol{y=mx\pm r\sqrt{m^2+1}}$$

$*Note$ 원 $x^2+y^2=10$에 접하고 기울기가 3인 직선의 방정식은 위의 공식에서
$m=3$, $r=\sqrt{10}$인 경우이므로 $y=3x\pm\sqrt{10}\times\sqrt{3^2+1}$, 곧 $y=3x\pm10$이다.

필수 예제 **3**-4   원 $x^2+y^2=5$에 접하고, 점 $(3, 1)$을 지나는 직선의 방정식을 구하시오.

정석연구 원 위에 있지 않은 점에서의 접선의 방정식을 구하는 문제이다.

(i) 판별식을 이용!

  정석 접한다 $\Longleftrightarrow$ 중근을 가진다 $\Longleftrightarrow$ $\boldsymbol{D=0}$

(ii) 공식을 이용!

  정석 $x^2+y^2=r^2$ 위의 점 (x_1, y_1)에서의 접선 $\Longleftrightarrow$ $x_1x+y_1y=r^2$

(iii) 원의 성질을 이용!

  정석 원의 중심과 접선 사이의 거리가 원의 반지름의 길이와 같다.

모범답안 $x^2+y^2=5$ ······①

(방법 1) 점 $(3, 1)$을 지나는 직선의 기울기를 m이라고 하면

$$y-1=m(x-3) \quad 곧, \ y=mx-3m+1 \qquad \cdots\cdots②$$

①, ②에서 y를 소거하면 $x^2+(mx-3m+1)^2=5$

$$\therefore \ (m^2+1)x^2-2m(3m-1)x+9m^2-6m-4=0 \qquad \cdots\cdots③$$

①, ②가 접하는 것은 ③이 중근을 가질 때이므로

$$D/4=m^2(3m-1)^2-(m^2+1)(9m^2-6m-4)=0 \quad \therefore \ m=-\frac{1}{2}, \ 2$$

②에 대입하면 $\boldsymbol{y=-\dfrac{1}{2}x+\dfrac{5}{2}, \ y=2x-5}$ ← 답

(방법 2) 접점을 점 (x_1, y_1)이라 하면 접선의 방정식은 $x_1x+y_1y=5 \ \cdots④$

점 $(3, 1)$은 직선 ④ 위에 있으므로 $3x_1+y_1=5$ ······⑤

한편 점 (x_1, y_1)은 원 ① 위에 있으므로 ${x_1}^2+{y_1}^2=5$ ······⑥

⑤, ⑥을 연립하여 풀면 $(x_1, y_1)=(1, 2), \ (2, -1)$

④에 대입하면 $\boldsymbol{x+2y=5, \ 2x-y=5}$ ← 답

(방법 3) 점 $(3, 1)$을 지나는 직선의 기울기를 m이라고 하면

$$y-1=m(x-3) \quad 곧, \ mx-y-3m+1=0 \qquad \cdots\cdots⑦$$

①, ⑦이 접할 때 원 ①의 중심과 직선 ⑦ 사이의 거리가 $\sqrt{5}$이므로

$$\frac{|-3m+1|}{\sqrt{m^2+(-1)^2}}=\sqrt{5} \quad \therefore \ (-3m+1)^2=5(m^2+1) \quad \therefore \ m=-\frac{1}{2}, \ 2$$

⑦에 대입하면 $\boldsymbol{x+2y=5, \ 2x-y=5}$ ← 답

유제 **3**-7. 점 $(3, 2)$에서 원 $x^2+y^2=4$에 그은 접선의 방정식을 구하시오.

답 $\boldsymbol{y=2, \ 12x-5y=26}$

필수 예제 **3**-5 원 $(x-2)^2+(y-3)^2=10$에 대하여 다음에 답하시오.
 (1) 기울기가 -1인 접선의 방정식을 구하시오.
 (2) 원 위의 점 P$(5, 4)$에서의 접선의 방정식을 구하시오.
 (3) 점 $(-3, 8)$에서 이 원에 그은 접선의 방정식을 구하시오.

정석연구 이 문제와 같이 원의 중심이 원점이 아닌 경우에는 접선의 방정식을 구하는 공식을 바로 활용하기가 쉽지 않다. 이런 경우

  원의 성질을 활용하는 방법, 판별식을 이용하는 방법

을 생각한다.

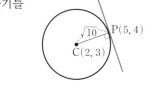

모범답안 (1) 접선의 방정식을 $y=-x+b$라고 하면 원의 중심 C$(2, 3)$과 접선 사이의 거리는 $\sqrt{10}$이므로

$$\frac{|2+3-b|}{\sqrt{1^2+1^2}}=\sqrt{10} \quad \therefore b=5\pm2\sqrt{5}$$

$$\therefore \boldsymbol{y=-x+5\pm2\sqrt{5}} \longleftarrow \boxed{답}$$

(2) 원의 중심 C$(2, 3)$과 접점 P$(5, 4)$를 연결하는 선분 CP는 접선과 수직이므로 접선의 기울기를 m이라고 하면

$$m\times\frac{4-3}{5-2}=-1 \quad \therefore m=-3$$

$$\therefore y-4=-3(x-5)$$

$$곧, \boldsymbol{y=-3x+19} \longleftarrow \boxed{답}$$

(3) 접선의 기울기를 m이라고 하면 점 $(-3, 8)$을 지나므로

$$y-8=m(x+3) \quad 곧, mx-y+3m+8=0$$

원의 중심 C$(2, 3)$과 접선 사이의 거리가 $\sqrt{10}$이므로

$$\frac{|2m-3+3m+8|}{\sqrt{m^2+(-1)^2}}=\sqrt{10} \quad \therefore 5|m+1|=\sqrt{10}\sqrt{m^2+1}$$

$$\therefore 5^2(m+1)^2=10(m^2+1) \quad \therefore m=-3, -\frac{1}{3}$$

$$\therefore \boldsymbol{y=-3x-1,\ y=-\frac{1}{3}x+7} \longleftarrow \boxed{답}$$

유제 **3**-8. 원 $(x-2)^2+(y-3)^2=16$과 직선 $x+y+c=0$이 접할 때, 상수 c의 값을 구하시오. 　　　　　　　　　 답 $c=-5\pm4\sqrt{2}$

유제 **3**-9. 원 $(x-1)^2+(y+3)^2=2$ 위의 점 P$(2, -2)$에서의 접선의 방정식을 구하시오. 　　　　　　　　　 답 $y=-x$

필수 예제 **3**-6 직선 $y=2x+k$와 원 $x^2+y^2=4$가 서로 다른 두 점 P, Q 에서 만날 때, 다음 물음에 답하시오.

(1) 실수 k의 값의 범위를 구하시오.

(2) 현 PQ의 길이가 2가 되는 실수 k의 값을 구하시오.

모범답안 (1) 두 식에서 y를 소거하면 $5x^2+4kx+k^2-4=0$ ······①

이 방정식이 서로 다른 두 실근을 가지면 되므로

$$D/4=4k^2-5(k^2-4)>0 \quad \therefore \ -2\sqrt{5}<k<2\sqrt{5} \ \leftarrow \ \boxed{답}$$

(2) 점 P, Q의 x좌표를 각각 α, β라고 하면

$P(\alpha, 2\alpha+k)$, $Q(\beta, 2\beta+k)$이므로

$$\overline{PQ}=\sqrt{(\beta-\alpha)^2+(2\beta-2\alpha)^2}=\sqrt{5(\beta-\alpha)^2}$$
$$=\sqrt{5\{(\alpha+\beta)^2-4\alpha\beta\}} \qquad ······②$$

한편 α, β는 ①의 두 근이므로

$$\alpha+\beta=-\frac{4k}{5}, \ \alpha\beta=\frac{k^2-4}{5}$$

②에 대입하고 $\overline{PQ}=2$를 이용하면

$$\overline{PQ}=\frac{2}{5}\sqrt{5(20-k^2)}=2 \quad \therefore \ 5(20-k^2)=25 \quad \therefore \ \boldsymbol{k=\pm\sqrt{15}} \ \leftarrow \ \boxed{답}$$

𝒜𝒹𝓋𝒾𝒸𝑒 | 이상에서 곡선이 포물선, 타원, 쌍곡선인 경우에도 적용되는 일반적인 방법을 소개하였다. 이 문제의 경우는 원의 성질을 활용하여 다음과 같이 풀 수도 있다.

(1) $y=2x+k$에서 $2x-y+k=0$

원점과 이 직선 사이의 거리를 d라고 하면

$$d=\frac{|k|}{\sqrt{2^2+(-1)^2}}<2 \quad \therefore \ |k|<2\sqrt{5}$$
$$\therefore \ -2\sqrt{5}<k<2\sqrt{5}$$

(2) 그림에서 $\overline{PQ}=2$일 때 $\overline{OM}=\sqrt{2^2-1^2}=\sqrt{3}$이므로

$$d=\frac{|k|}{\sqrt{2^2+(-1)^2}}=\sqrt{3} \quad \therefore \ |k|=\sqrt{15} \quad \therefore \ \boldsymbol{k=\pm\sqrt{15}}$$

유제 **3**-10. 직선 $y=x+1$이 원 $x^2+y^2=4$에 의해서 잘린 선분의 길이를 구하시오.   답 $\sqrt{14}$

유제 **3**-11. 직선 $x-y+5=0$이 원 $x^2+y^2+2ax-2ay+6a-5=0$에 의해서 잘린 선분의 길이가 $\sqrt{10}$일 때, 실수 a의 값을 구하시오.   답 $a=\dfrac{5}{2}$

§3. 두 원의 위치 관계

1 두 원의 위치 관계

평면 위에 두 원이 주어져 있을 때, 그 위치 관계는 두 원의 반지름의 길이 r, r'과 중심 사이의 거리 d의 관계식으로 알 수 있다.

(1) $r+r'<d$ $\Longleftrightarrow$ 두 원은 서로 밖에 있으며, 교점이 없다

(2) $r+r'=d$ $\Longleftrightarrow$ 두 원은 한 점에서 외접한다

(3) $|r-r'|<d<r+r'$ $\Longleftrightarrow$ 두 원은 서로 다른 두 점에서 만난다

(4) $|r-r'|=d$ $\Longleftrightarrow$ 두 원은 한 점에서 내접한다

(5) $|r-r'|>d$ $\Longleftrightarrow$ 두 원은 한쪽이 다른 쪽을 내부에 포함하고, 교점이 없다

2 두 원의 교점을 지나는 원과 직선

서로 만나는 두 원

$$x^2+y^2+Ax+By+C=0, \quad x^2+y^2+A'x+B'y+C'=0$$

의 교점을 지나는 원의 방정식은 m이 -1이 아닌 실수일 때

$$(x^2+y^2+Ax+By+C)m+(x^2+y^2+A'x+B'y+C')=0$$

또는 $(x^2+y^2+Ax+By+C)+(x^2+y^2+A'x+B'y+C')m=0$

으로 나타내어진다.

$m=-1$일 때에는 두 원의 교점을 지나는 직선의 방정식이 된다.

Advice 1° 두 원의 위치 관계

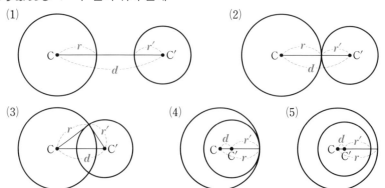

보기 1 두 원 $(x-a)^2+y^2=1$, $x^2+(y-b)^2=4$에 대하여

(1) 두 원의 중심 사이의 거리를 구하시오.

(2) 두 원이 외접하기 위한 조건과 내접하기 위한 조건을 구하시오.

(3) 두 원이 서로 다른 두 점에서 만나기 위한 조건을 구하시오.

연구 (1) 두 원의 중심은 각각 점 $(a, 0)$, $(0, b)$이므로 중심 사이의 거리는

$$\sqrt{(0-a)^2+(b-0)^2}=\boldsymbol{\sqrt{a^2+b^2}}$$

(2) 두 원의 반지름의 길이가 각각 1, 2이므로

외접하기 위한 조건은 $\sqrt{a^2+b^2}=2+1$ ∴ $\boldsymbol{a^2+b^2=9}$

내접하기 위한 조건은 $\sqrt{a^2+b^2}=2-1$ ∴ $\boldsymbol{a^2+b^2=1}$

(3) $2-1<\sqrt{a^2+b^2}<2+1$ ∴ $\boldsymbol{1<a^2+b^2<9}$

𝒜𝒹𝓋𝒾𝒸ℯ 2° 두 원의 교점을 지나는 원과 직선

서로 만나는 두 원

$$x^2+y^2+Ax+By+C=0 \quad \cdots① \qquad x^2+y^2+A'x+B'y+C'=0 \quad \cdots②$$

의 교점을 지나는 원은 h, k가 실수일 때

$$\boldsymbol{(x^2+y^2+Ax+By+C)h+(x^2+y^2+A'x+B'y+C')k=0}$$

으로 나타낼 수 있다. 이때 h, k가 동시에 0은 아니고, $h\ne-k$이어야 한다.

여기서 특히 $h=0$일 때 원 ②를, $k=0$일 때 원 ①을 나타낸다.

또, $k\ne0$일 때 $\dfrac{h}{k}=m$으로 놓으면

$$(x^2+y^2+Ax+By+C)m+(x^2+y^2+A'x+B'y+C')=0$$

이다.   ⇦ p. 34, 35 참조

특히 $m=-1$일 때에는

$$(A'-A)x+(B'-B)y+C'-C=0$$

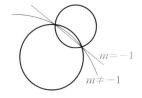

이므로 두 원의 교점을 지나는 직선이 된다.

보기 2 서로 만나는 다음 두 원이 있다.

$$x^2+y^2-18x-8y+48=0, \quad x^2+y^2+3x-5y-96=0$$

(1) 두 원의 교점과 원점을 지나는 원의 방정식을 구하시오.

(2) 두 원의 교점을 지나는 직선의 방정식을 구하시오.

연구 두 원의 교점을 지나는 원 또는 직선의 방정식은

$$(x^2+y^2-18x-8y+48)m+(x^2+y^2+3x-5y-96)=0 \qquad \cdots\cdots①$$

(1) ①이 원점을 지나므로 $48m-96=0$ ∴ $m=2$

이것을 ①에 대입하여 정리하면 $\boldsymbol{x^2+y^2-11x-7y=0}$

(2) ①에서 $m=-1$일 때이므로 대입하여 정리하면 $\boldsymbol{7x+y-48=0}$

필수 예제 **3**-7   원 $x^2+y^2=1$에 외접하고 직선 $3x+4y-19=0$에 접하는
원 중에서 그 중심이 x축 위에 있는 원의 방정식을 구하시오.

[정석연구] 중심이 x축 위에 있으므로 구하는 원의 방정식을
$$(x-a)^2+y^2=r^2 \qquad \Leftarrow \text{중심 } (a, 0), \text{ 반지름의 길이 } r$$
으로 놓은 다음, 아래 성질을 이용한다.

정석 두 원이 외접한다
　　　$\Longleftrightarrow$ 두 원의 반지름의 길이의 합이 중심 사이의 거리와 같다
　　원과 직선이 접한다
　　　$\Longleftrightarrow$ 원의 중심과 직선 사이의 거리가 원의 반지름의 길이와 같다

[모범답안] 중심을 점 $(a, 0)$, 반지름의 길
이를 r이라고 하면 원의 방정식은
$$(x-a)^2+y^2=r^2 \qquad \cdots\cdots①$$
원 ①이 원 $x^2+y^2=1$과 외접하므로
$$|a|=1+r \qquad \cdots\cdots②$$
또, 원 ①이 직선 $3x+4y-19=0$에
접하므로

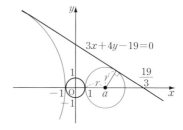

$$\frac{|3\times a+4\times 0-19|}{\sqrt{3^2+4^2}}=r \quad \text{곧, } |3a-19|=5r$$

그런데 $a\geq\dfrac{19}{3}$이면 주어진 조건을 만족시킬 수 없으므로 $a<\dfrac{19}{3}$이다.
$$\therefore \ -3a+19=5r \qquad\qquad\qquad\qquad \cdots\cdots③$$
②와 ③에서　 $a\geq 0$일 때 $a=3$, $r=2$,　 $a<0$일 때 $a=-12$, $r=11$
따라서 구하는 원의 방정식은
$$(x-3)^2+y^2=2^2, \ (x+12)^2+y^2=11^2 \longleftarrow \boxed{답}$$

[유제] **3**-12. 두 원 $x^2+y^2=r^2$, $(x-2)^2+(y-2)^2=1$에 대하여 다음 물음에
답하시오.
(1) 두 원이 외접할 때, 양수 r의 값을 구하시오.
(2) 두 원이 서로 다른 두 점에서 만날 때, 양수 r의 값의 범위를 구하시오.
　　　　　　　　　　　　　$\boxed{답}$ (1) $r=2\sqrt{2}-1$　(2) $2\sqrt{2}-1<r<2\sqrt{2}+1$

[유제] **3**-13. 원 $(x-a)^2+y^2=r^2$은 원 $x^2+y^2=4$에 외접하고 직선 $y=x-4$에
접한다. 양수 a, r의 값을 구하시오.　　　$\boxed{답}$ $a=2\sqrt{2}$, $r=2(\sqrt{2}-1)$

필수 예제 **3**-8 두 원 $x^2+y^2-4=0$, $x^2+y^2-4x-4y+4=0$의 교점을 지나고, 직선 $x+y=4$에 접하는 원의 방정식을 구하시오.

[정석연구] 교점의 좌표를 구하여 문제를 해결할 수도 있다. 그러나 일반적으로는 중간 계산이 간단하지 않아 어려움을 겪게 된다.

앞에서 공부한 다음 성질을 이용하여 해결해 보자.

정석 서로 만나는 두 원
$$x^2+y^2+Ax+By+C=0, \quad x^2+y^2+A'x+B'y+C'=0$$
의 교점을 지나는 원의 방정식은 m이 -1이 아닌 실수일 때
$$(x^2+y^2+Ax+By+C)m+(x^2+y^2+A'x+B'y+C')=0$$
또는 $(x^2+y^2+Ax+By+C)+(x^2+y^2+A'x+B'y+C')m=0$
의 꼴로 나타내어진다.

$m=-1$일 때에는 두 원의 교점을 지나는 직선의 방정식이 된다.

[모범답안] $x^2+y^2-4=0$에서 $x^2+y^2=2^2$이므로 이 원은 중심이 원점이고 반지름의 길이가 2인 원이다.

또, $x^2+y^2-4x-4y+4=0$에서 $(x-2)^2+(y-2)^2=2^2$이므로 이 원은 중심이 점 $(2, 2)$이고 반지름의 길이가 2인 원이다.

따라서 두 원은 서로 다른 두 점에서 만나고, 원 $x^2+y^2=4$는 직선 $x+y=4$에 접하지 않으므로 구하는 원의 방정식을
$$(x^2+y^2-4)m+(x^2+y^2-4x-4y+4)=0 \ (m \neq -1) \qquad \cdots \cdots ①$$
로 놓을 수 있다.

또, $x+y=4$에서 $y=-x+4$ $\qquad \cdots \cdots ②$
이므로 이것을 ①에 대입하여 정리하면
$$(m+1)x^2-4(m+1)x+2(3m+1)=0 \ (m \neq -1) \qquad \cdots \cdots ③$$
①이 ②에 접하기 위해서는 ③이 중근을 가져야 하므로
$$D/4=4(m+1)^2-2(m+1)(3m+1)=0$$
$$\therefore \ (m+1)(m-1)=0$$
$m \neq -1$이므로 $m=1$이고, 이 값을 ①에 대입하여 정리하면
$$x^2+y^2-2x-2y=0 \ \longleftarrow \ \boxed{답}$$

[유제] **3**-14. 두 원 $x^2+y^2+2x-3y-9=0$, $x^2+y^2-2x+5y=0$의 교점을 지나고, x축에 접하는 원의 방정식을 구하시오.

$\boxed{답}$ $x^2+y^2-6x+13y+9=0$, $4x^2+4y^2-12x+28y+9=0$

필수 예제 **3**-9   두 원 $(x-3)^2+(y-2)^2=4$, $(x-k)^2+y^2=9$의 두 교점을 P, Q라고 할 때, 선분 PQ의 길이가 최대가 되도록 하는 상수 k의 값을 구하시오.

─────────────────────────

정석연구   선분 PQ의 길이는 작은 원의 지름의 길이인 4보다 클 수 없으므로, 선분 PQ의 길이가 최대가 되는 경우는 선분 PQ가 작은 원의 중심을 지날 때이다.(아래 그림 참조)

따라서 두 원의 교점을 지나는 직선이 작은 원의 중심을 지날 때의 k의 값을 구하면 된다.

이때, 두 원의 교점을 지나는 직선의 방정식은

정석 서로 만나는 두 원
$$x^2+y^2+Ax+By+C=0, \quad x^2+y^2+A'x+B'y+C'=0$$
의 교점을 지나는 직선의 방정식은
$$x^2+y^2+Ax+By+C-(x^2+y^2+A'x+B'y+C')=0$$

을 이용하여 구하면 된다.

모범답안 $(x-3)^2+(y-2)^2=4$ ······①
$(x-k)^2+y^2=9$ ······②

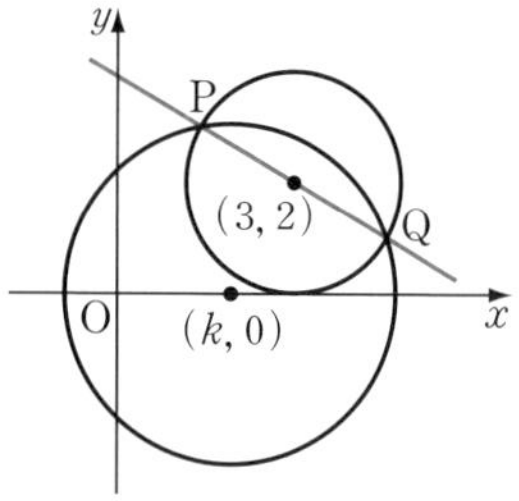

두 원의 중심 사이의 거리가 $\sqrt{(k-3)^2+4}$이므로 두 원이 두 점에서 만나려면
$$3-2<\sqrt{(k-3)^2+4}<3+2 \quad ······③$$

한편 ①, ②의 교점을 지나는 직선의 방정식은 ①−②에서
$$(2k-6)x-4y-k^2+18=0 \quad ······④$$

선분 PQ의 길이가 최대가 되는 경우는 ④가 ①의 중심을 지날 때이므로
$$(2k-6)\times 3-4\times 2-k^2+18=0 \quad \therefore \ k^2-6k+8=0 \quad \therefore \ k=2, 4$$
이 값은 ③을 만족시킨다.   답 $k=2, 4$

Advice | 두 원 ①, ②가 만날 때만 ④는 의미를 가진다.

이를테면 $k=-10$이라고 하면 ①, ②는 교점을 가지지 않으며, ④는 어느 원과도 만나지 않는다.

따라서 두 원이 두 점에서 만날 조건을 꼭 확인해야 한다.

유제 **3**-15. 원 $x^2+y^2=r^2$이 원 $(x-2)^2+(y-1)^2=4$의 둘레를 이등분할 때, 양수 r의 값을 구하시오.   답 $r=3$

§4. 자취 문제(원)

필수 예제 **3**-10   점 $A(10, 0)$과 원 $x^2+y^2+4x-6y+4=0$ 위를 움직이는 점 P에 대하여 선분 AP를 $1:2$로 내분하는 점 Q의 자취의 방정식을 구하시오.

정석연구 $(x+2)^2+(y-3)^2=3^2$이므로 주어진 원은 중심이 점 $(-2, 3)$이고 반지름의 길이가 3인 원이다.

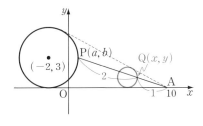

따라서 점 P의 좌표를 $P(a, b)$라 하고, 조건을 만족시키는 점 Q의 좌표를 $Q(x, y)$라고 하여 x와 y의 관계식을 구한다.

이때,

정석 $x=f(a, b), \ y=g(a, b)$인 점 (x, y)의 자취는
$\implies a, b$를 소거하여 x와 y의 관계식을 구한다

는 방법을 따른다.

모범답안 점 P의 좌표를 $P(a, b)$라고 하면 점 P는 주어진 원 위의 점이므로
$$a^2+b^2+4a-6b+4=0 \qquad \cdots\cdots ①$$

또, 점 Q의 좌표를 $Q(x, y)$라고 하면 점 Q는 선분 AP를 $1:2$로 내분하는 점이므로
$$x=\frac{1\times a+2\times 10}{1+2}, \ y=\frac{1\times b+2\times 0}{1+2}$$
$$\therefore \ a=3x-20, \ b=3y \qquad \cdots\cdots ②$$

②를 ①에 대입하여 정리하면 $x^2+y^2-12x-2y+36=0$
$$\therefore \ (x-6)^2+(y-1)^2=1 \longleftarrow \boxed{답}$$

유제 **3**-16. 점 $(2, 1)$과 원 $x^2+y^2+4x+2y+1=0$ 위를 움직이는 점을 잇는 선분의 중점의 자취의 방정식을 구하시오. $\boxed{답}$ $x^2+y^2=1$

유제 **3**-17. 중심이 점 $(1, 0)$이고 원점 O를 지나는 원 위를 움직이는 점 P에 대하여 선분 OP의 중점의 자취의 방정식을 구하시오. 단, 점 P는 원점이 아니다. $\boxed{답}$ $\left(x-\dfrac{1}{2}\right)^2+y^2=\dfrac{1}{4}$ (단, 원점은 제외)

필수 예제 **3**-11   다음과 같은 두 직선이 있다.

$$mx-y+2m-2=0, \quad x+my-4m-6=0$$

(1) m이 실수일 때, 두 직선의 교점의 자취의 방정식을 구하시오.

(2) $m \le 1$일 때, 두 직선의 교점의 자취를 그림으로 나타내시오.

[정석연구] '두 직선은 각각 정점을 지나며, 서로 수직이다'는 데에 착안한다. 또한 자취 문제는 조건을 만족시키지 않는 부분이 있는가도 확인해야 한다.

정석 자취 문제 $\Longrightarrow$ 제한 범위에 주의!

[모범답안] $mx-y+2m-2=0$ ……① $x+my-4m-6=0$ ……②

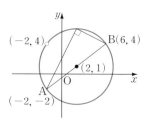

(1) ①을 변형하면 $(x+2)m-y-2=0$

이므로 점 $A(-2, -2)$를 지난다.

또, ②를 변형하면 $(y-4)m+x-6=0$

이므로 점 $B(6, 4)$를 지난다.

한편 ①, ②에서 $m \times 1 + (-1) \times m = 0$

이므로 ①, ②는 m의 값에 관계없이 서로 수직인 직선이다.

따라서 ①, ②의 교점은 지름이 선분 AB인 원 위에 있다.

이때, 선분 AB의 중점은 점 $(2, 1)$이고 $\frac{1}{2}\overline{AB} = \frac{1}{2}\sqrt{8^2+6^2} = 5$

이므로 구하는 자취의 방정식은 $(x-2)^2+(y-1)^2=25$

그런데 ①은 직선 $x=-2$를, ②는 직선 $y=4$를 나타낼 수 없으므로 점 $(-2, 4)$는 제외한다.

[답] $(x-2)^2+(y-1)^2=25$ (단, 점 $(-2, 4)$는 제외)

(2) 직선 ①은 기울기가 m이고 점 $(-2, -2)$를 지나므로, $m \le 1$일 때의 두 직선의 교점의 자취를 그림으로 나타내면 오른쪽과 같다.

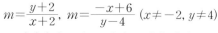

Advice | 직선 ①, ②의 교점의 좌표를 구하여 (x, y)로 놓고 m을 소거한다는 것은 두 식을

$$m = \frac{y+2}{x+2}, \quad m = \frac{-x+6}{y-4} \quad (x \ne -2, y \ne 4)$$

으로 변형하여 m을 소거하는 것과 같다.

[유제] **3**-18. k가 실수일 때, 두 직선 $y+k(x-2)=0$, $ky-(x+2)=0$의 교점의 자취의 방정식을 구하시오.   [답] $x^2+y^2=4$ (단, 점 $(2, 0)$은 제외)

필수 예제 **3**-12　두 정점 A, B가 있다. 점 P가 $\overline{AP}:\overline{BP}=2:1$을 만족시키며 움직일 때, 다음 물음에 답하시오.

(1) 점 P의 자취를 구하시오.　　(2) ∠PAB는 최대 몇 도인가?

[정석연구]　두 점 A, B를 지나는 직선을 x축으로 한다. 또, 점 A를 지나고 선분 AB에 수직인 직선 또는 선분 AB의 수직이등분선을 y축으로 잡는 것이 보통이다. 그러나 여기서는 점 P가

$$\overline{AP}:\overline{BP}=2:1$$

이 되도록 움직인다는 것에 착안하여

　　선분 **AB**를 **2 : 1**로 내분하는 점을 지나고 직선 **AB**에 수직인 직선

을 y축으로 잡을 수도 있다.

[모범답안]　직선 AB를 x축, 선분 AB를 2 : 1로 내분하는 점을 원점, A$(-2a, 0)$, B$(a, 0)$ $(a>0)$이라고 하자.

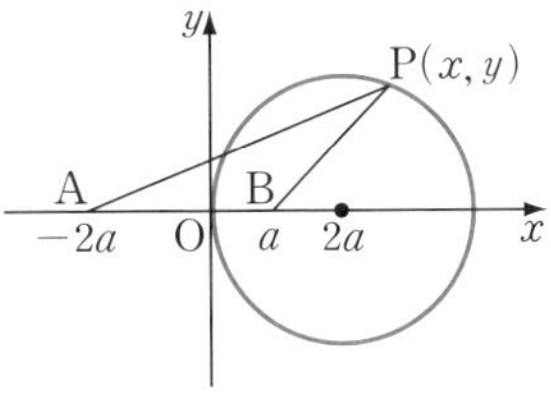

(1) $\overline{AP}:\overline{BP}=2:1$로부터

　　　　$\overline{AP}=2\overline{BP}$　　∴ $\overline{AP}^2=4\overline{BP}^2$

　　따라서 P(x, y)라고 하면

　　　　$(x+2a)^2+y^2=4\{(x-a)^2+y^2\}$

　　　　∴ $(x-2a)^2+y^2=(2a)^2$

　　이것은 중심이 점 $(2a, 0)$이고 반지름의 길이가 $2a$인 원이다.

　　　　　[답] 선분 **AB**를 **2 : 1**로 내분하는 점과 외분하는 점을 지름의 양 끝 점으로 하는 원

*Note　일반적으로 두 점 A, B에 이르는 거리의 비가 $m:n$인 점의 자취는 선분 AB를 $m:n$으로 내분하는 점과 외분하는 점을 지름의 양 끝 점으로 하는 원이 된다. 이와 같은 점의 자취를 아폴로니오스의 원이라고 한다.

(2) ∠PAB가 최대일 때는 그림과 같이 직선 AP가 원에 접할 때이고, △APC에서

　　　　∠APC$=90°$, $\overline{AC}:\overline{CP}=2:1$

이므로　∠PAB$=\mathbf{30°}$ ←── [답]

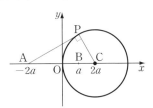

[유제] **3**-19. 두 점 A$(-2, 0)$, B$(1, 0)$에서의 거리의 비가 2 : 1인 점 P가 있다.

(1) 점 P의 자취가 직선 $3x+4y+c=0$에 접할 때, 상수 c의 값을 구하시오.

(2) △PAB의 넓이의 최댓값을 구하시오.　　　[답] (1) $c=\mathbf{4, -16}$　(2) **3**

연습문제 3

[기본] **3**-1 다음 원의 방정식을 구하시오.
  (1) 점 $(2, 1)$을 지나고, x축과 y축에 접하는 원
  (2) 두 점 $(4, 5)$, $(1, -4)$를 지나고, 반지름의 길이가 5인 원
  (3) 원 $x^2+y^2-4x+6y-3=0$과 중심이 같고, 원점을 지나는 원
  (4) 점 $(3, 0)$에서 x축에 접하고, 점 $(0, 2)$를 지나는 원

3-2 두 점 $A(x_1, y_1)$, $B(x_2, y_2)$를 지름의 양 끝 점으로 하는 원의 방정식은 $(x-x_1)(x-x_2)+(y-y_1)(y-y_2)=0$임을 보이시오.

3-3 곡선 $x^2+y^2+2(m-1)x-2my+3m^2-2=0$이 원을 나타내기 위한 실수 m의 값의 범위를 구하시오.
   또, 이 원의 반지름의 길이가 최대가 되는 실수 m의 값을 구하시오.

3-4 점 $(3, 2)$를 지나고, x축과 y축에 접하는 원은 두 개 있다.
  (1) 두 원의 넓이의 합을 구하시오.
  (2) 두 원의 중심 사이의 거리를 구하시오.

3-5 두 점 $(1, 2)$, $(3, 4)$를 지나는 원이 x축과 만나는 두 점 사이의 거리가 6일 때, 이 원의 방정식을 구하시오.

3-6 점 $A(4, 4)$를 지나고 x축에 접하는 원 C가 있다. 점 A에서의 원 C의 접선이 x축과 점 $B(1, 0)$에서 만날 때, 원 C의 방정식을 구하시오.

3-7 원 $C_1 : (x+4)^2+y^2=4$와 양수 a에 대하여 점 $C(a, 0)$을 중심으로 하는 원 C_2가 있다. 원 C_1 위의 점 P와 원점을 지나는 직선이 원 C_2와 만나서 생기는 현의 길이의 최댓값이 10, 최솟값이 6일 때, a의 값을 구하시오.

3-8 원 $x^2+y^2=10$의 내부의 점 $(2, 1)$을 지나는 직선이 있다. 이 직선과 원이 만나서 생기는 현의 길이가 $2\sqrt{6}$일 때, 직선의 방정식을 구하시오.

3-9 다음 물음에 답하시오. 단, a, b, r은 상수이다.
  (1) 원 $(x-a)^2+(y-b)^2=r^2$ 밖의 한 점 $P(x_1, y_1)$에서 이 원에 그은 접선의 접점을 T라고 할 때, $\overline{PT}^2=(x_1-a)^2+(y_1-b)^2-r^2$임을 보이시오.
  (2) 점 $P(6, 8)$에서 원 $(x-2)^2+(y-3)^2=4$에 그은 접선의 접점을 T라고 할 때, 선분 PT의 길이를 구하시오.
  (3) 점 $A(6, -2)$를 지나는 직선이 원 $x^2+y^2-2x+2y-2=0$과 두 점 P, Q (점 P는 점 A에 가까운 점)에서 만난다. $\overline{AP}=2\overline{PQ}$일 때, 선분 AP의 길이를 구하시오.

3-10　포물선 $y=2x^2$과 원 $x^2+y^2+2y=0$에 동시에 접하는 직선의 방정식을 구하시오.

3-11　두 원의 공통접선에 대하여 두 원이 같은 쪽에 있을 때 이 접선을 공통외접선, 두 원이 서로 반대쪽에 있을 때 이 접선을 공통내접선이라고 한다.

　　　두 원 $x^2+y^2=4$, $(x-12)^2+(y-5)^2=25$의 공통외접선의 두 접점 사이의 거리와 공통내접선의 두 접점 사이의 거리를 구하시오.

3-12　x축에 접하는 서로 다른 두 원이 점 $A(2, 5)$와 점 $B(4, 1)$에서 만날 때, 두 원의 두 공통외접선의 교점의 좌표를 구하시오.

3-13　두 원의 교점에서 각 원에 그은 접선이 서로 수직일 때, 두 원은 직교한다고 한다. 두 원 $(x-a)^2+y^2=2$, $x^2+(y-a)^2=4$가 직교할 때, 양수 a의 값을 구하시오.

3-14　x축과 y축에 접하고, 동시에 원 $(x-7)^2+(y-6)^2=4$에 외접하는 원의 방정식을 구하시오.

3-15　두 원 $x^2+y^2+4x-8y=28$, $x^2+y^2-4x+6y=12$의 교점을 지나고, 중심이 y축 위에 있는 원의 방정식을 구하시오.

3-16　다음 두 원의 공통현을 지름으로 하는 원의 방정식을 구하시오.
$$x^2+y^2+2x+2y-3=0, \quad x^2+y^2+x+2y-2=0$$

3-17　원 $x^2+y^2-4ax-2ay+20a-25=0$에 대하여 다음 물음에 답하시오.
　⑴ 이 원은 a의 값에 관계없이 일정한 점을 지난다. 그 점의 좌표를 구하시오.
　⑵ 이 원과 원 $x^2+y^2=5$의 교점을 지나는 직선의 방정식이 $y=-2x$가 되도록 상수 a의 값을 정하시오.

3-18　두 점 $A(6, 0)$, $B(3, 3)$과 원 $x^2+y^2=9$ 위를 움직이는 점 P에 대하여 $\triangle ABP$의 무게중심 G의 자취의 방정식을 구하시오.

[실력] **3**-19　$(|x|-1)^2+(|y|-1)^2=4$의 그래프를 그리고, 이것으로 둘러싸인 도형의 넓이를 구하시오.

3-20　세 직선 $y=2$, $y=3x-1$, $y=ax+b$로 만들어지는 삼각형의 외접원의 방정식이 $x^2+y^2+2x-2y-c=0$일 때, 상수 a, b, c의 값을 구하시오.

3-21　양수 a에 대하여 원 $C : x^2+(y+a)^2=25a^2$과 x축이 만나는 두 점을 각각 A, B라고 하자. $\triangle PAB$의 넓이가 $8\sqrt{6}$이 되도록 하는 원 C 위의 점 P의 개수가 3일 때, 이 세 점을 각각 P_1, P_2, P_3이라고 하자.

　　　$\triangle P_1 P_2 P_3$의 넓이를 S라고 할 때, $a+S$의 값을 구하시오.

3-22 원 $(x-a)^2+(y-b)^2=r^2$ 위의 점 $P(x_1, y_1)$에서의 접선의 방정식은 $(x_1-a)(x-a)+(y_1-b)(y-b)=r^2$임을 보이시오. 단, a, b, r은 상수이다.

3-23 y축의 양의 부분에 접하고, 직선 $4x-3y+1=0$과 y좌표가 3인 점에서 접하는 원의 방정식을 구하시오.

3-24 m의 값에 관계없이 원 $x^2+y^2-2mx+4my+m^2=0$에 접하는 직선의 방정식을 구하시오. 단, $m \neq 0$이다.

3-25 다음 물음에 답하시오.
  (1) 원 $x^2+y^2=r^2$ 밖의 점 $P(x_1, y_1)$에서 이 원에 그은 접선의 두 접점 Q, R 을 지나는 직선의 방정식은 $x_1x+y_1y=r^2$임을 보이시오. 단, r은 상수이다.
  (2) 원 $x^2+y^2=25$ 밖의 한 점 P에서 이 원에 그은 접선의 두 접점 Q, R 을 지나는 직선의 방정식이 $3x+4y=15$일 때, 점 P의 좌표를 구하시오.

3-26 좌표평면 위의 원점 O와 두 점 $A(4, 0)$, $B(0, 3)$에 대하여 선분 OA 위를 움직이는 점 P와 선분 OB 위를 움직이는 점 Q가 있다. 선분 PQ를 지름으로 하는 원이 직선 AB에 접할 때, 선분 PQ의 길이의 최솟값을 구하시오.

3-27 두 원 $x^2+y^2=1$과 $x^2+(y-4)^2=4$에 동시에 접하는 직선 중 x절편이 양수인 직선의 방정식을 구하시오.

3-28 세 점 O_1, O_2, O_3이 한 직선 위에 이 순서대로 있고, $\overline{O_1O_2}=8$, $\overline{O_2O_3}=5$ 이다. 점 O_1이 중심이고 반지름의 길이가 5인 원, 점 O_2가 중심이고 반지름의 길이가 3인 원, 점 O_3이 중심이고 반지름의 길이가 2인 원에 동시에 외접하는 원의 반지름의 길이를 구하시오.

3-29 1보다 큰 실수 k에 대하여 점 $(0, k)$에서 원 $C : x^2+y^2=1$에 그은 두 접선 l_1, l_2가 서로 수직이다. 두 직선 l_1, l_2와 모두 접하고 원 C와 외접하는 서로 다른 모든 원의 반지름의 길이의 합을 구하시오.

3-30 한 변의 길이가 $2a$인 정삼각형 ABC의 둘레 및 내부의 한 점 P가 $\overline{PA}^2=\overline{PB}^2+\overline{PC}^2$을 만족시킬 때, 점 P의 자취의 길이를 구하시오.

3-31 점 P에서 두 원 $x^2+y^2=1$, $(x-3)^2+(y-3)^2=13$에 그은 접선의 접점을 각각 T, T'이라고 하자. $\overline{PT} : \overline{PT'}=1 : 2$가 되도록 하는 점 P의 자취를 구하시오.

3-32 점 $A(2, 0)$을 지나는 직선이 원 $x^2+y^2=1$과 두 점 B, C에서 만날 때, 선분 BC의 중점 P의 자취를 구하시오.

④. 도형의 이동

§1. 평행이동

1 **점의 평행이동**

좌표평면 위의 점 $P(x, y)$를 x축의 방향으로 a만큼, y축의 방향으로 b만큼 평행이동한 점을 Q라고 하면

$$Q(x+a,\ y+b)$$

이다.

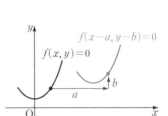

이와 같이 점 $P(x, y)$를 점 $Q(x+a,\ y+b)$로 이동하는 것을 평행이동이라 하고,

$$T:\ (x,\ y)\ \longrightarrow\ (x+a,\ y+b)$$

와 같이 나타낸다.

2 **도형의 평행이동**

좌표평면 위의 도형 $f(x, y)=0$을 평행이동

$$T:\ (x,\ y)\ \longrightarrow\ (x+a,\ y+b)$$

에 의하여 이동한 도형의 방정식은

$$f(x-a,\ y-b)=0$$

이다.

Advice 1° 점의 평행이동

좌표평면 위의 원점을 점 (a, b)로 이동하는 평행이동은 점 (x, y)를 점 $(x+a, y+b)$로 이동하는 평행이동

$$T:\ (x,\ y)\ \longrightarrow\ (x+a,\ y+b)$$

와 같다.

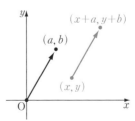

정석 원점을 점 (a, b)로 이동하는 평행이동은
$$T:\ (x,\ y)\ \longrightarrow\ (x+a,\ y+b)$$

보기 1 평행이동 $T : (x, y) \longrightarrow (x+m, y+n)$에 의하여 점 $(5, -4)$가 원점으로 이동될 때, 실수 m, n의 값을 구하시오.

연구 평행이동 T에 의하여 점 $(5, -4)$는 점 $(5+m, -4+n)$으로 이동된다.

이 점이 원점 $(0, 0)$이므로

$$5+m=0, \quad -4+n=0 \quad \therefore \boldsymbol{m=-5, \ n=4}$$

Advice 2° 도형의 평행이동

원 $x^2+y^2=1$을 x축의 방향으로 3만큼, y축의 방향으로 2만큼 평행이동하면, 중심이 점 $(3, 2)$이고 반지름의 길이가 1인 원

$$(x-3)^2+(y-2)^2=1$$

             ━ 부호가 바뀐다

이 된다.

이 방정식은 $x^2+y^2=1$에서 x 대신 $x-3$을, y 대신 $y-2$를 대입한 것이다.

일반적으로 도형 $f(x, y)=0$ ……①
위의 임의의 점 $\mathrm{P}(x, y)$를 평행이동

    $T : (x, y) \longrightarrow (x+a, y+b)$

에 의하여 이동한 점을 $\mathrm{P}'(x', y')$이라고 하면

$$x'=x+a, \ y'=y+b$$
$$\therefore \ x=x'-a, \ y=y'-b \quad ……②$$

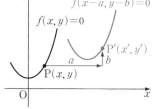

그런데 점 $\mathrm{P}(x, y)$는 도형 ① 위의 점이므로 ②를 ①에 대입하면

$$f(x'-a, y'-b)=0 \qquad\qquad ……③$$

을 얻는다.

따라서 이동한 도형 위의 임의의 점 $\mathrm{P}'(x', y')$은 방정식 $f(x-a, y-b)=0$을 만족시키므로 ③의 x', y'을 x, y로 바꾸어 쓴다.

이때 얻은 방정식

$$f(x-a, y-b)=0$$

이 ①을 평행이동 T에 의하여 이동한 도형의 방정식이다.

정석 평행이동 $T : (x, y) \longrightarrow (x+a, y+b)$에 의하여

        ┌─── x 대신 $x-a$를 대입 ───┐

$$f(x, y)=0 \quad \Longrightarrow \quad f(x-a, y-b)=0$$

        └─── y 대신 $y-b$를 대입 ───┘

[보기] 2 직선 $4x-3y+2=0$을

(1) x축의 방향으로 2만큼 평행이동한 직선의 방정식을 구하시오.

(2) y축의 방향으로 -3만큼 평행이동한 직선의 방정식을 구하시오.

(3) x축의 음의 방향으로 2만큼, y축의 양의 방향으로 3만큼 평행이동한 직선의 방정식을 구하시오.

[연구] 「x축의 방향으로 2만큼 평행이동한다」와 「x축의 양의 방향으로 2만큼 평행이동한다」는 같은 뜻이다. 또, 「x축의 방향으로 -2만큼 평행이동한다」와 「x축의 음의 방향으로 2만큼 평행이동한다」도 같은 뜻이다.

y축의 방향으로 평행이동하는 경우도 마찬가지로 생각하면 된다.

> **정석** 도형 $f(x,\ y)=0$을
> x축의 방향으로 a만큼 평행이동 $\Longrightarrow$ x 대신 $x-a$를 대입!
> y축의 방향으로 b만큼 평행이동 $\Longrightarrow$ y 대신 $y-b$를 대입!

(1) $4(x-2)-3y+2=0$ $\therefore$ $\mathbf{4x-3y-6=0}$

(2) $4x-3(y+3)+2=0$ $\therefore$ $\mathbf{4x-3y-7=0}$

(3) $4(x+2)-3(y-3)+2=0$ $\therefore$ $\mathbf{4x-3y+19=0}$

[보기] 3 원 $x^2+y^2-8x+10y+35=0$을 평행이동

$$T:(x,\ y)\longrightarrow(x+3,\ y-2)$$

에 의하여 이동한 원의 중심과 반지름의 길이를 구하시오.

[연구] 주어진 원의 방정식을 표준형으로 고치면 $(x-4)^2+(y+5)^2=6$

이 원을 x축의 방향으로 3만큼, y축의 방향으로 -2만큼 평행이동하면

$\{(x-3)-4\}^2+\{(y+2)+5\}^2=6$ $\therefore$ $(x-7)^2+(y+7)^2=6$

따라서 중심: 점 $(7,\ -7)$, 반지름의 길이: $\sqrt{6}$

$\mathcal{Advice}$ 3° 좌표축의 평행이동 (고등학교 교육과정 밖의 내용)

도형 $f(x,\ y)=0$을 고정하고, 오른쪽 그림과 같이 좌표축을 평행이동하면 새 좌표축에서의 도형의 방정식은

$$f(X+a,\ Y+b)=0$$

이 된다. 이것은 도형의 평행이동의 반대 방향으로의 평행이동이라고 생각할 수 있다.

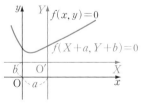

[보기] 4 직선 $3x+2y+1=0$은 원점이 점 $(1,\ -1)$에 오도록 좌표축을 평행이동한 새 좌표축(X축, Y축)에서 어떤 방정식으로 나타내어지는가?

[연구] $3(X+1)+2(Y-1)+1=0$ $\therefore$ $\mathbf{3X+2Y+2=0}$

필수 예제 **4**-1 다음 물음에 답하시오.

⑴ 점 $(5, 1)$을 점 $(1, 5)$로 이동하는 평행이동에 의하여 원점으로 이동되는 점 P의 좌표를 구하시오.

⑵ 원점을 점 $(1, 2)$로 이동하는 평행이동에 의하여 원점을 지나는 직선 l이 점 $(3, 1)$을 지나는 직선으로 이동될 때, l의 방정식을 구하시오.

정석연구 ⑴ 오른쪽 그림에서 점 P의 좌표를 구하는 문제이다.

⑵ 원점을 점 $(1, 2)$로 이동하는 평행이동 T는

$$T : (x, y) \longrightarrow (x+1, y+2)$$

를 뜻한다. 일반적으로

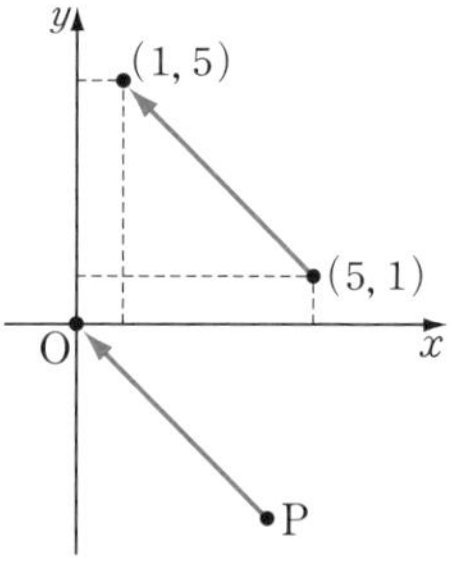

정석 원점을 점 (a, b)로 이동하는 평행이동은
$$T : (x, y) \longrightarrow (x+a, y+b)$$

모범답안 ⑴ 점 $(5, 1)$을 점 $(1, 5)$로 이동하는 평행이동 T는

$$T : (x, y) \longrightarrow (x-4, y+4)$$

따라서 P$(x, y) \longrightarrow$ O$(0, 0)$이라고 하면 $x-4=0,\ y+4=0$

$\therefore\ x=4,\ y=-4$ $\therefore\ \mathbf{P(4, -4)}$ ← 답

⑵ 원점을 점 $(1, 2)$로 이동하는 평행이동 T는

$$T : (x, y) \longrightarrow (x+1, y+2)$$

직선 l의 방정식을 $ax+by=0$으로 놓고 T에 의하여 평행이동하면

$$a(x-1)+b(y-2)=0 \quad \therefore\ ax+by-a-2b=0$$

이 직선이 점 $(3, 1)$을 지나므로

$$a \times 3 + b \times 1 - a - 2b = 0 \quad \therefore\ b=2a$$

따라서 직선 l의 방정식은 $ax+2ay=0$

$a=0$이면 조건을 만족시키지 않으므로 $a \neq 0$ $\therefore\ \boldsymbol{x+2y=0}$ ← 답

Advice | ⑴은 주어진 평행이동을 거꾸로 적용하여 풀 수도 있다.

곧, $(1, 5) \longrightarrow (5, 1)$, $(0, 0) \longrightarrow (x, y)$에서

$$x=4,\ y=-4 \quad \therefore\ \mathbf{P(4, -4)}$$

유제 **4**-1. 점 $(3, 1)$을 점 $(1, 3)$으로 이동하는 평행이동에 의하여 점 $(4, 5)$로 이동되는 점의 좌표를 구하시오. 답 $(6, 3)$

유제 **4**-2. 원점을 점 $(3, 2)$로 이동하는 평행이동에 의하여 직선 $x+3y+5=0$을 이동한 직선의 방정식을 구하시오. 답 $x+3y-4=0$

§2. 대칭이동

1 점의 대칭이동

좌표평면 위에서 한 점을 주어진 직선(또는 점)에 대하여 대칭인 점으로 이동하는 것을 그 직선(또는 점)에 대한 대칭이동이라고 한다.

좌표평면 위의 점 $P(x, y)$를 x축, y축, 원점, 직선 $y=x$에 대하여 각각 대칭이동하면 다음과 같다.

(1) x축에 대한 대칭이동은 ($P \longrightarrow Q_1$)

$$T : (x, y) \longrightarrow (x, -y)$$

(2) y축에 대한 대칭이동은 ($P \longrightarrow Q_2$)

$$T : (x, y) \longrightarrow (-x, y)$$

(3) 원점에 대한 대칭이동은 ($P \longrightarrow Q_3$)

$$T : (x, y) \longrightarrow (-x, -y)$$

(4) 직선 $y=x$에 대한 대칭이동은 ($P \longrightarrow Q_4$)

$$T : (x, y) \longrightarrow (y, x)$$

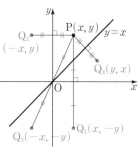

2 도형의 대칭이동

좌표평면 위의 도형 $f(x, y)=0$을 x축, y축, 원점, 직선 $y=x$에 대하여 각각 대칭이동한 도형의 방정식은 다음과 같다.

(1) x축에 대하여 대칭이동한 도형의 방정식은 $f(x, -y)=0$이다.

┌ y 대신 $-y$를 대입 ┐
$$f(x, y)=0 \implies f(x, -y)=0$$

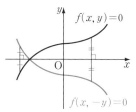

(2) y축에 대하여 대칭이동한 도형의 방정식은 $f(-x, y)=0$이다.

┌ x 대신 $-x$를 대입 ┐
$$f(x, y)=0 \implies f(-x, y)=0$$

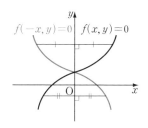

(3) 원점에 대하여 대칭이동한 도형의 방정식은
$f(-x, -y)=0$이다.

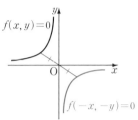

$$\underbrace{\;x\;\text{대신}\;-x\text{를 대입}\;}$$

$$f(x, y)=0 \implies f(-x, -y)=0$$

$$\underbrace{\;y\;\text{대신}\;-y\text{를 대입}\;}$$

(4) 직선 $y=x$에 대하여 대칭이동한 도형의 방
정식은 $f(y, x)=0$이다.

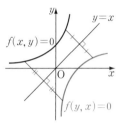

$$\underbrace{\;x\;\text{대신}\;y\text{를 대입}\;}$$

$$f(x, y)=0 \implies f(y, x)=0$$

$$\underbrace{\;y\;\text{대신}\;x\text{를 대입}\;}$$

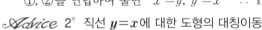

Advice 1° 직선 $y=x$에 대한 점의 대칭이동

점 $\mathrm{P}(x, y)$를 직선 $y=x$에 대하여 대칭이동한
점을 $\mathrm{P}'(x', y')$이라고 하면

(i) 직선 PP'이 직선 $y=x$와 수직이므로

$$\frac{y-y'}{x-x'}=-1 \quad \therefore \; x'+y'=x+y \quad \cdots\cdots①$$

(ii) 직선 $y=x$가 선분 PP'의 중점을 지나므로

$$\frac{y+y'}{2}=\frac{x+x'}{2} \quad \therefore \; x'-y'=-x+y \cdots②$$

①, ②를 연립하여 풀면 $x'=y, \; y'=x \quad \therefore \; \mathrm{P}'(y, x)$

Advice 2° 직선 $y=x$에 대한 도형의 대칭이동

도형 $f(x, y)=0$ 위의 점 $\mathrm{P}(x, y)$를 직선 $y=x$
에 대하여 대칭이동한 점을 $\mathrm{P}'(x', y')$이라고 하면

$$x'=y, \; y'=x \quad \text{곧,} \; x=y', \; y=x'$$

한편 점 $\mathrm{P}(x, y)$는 도형 $f(x, y)=0$ 위의 점이
므로 $f(y', x')=0$

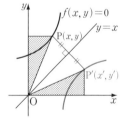

따라서 점 $\mathrm{P}'(x', y')$이 방정식 $f(y, x)=0$을 만
족시키므로 도형 $f(x, y)=0$을 직선 $y=x$에 대하
여 대칭이동한 도형의 방정식은 $f(y, x)=0$

****Note*** 도형 $f(x, y)=0$을 x축, y축, 원점에 각각 대칭이동하면 $f(x, -y)=0$,
$f(-x, y)=0, f(-x, -y)=0$이 된다는 것도 같은 방법으로 설명할 수 있다.

Advice 3° 직선 $y=-x$, $x=a$, $y=b$, 점 (a, b)에 대한 대칭이동

다음은 점 (x, y)를 여러 가지로 대칭이동한 것이다.

① $y=-x$에 대칭 ② $x=a$에 대칭 ③ $y=b$에 대칭 ④ 점 (a, b)에 대칭

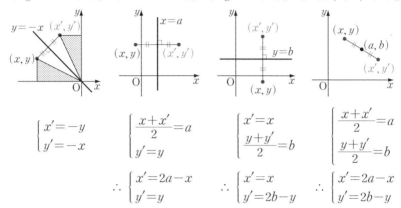

$$\begin{cases} x'=-y \\ y'=-x \end{cases}$$

$$\begin{cases} \dfrac{x+x'}{2}=a \\ y'=y \end{cases}$$
$$\therefore \begin{cases} x'=2a-x \\ y'=y \end{cases}$$

$$\begin{cases} x'=x \\ \dfrac{y+y'}{2}=b \end{cases}$$
$$\therefore \begin{cases} x'=x \\ y'=2b-y \end{cases}$$

$$\begin{cases} \dfrac{x+x'}{2}=a \\ \dfrac{y+y'}{2}=b \end{cases}$$
$$\therefore \begin{cases} x'=2a-x \\ y'=2b-y \end{cases}$$

위의 관계로부터 도형의 대칭이동을 생각하면 다음과 같다.

정석 도형 $f(x, y)=0$을

① 직선 $y=-x$에 대하여 대칭이동 $\Longrightarrow f(-y, -x)=0$
② 직선 $x=a$에 대하여 대칭이동 $\Longrightarrow f(2a-x, y)=0$
③ 직선 $y=b$에 대하여 대칭이동 $\Longrightarrow f(x, 2b-y)=0$
④ 점 (a, b)에 대하여 대칭이동 $\Longrightarrow f(2a-x, 2b-y)=0$

보기 1 직선 $2x-y+1=0$을 다음 직선 또는 점에 대하여 대칭이동한 직선의 방정식을 구하시오.

(1) x축 　　(2) y축 　　(3) 원점 　　(4) 직선 $y=x$
(5) 직선 $y=-x$ 　(6) 직선 $x=3$ 　(7) 직선 $y=-4$ 　(8) 점 $(1, -3)$

연구 (1) y 대신 $-y$를 대입 : $2x-(-y)+1=0$ 　∴ $2x+y+1=0$

(2) x 대신 $-x$를 대입 : $2(-x)-y+1=0$ 　∴ $2x+y-1=0$

(3) x 대신 $-x$, y 대신 $-y$를 대입 : $2(-x)-(-y)+1=0$ 　∴ $2x-y-1=0$

(4) x 대신 y, y 대신 x를 대입 : $2y-x+1=0$ 　∴ $x-2y-1=0$

(5) x 대신 $-y$, y 대신 $-x$를 대입 : $2(-y)-(-x)+1=0$ 　∴ $x-2y+1=0$

(6) x 대신 $2\times3-x$를 대입 : $2(6-x)-y+1=0$ 　∴ $2x+y-13=0$

(7) y 대신 $2\times(-4)-y$를 대입 : $2x-(-8-y)+1=0$ 　∴ $2x+y+9=0$

(8) x 대신 $2\times1-x$, y 대신 $2\times(-3)-y$를 대입 :
$$2(2-x)-(-6-y)+1=0 \quad ∴ \ 2x-y-11=0$$

필수 예제 **4**-2 $-2 \le x \le 4$에서 $y=f(x)$
의 그래프가 오른쪽과 같을 때, $0 \le x \le 2$
에서 다음 그래프를 그리시오.

(1) $y=f(x-1)+2$ (2) $y=2f(x)$
(3) $y=f(-x)$ (4) $y=-f(-x)$

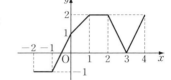

[정석연구] (1) $y=f(x-1)+2 \iff y-2=f(x-1)$

이므로 $y=f(x)$의 그래프를 x축의 방향으로 1만큼, y축의 방향으로 2만큼
평행이동한 것이다.

(2) $y=f(x)$의 그래프를 y축의 방향으로 2배 확대한 것이다.

(3) $y=f(x)$의 그래프를 y축에 대하여 대칭이동한 것이다.

(4) $y=-f(-x) \iff -y=f(-x)$

이므로 $y=f(x)$의 그래프를 원점에 대하여 대칭이동한 것이다.

일반적으로 그래프를 이동할 때에는

정석 꺾인 선의 이동 $\implies$ 꺾인 점이 이동한 점을 구한다.

곧, $y=f(x)$의 그래프의 꺾인 점의 좌표는 문제의 그림에서

$$(-1, -1), \ (0, 1), \ (1, 2), \ (2, 2), \ (3, 0)$$

이므로 (1)에서 $y=f(x-1)+2$의 그래프의 꺾인 점의 좌표는 각각

$$(0, 1), \ (1, 3), \ (2, 4), \ (3, 4), \ (4, 2) \quad \Leftarrow (x, y) \longrightarrow (x+1, y+2)$$

가 된다. 이 중 $0 \le x \le 2$의 경우만을 생각하면 된다.

[모범답안] 각 그래프는 다음과 같다.

(1) 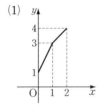   (2) 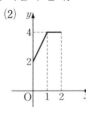   (3) 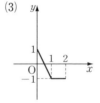   (4)

[유제] **4**-3. 함수 $y=f(x)$의 그래프가 오른쪽과 같
을 때, 다음 그래프를 그리시오.

(1) $y=f(x+1)$ (2) $2y=f(x)$
(3) $y=f(-x)$ (4) $y=-f(x)$

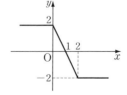

필수 예제 **4**-3   원 $x^2+y^2-8x-6y+21=0$을 다음 직선 또는 점에 대하여 대칭이동한 도형의 방정식을 구하시오.

(1) x축   (2) y축   (3) 원점

(4) 직선 $y=x$ (5) 직선 $x-2y+7=0$

정석연구 일반적으로 직선 l에 대하여 점 $P(a, b)$와 대칭인 점 $Q(x, y)$를 구하고자 할 때에는

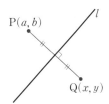

　(ⅰ) 선분 PQ의 중점이 직선 l 위에 있다

　(ⅱ) 직선 PQ가 직선 l과 수직이다

라는 성질을 이용한다.

모범답안 (1) $x^2+(-y)^2-8x-6(-y)+21=0$

　　∴ $x^2+y^2-8x+6y+21=0$ ← 답

(2) $(-x)^2+y^2-8(-x)-6y+21=0$

　　∴ $x^2+y^2+8x-6y+21=0$ ← 답

(3) $(-x)^2+(-y)^2-8(-x)-6(-y)+21=0$

　　∴ $x^2+y^2+8x+6y+21=0$ ← 답

(4) $y^2+x^2-8y-6x+21=0$ ∴ $x^2+y^2-6x-8y+21=0$ ← 답

(5) 주어진 방정식을 표준형으로 고치면 $(x-4)^2+(y-3)^2=2^2$이므로 중심이 P$(4, 3)$이고 반지름의 길이가 2인 원이다.

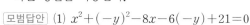

　　따라서 직선 $x-2y+7=0$ ……①

에 대하여 점 P와 대칭인 점을 $Q(a, b)$라고 하면 구하는 도형은 중심이 점 Q이고 반지름의 길이가 2인 원이다.

　　선분 PQ의 중점이 직선 ① 위에 있으므로

$$\frac{4+a}{2}-2\times\frac{3+b}{2}+7=0 \quad ∴ a-2b+12=0 \quad ……②$$

또, 직선 PQ가 직선 ①과 수직이므로

$$\frac{b-3}{a-4}\times\frac{1}{2}=-1 \quad ∴ 2a+b-11=0 \quad ……③$$

②, ③을 연립하여 풀면 $a=2$, $b=7$ ∴ $Q(2, 7)$

　　∴ $(x-2)^2+(y-7)^2=4$ ← 답

유제 **4**-4. 직선 $x-y-1=0$에 대하여 원 $x^2+y^2-10x-4y+28=0$과 대칭인 도형의 방정식을 구하시오.　　답 $(x-3)^2+(y-4)^2=1$

필수 예제 **4**-4 좌표평면 위에 점 $P(5, 5)$가 있다. 직선 $y=2x$ 위의 점 Q 와 x축 위의 점 R을 잡아 $\overline{PQ}+\overline{QR}+\overline{RP}$의 값이 최소가 되게 할 때, 최솟값과 점 Q의 좌표를 구하시오.

정석연구 오른쪽 그림과 같이 ∠XOY와 점 P가 있을 때, $\overline{PQ}+\overline{QR}+\overline{RP}$의 값이 최소가 되는 직선 OX 위의 점 Q, 직선 OY 위의 점 R을 찾는 방법은 다음과 같다.

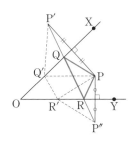

(작도) 직선 OX에 대하여 점 P와 대칭인 점을 P′이라 하고, 직선 OY에 대하여 점 P와 대칭인 점을 P″이라고 할 때, 선분 P′P″이 직선 OX, OY와 만나는 점이 구하는 점 Q, R이다.

(증명) 직선 OX 위의 Q가 아닌 임의의 점을 Q′이라 하고, 직선 OY 위의 R이 아닌 임의의 점을 R′이라고 하면

$$\overline{PQ'}+\overline{Q'R'}+\overline{R'P}=\overline{P'Q'}+\overline{Q'R'}+\overline{R'P''}>\overline{P'P''}=\overline{PQ}+\overline{QR}+\overline{RP}$$

따라서 $\overline{PQ}+\overline{QR}+\overline{RP}(=\overline{P'P''})$가 최소이다.

모범답안 직선 $y=2x$ ......①

에 대하여 점 $P(5, 5)$와 대칭인 점을 $P'(a, b)$라 하고, x축에 대하여 점 $P(5, 5)$와 대칭인 점을 $P''(5, -5)$라고 하자. 또, 선분 P′P″이 직선 ①, x축과 만나는 점을 각각 Q, R이라고 하면 이때 $\overline{PQ}+\overline{QR}+\overline{RP}$가 최소이고 이 값은 $\overline{P'P''}$과 같다.

(ⅰ) 선분 PP′의 중점이 직선 ① 위에 있으므로

$$\frac{b+5}{2}=2\times\frac{a+5}{2} \qquad \cdots\cdots②$$

또, 직선 PP′이 직선 ①과 수직이므로 $\dfrac{b-5}{a-5}\times 2=-1$ ......③

②, ③을 연립하여 풀면 $a=1, b=7$ ∴ $P'(1, 7)$

따라서 구하는 최솟값은 $\overline{P'P''}=\sqrt{(5-1)^2+(-5-7)^2}=\boldsymbol{4\sqrt{10}}$ ← 답

(ⅱ) 직선 P′P″의 방정식은 $y=-3x+10$이므로 ①과 연립하여 풀면

$$x=2, \ y=4 \qquad \therefore \ \boldsymbol{Q(2, 4)} \ \longleftarrow \ \boxed{답}$$

유제 **4**-5. 좌표평면 위에 두 점 $A(2, 5)$, $B(7, 0)$과 직선 $x+y=4$가 있다. 이 직선 위에 한 점 P를 잡아 $\overline{AP}+\overline{PB}$의 값이 최소가 되게 할 때, 최솟값과 점 P의 좌표를 구하시오. 답 최솟값 $2\sqrt{17}$, $\mathbf{P(3, 1)}$

필수 예제 **4**-5   직선 $x-2y+2=0$에 대하여 직선 $x+3y-8=0$과 대칭인 직선의 방정식을 구하시오.

[정석연구] 일반적으로 도형 $f(x, y)=0$을 대칭이동한 도형의 방정식을 구하는 방법을 정리하면 다음과 같다(평행이동의 경우에도 구하는 방법은 같다).

정석 도형 $f(x, y)=0$을 대칭이동한 도형의 방정식을 구하는 방법

(ⅰ) 도형 $f(x, y)=0$ 위의 임의의 점 $P(x, y)$를 대칭이동한 점을 $P'(x', y')$이라고 한다.

(ⅱ) x, y를 x', y'으로 나타낸 다음 $f(x, y)=0$에 대입한다.

(ⅲ) x', y'을 x, y로 바꾼다.

[모범답안] $x-2y+2=0$ $\cdots\cdots$① $x+3y-8=0$ $\cdots\cdots$②

직선 ② 위의 점 $P(x, y)$가 점 $P'(x', y')$으로 이동된다고 하면 두 점 P, P'은 직선 ①에 대하여 대칭이다.

선분 PP'의 중점이 직선 ① 위에 있으므로

$$\frac{x+x'}{2}-2\times\frac{y+y'}{2}+2=0$$

$$\therefore\ x-2y+x'-2y'+4=0 \quad \cdots\cdots③$$

또, 직선 PP'이 직선 ①과 수직이므로

$$\frac{y-y'}{x-x'}\times\frac{1}{2}=-1$$

$$\therefore\ 2x+y-2x'-y'=0 \qquad \cdots\cdots④$$

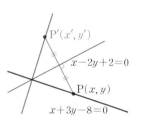

③, ④를 x, y에 관하여 연립하여 풀면

$$x=\frac{3x'+4y'-4}{5},\ y=\frac{4x'-3y'+8}{5}$$

그런데 점 $P(x, y)$는 직선 ② 위의 점이므로

$$\frac{3x'+4y'-4}{5}+3\times\frac{4x'-3y'+8}{5}-8=0 \quad \therefore\ 3x'-y'-4=0$$

x', y'을 x, y로 바꾸면 $\boldsymbol{3x-y-4=0}$ ← 답

*$Note$ 두 직선 ①, ②의 교점은 대칭이동하더라도 그대로 있으므로 풀이에서 따로 언급하지 않아도 무방하다.

[유제] **4**-6. 원점과 점 $(-1, -1)$은 직선 $l : x+ay+b=0$에 대하여 대칭이다.

(1) 상수 a, b의 값을 구하시오.

(2) 직선 l에 대하여 직선 $x-2y+2=0$과 대칭인 직선의 방정식을 구하시오.

답 (1) $a=1,\ b=1$ (2) $2x-y+3=0$

필수 예제 **4**-6 오른쪽 그림에서 도형 A의 방정식이 $f(x, y)=0$일 때, 다음 물음에 답하시오.

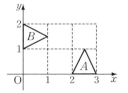

(1) 도형 A와 도형 B가 합동인 이등변삼각형일 때, 도형 B의 방정식을 구하시오.

(2) $f(y+1, x-2)=0$의 그래프를 그리시오.

정석연구 오른쪽 그림과 같이 도형 A를 직선 $y=x$에 대하여 대칭이동한 다음, y축의 방향으로 -1만큼 평행이동하면 도형 B가 된다.

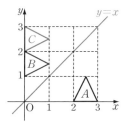

정석 도형의 이동

⟹ 대칭이동, 평행이동으로 나누어 보자.

모범답안 (1) 도형 A를 직선 $y=x$에 대하여 대칭이동한 도형은 위의 그림에서 도형 C이고, 방정식은 $f(y, x)=0$이다.

도형 C를 y축의 방향으로 -1만큼 평행이동하면 도형 B이므로 구하는 방정식은 $f(y+1, x)=0$ ⟵ 답

(2) 도형 $f(y+1, x-2)=0$은 도형 $f(y, x)=0$을 x축의 방향으로 2만큼, y축의 방향으로 -1만큼 평행이동한 것이다.

또, 도형 $f(y, x)=0$은 도형 $f(x, y)=0$을 직선 $y=x$에 대하여 대칭이동한 것이다.

따라서 도형 $f(y+1, x-2)=0$은 도형 $f(x, y)=0$을 직선 $y=x$에 대하여 대칭이동한 다음, x축의 방향으로 2만큼, y축의 방향으로

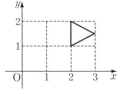

-1만큼 평행이동한 것이므로, 그래프는 오른쪽과 같다.

유제 **4**-7. 도형 $f(x, y)=0$을 직선 $y=x$에 대하여 대칭이동한 다음, x축의 방향으로 3만큼, y축의 방향으로 -1만큼 평행이동한 도형의 방정식을 구하시오.   답 $f(y+1, x-3)=0$

유제 **4**-8. 오른쪽 그림에서 도형 A의 방정식이 $f(x, y)=0$일 때, 다음 물음에 답하시오.

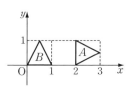

(1) 도형 A와 도형 B가 합동인 이등변삼각형일 때, 도형 B의 방정식을 구하시오.

(2) $f(-x+2, y+1)=0$의 그래프를 그리시오.

답 (1) $f(y+2, x)=0$ (2) 생략

연습문제 4

기본 **4**-1   점 $P(x, y)$를 x축의 방향으로 2만큼, y축의 방향으로 -3만큼 평행이동한 점을 Q라고 하자. 점 Q를 직선 $y=-x$에 대하여 대칭이동한 점 R은 점 P를 직선 $y=x$에 대하여 대칭이동한 점과 같다. 이때, 점 P의 좌표를 구하시오.

4-2   점 $A(-5, 2)$와 원 $x^2+y^2-14x-6y+54=0$ 위의 점 B가 있다. x축 위의 점 P에 대하여 $\overline{AP}+\overline{PB}$의 최솟값을 구하시오.

4-3   다음 두 조건을 만족시키는 두 점 A, B의 좌표를 구하시오.
   ㈎ 두 점 A와 B는 직선 $y=x$에 대하여 대칭이다.
   ㈏ 직선 AB의 방정식은 $y=-x+1$이고, $\overline{AB}=4$이다.

4-4   원 $C : x^2+y^2-2x-6y-6=0$을 직선 $x=a$에 대하여 대칭이동한 원은 원 C의 중심을 지난다. 또, 원 C를 직선 $y=x+b$에 대하여 대칭이동한 원은 원 C와 접한다. 이때, 양수 a, b의 값을 구하시오.

4-5   좌표축이 그려진 모눈종이 위의 점 $(1, 3)$이 점 $(4, 0)$과 겹치도록 접을 때, 점 $(5, -3)$과 겹치는 점의 좌표를 구하시오.

실력 **4**-6   직선 $ax+by+c=0$을 점 (a, β)를 중심으로 $180°$ 회전하여 얻은 직선의 방정식을 구하시오. 단, a, b, c는 상수이다.

4-7   세 점 $A(3, 4)$, $B(6, 1)$, $C(a, b)$를 꼭짓점으로 하는 삼각형 ABC에 대하여 직선 $y=\dfrac{1}{2}x$가 삼각형 ABC의 한 내각을 이등분할 때, $a+b$의 값을 구하시오.

4-8   방정식 $x^2+y^2+xy+ax+y=0$이 나타내는 도형이 직선 $x-y+1=0$에 대하여 대칭이 되도록 상수 a의 값을 정하시오.

4-9   네 점 $A(0, 0)$, $B(a, 0)$, $C(a, a)$, $D(0, a)$를 꼭짓점으로 하는 사각형 ABCD에서 변 AB의 중점을 M이라 하고, 직선 DM에 대하여 점 A와 대칭인 점을 E라고 하자. $\triangle EBC$의 넓이가 10일 때, 양수 a의 값을 구하시오.

4-10   좌표평면 위에 두 점 $A(0, 2)$, $B(5, 1)$이 있다. 길이가 1인 선분 PQ가 x축 위에서 움직일 때, 사각형 APQB의 둘레의 길이의 최솟값을 구하시오.

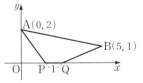

⑤. 집 합

§1. 집합의 뜻과 포함 관계

1 집합과 원소

(1) 주어진 조건에 의하여 그 대상을 명확하게 결정할 수 있는 모임을 집합이라 하고, 집합을 이루는 대상 하나하나를 그 집합의 원소라고 한다.

(2) a가 집합 S의 원소일 때 a는 S에 속한다고 말하고, $a \in S$로 나타낸다. 또, a가 집합 S의 원소가 아닐 때 a는 S에 속하지 않는다고 말하고, $a \notin S$로 나타낸다.

(3) 원소가 유한개인 집합을 유한집합이라 하고, 원소가 무한히 많은 집합을 무한집합이라고 한다. 또, 원소가 하나도 없는 집합을 공집합이라 하고, $\varnothing$으로 나타낸다. 이때, 공집합은 유한집합이다.

유한집합 S의 원소의 개수를 $n(S)$로 나타낸다.

2 집합의 표현 방법

(1) 원소나열법 : 원소가 $a, b, c, \cdots$인 집합을 A라고 하면
$$A = \{a, b, c, \cdots\}$$

(2) 조건제시법 : 조건 $p(x)$를 만족시키는 x의 집합을 B라고 하면
$$B = \{x \mid p(x)\}$$

3 집합의 포함 관계

(1) 집합 A의 모든 원소가 집합 B에 속할 때, 곧
임의의 x에 대하여 $x \in A$이면 $x \in B$
일 때, A를 B의 부분집합이라고 한다. 이것을 기호
$$A \subset B \quad \text{또는} \quad B \supset A$$
로 나타내고, 다음과 같이 말한다.

A는 B에 포함된다 또는 B는 A를 포함한다

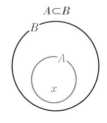

(2) $A \subset B$이고 $B \subset A$일 때 A와 B는 서로 같다고 하고, $A = B$로 나타낸다. 또, A와 B가 서로 같지 않을 때에는 $A \neq B$로 나타낸다.

(3) 특히 $A \subset B$이고 $A \neq B$일 때, A를 B의 진부분집합이라고 한다.

Advice 1° 집합과 원소

이를테면

1부터 9까지의 자연수의 모임,

모든 자연수의 모임,

태양계에 있는 행성의 모임

과 같이 특정한 성질을 가진 대상의 모임을 생각할 때가 있다.

이와 같이 주어진 조건에 의하여 그 대상을 명확하게 결정할 수 있는 모임을 집합이라고 한다. 한편

봉사 활동을 많이 하는 학생의 모임

은 집합이라고 할 수 없다. 어떤 학생이 봉사 활동을 많이 하는가에 대한 판단 기준이 그때의 상황이나 판단자의 생각에 따라 달라질 수 있기 때문이다.

집합을 이루는 대상 하나하나를 그 집합의 원소라고 한다. a가 집합 S의 원소일 때 a는 S에 속한다고 말하고 $a \in S$로 나타내며, a가 집합 S의 원소가 아닐 때 a는 S에 속하지 않는다고 말하고 $a \notin S$로 나타낸다.

이를테면 '1부터 9까지의 자연수의 집합'을 A라고 할 때, 집합 A의 원소가 1, 2, 3, …, 9이므로 다음과 같이 나타낸다.

$$1 \in A, \ 2 \in A, \ 3 \in A, \ \cdots, \ 9 \in A \text{이고 } 10 \notin A, \ 11 \notin A, \ \cdots$$

보기 1 다음 중에서 집합인 것은?

① 착한 학생의 모임   ② 힘센 사람의 모임   ③ 빨간 사과의 모임

④ 한국 남자의 모임   ⑤ 두꺼운 책의 모임

연구 착하다, 힘세다, 빨갛다, 두껍다는 그 대상을 명확하게 결정할 수 있는 조건이 아니므로 ①, ②, ③, ⑤는 집합이 아니다.   답 ④

보기 2 자연수의 집합을 N, 정수의 집합을 Z, 유리수의 집합을 Q, 무리수의 집합을 I, 실수의 집합을 R이라고 할 때, □ 안에 $\in$ 또는 $\notin$ 중에서 알맞은 기호를 써넣으시오.

(1) $0 \ \square \ N$ (2) $-2 \ \square \ Z$ (3) $2.1 \ \square \ Q$

(4) $0.\dot{3} \ \square \ I$ (5) $\sqrt{3} \ \square \ R$ (6) $\pi \ \square \ R$

연구 0은 자연수가 아니고, $0.\dot{3}$은 순환소수이므로 유리수이다.

또, -2는 정수, 2.1은 유리수, $\sqrt{3}$과 π는 실수이다.

정석 x가 집합 A에 속하면 $\Longrightarrow x \in A$

x가 집합 A에 속하지 않으면 $\Longrightarrow x \notin A$

(1) $\notin$ (2) $\in$ (3) $\in$ (4) $\notin$ (5) $\in$ (6) $\in$

Advice 2° 유한집합, 무한집합, 공집합

이를테면 '1부터 9까지의 자연수의 집합 A'에서는 원소가 1, 2, 3, …, 9의 9개이고, '자연수 전체의 집합 B'에서는 원소가 무한히 많다.

집합 A와 같이 원소가 유한개인 집합을 유한집합이라 하고, 집합 B와 같이 원소가 무한히 많은 집합을 무한집합이라고 한다.

또, '1보다 작은 자연수의 집합 P'와 같이 원소가 하나도 없는 집합을 공집합이라 하고, ∅으로 나타낸다. 이때, 공집합은 유한집합이다.

한편 집합 S가 유한집합일 때, 집합 S의 원소의 개수를 $n(S)$로 나타낸다. 곧, 위의 예에서 $n(A)=9$, $n(P)=0$이다.

*Note 숫자 0을 발견함으로써 어떤 수도 간단히 표현할 수 있게 되었고, 사칙연산과 같은 대수 계산을 편하게 할 수 있게 되었다. 또, 아무것도 없다는 것을 하나의 수로 취급하게 됨으로써 수학이 비약적으로 발전하였다.

마찬가지로 집합에서도 원소가 없다는 것을 하나의 집합으로 인정하고 기호 ∅으로 나타낸다.

Advice 3° 집합의 표현 방법

수학에서는 글로 표현하는 것보다 기호 또는 그림으로 나타내면 한눈에 볼 수 있고 능률적인 연산을 할 수 있는 경우가 많다.

이를테면 네 집합

> 1부터 9까지의 자연수의 집합 A,
> 자연수 전체의 집합 B,
> 실수 전체의 집합 C,
> 1 이상 3 이하의 실수의 집합 D

를 기호를 써서 나타내는 방법을 알아보자.

▶ 원소나열법 : 집합에 속하는 원소를 { } 안에 나열하여

$$A=\{1, 2, 3, 4, 5, 6, 7, 8, 9\},$$
$$B=\{1, 2, 3, \cdots\}$$

과 같이 나타내는 방법을 원소나열법이라고 한다.

*Note 1° 집합을 문자로 나타낼 때에는 흔히 대문자 A, B, C, …를 쓰고, 집합의 원소를 문자로 나타낼 때에는 흔히 소문자 a, b, c, …를 쓴다.

2° 집합을 원소나열법으로 나타낼 때, 원소를 나열하는 순서는 바꿀 수 있다. 이를테면 $\{1, 2, 3\}$, $\{1, 3, 2\}$, $\{3, 2, 1\}$은 모두 같은 집합이다.

3° 집합을 원소나열법으로 나타낼 때, 같은 원소를 중복하여 쓰지 않는다.

4° 자연수 전체의 집합과 같이 원소가 많고 일정한 규칙이 있을 때에는 위의 집합 B와 같이 원소의 일부를 생략하고, '…'을 사용하여 나타낼 수 있다.

▶ 조건제시법 : 앞면의 집합 C와 D를 원소나열법으로 나타내기는 곤란하다. 이럴 때에는

$$C=\{x\,|\,x\text{는 실수}\},$$
$$D=\{x\,|\,1\leq x\leq 3,\ x\text{는 실수}\}$$

와 같이 $\{x\,|\,p(x)\}$의 $p(x)$의 자리에 x가 가지는 조건을 써서 나타낸다. 이와 같이 집합을 나타내는 방법을 조건제시법이라고 한다.

앞면의 집합 A와 B를 조건제시법을 이용하여 나타내면 다음과 같다.

$$A=\{x\,|\,1\leq x\leq 9,\ x\text{는 자연수}\},$$
$$B=\{x\,|\,x\text{는 자연수}\}$$

또, 집합을 나타낼 때 오른쪽과 같이 그림을 이용하기도 한다. 이와 같은 그림을 벤 다이어그램(Venn diagram)이라고 한다.

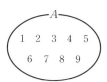

보기 3 다음 집합을 원소나열법으로 나타내시오.

(1) $\{x\,|\,x\text{는 20보다 작은 소수}\}$

(2) $\{x\,|\,x\text{는 100보다 작은 자연수 중 3의 배수}\}$

(3) $\{x\,|\,x=2n+1,\ n\text{은 정수}\}$

(4) $\left\{x\,\middle|\,x=\dfrac{1}{n},\ n\text{은 자연수}\right\}$

연구 (1) $\{2,\ 3,\ 5,\ 7,\ 11,\ 13,\ 17,\ 19\}$

(2) $\{3,\ 6,\ 9,\ 12,\ \cdots,\ 99\}$

(3) n이 정수이므로 n에 $\cdots,\ -2,\ -1,\ 0,\ 1,\ 2,\ \cdots$를 대입하면

$$\{\cdots,\ -3,\ -1,\ 1,\ 3,\ 5,\ \cdots\}$$

(4) n이 자연수이므로 n에 $1,\ 2,\ 3,\ 4,\ \cdots$를 대입하면

$$\left\{1,\ \dfrac{1}{2},\ \dfrac{1}{3},\ \dfrac{1}{4},\ \cdots\right\}$$

보기 4 다음 집합을 조건제시법으로 나타내시오.

(1) $\{1,\ 2,\ 3,\ 6,\ 9,\ 18\}$ \qquad (2) $\{4,\ 8,\ 12,\ 16,\ \cdots,\ 100\}$

연구 원소 x에 관한 조건이 $p(x)$이면 $\{x\,|\,p(x)\}$의 꼴로 나타내면 된다.

(1) 18의 양의 약수의 집합이므로 $\{x\,|\,x\text{는 18의 양의 약수}\}$

(2) 100 이하의 자연수 중 4의 배수의 집합이므로

$$\{x\,|\,x\text{는 100 이하의 자연수 중 4의 배수}\}$$

*$Note$ 조건제시법으로 나타내는 방법은 하나가 아닐 수 있다. 이를테면 (2)는 $\{x\,|\,0<x\leq 100,\ x\text{는 4의 배수}\}$와 같이 나타내어도 된다.

Advice 4° 집합의 포함 관계

▶ 부분집합 : 이를테면 두 집합

$$A = \{1, 2, 3\}, \quad B = \{1, 2, 3, 4, 5\}$$

에서 A의 원소 1, 2, 3은 모두 B의 원소이다.

　이와 같이 집합 A의 원소가 모두 집합 B의 원소일 때 A는 B의 부분집합이라 하고, 이것을 $A \subset B$ 또는 $B \supset A$로 나타내며, A는 B에 포함된다 또는 B는 A를 포함한다고 말한다.

　한편 집합 A의 원소 중에서 집합 B에 속하지 않는 것이 있으면 A는 B의 부분집합이 아니다. 이때에는 $A \not\subset B$ 또는 $B \not\supset A$로 나타낸다.

　위의 그림과 같이 집합의 포함 관계를 벤 다이어그램으로 나타내어 보면 쉽게 알아볼 수 있다.

Note 1° 공집합 $\varnothing$은 임의의 집합 A의 부분집합으로 생각한다. 곧, $\varnothing \subset A$이다.

　　2° 임의의 집합 A는 A 자신의 부분집합이다. 곧, $A \subset A$이다.

보기 5 다음 집합의 부분집합을 모두 구하시오.

(1) $\{a, b, c\}$　　　　　　　　　　(2) $\{1, 2, 3, 4\}$

연구 원소의 개수가 0, 1, 2, …인 부분집합을 차례로 구하면 된다. 특히 $\varnothing$과 자기 자신은 항상 부분집합이 된다는 것을 기억한다.

(1) $\varnothing$, $\{a\}$, $\{b\}$, $\{c\}$, $\{a, b\}$, $\{a, c\}$, $\{b, c\}$, $\{a, b, c\}$

(2) $\varnothing$, $\{1\}$, $\{2\}$, $\{3\}$, $\{4\}$, $\{1, 2\}$, $\{1, 3\}$, $\{1, 4\}$, $\{2, 3\}$, $\{2, 4\}$, $\{3, 4\}$, $\{1, 2, 3\}$, $\{1, 2, 4\}$, $\{1, 3, 4\}$, $\{2, 3, 4\}$, $\{1, 2, 3, 4\}$

보기 6 집합 $\{\varnothing, \{1\}\}$의 부분집합을 모두 구하시오.

연구 원소가 $\varnothing$과 $\{1\}$이므로　$\varnothing$, $\{\varnothing\}$, $\{\{1\}\}$, $\{\varnothing, \{1\}\}$

Note $\varnothing$은 공집합이고, $\{\varnothing\}$은 $\varnothing$을 원소로 하는 집합이다.

▶ 서로 같다 : 이를테면 두 집합

$$A = \{1, 2, 3, 4\}, \quad B = \{1, 2, 3, 4\}$$

와 같이 A와 B의 원소가 완전히 일치할 때 A와 B는 서로 같다고 하고, $A = B$로 나타낸다.

　$A = B$일 때, A의 모든 원소는 B에 속하고 B의 모든 원소는 A에 속하므로 $A \subset B$이고 $B \subset A$이다.

　역으로 $A \subset B$이고 $B \subset A$이면 A의 모든 원소는 B에 속하고 B의 모든 원소는 A에 속한다. 따라서 두 집합 A, B의 모든 원소는 서로 같고, 두 집합은 서로 같다.

그런데 무한집합과 같이 집합의 모든 원소를 직접 나열하여 비교할 수 없는 경우도 있으므로 두 집합 A, B가 서로 같다는 것을 다음과 같이 약속한다.

정의 $A \subset B$이고 $B \subset A \iff A = B$

또, 두 집합 A, B가 서로 같지 않을 때에는 $A \neq B$로 나타낸다.

한편 두 집합 A, B가 $A \subset B$이고 $A \neq B$를 만족시키면 A는 B의 진부분집합이라고 한다. 집합 A가 집합 B의 부분집합이라고 하는 것은 A가 B의 진부분집합인 경우와 A와 B가 서로 같은 경우를 통틀어서 하는 말이다.

보기 7   다음 세 집합 A, B, C의 포함 관계를 조사하시오.
$$A = \{2, 3, 5, 7\}, \quad B = \{x \,|\, 1 \leq x \leq 10, \ x는 \ 정수\},$$
$$C = \{x \,|\, 1 \leq x \leq 10, \ x는 \ 소수\}$$

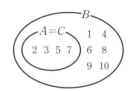

연구 $A = \{2, 3, 5, 7\}$,
$\quad\ B = \{1, 2, 3, 4, 5, 6, 7, 8, 9, 10\}$,
$\quad\ C = \{2, 3, 5, 7\}$
이므로 $A \subset B$, $C \subset B$, $A = C$ 곧, $A = C \subset B$

보기 8   두 집합 $A = \{1, 3, a\}$, $B = \{-1, 1, b\}$에 대하여 $A \subset B$이고 $B \subset A$일 때, a, b의 값을 구하시오.

연구 $A = B$이므로 두 집합의 원소가 같다. $\therefore$ $a = -1$, $b = 3$

Advice 5° 부분집합의 개수

집합 $\{a, b, c\}$의 부분집합의 개수를 생각해 보자. 원소 a가 부분집합에 속하는 경우와 속하지 않는 경우가 있고, 이 각각에 대하여 원소 b가 부분집합에 속하는 경우와 속하지 않는 경우가 있으며, 다시 이 각각에 대하여 원소 c가 부분집합에 속하는 경우와 속하지 않는 경우가 있으므로 부분집합의 개수는 $2 \times 2 \times 2 = 2^3$임을 알 수 있다.

⇦ p. 86 보기 **5**의 (1) 참조

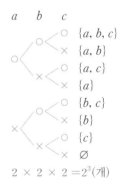

집합의 원소의 개수가 n인 경우에도 이와 같은 방법으로 생각하면 부분집합의 개수는 2^n임을 알 수 있다.

정석 원소의 개수가 n인 집합의 부분집합의 개수는 $\implies 2^n$

보기 9   집합 $A = \{x \,|\, 1 \leq x \leq 10, \ x는 \ 홀수\}$의 부분집합의 개수를 구하시오.

연구 $A = \{1, 3, 5, 7, 9\}$의 원소가 5개이므로 부분집합의 개수는 $2^5 = 32$

필수 예제 5-1   실수 전체의 집합의 두 부분집합 A, B에 대하여
$$A\ominus B=\{x\,|\,x=a-b,\ a\in A,\ b\in B\}$$
라고 하자. $A=\{1, 2, 3, 4\}$, $B=\{1, 2\}$일 때, 다음 집합을 구하시오.

(1) $A\ominus B$ (2) $B\ominus A$ (3) $B\ominus(B\ominus A)$

[정석연구] $A=\{1, 2, 3, 4\}$일 때 가능한 a의 값은 1, 2, 3, 4이고, $B=\{1, 2\}$일
때 가능한 b의 값은 1, 2이다. 따라서 가능한 $a-b$의 값은

$\quad\quad 1-1,\ 1-2,\ 2-1,\ 2-2,\ 3-1,\ 3-2,\ 4-1,\ 4-2$

$\quad\quad$ 곧, 0, -1, 1, 0, 2, 1, 3, 2

이고, 이것을 오른쪽 그림과 같이 화살표를
따라 계산하면 알기 쉽다.

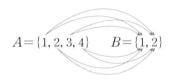

$\quad\quad$ 그런데 집합에서는 같은 원소를 중복하여
쓰지 않으므로 $A\ominus B=\{-1, 0, 1, 2, 3\}$이
라고 답하면 된다.

$\boxed{정\ 석}$ 기호의 정의에 관한 문제는 $\Longrightarrow$ 정의를 명확히 파악한다.

[모범답안] (1) $A\ominus B=\{-1, 0, 1, 2, 3\}$ ← $\boxed{답}$

(2) $B\ominus A$는

$\quad\quad 1-1,\ 1-2,\ 1-3,\ 1-4,$
$\quad\quad 2-1,\ 2-2,\ 2-3,\ 2-4$

를 원소로 하는 집합이므로

$\quad B\ominus A=\{-3, -2, -1, 0, 1\}$ ← $\boxed{답}$

(3) $B=\{1, 2\}$, $B\ominus A=\{-3, -2, -1, 0, 1\}$
이므로 $B\ominus(B\ominus A)$는

$\quad 1-(-3),\ 1-(-2),\ 1-(-1),\ 1-0,\ 1-1,$
$\quad 2-(-3),\ 2-(-2),\ 2-(-1),\ 2-0,\ 2-1$

을 원소로 하는 집합이다.

$\quad \therefore\ B\ominus(B\ominus A)=\{0, 1, 2, 3, 4, 5\}$ ← $\boxed{답}$

[유제] **5**-1. 실수 전체의 집합의 두 부분집합 A, B에 대하여
$$A\oplus B=\{x\,|\,x=a+b,\ a\in A,\ b\in B\}$$
라고 하자. $A=\{0, 1\}$, $B=\{1, 2, 3\}$일 때, 다음 집합을 구하시오.

(1) $A\oplus B$ (2) $A\oplus A$ (3) $B\oplus(A\oplus B)$

$\quad\quad\quad\quad\quad\quad$ $\boxed{답}$ (1) $\{1, 2, 3, 4\}$ (2) $\{0, 1, 2\}$ (3) $\{2, 3, 4, 5, 6, 7\}$

━━

필수 예제 **5**-2 집합 $A = \{a, b, c, d, e\}$에 대하여 다음을 구하시오.

(1) a, b가 속하는 부분집합의 개수

(2) a, b는 속하고 c는 속하지 않는 부분집합의 개수

(3) a, b 중 적어도 하나가 속하는 부분집합의 개수

━━

[정석연구] 원소 a, b를 제외한 집합 $\{c, d, e\}$의 부분집합은

$$\varnothing, \{c\}, \{d\}, \{e\},$$
$$\{c, d\}, \{c, e\}, \{d, e\}, \{c, d, e\}$$

이다.

그리고 이 부분집합에 각각 원소 a, b를 추가한

$$\{a, b\}, \{a, b, c\}, \{a, b, d\}, \{a, b, e\},$$
$$\{a, b, c, d\}, \{a, b, c, e\}, \{a, b, d, e\}, \{a, b, c, d, e\}$$

가 원소 a, b가 속하는 부분집합이다.

정석 원소의 개수가 n인 집합의 부분집합의 개수는 $\Longrightarrow 2^n$

[모범답안] (1) 집합 $\{c, d, e\}$의 부분집합에 각각 원소 a, b를 추가한 집합을 생각하면 되므로 부분집합의 개수는 $2^3 = 8$ ←── 답

(2) 집합 $\{d, e\}$의 부분집합에 각각 원소 a, b를 추가한 집합을 생각하면 되므로 부분집합의 개수는 $2^2 = 4$ ←── 답

(3) 부분집합의 전체 개수에서 a, b 중 어느 것도 속하지 않는 부분집합의 개수를 뺀 것과 같으므로 구하는 부분집합의 개수는

$$2^5 - 2^3 = 24 \ \longleftarrow \ \boxed{\text{답}}$$

Advice | (3) a는 속하고 b는 속하지 않는 부분집합의 개수, a는 속하지 않고 b는 속하는 부분집합의 개수, a와 b가 모두 속하는 부분집합의 개수를 각각 구해서 더해도 된다. 곧,

$$2^3 + 2^3 + 2^3 = 24$$

[유제] **5**-2. 20 미만의 자연수 중에서 3의 배수의 집합을 M이라고 하자. 이때, 3이 속하는 M의 부분집합의 개수를 구하시오.   답 32

[유제] **5**-3. 집합 $M = \{x \mid 0 < x < 30, x$는 4의 배수$\}$에 대하여 다음 물음에 답하시오.

(1) 4, 8이 속하는 부분집합의 개수를 구하시오.

(2) 8의 배수가 하나만 속하는 부분집합의 개수를 구하시오.

답 (1) **32** (2) **48**

필수 예제 **5**-3 세 집합 A, B, C에 대하여 다음을 보이시오.
  (1) $A{\subset}B$이고 $B{\subset}C$이면 $A{\subset}C$이다.
  (2) $A{\subset}B$이고 $B{\subset}C$이고 $C{\subset}A$이면 $A{=}B{=}C$이다.

[정석연구] (1) $A{\subset}B$, $B{\subset}C$의 포함 관계를 오른쪽
  과 같이 벤 다이어그램으로 나타내면 $A{\subset}C$임
  을 알 수 있다.
    일반적으로 벤 다이어그램으로 나타내지 않
  고 $P{\subset}Q$임을 보이기 위해서는
        $x{\in}P$인 임의의 x에 대하여 $x{\in}Q$
  임을 보이면 된다.

정석 $x{\in}P$인 임의의 x에 대하여 $x{\in}Q$이면 $\Longrightarrow$ $P{\subset}Q$

(2) 일반적으로 $P{=}Q$의 증명은 $P{\subset}Q$이고 $Q{\subset}P$임을 보이면 된다.

정석 $P{\subset}Q$이고 $Q{\subset}P$이면 $\Longrightarrow$ $P{=}Q$

[모범답안] (1) 문제의 조건에서 $A{\subset}B$이므로 $x{\in}A$인 임의의 x에 대하여 $x{\in}B$
  이다.
    그런데 조건에서 $B{\subset}C$이므로 $x{\in}B$인 임의의 x에 대하여 $x{\in}C$이다.
    따라서 $x{\in}A$인 임의의 x에 대하여 $x{\in}C$이다.
              $\therefore$ $A{\subset}C$
(2) 문제의 조건 $A{\subset}B$, $B{\subset}C$로부터 $A{\subset}C$ ⇦ (1)의 결과
    한편 문제의 조건에서 $C{\subset}A$이므로 $A{=}C$ ……①
    또, 문제의 조건 $A{\subset}B$로부터 $C{\subset}B$ ⇦ $A{=}C$
    한편 문제의 조건에서 $B{\subset}C$이므로 $B{=}C$ ……②
    ①, ②로부터 $A{=}B{=}C$

Advice | 집합의 포함 관계는 실수의 대소 관계와 닮은 데가 있다.

포함 관계 $A{\subset}B$	대소 관계 $a{\le}b$
$A{\subset}B$, $B{\subset}C$이면 $A{\subset}C$	$a{\le}b$, $b{\le}c$이면 $a{\le}c$
$A{\subset}B$, $B{\subset}A$이면 $A{=}B$	$a{\le}b$, $b{\le}a$이면 $a{=}b$

[유제] **5**-4. 네 집합 A, B, C, D에 대하여 다음을 보이시오.
  (1) $A{\subset}B$, $B{\subset}C$, $C{\subset}D$이면 $A{\subset}D$이다.
  (2) $A{\subset}B$, $B{\subset}C$, $C{\subset}D$, $D{\subset}A$이면 $A{=}B{=}C{=}D$이다.

§2. 합집합·교집합·여집합·차집합

전체집합 U의 두 부분집합 A, B에 대하여

(1) 합집합 : $A \cup B = \{x \mid x \in A \text{ 또는 } x \in B\}$

(2) 교집합 : $A \cap B = \{x \mid x \in A \text{ 그리고 } x \in B\}$

(3) 여집합 : $A^C = \{x \mid x \in U \text{ 그리고 } x \notin A\}$

(4) 차집합 : $A - B = \{x \mid x \in A \text{ 그리고 } x \notin B\}$

정석 차집합과 여집합 사이의 관계 : $\boldsymbol{A - B = A \cap B^C}$

Advice 1° 합집합, 교집합

이를테면 두 집합

$$A = \{1, 2, 3, 4, 5\}, \quad B = \{3, 4, 5, 6\}$$

을 생각해 보자.

▶ 합집합 : 집합 A에 속하거나 집합 B에 속하는
모든 원소로 이루어진 집합

$$\{1, 2, 3, 4, 5, 6\}$$

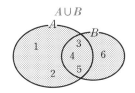

을 A와 B의 합집합이라 하고, $\boldsymbol{A \cup B}$로 나타낸
다. 곧,

$$A \cup B = \{1, 2, 3, 4, 5, 6\}$$

일반적으로 합집합 $A \cup B$는

$$A \cup B = \{x \mid x \in A \text{ 또는 } x \in B\}$$

와 같이 정의한다.

▶ 교집합 : 집합 A에도 속하고 집합 B에도 속하
는 모든 원소로 이루어진 집합

$$\{3, 4, 5\}$$

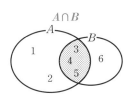

를 A와 B의 교집합이라 하고, $\boldsymbol{A \cap B}$로 나타낸
다. 곧,

$$A \cap B = \{3, 4, 5\}$$

일반적으로 교집합 $A \cap B$는

$$A \cap B = \{x \mid x \in A \text{ 그리고 } x \in B\}$$

와 같이 정의한다.

특히 두 집합
$$A = \{1, 2, 3\}, \quad B = \{4, 5\}$$
의 경우와 같이 A, B에 공통인 원소가 하나도
없을 때, 곧 $A \cap B = \varnothing$일 때, A와 B는 서로소
라고 한다.

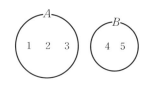

보기 1 두 집합 A, B가 다음과 같을 때, $A \cup B$와 $A \cap B$를 구하시오.
$$A = \{x \,|\, x\text{는 } 12 \text{ 이하의 자연수 중 } 2 \text{의 배수}\},$$
$$B = \{x \,|\, x\text{는 } 12 \text{ 이하의 자연수 중 } 3 \text{의 배수}\}$$

[연구] $A = \{2, 4, 6, 8, 10, 12\}$, $B = \{3, 6, 9, 12\}$
이므로
$$A \cup B = \{\mathbf{2, 3, 4, 6, 8, 9, 10, 12}\},$$
$$A \cap B = \{\mathbf{6, 12}\}$$

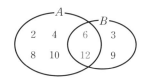

Advice 2° 여집합, 차집합

▶ 여집합 : 이를테면 영어의 알파벳 전체의 집합
$$U = \{a, b, c, d, \cdots, x, y, z\}$$
에 대하여
$$A = \{a, b, c\}, \quad B = \{f, g, h, i\}$$
는 집합 U의 부분집합이다.

이와 같이 어떤 주어진 집합에 대하여 그 부분집합만을 생각할 때, 처음에
주어진 집합을 전체집합이라 하고, 보통 U로 나타낸다.

이때, 집합 U의 원소 중에서 집합 A에 속하지
않는 모든 원소로 이루어진 집합
$$\{d, e, f, \cdots, x, y, z\}$$
를 A의 여집합이라 하고, A^C으로 나타낸다.

일반적으로 U가 전체집합일 때, A의 여집합
A^C은

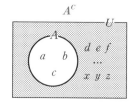

$$A^C = \{x \,|\, x \in U \text{ 그리고 } x \notin A\}$$
와 같이 정의한다. 또, 전체집합이 분명한 경우 간단히
$$\boldsymbol{A^C = \{x \,|\, x \notin A\}}$$
로 나타내기도 한다.

*$\boldsymbol{Note}$ 전체집합을 나타내는 U는 Universal set의 첫 글자를 딴 것이고, 집합 A
의 여집합 A^C에서 ^{C}는 Complement의 첫 글자를 딴 것이다.

보기 2 전체집합이 다음과 같을 때, 2로 나눈 나머지가 0인 수의 집합을 A라고 하자. 이때, A^C을 구하시오.

(1) 자연수 전체의 집합　　　　　(2) 정수 전체의 집합

연구 (1) $A=\{2, 4, 6, 8, \cdots\}$이므로　$A^C=\{1, 3, 5, 7, \cdots\}$

(2) $A=\{\cdots, -4, -2, 0, 2, 4, \cdots\}$이므로　$A^C=\{\cdots, -3, -1, 1, 3, \cdots\}$

▶ 차집합 : 이를테면 두 집합

$$A=\{1, 2, 3, 4, 5\}, \quad B=\{3, 4, 5, 6\}$$

을 생각할 때, 집합 A에는 속하지만 집합 B에는 속하지 않는 모든 원소로 이루어진 집합 $\{1, 2\}$를 A에 대한 B의 **차집합**이라 하고, $\boldsymbol{A-B}$로 나타낸다. 곧,

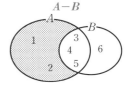

$$A-B=\{1, 2\}$$

일반적으로 차집합 $A-B$는

$$A-B=\{x \mid x \in A \text{ 그리고 } x \notin B\}$$

와 같이 정의한다.

한편 U가 전체집합일 때, x가 B에 속하지 않으면 x는 B^C에 속하므로

$$A-B=\{x \mid x \in A \text{ 그리고 } x \notin B\}$$
$$=\{x \mid x \in A \text{ 그리고 } x \in B^C\}=A \cap B^C$$

이다. 곧, 다음 관계가 성립한다.

정석 $A-B=A \cap B^C$

위의 **정석**은 오른쪽과 같이 벤 다이어그램을 그려 확인할 수도 있다.

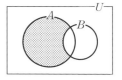

보기 3 세 집합 $A=\{a, b, c, d, i, j\}$, $B=\{c, d, e, f, g\}$, $C=\{d, g, h, i, j\}$에 대하여 다음 집합을 구하시오.

(1) $A-B$　　　　　　　(2) $B-A$　　　　　　　(3) $A-C$

연구 (1) $A-B=\{a, b, i, j\}$　(2) $B-A=\{e, f, g\}$　(3) $A-C=\{a, b, c\}$

Note 일반적으로 $A-B$와 $B-A$는 서로 같지 않다.

보기 4 전체집합이 10보다 작은 자연수의 집합이고, $A=\{x \mid x$는 2의 배수$\}$, $B=\{x \mid x$는 3의 배수$\}$일 때, $A-B$와 $B \cap A^C$을 구하시오.

연구 $A=\{2, 4, 6, 8\}$, $B=\{3, 6, 9\}$이므로

$$A-B=\{2, 4, 8\}, \quad B \cap A^C=B-A=\{3, 9\}$$

Note $B \cap A^C$은 A^C을 구한 다음 B와의 교집합을 구해도 된다.

필수 예제 **5**-4 　전체집합 $U=\{1, 2, 3, 4, 5, 6, 7, 8, 9\}$의 두 부분집합 A, B
　에 대하여
$$A\cap B^C=\{2, 4, 8\}, \quad A^C\cap B=\{3, 6, 9\}, \quad A^C\cap B^C=\{5, 7\}$$
　일 때, 집합 $A\cup B$, A, $A\cap B$를 각각 구하시오.

[정석연구] 두 집합 A, B 사이의 관계를 쉽게 이해하기 위해서는 우선 다음과 같
은 기본적인 벤 다이어그램을 자유자재로 그릴 수 있어야 한다.

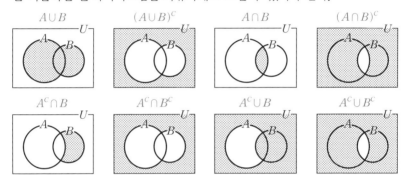

전체집합 U는 두 집합 A, B에 의하여 4개
의 부분으로 나뉘고, 여기에 문제의 조건에 맞
도록 숫자를 써넣으면 오른쪽 그림과 같다.

이때, 전체집합 U의 원소 중에서 남은 숫자
1은 $A\cap B$에 써넣으면 되므로
$$A\cap B=\{1\}, \quad A=\{1, 2, 4, 8\},$$
$$A\cup B=\{1, 2, 3, 4, 6, 8, 9\}$$

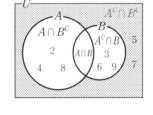

[모범답안] $A\cup B=U-(A^C\cap B^C)=\{1, 2, 3, 4, 5, 6, 7, 8, 9\}-\{5, 7\}$
$$=\{\mathbf{1, 2, 3, 4, 6, 8, 9}\} \longleftarrow \boxed{답}$$
$A=(A\cup B)-(A^C\cap B)=\{1, 2, 3, 4, 6, 8, 9\}-\{3, 6, 9\}$
$$=\{\mathbf{1, 2, 4, 8}\} \longleftarrow \boxed{답}$$
$A\cap B=A-(A\cap B^C)=\{1, 2, 4, 8\}-\{2, 4, 8\}=\{\mathbf{1}\} \longleftarrow \boxed{답}$

[유제] **5**-5. 전체집합 $U=\{0, 1, 2, 3, 4, 5\}$의 두 부분집합 A, B에 대하여
$$A\cap B=\{0\}, \quad A-B=\{1, 3\}, \quad (A\cup B)^C=\{5\}$$
　일 때, 집합 A, $A\cup B$, $B-A$를 각각 구하시오.
$$\boxed{답} \ A=\{\mathbf{0, 1, 3}\}, \ A\cup B=\{\mathbf{0, 1, 2, 3, 4}\}, \ B-A=\{\mathbf{2, 4}\}$$

필수 예제 **5**-5   전체집합 $U=\{x\,|\,x$는 20보다 작은 자연수$\}$의 세 부분집합

$\qquad A=\{x\,|\,x$는 소수$\}$, $B=\{x\,|\,x=3n-2,\ n$은 정수$\}$,

$\qquad C=\{x\,|\,x=4n+1,\ n$은 정수$\}$

에 대하여 다음 집합을 구하시오.

(1) $A\cap(B\cup C)$ (2) $(A\cap B)\cup C$

(3) $(A-B)\cup(B-C)$ (4) $A\cap(B\cup C)^C$

[정석연구] 전체집합 U와 세 부분집합 A, B, C 사
이의 관계를 벤 다이어그램으로 나타내면 오른
쪽 그림과 같다.

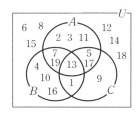

[정석] 합·교·여·차집합에 관한 문제는
$\qquad\Longrightarrow$ 벤 다이어그램을 그려서 생각한다.

[모범답안] $A=\{2,\,3,\,5,\,7,\,11,\,13,\,17,\,19\}$,

$\qquad B=\{1,\,4,\,7,\,10,\,13,\,16,\,19\}$,

$\qquad C=\{1,\,5,\,9,\,13,\,17\}$

(1) $B\cup C=\{1,\,4,\,5,\,7,\,9,\,10,\,13,\,16,\,17,\,19\}$이므로

$\qquad A\cap(B\cup C)=\textbf{\{5, 7, 13, 17, 19\}}\longleftarrow$ 답

(2) $A\cap B=\{7,\,13,\,19\}$이므로

$\qquad (A\cap B)\cup C=\textbf{\{1, 5, 7, 9, 13, 17, 19\}}\longleftarrow$ 답

(3) $A-B=\{2,\,3,\,5,\,11,\,17\}$, $B-C=\{4,\,7,\,10,\,16,\,19\}$이므로

$\qquad (A-B)\cup(B-C)=\textbf{\{2, 3, 4, 5, 7, 10, 11, 16, 17, 19\}}\longleftarrow$ 답

(4) A 중에서 $(B\cup C)^C$과 겹치는 부분을 찾으면

$\qquad A\cap(B\cup C)^C=\textbf{\{2, 3, 11\}}\longleftarrow$ 답

*Note (4) $A\cap(B\cup C)^C=A-(B\cup C)$를 이용하여 구할 수도 있다.

[유제] **5**-6. 전체집합 $U=\{x\,|\,x$는 20 이하의 자연수$\}$의 세 부분집합

$\qquad A=\{x\,|\,x$는 18의 약수$\}$, $B=\{x\,|\,x$는 20의 약수$\}$,

$\qquad C=\{x\,|\,x$는 12의 약수$\}$

에 대하여 다음 집합을 구하시오.

(1) $A\cap(B\cap C)$ (2) $(A\cup B)\cap C$

(3) $(A-B)\cup(C-B)$ (4) $(A\cup B)^C\cap(B\cup C)^C$

$\qquad\qquad$ 답 (1) $\textbf{\{1, 2\}}$ (2) $\textbf{\{1, 2, 3, 4, 6\}}$ (3) $\textbf{\{3, 6, 9, 12, 18\}}$

$\qquad\qquad\qquad$ (4) $\textbf{\{7, 8, 11, 13, 14, 15, 16, 17, 19\}}$

필수 예제 **5**-6 세 집합
$$A=\{2,\, 4,\, x^2-x+1\}, \quad B=\{3,\, x^2+ax+a\},$$
$$C=\{1,\, x^2+(a+1)x-3\}$$
에 대하여 다음 물음에 답하시오.

(1) $B{\subset}C$이고 $C{\subset}B$일 때, 실수 a, x의 값을 구하시오.

(2) $A-B=\{4\}$일 때, 실수 a, x의 값을 구하시오.

[정석연구] (1) $B{\subset}C$이고 $C{\subset}B$이면 $B=C$이므로 B의 원소 3, x^2+ax+a와
C의 원소 1, $x^2+(a+1)x-3$을 비교한다.

정석 $P{\subset}Q$이고 $Q{\subset}P$이면 $P=Q$

(2) $A-B=\{4\}$이므로 2와 x^2-x+1은 B의 원소이어야 한다.
따라서 $x^2-x+1=3$이고 $x^2+ax+a=2$이다.

[모범답안] (1) $B{\subset}C$이고 $C{\subset}B$이면 $B=C$이므로
$$x^2+ax+a=1 \quad \cdots\cdots① \qquad x^2+(a+1)x-3=3 \quad \cdots\cdots②$$
①에서 $(x+1)(x+a-1)=0$ $\therefore$ $x=-1,\, 1-a$

이것을 ②에 대입하면

$x=-1$일 때, $1-(a+1)-3=3$ $\therefore$ $a=-6$

$x=1-a$일 때, $(1-a)^2+(1-a^2)-3=3$ $\therefore$ $a=-2$ $\therefore$ $x=3$

$\boxed{\text{답}}$ $a=-6,\ x=-1$ 또는 $a=-2,\ x=3$

(2) $A-B=\{4\}$이므로
$$x^2-x+1=3 \quad \cdots\cdots③ \qquad x^2+ax+a=2 \quad \cdots\cdots④$$
③에서 $(x+1)(x-2)=0$ $\therefore$ $x=-1,\, 2$

이것을 ④에 대입하면

$x=-1$일 때, $1-a+a=2$이고, 이 식을 만족시키는 a는 없다.

$x=2$일 때, $4+2a+a=2$ $\therefore$ $a=-\dfrac{2}{3}$ $\boxed{\text{답}}$ $a=-\dfrac{2}{3},\ x=2$

[유제] **5**-7. 두 집합
$$A=\{2,\, 4,\, a^3-2a^2-a+7\},$$
$$B=\{-4,\, a+3,\, a^2-2a+2,\, a^3+a^2+3a+7\}$$
에 대하여 다음 물음에 답하시오.

(1) $A{\cap}B=\{2,\, 5\}$일 때, 실수 a의 값을 구하시오.

(2) $A-B=\{2,\, 5\}$일 때, 집합 B의 모든 원소의 합을 구하시오.

$\boxed{\text{답}}$ (1) $a=2$ (2) 13

필수 예제 **5**-7 실수 전체의 집합의 네 부분집합
$$A=\{x\,|\,x^2+2x-3=0\},\quad B=\{x\,|\,x^2+2x-3\geq0\},$$
$$C=\{x\,|\,x^4-3x^2-4\leq0\},\quad D=\{x\,|\,x^3-2x^2-9>0\}$$
에 대하여 다음 집합을 구하시오.

(1) $A^C\cap B$ (2) $(B\cap C)\cap D$

(3) $A\cap(C\cup D^C)$ (4) $(C-B)\cup(D-B)$

[정석연구] 방정식 $f(x)=0$의 해가 원소인 집합 $\{x\,|\,f(x)=0\}$을 방정식 $f(x)=0$의 해집합이라 하고, 방정식의 해집합을 구하는 것을 방정식을 푼다고 한다.

또, 부등식 $f(x)>0$의 해가 원소인 집합 $\{x\,|\,f(x)>0\}$을 부등식 $f(x)>0$의 해집합이라 하고, 부등식의 해집합을 구하는 것을 부등식을 푼다고 한다.

정석 부등식의 해집합에 관한 문제 ⟹ 수직선에서 생각한다.

[모범답안] $A=\{x\,|\,(x+3)(x-1)=0\}=\{-3,\,1\}$

$B=\{x\,|\,(x+3)(x-1)\geq0\}=\{x\,|\,x\leq-3$ 또는 $x\geq1\}$

$C=\{x\,|\,(x+2)(x-2)(x^2+1)\leq0\}=\{x\,|\,(x+2)(x-2)\leq0\}\Leftarrow x^2+1>0$

$=\{x\,|\,-2\leq x\leq2\}$

$D=\{x\,|\,(x-3)(x^2+x+3)>0\}=\{x\,|\,x>3\}$ $\Leftarrow x^2+x+3>0$

(1) $A^C\cap B=B-A=\{x\,|\,x<-3$ 또는 $x>1\}$ ← 답

(2) $B\cap C=\{x\,|\,1\leq x\leq2\}$이므로
$$(B\cap C)\cap D=\varnothing \ \leftarrow \boxed{\text{답}}$$

(3) $C\cup D^C=\{x\,|\,x\leq3\}$이므로
$$A\cap(C\cup D^C)=\{-3,\,1\} \ \leftarrow \boxed{\text{답}}$$

(4) $C-B=\{x\,|\,-2\leq x<1\},\ D-B=\varnothing$이므로
$$(C-B)\cup(D-B)=\{x\,|\,-2\leq x<1\} \ \leftarrow \boxed{\text{답}}$$

*Note (1) 집합 $A^C\cap B$는 부등식 $x^2+2x-3>0$의 해집합과 같다.

(3) 집합 D^C은 부등식 $x^3-2x^2-9\leq0$의 해집합과 같다.

[유제] **5**-8. 실수 전체의 집합 R의 네 부분집합
$$A=\{x\,|\,x^2-x-6\geq0\},\quad B=\{x\,|\,x^2-x-6>0\},$$
$$C=\{x\,|\,x^2+x-12\leq0\},\quad D=\{x\,|\,x^2+x-12=0\}$$
에 대하여 다음 집합을 구하시오.

(1) $A\cap C$ (2) $A\cup C$ (3) $(A\cap B^C)\cup D$

답 (1) $\{x\,|\,-4\leq x\leq-2$ 또는 $x=3\}$ (2) R (3) $\{-4,\,-2,\,3\}$

필수 예제 **5**-8 두 집합
$$A=\{x\,|\,x^2-2x-3>0\}, \quad B=\{x\,|\,x^2+ax+b\leq0\}$$
이 두 조건
$$A\cup B=\{x\,|\,x\text{는 실수}\}, \quad A\cap B=\{x\,|\,3<x\leq4\}$$
를 만족시키도록 상수 a, b의 값을 정하시오.

[정석연구] $x^2-2x-3>0$에서 $(x+1)(x-3)>0$이므로
$$A=\{x\,|\,x<-1 \text{ 또는 } x>3\}$$
따라서 문제의 조건에 맞도록 집합
A, $A\cup B$, $A\cap B$를 수직선 위에 나타
내어 보면 오른쪽 그림과 같으므로
$$B=\{x\,|-1\leq x\leq4\}$$
이어야 한다는 것을 알 수 있다.

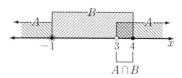

[모범답안] $A=\{x\,|\,(x+1)(x-3)>0\}=\{x\,|\,x<-1 \text{ 또는 } x>3\}$이고,
$x^2+ax+b=(x-\alpha)(x-\beta)\,(\alpha<\beta)$라고 하면
$$B=\{x\,|\,(x-\alpha)(x-\beta)\leq0\}=\{x\,|\,\alpha\leq x\leq\beta\}$$
이때, $A\cup B$가 실수 전체의 집합이
므로
$$\alpha\leq-1, \ \beta\geq3 \qquad \cdots\cdots\text{①}$$

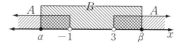

또, $A\cap B=\{x\,|\,3<x\leq4\}$이므로
$$-1\leq\alpha\leq3, \ \beta=4 \qquad \cdots\cdots\text{②}$$
①, ②에서 $\alpha=-1$, $\beta=4$이므로
$$x^2+ax+b=(x+1)(x-4)=x^2-3x-4$$
$$\therefore \ \boldsymbol{a=-3, \ b=-4} \ \longleftarrow \boxed{\text{답}}$$

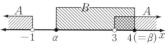

Advice | a, b의 값은
$$x^2+ax+b\leq0 \iff -1\leq x\leq4$$
에서 다음과 같이 이차방정식의 근과 계수의 관계를 이용하여 구할 수도 있다.
곧, $x^2+ax+b=0$의 두 근이 -1, 4이므로
$$(-1)+4=-a, \ (-1)\times4=b \quad \therefore \ \boldsymbol{a=-3, \ b=-4}$$

[유제] **5**-9. 두 집합 $A=\{x\,|\,x^2-6x+5\leq0\}$, $B=\{x\,|\,x^2+ax+b<0\}$이 두 조
건 $A\cap B=\varnothing$, $A\cup B=\{x\,|\,1\leq x<8\}$을 만족시키도록 상수 a, b의 값을 정
하시오.
$\qquad\qquad\qquad\qquad\qquad\qquad$ [답] $\boldsymbol{a=-13, \ b=40}$

연습문제 5

[기본] 5-1 집합 $A=\{1, 2, \{2\}, \{2, 3\}\}$에 대하여 다음 중 옳은 것만을 있는 대로 고르시오.

> ㄱ. $\{2\}\in A$ ㄴ. $\{2\}\subset A$ ㄷ. $\{1, 2\}\subset A$ ㄹ. $\{2, 3\}\subset A$

5-2 자연수를 원소로 하는 공집합이 아닌 집합 S가 있다. 다음 조건
$$\lceil x\in S\text{이면 } 6-x\in S\text{이다.}\rfloor$$
를 만족시키는 집합 S를 구하시오.

5-3 전체집합 $U=\{x\,|\,x$는 7 이하의 자연수$\}$의 세 부분집합 A, B, C에 대하여
$$A\subset B, \quad B\cup C=\{1, 2, 3, 4, 5\}, \quad A-C=\{2\}, \quad C-B=\{4\}$$
일 때, 집합 $B\cap(A^{C}\cup C)$를 구하시오.

5-4 네 집합 A, B, C, D의 포함 관계가 오른쪽 그림과 같다.

이때, 점 찍은 부분 ①, ②, ③을 각각 집합 A, B, C, D를 이용하여 나타내시오.

5-5 실수 전체의 집합의 네 부분집합 A, B, C, D가 다음과 같다.
$$A=\{x\,|\,f(x)>0\}, \quad B=\{x\,|\,g(x)>0\},$$
$$C=\{x\,|\,f(x)=0\}, \quad D=\{x\,|\,g(x)=0\}$$
이때, 다음 부등식의 해집합을 A, B, C, D를 이용하여 나타내시오.
(1) $f(x)>0\geq g(x)$ (2) $g(x)\geq 0>f(x)$
(3) $f(x)g(x)<0$ (4) $f(x)+g(x)>0,\ f(x)g(x)>0$

5-6 두 집합
$$A=\{x\,|\,x^{2}-(2a+1)x+a^{2}+a\leq 0\}, \quad B=\{x\,|\,[x]^{2}-2[x]-8<0\}$$
에 대하여 $A-B=\varnothing$일 때, 실수 a의 값의 범위를 구하시오.

단, $[x]$는 x보다 크지 않은 최대 정수를 나타낸다.

5-7 두 집합 $A=\{1, 2, 3, 4\}$, $B=\{1, 2, 3, 4, 5, 6, 7, 8\}$에 대하여 다음 세 조건을 만족시키는 집합 P를 구하시오.
> (가) $n(P\cap A)=3$ (나) $P-B=\varnothing$
> (다) 집합 P의 모든 원소의 합은 30이다.

[실력] **5-8** 다음 세 조건을 만족시키는 집합 M을 원소나열법으로 나타내시오.

    (가) 집합 M의 원소는 서로 다른 세 복소수이다.

    (나) $0 \notin M$ (다) $x \in M$, $y \in M$이면 $xy \in M$이다.

5-9 집합 A가 다음 세 조건을 만족시킨다.

    (가) $1 \in A$ (나) $x \in A$이면 $x^2 \in A$이다.

    (다) $(x-2)^2 \in A$이면 $x \in A$이다.

    이때, 다음 중 옳은 것만을 있는 대로 고르시오.

> ㄱ. $999 \in A$ ㄴ. $-999 \in A$ ㄷ. $1000 - \sqrt{999} \in A$

5-10 집합 $A = \{m + n\sqrt{3} \mid m^2 - 3n^2 = 1, \ m \in Z, \ n \in Z\}$에 대하여 $x \in A$, $y \in A$이면 $xy \in A$, $\dfrac{y}{x} \in A$임을 보이시오. 단, Z는 정수 전체의 집합이다.

5-11 자연수 전체의 집합의 부분집합 A에 대하여 A의 서로 다른 두 원소를 곱하여 나오는 모든 값을 원소로 하는 집합을 B라고 하자. 다음 세 조건을 만족시키는 집합 B 중에서 모든 원소의 합이 최대인 것을 구하시오.

    (가) 집합 B의 원소 중 가장 큰 원소는 48이다.

    (나) 집합 B의 원소 중 3으로 나눈 나머지가 1인 원소는 없다.

    (다) 집합 B의 원소 중 9의 배수는 없다.

5-12 집합 $U = \{x \mid x$는 30보다 작은 음이 아닌 정수$\}$에 대하여 A는 U의 부분집합이다. 집합 A의 임의의 서로 다른 두 원소의 합이 5로 나누어떨어지지 않을 때, $n(A)$의 최댓값을 구하시오.

5-13 $[x]$는 x보다 크지 않은 최대 정수를 나타낼 때, 다음 물음에 답하시오.

  (1) 자연수 n에 대하여 $A_n = \left\{ \left[\dfrac{k^2}{n} \right] \ \middle| \ k = 1, 2, 3, \cdots, n \right\}$이라고 할 때, 집합 A_3, A_4, A_5를 각각 원소나열법으로 나타내시오.

  (2) 자연수 n에 대하여 $B_n = \left\{ x \ \middle| \ \dfrac{x}{n} = \left[\dfrac{x}{n} \right] \right\}$라고 할 때, $B_4 \cap B_6 = B_k$를 만족시키는 k의 값을 구하시오.

5-14 자연수 전체의 집합의 두 부분집합

$$A = \{a, b, c, d, e\}, \quad B = \{x \mid x = n + k, \ n \in A, \ k$는 상수$\}$$

에 대하여 A의 모든 원소의 합은 26이고, $A \cup B$의 모든 원소의 합은 50이다. $A \cap B = \{7, 10\}$일 때, 집합 A를 구하시오.

⑥. 집합의 연산법칙

§1. 집합의 연산법칙

기 본 정 석

U를 전체집합, A, B, C를 U의 부분집합이라고 할 때,

(1) $A \cup B = B \cup A$ $A \cap B = B \cap A$ (교환법칙)

(2) $(A \cup B) \cup C = A \cup (B \cup C)$ $(A \cap B) \cap C = A \cap (B \cap C)$ (결합법칙)

(3) $A \cup (B \cap C) = (A \cup B) \cap (A \cup C)$ $\left.\vphantom{\begin{matrix}1\\1\end{matrix}}\right]$

    $A \cap (B \cup C) = (A \cap B) \cup (A \cap C)$ (분배법칙)

(4) $A \cup A = A$ $A \cap A = A$

(5) $A \cup (A \cap B) = A$ $A \cap (A \cup B) = A$

(6) $A \cup \varnothing = A$ $A \cap U = A$

(7) $A \cup U = U$ $A \cap \varnothing = \varnothing$

(8) $A \cup A^C = U$ $A \cap A^C = \varnothing$

(9) $(A^C)^C = A$

(10) $\varnothing^C = U$ $U^C = \varnothing$

(11) $A - B = A \cap B^C$ (차집합의 성질)

(12) $(A \cup B)^C = A^C \cap B^C$ $(A \cap B)^C = A^C \cup B^C$ (드모르간의 법칙)

(13) $A \cup B = \varnothing$이면 $A = \varnothing$이고 $B = \varnothing$ $A \cap B = U$이면 $A = U$이고 $B = U$

(14) $A \cup B = U$이고 $A \cap B = \varnothing$이면 $A = B^C$이고 $B = A^C$

(15) $A \cup B = A$이면 $B \subset A$ $A \cap B = A$이면 $A \subset B$

Advice 1° 교환법칙, 결합법칙

두 집합 A, B에 대하여 $A \cup B$와 $B \cup A$의 벤 다이어그램을 그리면 오른쪽과 같으므로

$$A \cup B = B \cup A$$

임을 알 수 있다.

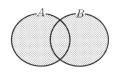

또, $A \cap B$와 $B \cap A$의 벤 다이어그램을 그리면 오른쪽과 같으므로

$$A \cap B = B \cap A$$

임을 알 수 있다.

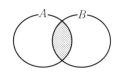

이것을 각각 합집합, 교집합에 대한 교환법칙이라고 한다.

집합의 연산법칙이 성립함을 보임에 있어 고등학교 과정에서는 벤 다이어그램으로 설명할 수 있으면 충분하지만

> **정석** $x \in P$인 임의의 x에 대하여 $x \in Q$이면　$P \subset Q$
> $P \subset Q$이고 $Q \subset P$이면　$P = Q$

임을 이용하면 좀 더 이론적인 설명을 할 수 있다.

이를테면 $A \cap B = B \cap A$는 다음과 같이 증명한다.

(i) $x \in (A \cap B)$인 임의의 원소 x에 대하여 $x \in A$이고 $x \in B$이다.

곧, $x \in B$이고 $x \in A$이므로 $x \in (B \cap A)$이다.

$$\therefore \quad (A \cap B) \subset (B \cap A)$$

(ii) $y \in (B \cap A)$인 임의의 원소 y에 대하여 $y \in B$이고 $y \in A$이다.

곧, $y \in A$이고 $y \in B$이므로 $y \in (A \cap B)$이다.

$$\therefore \quad (B \cap A) \subset (A \cap B)$$

(i), (ii)에 의하여　$A \cap B = B \cap A$

보기 1 세 집합 A, B, C에 대하여

$$(A \cap B) \cap C = A \cap (B \cap C)$$

가 성립함을 벤 다이어그램을 이용하여 확인하시오.

연구 (i) $(A \cap B) \cap C$를 벤 다이어그램으로 나타내면 다음과 같다.

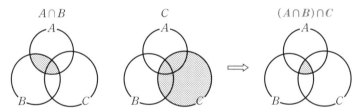

(ii) $A \cap (B \cap C)$를 벤 다이어그램으로 나타내면 다음과 같다.

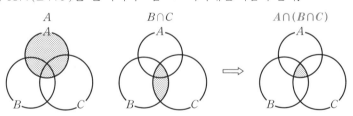

(i), (ii)에 의하여　$(A \cap B) \cap C = A \cap (B \cap C)$

이것을 교집합에 대한 결합법칙이라고 한다.

　　같은 방법으로 벤 다이어그램을 이용하면 세 집합 A, B, C에 대하여

$$(A \cup B) \cup C = A \cup (B \cup C)$$

가 성립함을 확인할 수 있다. 이것을 합집합에 대한 결합법칙이라고 한다.

　　이와 같이 결합법칙이 성립하므로 괄호를 생략하고

$$A \cap B \cap C, \quad A \cup B \cup C$$

와 같이 써도 된다.

Advice 2° 집합의 연산법칙

　　위에서 공부한 집합의 교환법칙, 결합법칙 이외에도 집합에 관한 여러 연산 법칙이 성립한다. 이와 같은 집합의 연산법칙 역시 벤 다이어그램을 이용하면 쉽게 확인할 수 있다.

　　　　　　정석 집합의 연산법칙 $\implies$ 벤 다이어그램으로 확인!

　　특히 교환법칙, 결합법칙, 분배법칙, 드모르간의 법칙은 집합의 연산에서 자주 이용되므로 자유롭게 활용할 수 있도록 기억해 두길 바란다.

Advice 3° 연산의 뜻

　　이를테면 실수 전체의 집합에서 덧셈을 하면

$$(1, 2) \longrightarrow 3, \quad (-3, 5) \longrightarrow 2, \quad (1, 0) \longrightarrow 1, \quad \cdots$$

과 같은 방법으로 두 실수의 순서쌍을 한 실수에 대응시킬 수 있다.

　　또, 곱셈을 하면

$$(1, 2) \longrightarrow 2, \quad (-3, 5) \longrightarrow -15, \quad (1, 0) \longrightarrow 0, \quad \cdots$$

과 같은 방법으로 두 실수의 순서쌍을 한 실수에 대응시킬 수 있다.

　　이와 같이 어떤 집합 M에서 두 원소의 순서쌍에 대응하는 원소가 하나로 정해질 때, 이 대응을 집합 M에서의 연산이라고 한다.

　　따라서 실수 전체의 집합, 복소수 전체의 집합에서 덧셈, 뺄셈, 곱셈, 나눗셈은 연산이다(단, 0으로 나누는 경우는 생각하지 않는다).

　　마찬가지로 집합에서 합집합은 두 집합 A, B의 순서쌍 (A, B)에 집합 $A \cup B$를, 교집합은 집합 $A \cap B$를 대응시키는 연산이라고 할 수 있다.

　　따라서 집합에서 공부하는 교환법칙, 결합법칙, 분배법칙은 수나 문자의 덧셈이나 곱셈에서 공부한 연산법칙과 비교하여 기억하면 도움이 된다.

　　이를테면 집합에서 교집합의 합집합에 대한 분배법칙 $A \cap (B \cup C) = (A \cap B) \cup (A \cap C)$는 수나 문자에서의 곱셈의 덧셈에 대한 분배법칙 $a(b+c) = ab + ac$와 닮은 데가 있다.

　　그러나 합집합의 교집합에 대한 분배법칙 $A \cup (B \cap C) = (A \cup B) \cap (A \cup C)$는 그렇지 않다는 것에 주의해야 한다.

필수 예제 **6**-1   세 집합 $A,\ B,\ C$에 대하여

$$A\cap(B\cup C)=(A\cap B)\cup(A\cap C)\quad(분배법칙)$$

가 성립한다. 이것을 벤 다이어그램을 이용하여 확인하시오.

[모범답안] (ⅰ) 좌변을 벤 다이어그램으로 나타내면

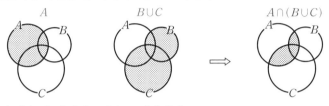

(ⅱ) 우변을 벤 다이어그램으로 나타내면

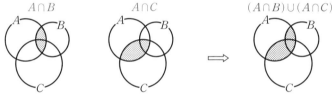

(ⅰ), (ⅱ)에 의하여 $A\cap(B\cup C)=(A\cap B)\cup(A\cap C)$

Advice | $P\subset Q$이고 $Q\subset P$이면 $P=Q$임을 이용하여 증명해 보자.

(ⅰ) $x\in[A\cap(B\cup C)]$인 임의의 원소 x에 대하여 $x\in A$이고 $x\in(B\cup C)$

그런데 $x\in(B\cup C)$이면 $x\in B$ 또는 $x\in C$이다.

$x\in B$일 때 $x\in(A\cap B)$, $x\in C$일 때 $x\in(A\cap C)$

따라서 $x\in[(A\cap B)\cup(A\cap C)]$이다.

$\therefore\ [A\cap(B\cup C)]\subset[(A\cap B)\cup(A\cap C)]$

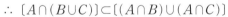
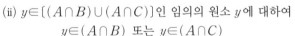

(ⅱ) $y\in[(A\cap B)\cup(A\cap C)]$인 임의의 원소 y에 대하여

$$y\in(A\cap B)\ \text{또는}\ y\in(A\cap C)$$

$y\in(A\cap B)$일 때, $y\in A$이고 $y\in B\subset(B\cup C)$이므로 $y\in[A\cap(B\cup C)]$

$y\in(A\cap C)$일 때, $y\in A$이고 $y\in C\subset(B\cup C)$이므로 $y\in[A\cap(B\cup C)]$

$\therefore\ [(A\cap B)\cup(A\cap C)]\subset[A\cap(B\cup C)]$

(ⅰ), (ⅱ)에 의하여 $A\cap(B\cup C)=(A\cap B)\cup(A\cap C)$

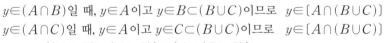

[유제] **6**-1. 세 집합 $A,\ B,\ C$에 대하여

$$A\cup(B\cap C)=(A\cup B)\cap(A\cup C)\quad(분배법칙)$$

가 성립한다. 이것을 벤 다이어그램을 이용하여 확인하시오.

필수 예제 **6**-2 전체집합 U의 두 부분집합 A, B에 대하여
$$(A \cup B)^C = A^C \cap B^C$$
이 성립한다. 이것을 벤 다이어그램을 이용하여 확인하시오.

정석연구 이 연산법칙을 유제 **6**-2의 (1)과 함께 **드모르간의 법칙**이라고 한다.

정석 $(A \cup B)^C = A^C \cap B^C$, $(A \cap B)^C = A^C \cup B^C$

모범답안 (i) 좌변을 벤 다이어그램으로 나타내면

(ii) 우변을 벤 다이어그램으로 나타내면

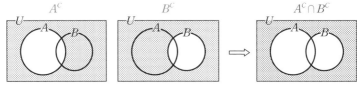

(i), (ii)에 의하여 $(A \cup B)^C = A^C \cap B^C$

Advice | $P \subset Q$이고 $Q \subset P$이면 $P = Q$임을 이용하여 증명해 보자.

(i) $x \in (A \cup B)^C$인 임의의 원소 x에 대하여 $x \notin (A \cup B)$

$\therefore x \notin A$이고 $x \notin B$ 곧, $x \in A^C$이고 $x \in B^C$

$\therefore x \in (A^C \cap B^C)$ $\therefore (A \cup B)^C \subset (A^C \cap B^C)$

(ii) $y \in (A^C \cap B^C)$인 임의의 원소 y에 대하여

$y \in A^C$이고 $y \in B^C$ 곧, $y \notin A$이고 $y \notin B$

$\therefore y \notin (A \cup B)$ 곧, $y \in (A \cup B)^C$

$\therefore (A^C \cap B^C) \subset (A \cup B)^C$

(i), (ii)에 의하여 $(A \cup B)^C = A^C \cap B^C$

* *Note* 이 법칙을 이용하면 다음 결과를 얻는다.

$(A \cup B \cup C)^C = [(A \cup B) \cup C]^C = (A \cup B)^C \cap C^C = (A^C \cap B^C) \cap C^C = A^C \cap B^C \cap C^C$

유제 **6**-2. 전체집합 U의 세 부분집합 A, B, C에 대하여 다음 관계가 성립함을 벤 다이어그램을 이용하여 확인하시오.

(1) $(A \cap B)^C = A^C \cup B^C$ (2) $(A \cap B \cap C)^C = A^C \cup B^C \cup C^C$

필수 예제 **6**-3   두 집합 P, Q에 대하여
$$P \circ Q = (P \cup Q) - (P \cap Q)$$
라고 하자. 전체집합 U의 세 부분집합 A, B, C
가 오른쪽 그림과 같이 주어질 때, 다음 물음에 답
하시오.

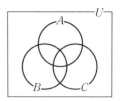

(1) $A \circ B = (A - B) \cup (B - A)$임을 보이시오.

(2) $(A \circ B) \circ C$를 오른쪽 벤 다이어그램에 나타내시오.

[정석연구] $P \circ Q$는 집합 P와 Q의 합집합에서 교집합을
제외한 집합이므로 오른쪽 벤 다이어그램의 점 찍은 부
분을 나타낸다.

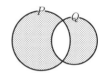

(1) $(A \cup B) - (A \cap B) = (A - B) \cup (B - A)$가 성립
함을 보이는 것이므로 좌변과 우변을 각각 벤 다이어
그램으로 나타내어 서로 같음을 보이면 된다.

　　또는 아래 **모범답안**과 같이 집합의 연산법칙을 이용하여 서로 같음을 보
일 수도 있다.

(2) $A \circ B$와 C의 합집합에서 $A \circ B$와 C의 교집합을 제외하면 된다.

[모범답안] (1) $(A-B) \cup (B-A) = (A \cap B^C) \cup (B \cap A^C)$

$$= [(A \cap B^C) \cup B] \cap [(A \cap B^C) \cup A^C]$$
$$= [(A \cup B) \cap (B^C \cup B)] \cap [(A \cup A^C) \cap (B^C \cup A^C)]$$
$$= [(A \cup B) \cap U] \cap [U \cap (B^C \cup A^C)]$$
$$= (A \cup B) \cap (A \cap B)^C$$
$$= (A \cup B) - (A \cap B) = A \circ B$$

(2)　　$(A \circ B) \cup C$　　　　　　　$(A \circ B) \cap C$　　　　　　$(A \circ B) \circ C$

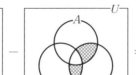
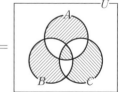

[유제] **6**-3. 두 집합 X, Y에 대하여
$$X \triangle Y = (X - Y) \cup (Y - X)$$
라고 할 때, 집합 $(A \triangle B) \cup (B \triangle C)$를 벤 다이어그램으로 나타내시오.

필수 예제 **6**-4　전체집합 U의 세 부분집합 A, B, C에 대하여 다음 관계
가 성립함을 보이시오.
(1) $(A-B)\cup(A-C)=A-(B\cap C)$
(2) $[A\cap(A^C\cup B)]\cup[B\cap(B\cup C)]=B$
(3) $(A\cap B)\cup(A\cap B^C)\cup(A^C\cap B)=B$이면 $A\subset B$이다.

정석연구 교환법칙, 결합법칙, 분배법칙과 드모르간의 법칙 등 집합의 연산법칙
을 이용한다. 특히

　　　정석　차집합의 성질 : $A-B=A\cap B^C$
　　　　　드모르간의 법칙 : $(A\cup B)^C=A^C\cap B^C$
　　　　　　　　　　　　　　$(A\cap B)^C=A^C\cup B^C$

은 자주 이용되는 중요한 성질이다.

모범답안　(1) (좌변)$=(A\cap B^C)\cup(A\cap C^C)=A\cap(B^C\cup C^C)$
　　　　　　　$=A\cap(B\cap C)^C=A-(B\cap C)=$(우변)
(2) (좌변)$=[(A\cap A^C)\cup(A\cap B)]\cup B=[\varnothing\cup(A\cap B)]\cup B$
　　　　$=(A\cap B)\cup B=B=$(우변)
(3) (좌변)$=[(A\cap B)\cup(A\cap B^C)]\cup(A^C\cap B)=[A\cap(B\cup B^C)]\cup(A^C\cap B)$
　　　　$=(A\cap U)\cup(A^C\cap B)=A\cup(A^C\cap B)=(A\cup A^C)\cap(A\cup B)$
　　　　$=U\cap(A\cup B)=A\cup B$
　　　따라서 조건식은　$A\cup B=B$　∴ $A\subset B$

Advice | 벤 다이어그램에서 다음 사실을 쉽게 확인할 수 있다.

　　　$A\cup B=B\iff A\subset B$　　　　$A\cap B=B\iff B\subset A$

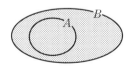
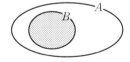

　　정석　$A\subset B$이면
　　　　$A\cup B=B$,　$A\cap B=A$,　$B^C\subset A^C$,　$A-B=\varnothing$

유제 **6**-4. 전체집합 U의 세 부분집합 A, B, C에 대하여 다음 관계가 성립함
을 보이시오.
(1) $A\cup(A^C\cap B)=A\cup B$　　　(2) $(A-B)\cap(A-C)=A-(B\cup C)$
(3) $[(A\cap B)\cup(A\cap B^C)]\cup[(A^C\cap B)\cup(A^C\cap B^C)]=U$

§2. 합집합의 원소의 개수

합집합의 원소의 개수

　A, B, U 가 유한집합일 때

(1) $n(A^C)=n(U)-n(A)$ (단, U 는 전체집합, $A \subset U$)

(2) $n(A \cup B)=n(A)+n(B)-n(A \cap B)$

　　특히 $A \cap B=\varnothing$ 일 때 $\implies n(A \cup B)=n(A)+n(B)$

Advice | (1)은 아래 왼쪽 벤 다이어그램에서 쉽게 알 수 있다.

　　(2)는 아래 오른쪽 벤 다이어그램에서

$A \cup B=[A-(A \cap B)] \cup [B-(A \cap B)] \cup (A \cap B)$이므로

$\quad n(A \cup B)=[n(A)-n(A \cap B)]+[n(B)-n(A \cap B)]+n(A \cap B)$

$\quad\quad\quad\quad\quad =n(A)+n(B)-n(A \cap B)$

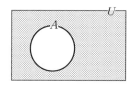
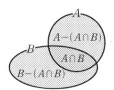

　　또, $n(A \cup B)=n(A)+n(B)-n(A \cap B)$를 이용하면

$n(A \cup B \cup C)=n(A \cup(B \cup C))=n(A)+n(B \cup C)-n(A \cap(B \cup C))$

$\quad\quad\quad =n(A)+n(B \cup C)-n((A \cap B) \cup (A \cap C))$

$\quad\quad\quad =n(A)+n(B)+n(C)-n(B \cap C)-n(A \cap B)$

$\quad\quad\quad\quad\quad\quad -n(A \cap C)+n((A \cap B) \cap (A \cap C))$

$\quad\quad\quad =n(A)+n(B)+n(C)-n(A \cap B)-n(B \cap C)$

$\quad\quad\quad\quad\quad\quad -n(A \cap C)+n(A \cap B \cap C)$

보기 1 1부터 20까지의 자연수 중에서 다음을 구하시오.

(1) 3의 배수가 아닌 자연수의 개수　　(2) 3 또는 4의 배수의 개수

연구 1부터 20까지의 자연수의 집합 U 의 원소 중 k 의 배수의 집합을 A_k 라 하면

(1) $A_3=\{3, 6, 9, 12, 15, 18\}$이므로　$n(A_3)=6$

　　$\therefore n(A_3{}^C)=n(U)-n(A_3)=20-6=\mathbf{14}$

(2) $n(A_3 \cup A_4)=n(A_3)+n(A_4)-n(A_3 \cap A_4)=6+5-1=\mathbf{10}$

필수 예제 **6**-5 전체집합 U의 두 부분집합 A, B에 대하여
$$n(U)=40, \quad n(B)=21, \quad n(A \cap B^C)=7, \quad n(A \cap B)=9$$
일 때, $n(A)$, $n(A^C)$, $n(A \cup B)$, $n(A^C \cap B)$, $n(A^C \cap B^C)$을 구하시오.

[정석연구] 원소의 개수가 주어진 집합들을 벤 다이어그램으로 나타내면 아래 그림의 점 찍은 부분과 같다.

오른쪽과 같이 벤 다이어그램을 그려 주어진 집합의 원소의 개수를 나타내면 구하는 집합의 원소의 개수를 쉽게 알아낼 수 있다.

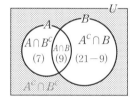

정석 원소의 개수에 관한 문제는
$\implies$ 벤 다이어그램을 이용해 본다.

[모범답안] $n(A)=n(A \cap B^C)+n(A \cap B)=7+9=\mathbf{16}$ ← [답]
$n(A^C)=n(U)-n(A)=40-16=\mathbf{24}$ ← [답]
$n(A \cup B)=n(A \cap B^C)+n(B)=7+21=\mathbf{28}$ ← [답]
$n(A^C \cap B)=n(B)-n(A \cap B)=21-9=\mathbf{12}$ ← [답]
$n(A^C \cap B^C)=n((A \cup B)^C)=n(U)-n(A \cup B)=40-28=\mathbf{12}$ ← [답]

Advice | 식을 써서 $n(A \cup B)$를 구할 때에는 보통
$$\textbf{정석} \quad n(A \cup B)=n(A)+n(B)-n(A \cap B)$$
를 이용한다.

[유제] **6**-5. 전체집합 U의 두 부분집합 A, B에 대하여
$$n(U)=50, \quad n(A \cap B)=8, \quad n(A^C \cap B^C)=17$$
일 때, $n(A)+n(B)$의 값을 구하시오. [답] 41

[유제] **6**-6. 전체집합 U의 두 부분집합 A, B에 대하여
$$n(U)=50, \quad n(A \cup B)=42, \quad n(A \cap B)=3, \quad n(A^C \cap B)=15$$
일 때, $n(A)$, $n(B)$, $n(A^C \cap B^C)$을 구하시오.
[답] $n(A)=\mathbf{27}$, $n(B)=\mathbf{18}$, $n(A^C \cap B^C)=\mathbf{8}$

필수 예제 **6**-6   60명의 학생에게 a, b 두 문제를 풀게 했더니, a를 푼 학생이 35명, b를 푼 학생이 28명, a와 b를 모두 못 푼 학생이 5명이었다.

다음 물음에 답하시오.

(1) a와 b를 모두 푼 학생 수를 구하시오.

(2) a만 푼 학생 수를 구하시오.

[정석연구] 미지수를 정하여 방정식의 활용 문제로 다루어도 되지만 이보다는 집합을 이용하는 것이 간편하다.

집합을 이용할 때에는

첫째 — 집합을 설정한다.

둘째 — 벤 다이어그램을 그려 집합의 원소의 개수를 생각한다.

이때, 주로 다음 공식을 이용한다.

> **정석** $n(A^C) = n(U) - n(A)$, $n(A) = n(U) - n(A^C)$
> $n(A \cup B) = n(A) + n(B) - n(A \cap B)$

[모범답안] 60명의 학생 전체의 집합을 U라 하고, a를 푼 학생의 집합을 A, b를 푼 학생의 집합을 B라고 하면

$$n(U) = 60, \quad n(A) = 35, \quad n(B) = 28, \quad n(A^C \cap B^C) = n((A \cup B)^C) = 5$$

(1) $n(A \cup B) = n(U) - n((A \cup B)^C) = 60 - 5 = 55$

이므로 a와 b를 모두 푼 학생 수 $n(A \cap B)$는

$$n(A \cap B) = n(A) + n(B) - n(A \cup B)$$
$$= 35 + 28 - 55 = 8 \longleftarrow \boxed{답}$$

(2) a만 푼 학생 수 $n(A \cap B^C)$은

$$n(A \cap B^C) = n(A) - n(A \cap B)$$
$$= 35 - 8 = 27 \longleftarrow \boxed{답}$$

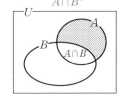

[유제] **6**-7. 어느 학교의 1학년 학생 중 지난 토요일 또는 일요일에 봉사 활동을 한 학생이 50명이라고 한다. 토요일에 봉사 활동을 한 학생이 40명이고, 일요일에 봉사 활동을 한 학생이 30명이라고 할 때, 다음 물음에 답하시오.

(1) 토요일과 일요일에 모두 봉사 활동을 한 학생 수를 구하시오.

(2) 토요일에만 봉사 활동을 한 학생 수를 구하시오.   [답] (1) **20**   (2) **20**

[유제] **6**-8. 학생 80명이 방과 후 수업에 수학, 영어 두 과목 중 적어도 한 과목을 신청하였다. 수학을 신청한 학생이 52명, 영어를 신청한 학생이 45명일 때, 수학, 영어 두 과목 중 한 과목만을 신청한 학생 수를 구하시오.   [답] **63**

필수 예제 **6**-7   어느 노래 경연 프로그램의 방청객 100명을 대상으로 세 가수 a, b, c에 대한 선호도를 조사하였다.

그 결과 a를 좋아하는 사람이 28명, b를 좋아하는 사람이 30명, c를 좋아하는 사람이 42명이었고, a와 b를 모두 좋아하는 사람이 8명, b와 c를 모두 좋아하는 사람이 5명, a와 c를 모두 좋아하는 사람이 10명, a, b, c를 모두 좋아하는 사람이 3명이었다. 다음 물음에 답하시오.

(1) a, b, c를 모두 좋아하지 않는 사람 수를 구하시오.

(2) a만 좋아하는 사람 수를 구하시오.

(3) b와 c만 좋아하는 사람 수를 구하시오.

[정석연구] 먼저 집합을 설정하고, 벤 다이어그램을 그려 생각한다.

정석 $n(A \cup B \cup C) = n(A) + n(B) + n(C) - n(A \cap B) - n(B \cap C)$
$$- n(C \cap A) + n(A \cap B \cap C)$$

[모범답안] 조사 대상 방청객 100명의 집합을 U라 하고, a, b, c를 좋아하는 사람의 집합을 각각 A, B, C라고 하면

$$n(U) = 100, \quad n(A) = 28, \quad n(B) = 30, \quad n(C) = 42,$$
$$n(A \cap B) = 8, \quad n(B \cap C) = 5, \quad n(A \cap C) = 10, \quad n(A \cap B \cap C) = 3$$

(1) $n(A \cup B \cup C) = n(A) + n(B) + n(C) - n(A \cap B) - n(B \cap C)$
$$- n(C \cap A) + n(A \cap B \cap C)$$
$$= 28 + 30 + 42 - 8 - 5 - 10 + 3 = 80$$
$$\therefore \ n(A^C \cap B^C \cap C^C) = n((A \cup B \cup C)^C) = 100 - 80 = \mathbf{20} \longleftarrow \boxed{답}$$

(2) $n(A) - n(A \cap B) - n(A \cap C) + n(A \cap B \cap C) = 28 - 8 - 10 + 3$
$$= \mathbf{13} \longleftarrow \boxed{답}$$

(3) $n(B \cap C) - n(A \cap B \cap C) = 5 - 3 = \mathbf{2} \longleftarrow \boxed{답}$

*Note (2) $n(A \cup B \cup C) - n(B \cup C)$를 계산해도 된다.

[유제] **6**-9. 50명의 학생이 각각 대수, 미적분 I, 확률과 통계 중에서 적어도 한 과목을 선택하였다. 대수, 미적분 I, 확률과 통계를 선택한 학생의 집합을 각각 A, B, C라고 할 때, $n(A) = 30$, $n(B) = 25$, $n(A \cup B) = 45$, $n(B \cap C) = 15$, $n(B \cup C) = 40$, $n(C \cap A) = 15$이다. 이때, 다음을 구하시오.

(1) $n(A \cap B)$ (2) $n(C)$ (3) $n(C \cup A)$ (4) $n(B \cup C^C)$

(5) $n(A \cap B \cap C)$ (6) $n(A \cap B^C \cap C^C)$ (7) $n(A^C \cap B \cap C)$

$\boxed{답}$ (1) **10**   (2) **30**   (3) **45**   (4) **35**   (5) **5**   (6) **10**   (7) **10**

연습문제 6

기본 **6**-1 전체집합 U의 세 부분집합 A, B, C에 대하여 다음을 간단히 하시오.

(1) $(A^C \cap B^C) \cap (A \cup B)$ (2) $(A^C \cap B^C) \cup (A \cup B)$

(3) $A^C \cup (A \cap B)$ (4) $(A \cup B) \cap (A^C \cup B)$

(5) $(A \cap B) \cup [C \cap (A^C \cup B^C)]$ (6) $[A^C \cup (A \cap B^C)]^C$

6-2 전체집합 U의 세 부분집합 A, B, C에 대하여 다음을 증명하시오.

(1) $(A-B)^C = A^C \cup B$ (2) $A-(B-C) = (A-B) \cup (A \cap C)$

(3) $(A-B) \cap (B-A) = \varnothing$ (4) $(A \cup C) - (B \cup C) = A - (B \cup C)$

6-3 전체집합 U의 두 부분집합 A, B에 대하여
$$A \circ B = (A \cap B) \cup (A \cup B)^C$$
이라고 할 때, 다음 관계가 성립함을 보이시오.

(1) $A \circ U = A$ (2) $A \circ \varnothing = A^C$

(3) $A \circ A^C = \varnothing$ (4) $(A \circ B) \circ A = B$

6-4 자연수 전체의 집합의 부분집합 A_k를 자연수 k의 배수 전체의 집합이라고 할 때, 다음 물음에 답하시오.

(1) $A_4 \cap A_6$은 어떤 집합인가?   (2) $A_4{}^C \cup A_6{}^C$은 어떤 집합인가?

(3) $A_2 \cap (A_3 \cup A_4) = A_6 \cup A_4$임을 증명하시오.

(4) $(A_{18} \cup A_{24}) \subset A_k$를 만족시키는 k의 최댓값을 구하시오.

6-5 두 집합 $A = \{1, 2, 3, 4, 5, 6\}$, $B = \{4, 5, 6, 7, 8\}$에 대하여 $X - A = \varnothing$, $(A-B) \cup X = X$를 만족시키는 집합 X의 개수를 구하시오.

6-6 두 집합 P, Q에 대하여 $P \circ Q = (P-Q) \cup (Q-P)$라고 할 때, 전체집합 U의 세 부분집합 A, B, C가 다음 세 조건을 만족시킨다.

    (가) $n(A \cup B \cup C) = 40$ (나) $n(A \cap B \cap C) = 7$

    (다) $n(A \circ B) = n(B \circ C) = n(C \circ A)$

이때, $n(A^C \circ B^C)$을 구하시오.

6-7 어떤 행사에서 20종류의 스티커를 모으면 경품을 받을 수 있다고 한다. 갑은 네 종류, 을과 병은 각각 다섯 종류의 스티커를 모았고, 두 사람씩 비교했을 때 각각 세 종류의 스티커가 공통으로 있었다. 갑, 을, 병의 스티커를 모아서 경품을 받으려면 최소 13종류의 스티커가 더 필요할 때, 세 사람이 공통으로 가지고 있었던 스티커의 종류의 수를 구하시오.

실력 **6**-8　자연수 전체의 집합의 세 부분집합 A, B, C가
$$A = \{x \,|\, x\text{는 짝수}\}, \quad B = \{x \,|\, x\text{는 3의 배수}\},$$
$$C = \{x \,|\, x\text{는 홀수를 2배 한 수}\}$$
일 때, 집합 $[(A-B) \cup (A \cap C)]^C \cap A$를 조건제시법으로 나타내시오.

6-9　n개의 집합 A_1, A_2, A_3, $\cdots$, A_n에 대하여 $k \geq 4$일 때 집합 A_k를
$A_k = A_{k-1} \cap (A_{k-2} \cup A_{k-3})$으로 정의하자.

이때, 집합 A_7을 집합 A_1, A_2, A_3을 이용하여 나타내시오.

6-10　세 집합 A, B, C에 대하여
$$A \cup B = \{x \,|\, 0 \leq x \leq 1, \, 3 \leq x \leq 4\}, \quad A \cup C = \{x \,|\, 1 \leq x \leq 3\}$$
일 때, 집합 A, B, C의 순서쌍 (A, B, C)의 개수를 구하시오.

6-11　두 집합 $A = \{1, 2, 3, \cdots, 9\}$, $B = \{1, 3, 5, 7, 9\}$에 대하여 다음 두 조건을 만족시키는 집합 X의 개수를 구하시오.

　　(개) $X \subset A$　　　　　　(내) $n(X)n(B) = n(X \cap B)n(X \cup B)$

6-12　학생 48명이 가지고 있는 필기구를 조사해 보았더니 볼펜을 가지고 있는 학생이 40명, 연필을 가지고 있는 학생이 32명이었다.

(1) 볼펜과 연필을 모두 가지고 있는 학생이 가장 많은 경우와 가장 적은 경우 각각 몇 명인지 구하시오.

(2) 볼펜은 가지고 있으나 연필은 가지고 있지 않은 학생이 가장 많은 경우와 가장 적은 경우 각각 몇 명인지 구하시오.

6-13　60명의 학생이 세 동아리 중 적어도 한 동아리에 가입하고 있다. 세 동아리에 가입한 학생의 집합을 각각 A, B, C라고 하자.

　　$n(A) = 42$, $n(B) = 36$, $n(C) = 27$, $n(A \cap B \cap C) = 10$일 때,

(1) $n(A^C \cup B^C \cup C^C)$을 구하시오.

(2) $n((A \cap B) \cup (B \cap C) \cup (C \cap A))$를 구하시오.

(3) $n(A \cap B) = 26$일 때, $n(A^C \cap B^C \cap C)$를 구하시오.

6-14　어떤 학교에서 a, b, c 세 종류의 책을 읽었는지 조사한 결과 a, b, c를 읽은 학생이 각각 전체 학생의 $\dfrac{3}{4}$, $\dfrac{5}{12}$, $\dfrac{3}{32}$이고, a, b, c 중 어느 책도 읽지 않은 학생이 11명이었다. 또, a와 b를 모두 읽은 학생은 전체 학생의 $\dfrac{3}{8}$이고, c를 읽은 학생 중 다른 책을 읽은 학생은 없었다.

(1) 이 학교 전체 학생 수를 구하시오.

(2) b만 읽은 학생 수를 구하시오.

7. 명제와 조건

§1. 명제와 조건

기본정석

1 명 제

어떤 주장이나 판단을 나타내는 문장이나 식 중에서 그것이 참(true)인지 거짓(false)인지를 명확하게 판별할 수 있는 문장이나 식을 명제라 하고, 흔히 p, q, r, $\cdots$ 로 나타낸다.

2 조건과 진리집합

전체집합 $U(U \neq \varnothing)$가 주어질 때, 전체집합 U의 원소 x에 따라 참과 거짓을 판별할 수 있는 문장이나 식을 전체집합 U에서 정의된 조건이라 하고, 흔히 $p(x)$, $q(x)$, $r(x)$, $\cdots$ 또는 p, q, r, $\cdots$로 나타낸다.

또, 조건 $p(x)$의 변수 x에 U의 원소 a를 대입한 $p(a)$가 참인 명제일 때

명제 $p(a)$가 성립한다　또는　a는 조건 $p(x)$를 만족시킨다

고 말한다.

조건 $p(x)$가 참이 되는 x 전체의 집합 P를 $p(x)$의 진리집합이라 하고,

$$P = \{x \mid x \in U, \, p(x)\}, \quad P = \{x \in U \mid p(x)\}, \quad P = \{x \mid p(x)\}$$

등으로 나타낸다. 여기에서 P는 전체집합 U의 부분집합이다.

3 명제와 조건의 부정

(1) 명제의 부정

명제 p에 대하여 'p가 아니다'를 명제 p의 부정이라 하고, 이것을 $\sim p$로 나타내며, p가 아니다 또는 **not** p라고 읽는다.

일반적으로 명제 p가 참이면 그 부정 $\sim p$는 거짓이고, p가 거짓이면 그 부정 $\sim p$는 참이다. 그리고 $\sim p$의 부정은 p이다.

정석　$\sim(\sim p) = p$

(2) 조건의 부정

명제와 마찬가지로 조건 $p(x)$에 대하여 '$p(x)$가 아니다'를 조건 $p(x)$의 부정이라 하고, $\sim p(x)$로 나타낸다. 일반적으로 조건 $p(x)$의 진리집합이 P이면 $\sim p(x)$의 진리집합은 P^C이다.

정석　$\sim p(x)$의 진리집합은　P^C

(3) 'p 또는 q', 'p이고 q'의 부정

　「p 또는 q」의 부정 $\Longrightarrow$ $\sim$(p 또는 q) $\Longrightarrow$ $\sim p$이고 $\sim q$

　「p이고 q」의 부정 $\Longrightarrow$ $\sim$(p이고 q) $\Longrightarrow$ $\sim p$ 또는 $\sim q$

　정석 또는 $\xrightarrow{\text{부정}}$ 그리고,　　그리고 $\xrightarrow{\text{부정}}$ 또는

4 조건으로 이루어진 명제의 참, 거짓

(1) 조건으로 이루어진 명제

　　'p이면 q이다'의 꼴로 나타내어지는 명제를 간단히 $p \longrightarrow q$와 같이 나타내고, p를 가정, q를 결론이라고 한다. 그리고 다음과 같이 나타낸다.

　　　명제 $p \longrightarrow q$가 참일 때에는　$p \Longrightarrow q$

　　　명제 $p \longrightarrow q$가 거짓일 때에는　$p \nRightarrow q$

　　　명제 $p \longrightarrow q$와 명제 $q \longrightarrow p$가 모두 참일 때에는　$p \Longleftrightarrow q$

(2) 조건으로 이루어진 명제의 참, 거짓

　　전체집합 U에서의 두 조건 p, q의 진리집합이 각각

$$P = \{x \mid p\}, \quad Q = \{x \mid q\}$$

　　일 때, 명제 $p \longrightarrow q$의 참, 거짓과 진리집합 P, Q의 포함 관계는 다음과 같다.

　　$P \subset Q$이면　$p \Longrightarrow q$　　　　　$P \not\subset Q$이면　$p \nRightarrow q$

　　$p \Longrightarrow q$이면　$P \subset Q$　　　　　$p \nRightarrow q$이면　$P \not\subset Q$

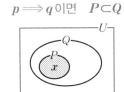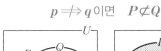

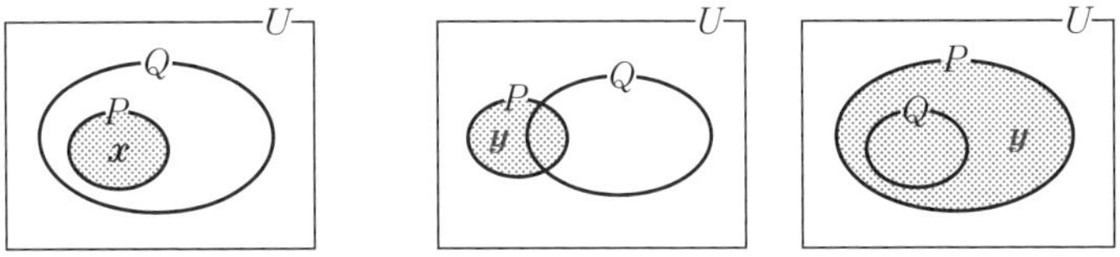

　*$Note$ 1° $P = Q$이면 $p \Longleftrightarrow q$이고, $p \Longleftrightarrow q$이면 $P = Q$이다.

　　　2° 위의 그림에서 y는 $p \longrightarrow q$가 참이 아님을 보여 주는 반례이다. $\Leftarrow$ p. 118

5 '모든'과 '어떤'이 들어 있는 명제

(1) '모든'과 '어떤'이 들어 있는 명제의 참, 거짓

　　전체집합 U에서의 조건 $p(x)$의 진리집합이 P일 때

　　　명제 '모든 x에 대하여 $p(x)$'는 $P = U$일 때 참, $P \neq U$일 때 거짓

　　　명제 '어떤 x에 대하여 $p(x)$'는 $P \neq \varnothing$일 때 참, $P = \varnothing$일 때 거짓

(2) '모든'과 '어떤'이 들어 있는 명제의 부정

　　　'모든 x에 대하여 $p(x)$'의 부정은 $\Longrightarrow$ 어떤 x에 대하여 $\sim p(x)$

　　　'어떤 x에 대하여 $p(x)$'의 부정은 $\Longrightarrow$ 모든 x에 대하여 $\sim p(x)$

Advice 1° 명 제

이를테면

     ① 2는 4의 약수이다.   ② 사람은 식물이다.

     ③ 2+3=5   ④ 2+4<5

와 같이 참인지 거짓인지를 명확하게 판별할 수 있는 문장이나 식을 명제라고 한다. 위에서 ①, ③은 참인 명제이고, ②, ④는 거짓인 명제이다.

그러나

     ⑤ 비가 오는가?   ⑥ 참 아름답구나!

     ⑦ 한 문제씩 풀어라.   ⑧ $x+5=7$

은 참과 거짓을 명확하게 판별할 수 없으므로 명제가 아니다.

Advice 2° 조건과 진리집합

이를테면

$$x \text{는 } 4\text{의 약수이다.} \qquad\qquad\qquad \cdots\cdots ①$$

과 같은 문장은 x를 포함하고 있으므로 이대로는 참, 거짓을 판별할 수 없다. 따라서 이와 같은 문장은 명제라고 말할 수 없다.

그러나 x가 집합

$$U = \{1,\ 2,\ 3,\ 4\}$$

의 원소일 때, 각각의 값을 ①에 대입하면

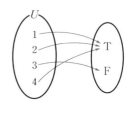

     $x=1$일 때「1은 4의 약수이다.」는   참

     $x=2$일 때「2는 4의 약수이다.」는   참

     $x=3$일 때「3은 4의 약수이다.」는   거짓

     $x=4$일 때「4는 4의 약수이다.」는   참

이므로 각각은 명제이다.

이때, ①과 같은 문장을 '집합 U에서의 조건'이라 하고, 흔히 $p(x)$, $q(x)$, $r(x)$, $\cdots$로 나타낸다. 그리고 혼동의 우려가 없을 때에는 '집합 U에서의 조건 $p(x)$'를 간단히 조건 $p(x)$ 또는 조건 p라고도 한다.

또, 전체집합 U의 원소 중에서 조건 $p(x)$가 참이 되는 원소 전체의 집합 P를 조건 $p(x)$의 진리집합이라고 한다. 이를테면 조건 ①의 진리집합은 $P = \{1, 2, 4\}$이다.

일반적으로 전체집합 U에서의 조건 $p(x)$의 진리집합 P는

$$P = \{x \,|\, x \in U,\ p(x)\}$$

로 나타낸다. 여기서 진리집합 P는 전체집합 U가 무엇인가에 따라 달라진다. 만일 $U = \{2, 4, 6, 8, \cdots\}$이면 조건 ①의 진리집합은 $P = \{2, 4\}$이다.

그래서 진리집합을 $P=\{x\,|\,x\in U,\ p(x)\}$와 같이 「$x\in U$」를 명시하는 것이지만, 혼동의 우려가 없을 때에는 간단히 $P=\{x\,|\,p(x)\}$로 나타낸다.

보기 1 전체집합 U가 다음과 같을 때, 조건

$$p(x) : x는 6의 약수이다.$$

의 진리집합 P를 구하시오.

(1) $U=\{1,\ 2,\ 3,\ 4\}$ (2) $U=\{x\,|\,x는\ 자연수\}$

연구 (1) $P=\{1,\ 2,\ 3\}$ (2) $P=\{1,\ 2,\ 3,\ 6\}$

Advice 3° 'p 또는 q', 'p이고 q'의 부정

전체집합 U에서의 조건 p, q의 진리집합을 각각 P, Q라고 할 때, p 또는 q의 진리집합은 $P\cup Q$이고, p이고 q의 진리집합은 $P\cap Q$이므로

$$\sim(p\ 또는\ q)\ \Longrightarrow\ (P\cup Q)^{C}\ \Longrightarrow\ P^{C}\cap Q^{C}\ \Longrightarrow\ \sim p이고\ \sim q$$
$$\sim(p이고\ q)\ \Longrightarrow\ (P\cap Q)^{C}\ \Longrightarrow\ P^{C}\cup Q^{C}\ \Longrightarrow\ \sim p\ 또는\ \sim q$$

이다. 따라서 다음을 알 수 있다.

> **정석** 조건 「p 또는 q」의 부정 $\Longrightarrow \sim p$이고 $\sim q$
>
> 조건 「p이고 q」의 부정 $\Longrightarrow \sim p$ 또는 $\sim q$

보기 2 전체집합이 실수 전체의 집합일 때, 다음 조건의 부정을 말하시오.

(1) $x=0$ 또는 $y=0$ (2) $x=0$이고 $y=0$

(3) $x=\pm1$ (4) $x<2$ 또는 $x\geq4$

연구 조건 'p 또는 q'의 부정과 조건 'p이고 q'의 부정에 대해서는

> **정석** 또는 $\overset{부정}{\Longrightarrow}$ 그리고,   그리고 $\overset{부정}{\Longrightarrow}$ 또는

인 것에 특히 주의해야 한다.

(1) $x\neq0$이고 $y\neq0$ (2) $x\neq0$ 또는 $y\neq0$

(3) $x=\pm1$은 「$x=1$ 또는 $x=-1$」을 뜻한다.

　　　따라서 그 부정은 $x\neq1$이고 $x\neq-1$

(4) 부정은 「$x\geq2$이고 $x<4$」이고, 이를 다시 쓰면 $2\leq x<4$

Note (4)에서 「$x<2$ 또는 $x\geq4$」와 부정 「$2\leq x<4$」를 수직선 위에 나타내면 다음과 같다.

이와 같이 부등식으로 주어진 조건의 부정은 수직선 위에 나타내어 진리집합의 여집합을 생각하면 알기 쉽다.

Advice 4° 조건으로 이루어진 명제의 참, 거짓

전체집합이 자연수 전체의 집합일 때, 두 조건

$p : x$는 4의 약수이다. $q : x$는 8의 약수이다.

는 명제가 아니다. 그러나 이 두 조건을 「이면」을 써서 연결한

x가 4의 약수이면 x는 8의 약수이다.

는 참인 문장이므로 명제이다. 이때, 앞의 조건 p를 가정, 뒤의 조건 q를 결론이라 하고, 이와 같은 꼴의 명제를 기호 $p \longrightarrow q$로 나타낸다.

또, 명제의 참, 거짓에 따라 다음과 같이 나타내기로 한다.

정의 명제 $p \longrightarrow q$가 참일 때에는 $p \Longrightarrow q$
명제 $p \longrightarrow q$가 거짓일 때에는 $p \not\Longrightarrow q$
명제 $p \longrightarrow q$와 명제 $q \longrightarrow p$가 모두 참일 때에는 $p \Longleftrightarrow q$

*Note 1° 어떤 명제가 거짓임을 보일 때에는 가정은 만족시키지만 결론을 만족시키지 않는 예를 하나 들 수 있으면 충분하다. 이를테면 명제 '$x^2=1$이면 $x=1$이다'에서는 $x=-1$이 그 예이다. 이와 같은 예를 반례라고 한다.

2° 명제 'x가 4의 약수이면 x는 8의 약수이다'를 간단히 '4의 약수는 모두 8의 약수이다'라고 말하기도 한다. 흔히 보는 '정삼각형은 이등변삼각형이다'라는 명제는 삼각형 전체의 집합을 전체집합으로 보고 'x가 정삼각형이면 x는 이등변삼각형이다'를 간단히 말한 것으로 볼 수 있다.

이와 같이 조건으로 이루어진 명제의 참, 거짓은 각 조건의 진리집합의 포함관계를 이용하여 판별할 수 있다.

이를테면 전체집합이 실수 전체의 집합일 때, 두 조건

$p : 2 \leq x \leq 4,   q : 1 \leq x \leq 6$

의 진리집합을 각각 P, Q라고 하면

$P = \{x \,|\, 2 \leq x \leq 4\},   Q = \{x \,|\, 1 \leq x \leq 6\}$

이다. 이때, 명제

$2 \leq x \leq 4 \longrightarrow 1 \leq x \leq 6$

이 참이라는 것은

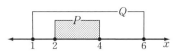

$x \in P$이면 $x \in Q$ 곧, $P \subset Q$

가 성립한다는 뜻과 같다. 곧,

$p \Longrightarrow q$이면 $P \subset Q$

임을 알 수 있다. 또, 같은 이치로

$p \Longleftrightarrow q$이면 $P = Q$

인 것도 알 수 있다.

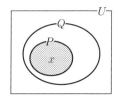

보기 3 명제 「$x=3$이면 $x^2=9$이다.」가 참임을 진리집합을 써서 보이시오.

연구 조건 $p : x=3$, $q : x^2=9$의 진리집합을 각각 P, Q라고 하면
$$P=\{x\,|\,x=3\}=\{3\}, \quad Q=\{x\,|\,x^2=9\}=\{-3,\,3\}$$
이므로 $P \subset Q$이다. 따라서 주어진 명제는 참이다.

*$Note$ 수에 대한 조건에서 특별한 말이 없으면 실수 전체의 집합을 전체집합으로 생각한다.

보기 4 명제 「$x>1$이면 $2 \leq x < 4$이다.」가 거짓임을 진리집합을 써서 보이시오.

연구 조건 $p : x>1$, $q : 2 \leq x < 4$의 진리집합을 각각 P, Q라고 하면
$$P=\{x\,|\,x>1\}, \quad Q=\{x\,|\,2 \leq x < 4\}$$
이므로 $P \not\subset Q$이다. 따라서 주어진 명제는 거짓이다.

*$Note$ 결국 $P \not\subset Q$임을 보이면 되므로 $x=5$와 같이 P에는 속하지만 Q에는 속하지 않는 한 원소, 곧 반례를 들어도 된다.

$\mathscr{Advice}$ 5° '모든'과 '어떤'이 들어 있는 명제

▶ '모든'과 '어떤'이 들어 있는 명제의 참, 거짓

전체집합이 자연수 전체의 집합일 때, 다음 문장을 생각해 보자.

$$\text{모든 } x \text{에 대하여} \quad x^2-1 \geq 0 \qquad\qquad \cdots\cdots①$$
$$\text{모든 } x \text{에 대하여} \quad x+1 < 10 \qquad\qquad \cdots\cdots②$$
$$\text{어떤 } x \text{에 대하여} \quad x+1 < 10 \qquad\qquad \cdots\cdots③$$
$$\text{어떤 } x \text{에 대하여} \quad 3x-5=0 \qquad\qquad \cdots\cdots④$$

① x가 자연수이면 $x \geq 1$이므로 $x^2 \geq 1$이다. 곧, 모든 x에 대하여 $x^2-1 \geq 0$이 성립한다. 따라서 참인 명제이다.

② $x=10$이면 $x+1<10$이 성립하지 않으므로 모든 x에 대하여 성립하는 것은 아니다. 따라서 거짓인 명제이다.

③ $x=1$이면 $x+1<10$이 성립하므로 $x+1<10$인 x가 존재한다. 따라서 참인 명제이다.

④ x가 자연수일 때 $3x-5=0$일 수 없으므로 어떤 x에 대해서도 성립하지 않는다. 따라서 거짓인 명제이다.

일반적으로 조건 $p(x)$의 진리집합을 P라고 하면 명제 '모든 x에 대하여 $p(x)$'는 전체집합 U의 모든 원소가 조건 $p(x)$를 만족시킬 때 참이 되므로

명제 '모든 x에 대하여 $p(x)$'는 $P=U$일 때 참, $P \neq U$일 때 거짓

또, 명제 '어떤 x에 대하여 $p(x)$'는 전체집합 U의 원소 중 조건 $p(x)$를 만족시키는 x가 적어도 하나 존재할 때 참이 되므로

명제 '어떤 x에 대하여 $p(x)$'는 $P \neq \varnothing$일 때 참, $P=\varnothing$일 때 거짓

▶ '모든'과 '어떤'이 들어 있는 명제의 부정

　　이제 '모든'과 '어떤'이 들어 있는 명제의 부정을 알아보자.

　　이를테면 전체집합 $U=\{a,\ b,\ c\}$에서의 조건을 $p(x)$라고 할 때, 명제

$$\text{모든 } x\text{에 대하여 } p(x)\text{이다.} \qquad \cdots\cdots ①$$

이 참이라고 하는 것은 U의 원소 $a,\ b,\ c$에 대하여

$$p(a)\text{이고 } p(b)\text{이고 } p(c)\text{이다.} \qquad \cdots\cdots ②$$

가 참이라는 것과 같다.

　　그런데 ②의 부정은

$$\sim p(a)\ \text{또는 } \sim p(b)\ \text{또는 } \sim p(c)\text{이다.}$$

이므로 이를 다음과 같이 표현할 수 있다.

$$\text{어떤 } x\text{에 대하여 } \sim p(x)\text{이다.} \qquad \cdots\cdots ③$$

　　따라서 ①의 부정은 ③이라고 할 수 있다.

　　마찬가지로 생각하면 명제

$$\text{어떤 } x\text{에 대하여 } p(x)\text{이다.}$$

의 부정은

$$\text{모든 } x\text{에 대하여 } \sim p(x)\text{이다.}$$

이다. 따라서 '모든'과 '어떤'이 들어 있는 명제를 부정할 때에는

　　　정석 모든 x의 부정은 $\Longrightarrow$ 어떤 x
　　　　　　 어떤 x의 부정은 $\Longrightarrow$ 모든 x

임을 이용하면 된다.

보기 5 다음 명제의 부정을 말하고 참, 거짓을 판별하시오.

(1) 모든 실수 x에 대하여 $x^2+2x+1>0$이다.

(2) 어떤 실수 x에 대하여 $x^2-3x-4=0$이다.

연구 (1) 주어진 명제의 부정은　어떤 실수 x에 대하여 $x^2+2x+1\leq 0$이다.

　　　$x=-1$인 경우 $x^2+2x+1\leq 0$이 성립하므로 주어진 명제의 부정은　참

(2) 주어진 명제의 부정은　모든 실수 x에 대하여 $x^2-3x-4\neq 0$이다.

　　　$x=4$인 경우 $x^2-3x-4=0$이므로 주어진 명제의 부정은　거짓

Note (1) 조건 $x^2+2x+1\leq 0$의 진리집합을 P라고 하면 $P=\{-1\}\neq\varnothing$이므로

　　'어떤 실수 x에 대하여 $x^2+2x+1\leq 0$이다'는 참이다.

(2) 실수 전체의 집합을 R, 조건 $x^2-3x-4\neq 0$의 진리집합을 P라고 하면

$$P=\{x\,|\,x^2-3x-4\neq 0\}=\{x\,|\,(x+1)(x-4)\neq 0\}$$
$$=\{x\,|\,x\neq -1\text{이고 } x\neq 4\}$$

　　에서 $P\neq R$이므로 '모든 실수 x에 대하여 $x^2-3x-4\neq 0$이다'는 거짓이다.

필수 예제 **7**-1 두 조건 p, q가 각각 다음과 같을 때, 명제 $p \longrightarrow q$의 참, 거 짓을 판별하시오. 단, x는 실수이다.

(1) $p : x^2 = 9$　　　　　$q : x^3 = 9x$

(2) $p : x^2 - 4x \leq 0$　　　$q : x^2 - 7x + 10 \leq 0$

[정석연구] 명제 $p \longrightarrow q$의 참, 거짓을 판별할 때에는 진리집합의 포함 관계를 이 용하면 편하다. 곧,

> **정석** 두 조건 **p**, **q**에 대하여
> $$P = \{x \,|\, p\}, \ Q = \{x \,|\, q\}$$
> 라고 할 때,
> $$P \subset Q \text{이면} \quad p \Longrightarrow q$$
> $$P \not\subset Q \text{이면} \quad p \not\Longrightarrow q$$

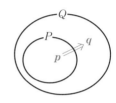

임을 이용한다.

[모범답안] (1) $P = \{x \,|\, x^2 = 9\}$, $Q = \{x \,|\, x^3 = 9x\}$로 놓자.

　$x^2 = 9$에서 $x = \pm 3$이므로　$P = \{-3, 3\}$

　$x^3 = 9x$에서　$x^3 - 9x = 0$　∴ $x(x+3)(x-3) = 0$

　　　∴ $x = 0, -3, 3$　∴ $Q = \{-3, 0, 3\}$

　곧, $P \subset Q$이므로 $p \Longrightarrow q$이다.　　　　　[답] 참

(2) $P = \{x \,|\, x^2 - 4x \leq 0\}$, $Q = \{x \,|\, x^2 - 7x + 10 \leq 0\}$으로 놓자.

　$x^2 - 4x \leq 0$에서

　　$x(x-4) \leq 0$　∴ $0 \leq x \leq 4$

　　　∴ $P = \{x \,|\, 0 \leq x \leq 4\}$

　$x^2 - 7x + 10 \leq 0$에서

　　$(x-2)(x-5) \leq 0$　∴ $2 \leq x \leq 5$

　　　∴ $Q = \{x \,|\, 2 \leq x \leq 5\}$

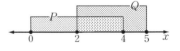

　곧, $P \not\subset Q$이므로 $p \not\Longrightarrow q$이다.　　　　[답] 거짓

*$\boldsymbol{Note}$ (2) 명제가 거짓인 것을 설명하고자 할 때에는 $x = 1$과 같은 반례를 들어도 된다. 이때, 명제 $p \longrightarrow q$의 반례는 $P - Q$의 원소이다.

[유제] **7**-1. 다음 명제의 참, 거짓을 판별하시오. 단, x는 실수이다.

(1) $x^2 = 1$이면 $x^3 = x$이다.

(2) $x^2 - 6x + 8 \leq 0$이면 $x^2 - x > 0$이다.

(3) $x^2 - 1 \leq 0$이면 $x^2 - 3x \leq 0$이다.　　　[답] (1) 참　(2) 참　(3) 거짓

필수 예제 **7**-2 $0<x<4$, $0<y<4$를 만족시키는 정수 x, y에 대하여 두 조건 p, q가 다음과 같다.

$$p: x^2-4x+y^2-4y+7=0, \quad q: x+y=3$$

이때, 다음 조건의 진리집합을 구하시오.

(1) $\sim p$ (2) $\sim p$ 또는 $\sim q$ (3) $\sim(p$ 또는 $q)$

[정석연구] 전체집합 U에서의 조건 p, q의 진리집합을 각각 P, Q라고 할 때, 조건

$$\sim p, \quad \sim p \text{ 또는 } \sim q, \quad \sim(p \text{ 또는 } q)$$

의 진리집합은 각각

$$P^C, \quad P^C \cup Q^C, \quad (P \cup Q)^C$$

임을 이용한다.

정석 $P=\{(x, y)|p\}$, $Q=\{(x, y)|q\}$라고 하면
$$p \text{ 또는 } q \implies P \cup Q, \quad p \text{이고 } q \implies P \cap Q, \quad \sim p \implies P^C$$

[모범답안] $x \in \{1, 2, 3\}$, $y \in \{1, 2, 3\}$이므로 순서쌍 (x, y)를 원소로 하는 전체집합 U는 다음과 같다.

$$U=\{(1, 1), (1, 2), (1, 3), (2, 1), (2, 2), (2, 3), (3, 1), (3, 2), (3, 3)\}$$

(1) $x^2-4x+y^2-4y+7=0$에서 $(x-2)^2+(y-2)^2=1$

그런데 x, y는 정수이고, $(x-2)^2 \geq 0$, $(y-2)^2 \geq 0$이므로

$$\begin{cases} (x-2)^2=1 \\ (y-2)^2=0 \end{cases} \text{ 또는 } \begin{cases} (x-2)^2=0 \\ (y-2)^2=1 \end{cases}$$

따라서 조건 p의 진리집합을 P라고 하면

$$P=\{(1, 2), (2, 1), (2, 3), (3, 2)\}$$
$$\therefore P^C=\{(1, 1), (1, 3), (2, 2), (3, 1), (3, 3)\} \longleftarrow \boxed{\text{답}}$$

(2) 조건 q의 진리집합을 Q라고 하면 $Q=\{(1, 2), (2, 1)\}$

$Q^C=\{(1, 1), (1, 3), (2, 2), (2, 3), (3, 1), (3, 2), (3, 3)\}$이므로

$$P^C \cup Q^C=\{(1, 1), (1, 3), (2, 2), (2, 3), (3, 1), (3, 2), (3, 3)\} \longleftarrow \boxed{\text{답}}$$

(3) $(P \cup Q)^C=P^C \cap Q^C=\{(1, 1), (1, 3), (2, 2), (3, 1), (3, 3)\} \longleftarrow \boxed{\text{답}}$

[유제] **7**-2. 전체집합이 $U=\{-2, -1, 0, 1, 2\}$인 두 조건 p, q가

$$p: x^2-x=0, \quad q: x^2=1$$

일 때, 다음 조건의 진리집합을 구하시오.

(1) p 또는 q (2) p이고 q (3) $\sim p$ 또는 q (4) p이고 $\sim q$

$\boxed{\text{답}}$ (1) $\{-1, 0, 1\}$ (2) $\{1\}$ (3) $\{-2, -1, 1, 2\}$ (4) $\{0\}$

§2. 명제의 역과 대우

[1] 명제의 역과 대우

　　명제 $p \longrightarrow q$에서 가정과 결론을 서로 바꾸어 놓은 명제 $q \longrightarrow p$를 명제 $p \longrightarrow q$의 역이라고 한다.

　　또, 명제 $p \longrightarrow q$에서 가정과 결론을 부정하고 서로 바꾸어 놓은 명제 $\sim q \longrightarrow \sim p$를 명제 $p \longrightarrow q$의 대우라고 한다.

　　다음은 명제와 그의 역, 대우 사이의 관계를 나타낸 것이다.

[2] 명제와 그의 역, 대우의 참과 거짓

　(1) 명제 $p \longrightarrow q$가 참이면 대우 $\sim q \longrightarrow \sim p$도 반드시 참이다.

　　　명제 $p \longrightarrow q$가 거짓이면 대우 $\sim q \longrightarrow \sim p$도 반드시 거짓이다.

　(2) 명제 $p \longrightarrow q$가 참이라고 해서 역 $q \longrightarrow p$가 반드시 참인 것은 아니다.

Advice 1° 명제 $p \longrightarrow q$에서 가정과 결론을 부정한 명제 $\sim p \longrightarrow \sim q$를 명제 $p \longrightarrow q$의 이라고 한다.

　　이때, 이는 역 $q \longrightarrow p$의 대우임을 알 수 있다.

보기 1 다음 명제의 역과 대우를 말하시오.

　(1) $x=0$이면 $xy=0$이다.

　(2) 자연수 x에 대하여 x가 짝수이면 x^2은 짝수이다.

연구 (1) 역 : $xy=0$이면 $x=0$이다.

　　　대우 : $xy \neq 0$이면 $x \neq 0$이다.

　(2) 역 : 자연수 x에 대하여 x^2이 짝수이면 x는 짝수이다.

　　　대우 : 자연수 x에 대하여 x^2이 홀수이면 x는 홀수이다.

　Note (2)에서 '자연수 x에 대하여'를 대전제라고 한다. 대전제는 가정과 결론에 공통인 조건이므로 원래 명제에서 앞에 있으면 역, 대우에서도 앞에 둔다.

Advice 2° 명제와 그의 역, 대우의 참과 거짓

　　다음 두 명제를 예로 하여 어떤 명제가 참일 때, 그 명제의 역과 대우의 참과 거짓에 대하여 살펴보자.

명제 : $x=0 \longrightarrow x^2=0$ (참)　　　명제 : $x=1 \longrightarrow x^2=1$ (참)

역 : $x^2=0 \longrightarrow x=0$ (참)　　　　역 : $x^2=1 \longrightarrow x=1$ (거짓)

대우 : $x^2 \neq 0 \longrightarrow x \neq 0$ (참)　　대우 : $x^2 \neq 1 \longrightarrow x \neq 1$ (참)

　　위에서 보면 어떤 명제가 참일 때 그 명제의 대우도 참임을 알 수 있고(일반적인 설명은 아래 **보기 2** 참조), 어떤 명제가 참일 때 그 명제의 역은 참인 경우도 있고 거짓인 경우도 있음을 알 수 있다.

정석 $p \Longrightarrow q$이면　$\sim q \Longrightarrow \sim p$

보기 2 명제 $p \longrightarrow q$가 참이면 그 대우 $\sim q \longrightarrow \sim p$도 참임을 보이시오.

연구 전체집합 U에서의 두 조건 p, q의 진리집합을 각각 P, Q라고 할 때,

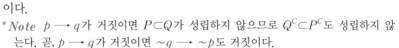

$$P \subset Q$$이면　$$Q^C \subset P^C$$

이다. 따라서

$$p \Longrightarrow q$$이면　$$\sim q \Longrightarrow \sim p$$

이다.

*Note $p \longrightarrow q$가 거짓이면 $P \subset Q$가 성립하지 않으므로 $Q^C \subset P^C$도 성립하지 않는다. 곧, $p \longrightarrow q$가 거짓이면 $\sim q \longrightarrow \sim p$도 거짓이다.

　　한편 $P \subset Q$라고 해서 반드시 $Q \subset P$인 것은 아니므로 명제 $p \longrightarrow q$가 참이라고 해서 반드시 $q \longrightarrow p$가 참인 것은 아니다.

　　또, $P \subset Q$라고 해서 반드시 $P^C \subset Q^C$인 것은 아니므로 $p \longrightarrow q$가 참이라고 해서 반드시 $\sim p \longrightarrow \sim q$가 참인 것은 아니다.

보기 3 명제 $p \longrightarrow \sim q$가 참일 때, 다음 중 반드시 참인 명제는?

①　$\sim q \longrightarrow p$　　　　②　$\sim p \longrightarrow q$　　　　③　$p \longrightarrow q$

④　$q \longrightarrow \sim p$　　　　⑤　$q \longrightarrow p$

연구 반드시 참인 명제는 이 명제의 대우이다. 따라서 명제 $p \longrightarrow \sim q$의 대우 $\sim(\sim q) \longrightarrow \sim p$, 곧 $q \longrightarrow \sim p$는 참이다.　　　　　　答 ④

보기 4 명제 $p \longrightarrow q$의 역이 참일 때, 다음 중 반드시 참인 명제는?

①　$p \longrightarrow q$　　　　②　$\sim p \longrightarrow \sim q$　　　　③　$\sim q \longrightarrow \sim p$

④　$q \longrightarrow \sim p$　　　　⑤　$p \longrightarrow \sim q$

연구 명제 $p \longrightarrow q$의 역은 $q \longrightarrow p$이다. 명제 $q \longrightarrow p$가 참일 때, 반드시 참인 명제는 이 명제의 대우인 $\sim p \longrightarrow \sim q$이다.　　　　　　答 ②

필수 예제 **7**-3 다음 명제의 참, 거짓을 판별하시오. 또, 주어진 명제의 역, 대우를 말하고 참, 거짓을 판별하시오. 단, x, y, z 는 실수이다.

(1) $x \geq 1$ 이고 $y \geq 1$ 이면 $x+y \geq 2$ 이다.

(2) $xyz=0$ 이면 $x=0$ 또는 $y=0$ 또는 $z=0$ 이다.

[정석연구] 먼저 명제의 역, 대우의 정의를 명확히 알아야 하고, 다음으로는 '또는', '그리고'를 포함한 문장에 대한 부정에 주의해야 한다.

정석 또는 $\overset{\text{부정}}{\Longrightarrow}$ 그리고, 그리고 $\overset{\text{부정}}{\Longrightarrow}$ 또는

[모범답안] (1) 명제 : $x \geq 1$ 이고 $y \geq 1$ 이면 $x+y \geq 2$ 이다. (참)

  역 : $x+y \geq 2$ 이면 $x \geq 1$ 이고 $y \geq 1$ 이다. (거짓)

  대우 : $x+y < 2$ 이면 $x < 1$ 또는 $y < 1$ 이다. (참)

(2) 명제 : $xyz=0$ 이면 $x=0$ 또는 $y=0$ 또는 $z=0$ 이다. (참)

  역 : $x=0$ 또는 $y=0$ 또는 $z=0$ 이면 $xyz=0$ 이다. (참)

  대우 : $x \neq 0$ 이고 $y \neq 0$ 이고 $z \neq 0$ 이면 $xyz \neq 0$ 이다. (참)

Advice | 위에서 알 수 있듯이 어떤 명제가 참이면, 그 명제의 대우는 반드시 참이지만 그 명제의 역이 반드시 참인 것은 아니다.

따라서 명제의 참과 거짓을 판별하고자 할 때,

정석 $p \Longrightarrow q$ 이면 $\sim q \Longrightarrow \sim p$

가 성립함을 이용하면 편리할 때가 많다.

이를테면 명제

$$x+y < 2 \text{이면 } x < 1 \text{ 또는 } y < 1 \text{이다.} \qquad \cdots\cdots ①$$

과 같이 이대로는 참인지 거짓인지의 판별이 어려울 때가 있다. 이런 경우에는 이 명제의 대우

$$x \geq 1 \text{이고 } y \geq 1 \text{이면 } x+y \geq 2 \text{이다.} \qquad \cdots\cdots ②$$

를 만들고, ②가 참인지 거짓인지를 판별해도 된다.

곧, ②가 참이므로 ①도 참이라는 결론을 내릴 수 있다.

[유제] **7**-3. 다음 명제의 대우를 말하시오. 단, x, y, z 는 실수이다.

(1) $xy < 1$ 이면 $x < 1$ 또는 $y < 1$ 이다.

(2) $xy=0$ 이면 $x=0$ 또는 $y=0$ 이다.

(3) $x^2+y^2+z^2-xy-yz-zx=0$ 이면 $x=y=z$ 이다.

  답 (1) $x \geq 1$ 이고 $y \geq 1$ 이면 $xy \geq 1$ 이다. (2) $x \neq 0$ 이고 $y \neq 0$ 이면 $xy \neq 0$ 이다.
  (3) $x \neq y$ 또는 $y \neq z$ 또는 $z \neq x$ 이면 $x^2+y^2+z^2-xy-yz-zx \neq 0$ 이다.

필수 예제 **7**-4 다음 명제의 대우를 말하고 참, 거짓을 판별하시오.

단, a, b, c는 실수이다.

(1) 임의의 실수 x에 대하여 $ax^2 \geq 0$이면 $a \geq 0$이다.

(2) 어떤 실수 x에 대하여 $ax^2 + bx + c \neq 0$이면 a, b, c 중 적어도 하나는 0이 아니다.

[정석연구] (1) 다음은 모두 같은 표현이다.

모든 x에 대하여 $p(x)$

임의의 x에 대하여 $p(x)$

어떠한 x에 대하여도 $p(x)$

따라서 각 명제의 부정은 어떤 x를 써서 나타내면 된다.

(2) 다음도 모두 같은 표현이다.

어떤 x에 대하여 $p(x)$

적당한 x에 대하여 $p(x)$

$p(x)$인 x가 존재한다.

따라서 각 명제의 부정은 모든 x를 써서 나타내면 된다.

정석 모든 x의 부정은 $\implies$ 어떤 x

어떤 x의 부정은 $\implies$ 모든 x

[모범답안] (1) 대우 : $a < 0$이면 어떤 실수 x에 대하여 $ax^2 < 0$이다.

$x = 1$일 때 $ax^2 = a < 0$이므로 성립한다. 참 ← [답]

(2) 대우 : $a = b = c = 0$이면 모든 실수 x에 대하여 $ax^2 + bx + c = 0$이다.

$a = b = c = 0$이면 모든 실수 x에 대하여

$ax^2 + bx + c = 0 \times x^2 + 0 \times x + 0 = 0$이므로 성립한다. 참 ← [답]

[유제] **7**-4. 다음 명제의 대우를 말하시오. 단, a, b, c는 실수이다.

(1) U가 전체집합일 때, 임의의 집합 A에 대하여 $A \cap X = A$이면 $X = U$이다.

(2) $a > 0$이고 $b^2 - 4ac < 0$이면 모든 실수 x에 대하여 $ax^2 + bx + c > 0$이다.

(3) 어떤 실수 x에 대하여 $ax + b = 0$이면 $a \neq 0$이고 $b \neq 0$이다.

(4) $a = 0$이고 $b > 0$이면 $ax + b > 0$인 실수 x가 존재한다.

[답] (1) U가 전체집합일 때, $X \neq U$이면 어떤 집합 A에 대하여 $A \cap X \neq A$이다.

(2) 어떤 실수 x에 대하여 $ax^2 + bx + c \leq 0$이면 $a \leq 0$ 또는 $b^2 - 4ac \geq 0$이다.

(3) $a = 0$ 또는 $b = 0$이면 모든 실수 x에 대하여 $ax + b \neq 0$이다.

(4) 모든 실수 x에 대하여 $ax + b \leq 0$이면 $a \neq 0$ 또는 $b \leq 0$이다.

필수 예제 **7**-5 두 문장

「겨울이 오면 춥다.」, 「눈이 오지 않으면 춥지 않다.」

가 모두 참인 명제라고 할 때, 다음 중 반드시 참이라고는 말할 수 <u>없는</u> 것은?

① 추우면 눈이 온다.   ② 춥지 않으면 겨울이 오지 않는다.

③ 겨울이 오면 눈이 온다.   ④ 눈이 오면 겨울이 온다.

⑤ 눈이 오지 않으면 겨울이 오지 않는다.

[정석연구] 일상에서 '추우면 겨울이 온다'라는 말은 참일 수 있다. 그러나 일반적으로 이 문장이 참인지 거짓인지 단정 지을 수 없다. 이 문제에서 참이라고 주어진 명제는 두 개뿐이므로 이 두 명제와 두 명제로부터 항상 참이라고 말할 수 있는 사실만을 참이라고 할 수 있다.

　　따라서 참으로 주어진 문장을 $p \Longrightarrow q$ 꼴로 기호화한 다음, 이 명제의 대우와 다음 삼단논법에 의하여 얻은 사실만이 참이라는 것을 이용한다.

삼단논법 : 조건 p, q, r의 진리집합을 각각 P, Q, R이라고 하자.

　　$p \Longrightarrow q$이고 $q \Longrightarrow r$이면 $P \subset Q$이고 $Q \subset R$이다. 따라서 $P \subset R$이므로 $p \Longrightarrow r$이다. 이를 명제의 삼단논법이라고 한다.

> **정석** $(p \Longrightarrow q$이고 $q \Longrightarrow r)$이면 $p \Longrightarrow r$

[모범답안] p : 겨울이 온다.　　q : 춥다.　　r : 눈이 온다.

로 놓으면 주어진 두 명제는 $p \Longrightarrow q$, $\sim r \Longrightarrow \sim q$

　　대우가 반드시 참이므로 $\sim q \Longrightarrow \sim p$, $q \Longrightarrow r$

　　$p \Longrightarrow q$, $q \Longrightarrow r$이므로 삼단논법에서 $p \Longrightarrow r$

또, 이 명제의 대우를 생각하면 $\sim r \Longrightarrow \sim p$

　　①은 $q \longrightarrow r$을, ②는 $\sim q \longrightarrow \sim p$를, ③은 $p \longrightarrow r$을, ④는 $r \longrightarrow p$를, ⑤는 $\sim r \longrightarrow \sim p$를 나타낸 것이다.

　　한편 ④는 $p \longrightarrow r$의 역이므로 반드시 참이라고는 할 수 없다.　　[답] ④

[유제] **7**-5. 세 조건 p, q, r에 대하여 다음 중 옳은 것은?

① $p \Longrightarrow \sim q$, $\sim r \Longrightarrow q$이면 $p \Longrightarrow \sim r$이다.

② $p \Longrightarrow \sim q$, $r \Longrightarrow q$이면 $p \Longrightarrow \sim r$이다.

③ $q \Longrightarrow \sim p$, $\sim q \Longrightarrow r$이면 $\sim p \Longrightarrow r$이다.

④ $p \Longrightarrow q$, $\sim r \Longrightarrow \sim q$이면 $\sim p \Longrightarrow r$이다.

⑤ $p \Longrightarrow q$, $p \Longrightarrow r$이면 $q \Longrightarrow r$이다.

[답] ②

필수 예제 **7**-6   다음은 판사가 피고 A, B, C, D, E를 심문한 결과이다.

    ⑺ 다섯 사람 중 정확히 두 명이 유죄이다.

    ⑻ B와 C는 함께 유죄이거나 무죄이다.

    ⑼ A가 무죄라면 B와 E도 무죄이다.

    ⑽ D가 무죄라면 C도 무죄이다.

    ⑾ D가 유죄라면 E도 유죄이다.

    이로부터 누가 유죄라고 말할 수 있는가?

[정석연구] ⑺~⑾를 기호화한 다음, 논리적으로 추론해 나간다.

> **정석** $p \Longrightarrow q$이면 $\sim q \Longrightarrow \sim p$
>
>   ($p \Longrightarrow q$이고 $q \Longrightarrow r$)이면 $p \Longrightarrow r$ ⇐ 삼단논법

[모범답안] a : A가 유죄이다. b : B가 유죄이다. c : C가 유죄이다.

        d : D가 유죄이다. e : E가 유죄이다. p : 두 명이 유죄이다.

라고 하면 판사의 심문 결과는

    ⑺ p는 참인 명제이다.   ⑻ $b \Longleftrightarrow c$

    ⑼ $\sim a \Longrightarrow \sim b,\ \sim a \Longrightarrow \sim e$ 곧, $b \Longrightarrow a,\ e \Longrightarrow a$

    ⑽ $\sim d \Longrightarrow \sim c$ 곧, $c \Longrightarrow d$ ⑾ $d \Longrightarrow e$

이며, 여기서 ⑻~⑾를 다음과 같이 정리할 수 있다.

$$a \overset{(\text{다})}{\Longleftarrow} b \overset{(\text{나})}{\Longleftrightarrow} c \overset{(\text{라})}{\Longrightarrow} d \overset{(\text{마})}{\Longrightarrow} e \overset{(\text{다})}{\Longrightarrow} a$$

(i) 만일 B 또는 C가 유죄라고 하면 ⑻에 의하여 B와 C가 동시에 유죄이고, ⑼, ⑽와 ⑾에 의하여 A, D, E 모두 유죄가 되므로 이는 명제 p에 모순이다. 따라서 B와 C는 무죄이다.

(ii) D가 유죄라고 하면 ⑾에 의하여 E도 유죄이다. 또한 E가 유죄이면 ⑼에 의하여 A도 유죄가 되어 3명이 유죄이므로 명제 p에 모순이다. 따라서 D는 무죄이다.

(iii) p가 참이므로 (i), (ii)에서 남은 A와 E가 유죄이다.   [답] **A, E**

[유제] **7**-6. 다음은 용의자 A, B, C, D를 조사한 결론이다.

    ⑺ A가 범인이면 B도 범인이다.

    ⑻ B가 범인이면 C가 범인이거나 A는 범인이 아니다.

    ⑼ A가 범인이 아니면 D도 범인이 아니다.

    ⑽ D가 범인이 아니면 A가 범인이고 C는 범인이 아니다.

    이로부터 누가 범인이라고 말할 수 있는가?   [답] **A, B, C, D**

§3. 충분조건·필요조건

1 충분·필요·필요충분조건의 정의

(i) $p \Longrightarrow q$일 때, 곧 명제 $p \longrightarrow q$가 참일 때

　　p는 q이기 위한 충분조건,

　　q는 p이기 위한 필요조건

　이라고 한다.

(ii) $p \Longleftrightarrow q$일 때, 곧 명제 $p \longrightarrow q$와 $q \longrightarrow p$가 모두 참일 때

　　p는 q이기 위한 필요충분조건(또는 서로 동치),

　　q는 p이기 위한 필요충분조건(또는 서로 동치)

　이라고 한다.

2 충분·필요·필요충분조건과 진리집합의 포함 관계

　　두 조건 p, q의 진리집합을 각각 P, Q라고 할 때

$$P \subset Q \text{이면} \Longrightarrow p \Longrightarrow q,$$
$$P = Q \text{이면} \Longrightarrow p \Longleftrightarrow q$$

이므로

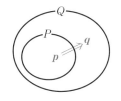

　$P \subset Q$일 때　p는 q이기 위한 충분조건,

　　　　　　　　q는 p이기 위한 필요조건

　$P = Q$일 때　p와 q는 서로 필요충분조건

의 관계가 있다.

Advice | 충분·필요·필요충분조건 문제를 다루는 방법

　첫째 — 두 조건 p, q 사이에 다음 중 어느 것인가를 생각한다.

$$p \Longrightarrow q, \quad q \Longrightarrow p, \quad p \Longleftrightarrow q$$

　또는 $P = \{x \,|\, p\}$, $Q = \{x \,|\, q\}$ 사이에 다음 중 어느 것인가를 생각한다.

$$P \subset Q, \quad Q \subset P, \quad P = Q$$

　둘째 — 보통 무언가를 줄 수 있다는 것은 충분히 여
유가 있는 경우이고, 무언가를 받아야 한다는 것은
필요로 하는 것이 있는 경우라고 생각할 수 있다.

　　따라서 $p \Longrightarrow q$에서 화살표 방향으로 주는 p는
충분조건, 받는 q는 필요조건이라고 기억해도 된다.

주기에 충분하다
↓
$$p \Longrightarrow q$$
↑
받을 필요가 있다

보기 1 다음 □ 안에 충분, 필요, 필요충분 중에서 알맞은 것을 써넣으시오.
단, 문자는 모두 실수이다.

(1) $a=0$은 $ab=0$이기 위한 □조건이다.

(2) $mx=my$는 $x=y$이기 위한 □조건이다.

(3) $3\leq x\leq 4$는 $2\leq x\leq 5$이기 위한 □조건이다.

(4) $3x-1>2x+3$은 $(x^2+1)(x-4)>0$이기 위한 □조건이다.

[연구] (1) $a=0 \implies ab=0$

$\qquad ab=0 \kern{-0.6em}\not\kern{-0.6em}\implies a=0$ (반례 : $a=1,\ b=0$)

　따라서 $a=0$은 $ab=0$이기 위한 충분조건이지만 필요조건은 아니다.

(2) $mx=my \kern{-0.6em}\not\kern{-0.6em}\implies x=y$ (반례 : $m=0,\ x=2,\ y=1$)

$\qquad x=y \implies mx=my$

　따라서 $mx=my$는 $x=y$이기 위한 필요조건이지만 충분조건은 아니다.

(3) $P=\{x\,|\,3\leq x\leq 4\},\ Q=\{x\,|\,2\leq x\leq 5\}$라고 하면

$\quad P\subset Q$이므로　$3\leq x\leq 4 \implies 2\leq x\leq 5$

$\quad Q\not\subset P$이므로　$2\leq x\leq 5 \kern{-0.6em}\not\kern{-0.6em}\implies 3\leq x\leq 4$

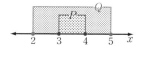

　따라서 $3\leq x\leq 4$는 $2\leq x\leq 5$이기 위한 충
분조건이지만 필요조건은 아니다.

(4) $P=\{x\,|\,3x-1>2x+3\},\ Q=\{x\,|\,(x^2+1)(x-4)>0\}$이라고 하면

$\qquad\qquad P=\{x\,|\,x>4\},\quad Q=\{x\,|\,x>4\}$

$\quad P=Q$이므로　$3x-1>2x+3 \iff (x^2+1)(x-4)>0$

　따라서 $3x-1>2x+3$은 $(x^2+1)(x-4)>0$이기 위한 필요충분조건이
다.　　　　　　　　　　　　[답] (1) 충분　(2) 필요　(3) 충분　(4) 필요충분

*$Note$ 1° 두 조건 $p,\ q$의 진리집합을 각각 $P,\ Q$라고 할 때, $P\subset Q,\ Q\not\subset P$이면
$p\implies q,\ q\kern{-0.6em}\not\kern{-0.6em}\implies p$이므로 p는 q이기 위한 충분조건이지만 필요조건은 아니다.
또, q는 p이기 위한 필요조건이지만 충분조건은 아니다.

　그리고 $P\subset Q,\ Q\subset P$, 곧 $P=Q$이면 $p\iff q$이므로 p와 q는 서로 필요충분
조건이다.

　따라서 충분조건인지, 필요조건인지, 필요충분조건인지를 알기 위해서는
$P\subset Q$와 $Q\subset P$를 모두 확인해야 한다.

2° 다음은 모두 같은 물음이다.

$\qquad\qquad p$는 q이기 위한 어떤 조건인가?

$\qquad\qquad p$는 q의 어떤 조건인가?

$\qquad\qquad q$이기 위하여 p는 어떤 조건인가?

　어떤 경우이든 주어에 해당하는 p가 화살표를 주는지 받는지 알아본 다음,
주는 쪽에 있으면 충분조건, 받는 쪽에 있으면 필요조건이라고 하면 된다.

필수 예제 **7**-7　네 조건 p, q, r, s에 대하여

$\qquad p, q$는 모두 r이기 위한 충분조건,

$\qquad s$는 r이기 위한 필요조건,　q는 s이기 위한 필요조건

일 때, 다음 물음에 답하시오.

(1) p는 s이기 위한 어떤 조건인가?

(2) q는 p이기 위한 어떤 조건인가?

(3) r은 s이기 위한 어떤 조건인가?

─────────────────────────────────────

[정석연구] 문제에서 주어진 조건들을

> **정석**　「p는 q이기 위한 충분조건」이면　$p \Longrightarrow q$
>
> 　　　　「p는 q이기 위한 필요조건」이면　$q \Longrightarrow p$

를 이용하여 기호로 나타내면 한눈에 보이게 정리할 수 있다.

> **정석**　주어진 조건을 기호를 써서 정리해 본다.

[모범답안] 문제의 조건으로부터

$p \Longrightarrow r$　　……①　　　$q \Longrightarrow r$　　……②

$r \Longrightarrow s$　　……③　　　$s \Longrightarrow q$　　……④

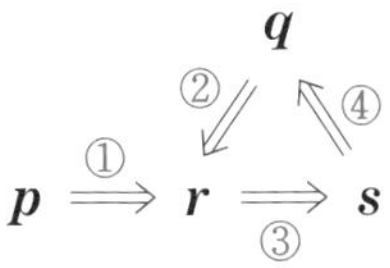

이다. 그리고 이 조건을 하나의 그림으로 표현하면 오른쪽과 같다.

(1) ①, ③에서 $p \Longrightarrow r \Longrightarrow s$이므로 $p \Longrightarrow s$이다.

　　따라서 p는 s이기 위한 충분조건이다.　　　　　[답] 충분조건

(2) ①, ③, ④에서 $p \Longrightarrow r \Longrightarrow s \Longrightarrow q$이므로 $p \Longrightarrow q$이다.

　　따라서 q는 p이기 위한 필요조건이다.　　　　　[답] 필요조건

(3) ③에서 $r \Longrightarrow s$이고, ④, ②에서 $s \Longrightarrow q \Longrightarrow r$, 곧 $s \Longrightarrow r$이므로

　$r \Longleftrightarrow s$이다.

　　따라서 r은 s이기 위한 필요충분조건이다.　　　[답] 필요충분조건

*___Note___　위의 그림에서 q, r, s(②, ③, ④)가 동치임을 알 수 있다.

[유제] **7**-7.　네 조건 p, q, r, s에 대하여

$\qquad p$는 q이기 위한 충분조건,　　q는 r이기 위한 필요조건,

$\qquad r$은 s이기 위한 필요조건,　　s는 q이기 위한 필요조건

일 때, 다음 물음에 답하시오.

(1) p는 s이기 위한 어떤 조건인가?

(2) q는 s이기 위한 어떤 조건인가?　　　　[답] (1) 충분조건　(2) 필요충분조건

필수 예제 7-8 다음 [ ] 안에 충분, 필요, 필요충분 중에서 알맞은 것을 써 넣으시오. 단, x는 실수이다.

(1) $x^2 \leq 1$은 $x^2 + 6 > 5x$이기 위한 [ ]조건이다.

(2) $x^2 - 4x < 0$은 $x^2 - 4x + 3 < 0$이기 위한 [ ]조건이다.

[정석연구] 조건 p, q가 부등식인 경우, 성립 여부를 판별할 때에는 진리집합의 포함 관계를 조사하는 것이 편하다.

> **정석** 조건 p, q의 진리집합을 각각 P, Q라고 할 때
> $$P \subset Q \text{이면} \quad p \Longrightarrow q, \quad P = Q \text{이면} \quad p \Longleftrightarrow q$$

[모범답안] (1) $P = \{x \mid x^2 \leq 1\}$, $Q = \{x \mid x^2 + 6 > 5x\}$로 놓자.

$x^2 \leq 1$에서 $(x+1)(x-1) \leq 0$ ∴ $P = \{x \mid -1 \leq x \leq 1\}$

$x^2 + 6 > 5x$에서 $(x-2)(x-3) > 0$ ∴ $Q = \{x \mid x < 2 \text{ 또는 } x > 3\}$

  ∴ $P \subset Q$, $Q \not\subset P$

곧, $x^2 \leq 1 \Longrightarrow x^2 + 6 > 5x$,

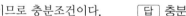

$\quad x^2 + 6 > 5x \not\Longrightarrow x^2 \leq 1$

이므로 충분조건이다.   [답] 충분

(2) $P = \{x \mid x^2 - 4x < 0\}$, $Q = \{x \mid x^2 - 4x + 3 < 0\}$으로 놓자.

$x^2 - 4x < 0$에서 $x(x-4) < 0$ ∴ $P = \{x \mid 0 < x < 4\}$

$x^2 - 4x + 3 < 0$에서 $(x-1)(x-3) < 0$ ∴ $Q = \{x \mid 1 < x < 3\}$

  ∴ $Q \subset P$, $P \not\subset Q$

곧, $x^2 - 4x + 3 < 0 \Longrightarrow x^2 - 4x < 0$,

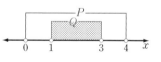

$\quad x^2 - 4x < 0 \not\Longrightarrow x^2 - 4x + 3 < 0$

이므로 필요조건이다.   [답] 필요

Advice | $\alpha < \beta$일 때   ⇐ 실력 공통수학1 p. 200 참조

$$(x - \alpha)(x - \beta) < 0 \Longleftrightarrow \alpha < x < \beta$$
$$(x - \alpha)(x - \beta) > 0 \Longleftrightarrow x < \alpha \text{ 또는 } x > \beta$$

[유제] **7**-8. 다음 [ ] 안에 충분, 필요, 필요충분 중에서 알맞은 것을 써넣으시오. 단, x는 실수이다.

(1) $x < 0$은 $x^2 - x > 0$이기 위한 [ ]조건이다.

(2) $-1 \leq x \leq 2$는 $x^2 - x - 2 < 0$이기 위한 [ ]조건이다.

(3) 「$x < -3$ 또는 $x > 2$」는 $x^2 + x - 6 > 0$이기 위한 [ ]조건이다.

[답] (1) 충분 (2) 필요 (3) 필요충분

필수 예제 **7**-9   실수 a에 관한 두 조건

  p : x에 관한 이차방정식 $x^2-2(a-2)x+2-a^2=0$이 서로 다른 두 실근을 가진다.

  q : x에 관한 이차방정식 $ax^2-2ax+2k-a=0$이 서로 다른 두 실근을 가진다.

에 대하여 다음 물음에 답하시오. 단, $k>0$이다.

(1) 조건 p, q의 진리집합 P, Q를 구하시오.

(2) 조건 p가 조건 q이기 위한 필요조건일 때, k의 최솟값을 구하시오.

───────────────────────────────

[정석연구] (2) 두 조건 p, q의 진리집합을 각각 P, Q라고 할 때

정석 $P{\subset}Q \iff p$는 q이기 위한 충분조건,

  q는 p이기 위한 필요조건

  $P{=}Q \iff p$와 q는 서로 필요충분조건

이다.

[모범답안] (1) 조건 p에서 $x^2-2(a-2)x+2-a^2=0$의 판별식을 D_1이라고 하면

  $D_1/4=(a-2)^2-(2-a^2)=2(a-1)^2>0$ 곧, p : $a{\neq}1$

  ∴ $\boldsymbol{P=\{a\,|\,a}$는 $\boldsymbol{a{\neq}1}$인 실수$\boldsymbol\}$ ⟵ [답]

조건 q에서 $ax^2-2ax+2k-a=0$의 판별식을 D_2라고 하면

  $D_2/4=a^2-a(2k-a)=2a(a-k)>0$ 곧, q : $a<0$ 또는 $a>k$

  ∴ $\boldsymbol{Q=\{a\,|\,a<0}$ 또는 $\boldsymbol{a>k\}}$ ⟵ [답]

(2) p가 q이기 위한 필요조건이면 $Q{\subset}P$이므로 $1{\notin}Q$이어야 한다.

따라서 $k{\geq}1$이므로 k의 최솟값은 1이다.   [답] **1**

[유제] **7**-9. 실수 a에 관한 두 조건

  p : x에 관한 이차방정식 $x^2+2(a+1)x+a^2+2=0$이 허근을 가진다.

  q : x에 관한 이차방정식 $ax^2-ax+k=0$이 허근을 가진다.

에 대하여 조건 p가 조건 q이기 위한 필요조건일 때, 양수 k의 최댓값을 구하시오.   [답] $\dfrac{1}{8}$

[유제] **7**-10. 두 조건 p : $|x-a|{\leq}2$, q : $x^2{\leq}16$에 대하여 p가 q이기 위한 충분조건일 때, 실수 a의 값의 범위를 구하시오.   [답] $-2{\leq}a{\leq}2$

연습문제 7

$\boxed{기본}$ **7**-1 전체집합 U의 공집합이 아닌 두 부분집합 P, Q가 각각 두 조건 p, q의 진리집합이라고 하자.

명제 $\sim p \longrightarrow q$가 참일 때, 다음 중 옳지 <u>않은</u> 것은?

① $P^C \subset Q$ ② $P \cup Q = U$ ③ $P^C \cap Q^C = \varnothing$

④ $P \cap Q^C = Q^C$ ⑤ $P \cap Q = \varnothing$

7-2 전체집합을 $U = \{1, 2, 3, 4\}$라고 할 때, 다음 중 참이 <u>아닌</u> 것은?

① 모든 x에 대하여 $x + 3 < 8$이다.

② 어떤 x에 대하여 $x^2 - 1 > 0$이다.

③ 어떤 x와 모든 y에 대하여 $x^2 < y + 1$이다.

④ 모든 x와 모든 y에 대하여 $x^2 + y^2 < 33$이다.

⑤ 어떤 x와 어떤 y에 대하여 $x^2 + y^2 < 1$이다.

7-3 전체집합 $U = \{1, 3, 5, 7, 9\}$의 공집합이 아닌 부분집합 P에 대하여 명제 「집합 P의 어떤 원소 x에 대하여 x는 3의 배수이다.」가 참이 되도록 하는 집합 P의 개수를 구하시오.

7-4 전체집합이 실수 전체의 집합일 때, 명제

「어떤 실수 x에 대하여 $3x^2 + 9x + k < 0$」

의 부정이 참이 되도록 하는 자연수 k의 최솟값을 구하시오.

7-5 전체집합 U에서의 두 조건 p, q의 진리집합 P, Q가

$$(P \cap Q) \cup (P - Q) = P \cup Q, \quad P \cap (P \cap Q^C)^C = P$$

를 모두 만족시킬 때, p는 q이기 위한 어떤 조건인가?

7-6 다음 $\boxed{}$ 안에 충분, 필요, 필요충분 중에서 알맞은 것을 써넣으시오.

단, x, y는 실수이고, A, B, C는 집합이다.

⑴ $x = 1$은 $x^2 = 1$이기 위한 $\boxed{}$조건이다.

⑵ $x = 1$은 $x^3 = 1$이기 위한 $\boxed{}$조건이다.

⑶ x, y가 정수인 것은 $x + y$, xy가 정수이기 위한 $\boxed{}$조건이다.

⑷ $x > 0$, $y > 0$은 $x + y > 0$, $xy > 0$이기 위한 $\boxed{}$조건이다.

⑸ $xy > x + y > 4$는 $x > 2$이고 $y > 2$이기 위한 $\boxed{}$조건이다.

⑹ $(A \cap B) \subset (A \cup B)$는 $A = B$이기 위한 $\boxed{}$조건이다.

⑺ $A \cup B \cup C = C$는 $A \cap B \cap C = A \cap B$이기 위한 $\boxed{}$조건이다.

⑻ $A \cap (B \cap C) = A$는 $A \cup (B \cup C) = B \cup C$이기 위한 $\boxed{}$조건이다.

7-7   다음 ☐ 안에 충분, 필요, 필요충분 중에서 알맞은 것을 써넣으시오.

(1) a, b, c가 실수일 때, $ac < 0$은 x에 관한 이차방정식 $ax^2 + bx + c = 0$이 서로 다른 두 실근을 가지기 위한 ☐조건이다.

(2) a, b, c가 실수일 때, x에 관한 이차방정식 $ax^2 + bx + c = 0$에서 $ab > 0$이고 $ac > 0$인 것은 이 방정식의 두 근이 모두 음수이기 위한 ☐조건이다.

7-8   부등식 $x^2 - 3|x| \leq 0$이 성립하기 위하여 부등식 $x \leq a$는 필요조건이고, 부등식 $\beta \leq x \leq 0$은 충분조건이다. 이때, $\alpha - \beta$의 최솟값을 구하시오. 단, α, β는 실수이고, $\beta \leq 0$이다.

[실력] **7**-9   실수 x, y에 관한 세 조건 p, q, r이
$$p : |x - y| < 1, \quad q : [x] = [y], \quad r : \langle x \rangle = \langle y \rangle$$
일 때, 다음 중 참인 명제만을 있는 대로 고르시오. 단, $[x]$는 x보다 크지 않은 최대 정수이고, $\langle x \rangle$는 x보다 작지 않은 최소 정수이다.

> ㄱ. $p \longrightarrow q$　　ㄴ. $p \longrightarrow r$　　ㄷ. $q \longrightarrow p$　　ㄹ. $r \longrightarrow p$

7-10   네 조건 p, q, r, s에 대하여 다음 세 명제가 모두 참이다.

　(개) p이면 q이다.　　　　　(내) r이 아니면 q가 아니다.
　(대) s가 아니면 q가 아니거나 r이 아니다.

이때, 다음 중 반드시 참이라고는 말할 수 <u>없는</u> 것은?

① p이면 s이다.　　　　　　② q이면 s이다.
③ p 또는 q 또는 r이면 s이다.　④ p이고 q이고 r이면 s이다.
⑤ p 또는 q이면 r이다.

7-11   실수 x에 관한 두 조건
$$p : |x - k| \leq 3, \quad q : x^2 - 6x - 7 \leq 0$$
에 대하여 명제 $p \longrightarrow q$와 명제 $p \longrightarrow {\sim}q$가 모두 거짓이 되도록 하는 정수 k의 개수를 구하시오.

7-12   네 조건 p, q, r, s에 대하여 p는 q이기 위한 필요조건, r은 q이기 위한 충분조건, s는 r이기 위한 필요조건, q는 s이기 위한 필요충분조건이다.

다음 ☐ 안에 충분, 필요, 필요충분 중에서 알맞은 것을 써넣으시오.

(1) (p 또는 q)는 r이기 위한 ☐조건이다.

(2) (p이고 q)는 (r 또는 s)이기 위한 ☐조건이다.

7-13   다음의 조건 p는 조건 q이기 위한 어떤 조건인가? 단, a, b는 상수이다.
$$p : |x - a| < 1 \text{이고 } |y - b| < 1, \quad q : |x - y - a + b| < 2$$

⑧. 명제의 증명

§1. 명제의 증명

1 정의, 증명, 정리
  (1) 정의 : 용어의 뜻을 명확하게 정한 문장
  (2) 증명 : 이미 알고 있는 참인 명제나 정의를 이용하여 어떤 명제가 참임을 논리적으로 밝히는 과정
  (3) 정리 : 증명된 참인 명제 중에서 기본이 되는 것

2 대우를 이용한 증명법과 귀류법
  (1) 대우를 이용한 증명법 : 명제 $p \longrightarrow q$가 참임을 직접 증명하기 쉽지 않을 때 그 대우인 $\sim q \longrightarrow \sim p$가 참임을 보임으로써 주어진 명제가 참임을 증명하는 방법

  $$\boxed{\text{정석}} \quad \sim q \Longrightarrow \sim p \text{이면} \quad p \Longrightarrow q$$

  (2) 귀류법 : 명제의 결론을 부정하면 참이라고 인정되고 있는 사실이나 그 명제가 가정하고 있는 것에 모순이 생김을 보임으로써 처음 명제가 참임을 증명하는 방법

  $$\boxed{\text{정석}} \quad \text{직접증명법이 쉽지 않으면} \Longrightarrow \text{귀류법을 생각한다.}$$

Advice 1° 정의, 증명, 정리
▶ 정의 : 이를테면
    두 변의 길이가 같은 삼각형을 이등변삼각형이라고 한다.
  와 같이 용어의 뜻을 명확하게 정한 문장을 그 용어의 정의라고 한다.
▶ 증명과 정리 : 이를테면 명제
    n이 정수일 때, n이 2의 배수이면 n^2은 2의 배수이다.
  가 참임을 밝혀 보자.
    n이 2의 배수이면 $n = 2k$ (k는 정수)로 나타낼 수 있으므로
    $$n^2 = (2k)^2 = 4k^2 = 2 \times 2k^2$$
  곧, n^2은 2의 배수이다. 따라서 명제 'n이 정수일 때, n이 2의 배수이면 n^2은 2의 배수이다'는 참이다.

이와 같이 이미 알고 있는 참인 명제나 정의를 이용하여 어떤 명제가 참임을 논리적으로 밝히는 과정을 증명이라 하고, 증명된 참인 명제 중에서 기본이 되는 것을 정리라고 한다.

어떤 명제가 참임을 증명할 때에는 먼저 명제의 가정과 결론을 분명히 한다음, 가정과 그에 관련된 정의, 기본 성질이나 이미 알고 있는 정리 등을 이용하여 결론을 이끌어 낸다.

또, 어떤 명제가 거짓임을 보일 때에는 가정은 만족시키지만 결론을 만족시키지 않는 예, 곧 반례가 하나라도 있음을 보여도 된다.

보기 1 다음 명제가 참임을 증명하시오.

임의의 실수 a에 대하여 $a^2 \geq 0$이다.

연구 먼저 명제의 가정과 결론을 분명히 구분한 다음, 가정과 이미 알고 있는 실수의 대소에 관한 기본 성질을 이용하여 증명한다. 위의 명제에서

가정 : a는 실수이다. 결론 : $a^2 \geq 0$이다.

(증명) 임의의 실수 a에 대하여 다음 중 어느 하나만 성립한다.

$$a > 0, \quad a = 0, \quad a < 0$$

(i) $a > 0$일 때 $a^2 = a \times a > 0$

(ii) $a = 0$일 때 $a^2 = a \times a = 0$

(iii) $a < 0$일 때, $-a > 0$이므로 $a^2 = (-a)^2 = (-a) \times (-a) > 0$

(i), (ii), (iii)에서 임의의 실수 a에 대하여 $a^2 \geq 0$이다.

Advice 2° 대우를 이용한 증명법과 귀류법

▶ 대우를 이용한 증명법 : 명제 $p \longrightarrow q$가 참이면 대우 $\sim q \longrightarrow \sim p$도 반드시 참이고, 대우 $\sim q \longrightarrow \sim p$가 참이면 명제 $p \longrightarrow q$도 반드시 참이다.

따라서 명제 $p \longrightarrow q$가 참임을 증명하기가 쉽지 않을 때에는 그 대우인 $\sim q \longrightarrow \sim p$가 참임을 증명해도 된다.

정석 $\sim q \Longrightarrow \sim p$이면 $p \Longrightarrow q$

▶ 귀류법 : 어떤 명제가 참임을 증명하고자 할 때, 직접 증명하는 것이 쉽지 않은 경우에는 그 명제의 결론을 부정한 후에 모순이 생기는 것을 보여 증명하기도 한다.

이와 같이 명제의 결론을 부정하면 참이라고 인정되고 있는 사실이나 그 명제가 가정하고 있는 것에 모순이 생김을 보임으로써 처음 명제가 참임을 증명하는 방법을 귀류법이라고 한다.

정석 직접증명법이 쉽지 않으면 $\Longrightarrow$ 귀류법을 생각한다.

[보기] 2 다음 명제가 참임을 증명하시오.

자연수 n에 대하여 n^2이 짝수이면 n은 짝수이다.

[연구] n^2이 짝수이므로 $n^2=2k$ (k는 자연수)로 놓으면 $n=\sqrt{2k}$ 이다. 이때, 이 식에서 n이 짝수임을 보이기가 쉽지 않다.

이와 같이 주어진 명제가 참임을 직접 증명하기 쉽지 않거나 대우를 이용하는 것이 더 쉬운 경우에는 대우를 이용하여 증명한다.

(증명) 주어진 명제의 대우

자연수 n에 대하여 n이 홀수이면 n^2은 홀수이다.

가 참임을 증명해 보자.

자연수 n이 홀수이면 $n=2k-1$ (k는 자연수)로 나타낼 수 있으므로
$$n^2=(2k-1)^2=4k^2-4k+1=2(2k^2-2k)+1$$
이다. 이때, $2k^2-2k$는 0 또는 자연수이므로 n^2은 홀수이다.

따라서 자연수 n에 대하여 n이 홀수이면 n^2은 홀수이다.

곧, 주어진 명제의 대우가 참이므로 명제 '자연수 n에 대하여 n^2이 짝수이면 n은 짝수이다'도 참이다.

[보기] 3 다음 명제가 참임을 증명하시오.

$\sqrt{2}$ 는 유리수가 아니다.

[연구] 어떤 수가 유리수임을 보일 때는 유리수의 정의를 이용하여 직접 증명하면 되지만 유리수가 아니라는 것은 직접 증명하기 쉽지 않다. 이와 같은 경우에는 결론을 부정한 후에 모순이 생기는 것을 보이는 귀류법을 이용하여 증명한다.

[정석] 유리수 $\Longrightarrow \dfrac{b}{a}$ (a와 b는 서로소인 정수, $a \neq 0$) 꼴의 수

(증명) $\sqrt{2}$ 가 유리수라고 가정하면

$\sqrt{2}>0$이므로 $\sqrt{2}=\dfrac{b}{a}$ 를 만족시키는 서로소인 자연수 a, b가 존재한다.

곧, $b=\sqrt{2}a$에서 $b^2=2a^2$ ⋯⋯①

①에서 b^2이 짝수이므로 b는 짝수이다.   ⇦ 보기 2

$b=2k$ (k는 자연수)라고 하면 ①에서
$$(2k)^2=2a^2 \quad \therefore \ a^2=2k^2 \qquad\qquad ⋯⋯②$$

②에서 a^2이 짝수이므로 a는 짝수이다.   ⇦ 보기 2

따라서 a, b는 모두 짝수가 되어 a, b가 서로소인 자연수라는 가정에 모순이다.

그러므로 $\sqrt{2}$ 는 유리수가 아니다.

필수 예제 8-1 다음 명제가 참임을 증명하시오.

(1) n이 자연수일 때, n^2+2n이 짝수이면 n은 짝수이다.

(2) a, b가 자연수일 때, $a+b$가 홀수이면 a, b 중 하나는 홀수이고 다른 하나는 짝수이다.

[정석연구] 앞서 대우 관계에 있는 두 명제의 참, 거짓은 일치하므로 어떤 명제가 참인지 거짓인지를 판별하기 쉽지 않을 때, 그 명제의 대우가 참인지 거짓인지를 확인하면 된다는 것을 공부하였다.

증명의 경우도 마찬가지이다. 주어진 명제가 참임을 증명하기가 쉽지 않을 때에는 그 명제의 대우가 참임을 증명해도 된다.

정석 $\sim q \Longrightarrow \sim p$이면 $p \Longrightarrow q$

[모범답안] (1) 주어진 명제의 대우 'n이 자연수일 때, n이 홀수이면 n^2+2n은 홀수이다.'가 참임을 증명해 보자.

n이 홀수이면 $n=2k-1$ (k는 자연수)로 나타낼 수 있다. 이때,
$$n^2+2n=(2k-1)^2+2(2k-1)=4k^2-1=2\times 2k^2-1$$
이므로 n^2+2n은 홀수이다.

곧, 대우가 참이므로 명제 'n이 자연수일 때, n^2+2n이 짝수이면 n은 짝수이다.'도 참이다.

(2) 주어진 명제의 대우 'a, b가 자연수일 때, a, b가 모두 짝수 또는 모두 홀수이면 $a+b$는 짝수이다.'가 참임을 증명해 보자.

a, b가 모두 짝수이면 $a=2m, b=2n$ (m, n은 자연수)으로 나타낼 수 있으므로
$$a+b=2m+2n=2(m+n)$$

a	b
홀	짝
짝	홀
짝	짝
홀	홀

a, b가 모두 홀수이면 $a=2m-1, b=2n-1$ (m, n은 자연수)로 나타낼 수 있으므로
$$a+b=(2m-1)+(2n-1)=2(m+n-1)$$
두 경우 모두 $a+b$는 짝수이다.

곧, 대우가 참이므로 명제 'a, b가 자연수일 때, $a+b$가 홀수이면 a, b 중 하나는 홀수이고 다른 하나는 짝수이다.'도 참이다.

[유제] **8**-1. 다음 명제가 참임을 증명하시오.

(1) a, b가 자연수일 때, ab가 짝수이면 a, b 중 적어도 하나는 짝수이다.

(2) n이 정수일 때, n^2이 3의 배수이면 n은 3의 배수이다.

필수 예제 8-2   다음 물음에 답하시오.

(1) $\sqrt{5}$ 는 유리수가 아님을 증명하시오.

(2) (1)의 결과를 이용하여 $\sqrt{7}-\sqrt{5}$ 는 유리수가 아님을 증명하시오.

[정석연구] (1) $\sqrt{5}$ 가 유리수라고 가정할 때, 모순이 됨을 밝혀 주면 된다.

정석   유리수 $\Longrightarrow$ $\dfrac{b}{a}$ (a 와 b 는 서로소인 정수, $a \neq 0$) 꼴의 수

(2) $\sqrt{7}-\sqrt{5}$ 가 유리수라고 가정할 때, 모순이 됨을 밝혀 주면 된다.

[모범답안] (1) $\sqrt{5}$ 가 유리수라고 가정하면

$\sqrt{5}>0$ 이므로 $\sqrt{5}=\dfrac{b}{a}$ 를 만족시키는 서로소인 자연수 a, b 가 존재한다.

곧, $\sqrt{5}\,a=b$ 에서 $5a^2=b^2$ ……①

여기에서 b^2 이 5의 배수이고 5는 소수이므로 b 는 5의 배수이다.

$b=5k$ (k 는 자연수)라고 하면 ①에서 $5a^2=(5k)^2$ $\therefore$ $a^2=5k^2$

여기에서 a^2 이 5의 배수이고 5는 소수이므로 a 는 5의 배수이다.

따라서 a, b 는 모두 5의 배수가 되어 a, b 가 서로소인 자연수라는 가정에 모순이다. 그러므로 $\sqrt{5}$ 는 유리수가 아니다.

(2) $\sqrt{7}-\sqrt{5}$ 가 유리수라고 가정하면 $\sqrt{7}-\sqrt{5}=a$ (a 는 0이 아닌 유리수)로 놓을 수 있고, 이로부터 $\sqrt{7}=a+\sqrt{5}$

이 식의 양변을 제곱하여 정리하면 $\sqrt{5}=\dfrac{2-a^2}{2a}$

그런데 유리수에 유리수를 더하거나 빼거나 곱하거나 나누어도 유리수이므로 이 식의 우변은 유리수이고, 좌변은 유리수가 아니다.

이는 모순이므로 $\sqrt{7}-\sqrt{5}$ 는 유리수가 아니다.

Advice 1° $\sqrt{5}=\sqrt{7}-a$ 에서 $\sqrt{7}=\dfrac{a^2+2}{2a}$ 로 변형하여 증명할 때는 '$\sqrt{7}$ 이 무리수'라는 것도 증명해야 한다. 위의 답안에서는 '$\sqrt{5}$ 는 유리수가 아니다'라는 (1)의 결과를 이용했다는 것에 특히 주의해야 한다.

2° 귀류법을 이용하면 「n 이 정수일 때, n^2 이 5의 배수이면 n 은 5의 배수이다.」가 참임을 증명할 수 있다.

[유제] **8**-2. $\sqrt{3}$ 은 유리수가 아님을 증명하고, 이를 이용하여 $\sqrt{2}+\sqrt{3}$ 은 유리수가 아님을 증명하시오.

[유제] **8**-3. $\sqrt{6}$ 이 유리수가 아님을 이용하여 다음 수가 유리수가 아님을 증명하시오.

(1) $(\sqrt{2}+\sqrt{3})^2$ (2) $\sqrt{2}+\sqrt{3}$ (3) $\dfrac{1}{\sqrt{2}}-\dfrac{1}{\sqrt{3}}$

Advice | 비둘기집 원리

이를테면 4개의 비둘기집에 5마리의 비둘기가 산다고 하자.

만일 한 집에 한 마리 이하로만 산다고 하면 4개의 집에 최대 4 마리가 살게 된다. 이는 5마리의 비둘기가 산다는 가정에 모순이 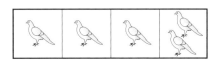 므로 적어도 한 집에는 두 마리 이상의 비둘기가 살게 된다.

일반적으로 n개의 비둘기집에 $(n+1)$마리의 비둘기가 살면 적어도 한 집에는 두 마리 이상의 비둘기가 살게 된다는 것을 비둘기집 원리(pigeonhole principle)라고 한다.

이와 같은 원리는 수학적인 문제의 해결에 대단히 유용하게 쓰일 때가 있다. 다음 **보기**들을 통하여 그 원리를 적용하는 방법을 익히기 바란다.

보기 1 한 변의 길이가 2인 정사각형의 내부에 5개의 점을 임의로 찍을 때, 두 점 사이의 거리가 $\sqrt{2}$ 이하인 두 점이 반드시 존재함을 보이시오.

연구 오른쪽 그림과 같이 주어진 정사각형의 각 변의 중점을 이으면 한 변의 길이가 1인 정사각형이 4개 생기고, 그 대각선의 길이는 $\sqrt{2}$가 된다.

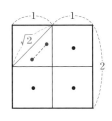

여기에 5개의 점을 찍으면 4개의 정사각형 중 어느 하나의 둘레 또는 내부에는 적어도 두 점을 찍어야 한다. 왜냐하면 각 정사각형에 한 점씩 고르게 찍는다고 해도 한 점은 남게 되기 때문이다. 이 한 점을 어느 정사각형에 찍든 하나에는 반드시 두 점을 찍게 된다.

따라서 두 점 사이의 거리가 $\sqrt{2}$ 이하인 두 점이 반드시 존재한다.

보기 2 한 변의 길이가 4인 정삼각형의 내부에 9개의 점을 임의로 찍을 때, 세 점을 꼭짓점으로 하는 삼각형의 넓이가 $\sqrt{3}$ 이하인 세 점이 반드시 존재함을 보이시오. 단, 어느 세 점도 한 직선 위에 있지 않다.

연구 오른쪽 그림과 같이 주어진 정삼각형의 각 변의 중점을 이으면 한 변의 길이가 2인 정삼각형이 4개 생기고, 그 넓이는 $\sqrt{3}$이 된다.

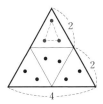

여기에 9개의 점을 찍으면 4개의 정삼각형 중 어느 하나의 둘레 또는 내부에는 적어도 세 점을 찍어야 한다. 따라서 세 점을 꼭짓점으로 하는 삼각형의 넓이가 $\sqrt{3}$ 이하인 세 점이 반드시 존재한다.

필수 예제 8-3 한 변의 길이가 12 m인 정사각형의 방 안에서 열 사람이 서서 이야기를 나누고 있다. 다음 설명 중 옳은 것은?

① 임의의 두 사람 사이의 거리는 $4\sqrt{2}$ m 이상이다.
② 임의의 두 사람 사이의 거리는 $4\sqrt{2}$ m 이하이다.
③ 어느 두 사람 사이의 거리는 4 m이다.
④ 서로 간의 거리가 4 m 이하인 두 사람이 반드시 있다.
⑤ 서로 간의 거리가 $4\sqrt{2}$ m 이하인 두 사람이 반드시 있다.

[정석연구] 이와 같은 유형의 문제는 5명일 때는 4개의 방으로, 10명일 때는 9개의 방으로, 17명일 때는 16개의 방으로 만들고 생각한다.

정석 비둘기집 원리

를 적용할 수 있는 상황을 만드는 방법을 익히기 바란다.

[모범답안] 오른쪽 그림과 같이 주어진 정사각형의 각변의 삼등분점을 이으면 한 변의 길이가 4 m인 정사각형 9개가 생기고, 그 대각선의 길이는 $4\sqrt{2}$ m가 된다.

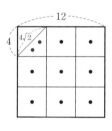

따라서 열 사람이 이 방에 들어가려면 9개의 방 중 어느 방에는 반드시 적어도 두 사람이 들어가야 한다. 왜냐하면 각 방에 한 사람씩만 들어간다고 하면 한 사람은 남게 되기 때문이다. 그 한 사람이 어느 방에 들어가든 어느 한 방에는 두 사람이 들어가게 된다.

따라서 서로 간의 거리가 $4\sqrt{2}$ m 이하인 두 사람이 반드시 있게 된다.

답 ⑤

[유제] **8**-4. 한 변의 길이가 2인 정삼각형의 내부에 5개의 점을 어떻게 놓더라도 두 점 사이의 거리 중에는 1 이하인 것이 반드시 있다. 이를 증명하시오.

[유제] **8**-5. 한 변의 길이가 a인 정사각형의 내부에 있는 5개의 점 중 임의의 두 점을 잡을 때, 두 점 사이의 거리가 $2\sqrt{2}$ 이하인 두 점이 반드시 존재한다. 이때, a의 최댓값을 구하시오.   답 4

[유제] **8**-6. 반지름의 길이가 90 cm인 원탁의 둘레에 일곱 사람이 앉아서 이야기를 나눌 때, 이웃하는 두 사람 사이의 직선거리가 90 cm 이하인 두 사람이 반드시 있음을 증명하시오.

§2. 절대부등식의 증명

1 두 실수(또는 두 식) P, Q의 대소 판정

(1) P에서 Q를 빼 본다.

$P-Q>0 \iff P>Q, \quad P-Q=0 \iff P=Q, \quad P-Q<0 \iff P<Q$

(2) P^2에서 Q^2을 빼 본다.

$P \geq 0$, $Q \geq 0$일 때

$P^2-Q^2>0 \iff P>Q, \quad P^2-Q^2=0 \iff P=Q, \quad P^2-Q^2<0 \iff P<Q$

(3) P, Q의 비를 구해 본다.

$P>0$, $Q>0$일 때

$\dfrac{P}{Q}>1 \iff P>Q, \quad \dfrac{P}{Q}=1 \iff P=Q, \quad \dfrac{P}{Q}<1 \iff P<Q$

2 절대부등식

(1) 부등식의 문자에 어떤 실수를 대입해도 항상 성립하는 부등식을 절대부등식이라고 한다. 절대부등식에서 그것이 항상 성립함을 보이는 것을 부등식을 증명한다고 말한다.

(2) 기본적인 절대부등식

a, b, c가 실수일 때

① $a^2 \pm 2ab + b^2 \geq 0$ (등호는 $a = \mp b$일 때 성립, 복부호동순)

② $a^2 + b^2 + c^2 - ab - bc - ca \geq 0$ (등호는 $a = b = c$일 때 성립)

(3) 산술·기하·조화평균의 대소

$a>0$, $b>0$일 때

$$\dfrac{a+b}{2} \geq \sqrt{ab} \geq \dfrac{2ab}{a+b} \quad \text{(등호는 } a=b \text{일 때 성립)}$$

3 이차부등식과 절대부등식

이차부등식 $ax^2 + bx + c > 0$이 모든 실수 x에 대하여 성립한다

$$\iff a>0 \text{이고 } D=b^2-4ac<0$$

Advice 1° 두 실수(또는 두 식)의 대소 판정

$P \geq 0$, $Q \geq 0$일 때

$P^2-Q^2>0 \iff (P+Q)(P-Q)>0 \iff P-Q>0 \iff P>Q$

보기 1 $a>b$, $c>d$일 때, $a-d$와 $b-c$의 대소를 비교하시오.

연구 $(a-d)-(b-c)=(a-b)+(c-d)$

　　　그런데 $a-b>0$, $c-d>0$이므로　$(a-b)+(c-d)>0$

　　　　　　　$\therefore \boldsymbol{a-d>b-c}$

보기 2 $a\geq0$, $b\geq0$일 때, 다음 두 식의 대소를 비교하시오.

$$\sqrt{2(a+b)}, \quad \sqrt{a}+\sqrt{b}$$

연구 $\{\sqrt{2(a+b)}\}^2-(\sqrt{a}+\sqrt{b})^2=2(a+b)-(a+2\sqrt{ab}+b)$

　　　　　　　　　　　　　　　$=a-2\sqrt{ab}+b=(\sqrt{a}-\sqrt{b})^2\geq0$

　　　　　$\therefore \{\sqrt{2(a+b)}\}^2\geq(\sqrt{a}+\sqrt{b})^2$

　　　그런데 $\sqrt{2(a+b)}\geq0$, $\sqrt{a}+\sqrt{b}\geq0$이므로

　　　　$\boldsymbol{\sqrt{2(a+b)}\geq\sqrt{a}+\sqrt{b}}$ (등호는 $a=b$일 때 성립)

보기 3 2^{30}과 10^9의 대소를 비교하시오. 단, $2^{10}>1000$이다.

연구 $\dfrac{2^{30}}{10^9}=\dfrac{(2^{10})^3}{(10^3)^3}=\left(\dfrac{2^{10}}{10^3}\right)^3=\left(\dfrac{2^{10}}{1000}\right)^3>1$

　　　그런데 $2^{30}>0$, $10^9>0$이므로　$\boldsymbol{2^{30}>10^9}$

𝒜𝒹𝓋𝒾𝒸ℯ **2°** 기본적인 절대부등식

　기본적인 절대부등식의 증명은

　　　　정석 x가 실수이면　$\boldsymbol{x^2\geq0}$ (등호는 $\boldsymbol{x=0}$일 때 성립)

　을 이용한다.

(1) $a^2\pm2ab+b^2=(a\pm b)^2\geq0$

　　　　$\therefore \boldsymbol{a^2\pm2ab+b^2\geq0}$ (등호는 $a=\mp b$일 때 성립, 복부호동순)

(2) $a^2+b^2+c^2-ab-bc-ca=\dfrac{1}{2}(2a^2+2b^2+2c^2-2ab-2bc-2ca)$

　　　　　　　　　　　　　$=\dfrac{1}{2}\{(a^2-2ab+b^2)+(b^2-2bc+c^2)+(c^2-2ca+a^2)\}$

　　　　　　　　　　　　　$=\dfrac{1}{2}\{(a-b)^2+(b-c)^2+(c-a)^2\}$

　그런데 a, b, c는 실수이므로　$(a-b)^2\geq0$, $(b-c)^2\geq0$, $(c-a)^2\geq0$

　　　　$\therefore \boldsymbol{a^2+b^2+c^2-ab-bc-ca\geq0}$

　등호는 $a-b=0$, $b-c=0$, $c-a=0$, 곧 $a=b=c$일 때 성립한다.

Note (1), (2)와 같이 등호를 포함하는 부등식의 경우는 등호가 성립하는 조건을 반드시 밝혀야 한다.

Advice 3° 산술·기하·조화평균의 대소

두 양수 a, b에 대하여

$$\frac{a+b}{2}, \quad \sqrt{ab}, \quad \frac{2ab}{a+b}$$

를 각각 a와 b의 산술평균, 기하평균, 조화평균이라 하고, 그 대소 관계는 다음과 같이 증명한다.

(i) $\dfrac{a+b}{2}-\sqrt{ab}=\dfrac{a+b-2\sqrt{ab}}{2}=\dfrac{(\sqrt{a})^2-2\sqrt{a}\sqrt{b}+(\sqrt{b})^2}{2}$

$\qquad\qquad\qquad =\dfrac{(\sqrt{a}-\sqrt{b})^2}{2}\geq 0 \quad \therefore \ \dfrac{a+b}{2}\geq\sqrt{ab}$ ......①

(ii) $\sqrt{ab}-\dfrac{2ab}{a+b}=\dfrac{\sqrt{ab}(a+b)-2ab}{a+b}=\dfrac{\sqrt{ab}(a+b-2\sqrt{ab})}{a+b}$

$\qquad\qquad\qquad =\dfrac{\sqrt{ab}(\sqrt{a}-\sqrt{b})^2}{a+b}\geq 0 \quad \therefore \ \sqrt{ab}\geq\dfrac{2ab}{a+b}$ ......②

①, ②로부터 $\dfrac{a+b}{2}\geq\sqrt{ab}\geq\dfrac{2ab}{a+b}$ (등호는 $a=b$일 때 성립)

Advice 4° 이차부등식과 절대부등식

이를테면 이차부등식 $2x^2-4x+3>0$이 x에 관한 절대부등식임을 증명할 때에는 다음과 같이 완전제곱식을 이용하여 증명하면 된다.

$2x^2-4x+3=2(x-1)^2+1$에서 $(x-1)^2\geq 0$이므로

$\qquad\qquad 2(x-1)^2+1>0 \quad \therefore \ 2x^2-4x+3>0$

그러나 이를테면 $2x^2+kx+3>0$이 x에 관한 절대부등식이 되기 위한 실수 k의 조건을 찾을 때에는 **공통수학1**에서 공부한

> **정석** 모든 실수 x에 대하여 $ax^2+bx+c>0 \ (a\neq 0)$
> $\qquad\qquad \iff a>0$이고 $D=b^2-4ac<0$

을 이용하는 것이 편하다.

곧, $2x^2+kx+3>0$이 x에 관한 절대부등식이려면

$\qquad\qquad D=k^2-4\times 2\times 3<0 \quad \therefore \ -2\sqrt{6}<k<2\sqrt{6}$

*Note 일반적으로 '~이 되기 위한 조건'이라고 표현할 때의 '조건'은 '필요충분조건'을 간단히 표현한 것이라고 이해하면 된다.

보기 4 이차부등식 $ax^2+4x+a>0$이 x에 관한 절대부등식이 되도록 실수 a의 값의 범위를 정하시오.

연구 절대부등식일 조건은 $a>0$이고 $D/4=2^2-a^2<0$

$\qquad 2^2-a^2<0$에서 $(a+2)(a-2)>0 \quad \therefore \ a<-2$ 또는 $a>2$

그런데 $a>0$이므로 $\ \boldsymbol{a>2}$

필수 예제 8-4 다음 물음에 답하시오.

(1) $a>0$, $b>0$, $a+b=1$이고, $A=ax+by$, $B=bx+ay$일 때, AB와 xy의 대소를 비교하시오. 단, x, y는 실수이다.

(2) $p>0$, $q>0$, $p+q=1$이고, $f(x)=x^2+ax+b(a,\,b$는 상수$)$일 때,
$$A=pf(x)+qf(y), \quad B=f(px+qy)$$
의 대소를 비교하시오. 단, x, y는 실수이다.

[정석연구] 대소를 비교하려는 두 식 중 한 식에서 다른 식을 빼서

    정석 P, Q가 실수일 때, $P-Q>0 \iff P>Q$

를 이용한다. 이때,

               주어진 조건은 빠짐없이 활용한다.

또, 대소의 비교 문제나 부등식의 증명에 있어 $A \geq B$, $A \leq B$의 꼴에 대해서는 등호가 성립하는 경우를 조사해야 하고, 또 이를 답안에 분명하게 써넣어야 한다.

[모범답안] (1) $AB-xy=(ax+by)(bx+ay)-xy$
$$\begin{aligned} &=abx^2+(a^2+b^2-1)xy+aby^2 \\ &=abx^2+\{(a+b)^2-2ab-1\}xy+aby^2 \quad \Leftarrow a+b=1 \\ &=abx^2-2abxy+aby^2=ab(x-y)^2 \geq 0 \end{aligned}$$
    $\therefore \boldsymbol{AB \geq xy}$ (등호는 $\boldsymbol{x=y}$일 때 성립) ⟵ [답]

(2) $A-B=pf(x)+qf(y)-f(px+qy)$
$$\begin{aligned} &=p(x^2+ax+b)+q(y^2+ay+b)-\{(px+qy)^2+a(px+qy)+b\} \\ &=px^2+qy^2-p^2x^2-2pqxy-q^2y^2+b(p+q-1) \quad \Leftarrow p+q=1 \\ &=p(1-p)x^2+q(1-q)y^2-2pqxy \quad\quad \Leftarrow p+q=1에서 \\ &=pqx^2+pqy^2-2pqxy=pq(x-y)^2 \geq 0 \quad\quad 1-p=q,\ 1-q=p \end{aligned}$$
    $\therefore \boldsymbol{A \geq B}$ (등호는 $\boldsymbol{x=y}$일 때 성립) ⟵ [답]

[유제] **8**-7. $a>0$, $b>0$, $a+b=1$이고, $A=ax+by$, $B=bx+ay$일 때, A^2+B^2과 x^2+y^2의 대소를 비교하시오. 단, x, y는 실수이다.
             [답] $A^2+B^2 \leq x^2+y^2$ (등호는 $x=y$일 때 성립)

[유제] **8**-8. $p>0$, $q>0$, $p+q=1$이고, $f(x)=-x^2$일 때,
$$A=pf(x)+qf(y), \quad B=f(px+qy)$$
의 대소를 비교하시오. 단, x, y는 실수이다.
             [답] $A \leq B$ (등호는 $x=y$일 때 성립)

필수 예제 **8**-5 다음 부등식을 증명하시오.

(1) a, b가 실수일 때, $|a|+|b| \geq |a+b| \geq ||a|-|b||$

(2) a, b, m, n이 양수이고 $m+n=1$일 때, $\sqrt{ma+nb} \geq m\sqrt{a}+n\sqrt{b}$

[정석연구] 근호나 절댓값 기호를 포함한 부등식을 증명할 때에는 양변을 제곱한 다음 한 식에서 다른 식을 빼서 그 부호를 조사한다.

정석 $P \geq 0$, $Q \geq 0$일 때, $P^2 > Q^2 \iff P > Q$

[모범답안] (1) $A = (|a|+|b|)^2 = |a|^2 + 2|a||b| + |b|^2 = a^2 + 2|ab| + b^2$

$\qquad B = |a+b|^2 = (a+b)^2 = a^2 + 2ab + b^2$

$\qquad C = ||a|-|b||^2 = |a|^2 - 2|a||b| + |b|^2 = a^2 - 2|ab| + b^2$

$\qquad \therefore\ A - B = 2(|ab| - ab),\ B - C = 2(|ab| + ab)$

한편 $|ab| \geq ab \geq -|ab|$이므로

$$A - B \geq 0,\ B - C \geq 0 \quad \therefore\ A \geq B \geq C$$

그런데 $|a|+|b|$, $|a+b|$, $||a|-|b||$는 모두 양수 또는 0이므로

$$|a|+|b| \geq |a+b| \geq ||a|-|b||$$

단, $|a|+|b| \geq |a+b|$에서 등호는 $ab \geq 0$일 때 성립,

$\quad |a+b| \geq ||a|-|b||$에서 등호는 $ab \leq 0$일 때 성립

(2) $m+n=1$에서 $1-m=n$, $1-n=m$이고 $a>0$, $b>0$이므로

$$(\sqrt{ma+nb})^2 - (m\sqrt{a}+n\sqrt{b})^2 = ma + nb - (m^2 a + 2mn\sqrt{ab} + n^2 b)$$
$$= m(1-m)a + n(1-n)b - 2mn\sqrt{ab}$$
$$= mna + nmb - 2mn\sqrt{ab}$$
$$= mn(\sqrt{a} - \sqrt{b})^2 \geq 0$$

$$\therefore\ (\sqrt{ma+nb})^2 \geq (m\sqrt{a}+n\sqrt{b})^2$$

그런데 $\sqrt{ma+nb} > 0$, $m\sqrt{a}+n\sqrt{b} > 0$이므로

$$\sqrt{ma+nb} \geq m\sqrt{a}+n\sqrt{b} \ (\text{등호는 } a=b \text{일 때 성립})$$

*$Note$ (1) $ab \geq 0$일 때 $|ab| - ab = ab - ab = 0$

$\qquad ab < 0$일 때 $|ab| - ab = -ab - ab = -2ab > 0$

$\qquad \therefore\ |ab| - ab \geq 0 \quad \therefore\ |ab| \geq ab$ (등호는 $ab \geq 0$일 때 성립)

[유제] **8**-9. a, b가 실수일 때, 다음 부등식을 증명하시오.

(1) $|a|+|b| \leq \sqrt{2a^2 + 2b^2}$ (2) $a > b > 0$일 때, $\sqrt{a} - \sqrt{b} < \sqrt{a-b}$

(3) $a \neq 0$일 때, $\left| a + \dfrac{1}{a} \right| \geq 2$ (4) $|a| < 1$, $|b| < 1$일 때, $\left| \dfrac{a+b}{1+ab} \right| < 1$

필수 예제 **8**-6 a, b, c, d 가 양수일 때, 다음 부등식을 증명하시오.

(1) $\dfrac{a+b+c}{3} \geq \sqrt[3]{abc}$ (2) $a^2+b^2+c^2+d^2 \geq 4\sqrt[4]{abcd}$

[정석연구] (1) $\sqrt[3]{a}=x,\ \sqrt[3]{b}=y,\ \sqrt[3]{c}=z$ 로 놓으면

$$\dfrac{a+b+c}{3} \geq \sqrt[3]{abc} \iff \dfrac{x^3+y^3+z^3}{3} \geq xyz$$

이므로 $x>0,\ y>0,\ z>0$ 일 때 $x^3+y^3+z^3 \geq 3xyz$ 를 증명하면 된다.

(2) 앞에서 공부한 산술평균과 기하평균의 관계를 이용한다. 이때, 등호가 성립하는 조건을 반드시 밝혀야 한다.

정석 $a>0, b>0$ 일 때

$$\dfrac{a+b}{2} \geq \sqrt{ab} \ (\text{등호는 } a=b \text{일 때 성립})$$

[모범답안] (1) $\sqrt[3]{a}=x,\ \sqrt[3]{b}=y,\ \sqrt[3]{c}=z$ 로 놓으면

$$\dfrac{a+b+c}{3} - \sqrt[3]{abc} = \dfrac{x^3+y^3+z^3}{3} - xyz = \dfrac{1}{3}(x^3+y^3+z^3-3xyz)$$

$$= \dfrac{1}{3}(x+y+z)(x^2+y^2+z^2-xy-yz-zx)$$

$$= \dfrac{1}{6}(x+y+z)\{(x-y)^2+(y-z)^2+(z-x)^2\} \geq 0$$

$$\therefore \dfrac{a+b+c}{3} \geq \sqrt[3]{abc} \ (\text{등호는 } a=b=c \text{일 때 성립})$$

(2) $a^2+b^2 \geq 2\sqrt{a^2b^2} = 2ab,\ c^2+d^2 \geq 2\sqrt{c^2d^2} = 2cd$

등호는 각각 $a=b,\ c=d$ 일 때 성립한다.

변끼리 더하면 $a^2+b^2+c^2+d^2 \geq 2(ab+cd)$

그런데 $ab+cd \geq 2\sqrt{abcd}$ 이므로   ⇐ 등호는 $ab=cd$ 일 때 성립

$a^2+b^2+c^2+d^2 \geq 4\sqrt[4]{abcd}$ (등호는 $a=b=c=d$ 일 때 성립)

Advice ‖ 지금까지 공부한 (산술평균)≥(기하평균)의 관계를 정리하면

정석 $\dfrac{a+b}{2} \geq \sqrt{ab},\quad \dfrac{a+b+c}{3} \geq \sqrt[3]{abc}$

단, a, b, c 는 모두 양수이고, 등호는 각각 $a=b,\ a=b=c$ 일 때 성립한다.

[유제] **8**-10. a, b, c, d 가 양수일 때, 다음 부등식을 증명하시오.

(1) $\left(\dfrac{a}{b}+\dfrac{b}{c}\right)\left(\dfrac{b}{c}+\dfrac{c}{a}\right)\left(\dfrac{c}{a}+\dfrac{a}{b}\right) \geq 8$ (2) $(a+b+c)\left(\dfrac{1}{a}+\dfrac{1}{b}+\dfrac{1}{c}\right) \geq 9$

(3) $(a+b+c)(ab+bc+ca) \geq 9abc$ (4) $\dfrac{a}{b}+\dfrac{b}{c}+\dfrac{c}{d}+\dfrac{d}{a} \geq 4$

필수 예제 **8**-7 a, b, c, x, y, z가 실수일 때, 다음 부등식을 증명하시오.

$$(a^2+b^2+c^2)(x^2+y^2+z^2) \geq (ax+by+cz)^2$$

모범답안 (방법 1) $(a^2+b^2+c^2)(x^2+y^2+z^2)-(ax+by+cz)^2$

$= a^2y^2+a^2z^2+b^2x^2+b^2z^2+c^2x^2+c^2y^2-2abxy-2bcyz-2cazx$

$= (bx-ay)^2+(cy-bz)^2+(az-cx)^2 \geq 0$

$\therefore (a^2+b^2+c^2)(x^2+y^2+z^2) \geq (ax+by+cz)^2$

등호는 $bx=ay$, $cy=bz$, $az=cx$, 곧 $a:b:c=x:y:z$일 때 성립한다.

(방법 2) 모든 실수 t에 대하여 다음 부등식이 성립한다.

$$(at-x)^2+(bt-y)^2+(ct-z)^2 \geq 0 \qquad \cdots\cdots①$$

좌변을 t에 관하여 정리하면

$$(a^2+b^2+c^2)t^2-2(ax+by+cz)t+x^2+y^2+z^2 \geq 0 \qquad \cdots\cdots②$$

(i) $a^2+b^2+c^2 \neq 0$일 때, $a^2+b^2+c^2 > 0$이므로 ②가 항상 성립할 조건은

$$D/4 = (ax+by+cz)^2-(a^2+b^2+c^2)(x^2+y^2+z^2) \leq 0$$

$$\therefore (a^2+b^2+c^2)(x^2+y^2+z^2) \geq (ax+by+cz)^2$$

등호는 ①에서 $t=\dfrac{x}{a}=\dfrac{y}{b}=\dfrac{z}{c}$, 곧 $a:b:c=x:y:z$일 때 성립한다.

(ii) $a^2+b^2+c^2=0$, 곧 $a=b=c=0$일 때, 주어진 식은 분명히 성립한다.

(i), (ii)에서 $(a^2+b^2+c^2)(x^2+y^2+z^2) \geq (ax+by+cz)^2$

Advice | 모범답안의 (방법 2)에서는 다음 성질을 이용하였다.

정석 모든 실수 x에 대하여 $ax^2+bx+c \geq 0$일 조건은

$$\implies (a>0,\ b^2-4ac \leq 0) \ \text{또는} \ (a=0,\ b=0,\ c \geq 0)$$

일반적으로 부등식

$$(a_1^2+a_2^2+\cdots+a_n^2)(b_1^2+b_2^2+\cdots+b_n^2) \geq (a_1b_1+a_2b_2+\cdots+a_nb_n)^2$$

이 성립하며, 이와 같은 부등식을 코시-슈바르츠(**Cauchy**-**Schwarz**) 부등식이라고 한다. 이 부등식의 증명은 모든 실수 t에 대하여

$$(a_1t-b_1)^2+(a_2t-b_2)^2+\cdots+(a_nt-b_n)^2 \geq 0$$

이 성립함을 이용한다.

유제 **8**-11. 다음 부등식을 증명하시오. 단, a, b, c, d, x, y, z는 실수이다.

(1) $(a^2+b^2)(c^2+d^2) \geq (ac+bd)^2$

(2) $a^2+b^2=1$, $x^2+y^2=1$일 때, $-1 \leq ax+by \leq 1$

(3) $a^2+b^2+c^2=1$, $x^2+y^2+z^2=1$일 때, $-1 \leq ax+by+cz \leq 1$

§3. 절대부등식의 활용

1 **산술평균과 기하평균의 관계** ⇦ p. 143, 148 참조

a, b, c가 양수일 때

① $\dfrac{a+b}{2} \geq \sqrt{ab}$ ② $\dfrac{a+b+c}{3} \geq \sqrt[3]{abc}$

단, ①은 $a=b$일 때, ②는 $a=b=c$일 때 등호가 성립한다.

2 **코시-슈바르츠 부등식** ⇦ p. 149 참조

a, b, c, x, y, z가 실수일 때

① $(a^2+b^2)(x^2+y^2) \geq (ax+by)^2$ 단, 등호는 $a:b=x:y$일 때 성립한다.

② $(a^2+b^2+c^2)(x^2+y^2+z^2) \geq (ax+by+cz)^2$

     단, 등호는 $a:b:c=x:y:z$일 때 성립한다.

보기 1 $x>0$, $y>0$이고 $x+y=100$일 때, xy의 최댓값을 구하시오.

연구 $\dfrac{x+y}{2} \geq \sqrt{xy}$에 $x+y=100$을 대입하면 $\dfrac{100}{2} \geq \sqrt{xy}$ ∴ $xy \leq 2500$

등호는 $x=y=50$일 때 성립하고, xy의 최댓값은 **2500**

보기 2 $x>0$, $y>0$이고 $xy=9$일 때, $x+y$의 최솟값을 구하시오.

연구 $\dfrac{x+y}{2} \geq \sqrt{xy}$에 $xy=9$를 대입하면 $\dfrac{x+y}{2} \geq \sqrt{9}$ ∴ $x+y \geq 6$

등호는 $x=y=3$일 때 성립하고, $x+y$의 최솟값은 **6**

보기 3 x, y, z가 양수이고 $x+y+z=6$일 때, xyz의 최댓값을 구하시오.

연구 $\dfrac{x+y+z}{3} \geq \sqrt[3]{xyz}$에 $x+y+z=6$을 대입하면 $\dfrac{6}{3} \geq \sqrt[3]{xyz}$

양변을 세제곱하면 $xyz \leq 8$

등호는 $x=y=z=2$일 때 성립하고, xyz의 최댓값은 **8**

보기 4 x, y가 실수이고 $x^2+y^2=4$일 때, $3x+y$의 최댓값, 최솟값을 구하시오.

연구 $(a^2+b^2)(x^2+y^2) \geq (ax+by)^2$에 $x^2+y^2=4$, $a=3$, $b=1$을 대입하면

$$(3^2+1^2) \times 4 \geq (3x+y)^2 \quad ∴ \quad -2\sqrt{10} \leq 3x+y \leq 2\sqrt{10}$$

따라서 $x=3y$, 곧 $x=\pm\dfrac{3\sqrt{10}}{5}$, $y=\pm\dfrac{\sqrt{10}}{5}$(복부호동순)일 때,

$3x+y$의 최댓값 **$2\sqrt{10}$**, 최솟값 **$-2\sqrt{10}$**

필수 예제 **8**-8　다음 물음에 답하시오.

(1) $x>0$, $y>0$이고 $2x+3y=5$일 때, $\sqrt{2x}+\sqrt{3y}$의 최댓값을 구하시오.

(2) $xy>0$일 때, $2x^2+\dfrac{y}{2x}+\dfrac{2}{xy}$의 최솟값을 구하시오.

───

[정석연구] (1) 우선 $\sqrt{2x}+\sqrt{3y}$를 제곱한 식의 최댓값을 구한다. 이때, 조건에서 합이 일정하므로 산술평균과 기하평균의 관계를 이용해 보자.

(2) $2x^2\times\dfrac{y}{2x}\times\dfrac{2}{xy}=2$이므로 곱이 일정하다. 이에 착안하여 산술평균과 기하평균의 관계를 이용해 보자.

정석 합 또는 곱이 일정한 경우의 최대·최소는

$\Longrightarrow$ 산술평균과 기하평균의 관계를 이용해 본다.

[모범답안] (1) 문제의 조건으로부터 $x>0$, $y>0$, $2x+3y=5$이므로

$$(\sqrt{2x}+\sqrt{3y})^2=2x+3y+2\sqrt{2x}\sqrt{3y}=5+2\sqrt{2x\times3y}$$

그런데　$2x+3y\geq2\sqrt{2x\times3y}$　곧, $2\sqrt{2x\times3y}\leq5$

이고, 등호는 $2x=3y$일 때 성립한다.　$\therefore\ (\sqrt{2x}+\sqrt{3y})^2\leq5+5$

$\sqrt{2x}+\sqrt{3y}>0$이므로　$\sqrt{2x}+\sqrt{3y}\leq\sqrt{10}$　　　[답] $\sqrt{10}$

(2) $xy>0$이므로 $2x^2>0$, $\dfrac{y}{2x}>0$, $\dfrac{2}{xy}>0$이다. 따라서

$$2x^2+\frac{y}{2x}+\frac{2}{xy}\geq3\sqrt[3]{2x^2\times\frac{y}{2x}\times\frac{2}{xy}}=3\sqrt[3]{2}$$

이고, 등호는 $2x^2=\dfrac{y}{2x}=\dfrac{2}{xy}$일 때 성립한다.　　　[답] $3\sqrt[3]{2}$

*$Note$　등호가 성립하는 경우의 x, y의 값을 구하면

(1) $2x+3y=5$, $2x=3y$이므로　$x=\dfrac{5}{4}$, $y=\dfrac{5}{6}$

(2) $2x^2=\dfrac{y}{2x}=\dfrac{2}{xy}$에서 $4x^3=y$, $y^2=4$이므로　$x=\pm\dfrac{1}{\sqrt[3]{2}}$, $y=\pm2$ (복부호동순)

[유제] **8**-12. $x>0$, $y>0$일 때, 다음 물음에 답하시오.

(1) $xy=9$일 때, $x+4y$의 최솟값을 구하시오.

(2) $x+y=4$일 때, $\sqrt{x}+\sqrt{y}$의 최댓값을 구하시오.

(3) $(2x+y)\left(\dfrac{8}{x}+\dfrac{1}{y}\right)$의 최솟값을 구하시오.　[답] (1) **12**　(2) $2\sqrt{2}$　(3) **25**

[유제] **8**-13. $x>0$, $y>0$, $z>0$일 때, 다음 물음에 답하시오.

(1) $xyz=3$일 때, $x+3y+3z$의 최솟값을 구하시오.

(2) $x+2y+4z=2$일 때, xyz의 최댓값을 구하시오.　　　[답] (1) **9**　(2) $\dfrac{1}{27}$

필수 예제 **8**-9 다음 물음에 답하시오.

(1) $x > 0$일 때, $x + \dfrac{1}{x} + \dfrac{4x}{x^2+1}$의 최솟값과 이때 x의 값을 구하시오.

(2) $x > 0$, $y > 0$이고 $2x + y = 6$일 때, $x^2 y$의 최댓값과 이때 $x,\, y$의 값을 구하시오.

[정석연구] (1) $x \times \dfrac{1}{x} \times \dfrac{4x}{x^2+1} = \dfrac{4x}{x^2+1}$가 상수가 아니므로 바로 산술평균과 기

하평균의 관계를 이용할 수 없다.

그러나 $x + \dfrac{1}{x} = \dfrac{x^2+1}{x}$임을 찾을 수 있다면 산술평균과 기하평균의 관계

를 이용할 수 있다.

(2) $2x + y = x + x + y$이고 $x^2 y = x \times x \times y$임에 착안하면 산술평균과 기하평균

의 관계를 이용할 수 있다.

> **정석** $x > 0$, $y > 0$, $z > 0$일 때
> $$\Longrightarrow x + y \ge 2\sqrt{xy}, \quad x + y + z \ge 3\sqrt[3]{xyz}$$

[모범답안] (1) $x > 0$이므로

$$x + \frac{1}{x} + \frac{4x}{x^2+1} = \frac{x^2+1}{x} + \frac{4x}{x^2+1} \ge 2\sqrt{\frac{x^2+1}{x} \times \frac{4x}{x^2+1}} = 4$$

등호는 $\dfrac{x^2+1}{x} = \dfrac{4x}{x^2+1}$일 때 성립한다. 이때, $(x^2+1)^2 = 4x^2$

$$\therefore (x^2-1)^2 = 0 \quad \therefore x = 1 \ (\because x > 0) \qquad \boxed{답} \ \text{최솟값 } 4,\ x = 1$$

(2) $x > 0$, $y > 0$이므로

$$2x + y = x + x + y \ge 3\sqrt[3]{x \times x \times y} = 3\sqrt[3]{x^2 y}$$

그런데 $2x + y = 6$이므로 $6 \ge 3\sqrt[3]{x^2 y}$ $\therefore x^2 y \le 2^3 = 8$

등호는 $x = y = 2$일 때 성립한다. $\qquad \boxed{답} \ \text{최댓값 } 8,\ x = y = 2$

*$Note$ (2) $2x + y = 6$에서 $y = 6 - 2x$를 $x^2 y$에 대입하면 $x^2(6 - 2x) = 6x^2 - 2x^3$

과 같이 x에 관한 삼차식이 된다.

이때, $x > 0$이고 $y = 6 - 2x > 0$이므로 $0 < x < 3$이다.

삼차식의 최대, 최소는 미적분 I 에서 공부한다.

[유제] **8**-14. $x > -2$일 때, $\dfrac{2}{x+2} + \dfrac{x}{2}$의 최솟값과 이때 x의 값을 구하시오.

$\qquad \boxed{답} \ \text{최솟값 } 1,\ x = 0$

[유제] **8**-15. 모든 모서리의 길이의 합이 $96\,\text{cm}$인 정사각기둥의 부피의 최댓값

을 구하시오. $\qquad \boxed{답} \ 512\,\text{cm}^3$

필수 예제 **8**-10 세 변의 길이가 3, 4, 5인 직각삼각형의 내부에 점 P가 있다. 점 P와 세 변 사이의 거리를 각각 a, b, c라고 할 때, $a^2+b^2+c^2$의 최솟값을 구하시오.

───────────────────────────────

[정석연구] 오른쪽 그림과 같이 직각삼각형 ABC
의 내부의 한 점 P와 세 변 AB, BC, CA 사이
의 거리를 각각 a, b, c라고 하면

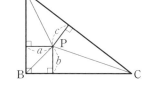

$$\triangle ABC = \triangle PAB + \triangle PBC + \triangle PCA$$
$$= \frac{1}{2}\overline{AB} \times a + \frac{1}{2}\overline{BC} \times b + \frac{1}{2}\overline{CA} \times c$$

이므로 $\triangle ABC$의 넓이와 세 변의 길이를 알면
a, b, c 사이의 관계를 구할 수 있다.

그리고 이 결과와 코시-슈바르츠 부등식을 이용하면 $a^2+b^2+c^2$의 최솟값
을 구할 수 있다.

> **정석** a, b, c, x, y, z가 실수일 때
> $$(a^2+b^2+c^2)(x^2+y^2+z^2) \geq (ax+by+cz)^2$$
> 단, 등호는 $a : b : c = x : y : z$일 때 성립한다.

[모범답안] 직각삼각형 ABC에서 $\overline{AB}=3$, $\overline{BC}=4$, $\overline{CA}=5$라 하고, 점 P와 세 변
AB, BC, CA 사이의 거리를 각각 a, b, c라고 해도 된다.

$\triangle ABC = \triangle PAB + \triangle PBC + \triangle PCA$이므로

$$\frac{1}{2} \times 3 \times 4 = \frac{1}{2} \times 3 \times a + \frac{1}{2} \times 4 \times b + \frac{1}{2} \times 5 \times c \quad \therefore\ 3a+4b+5c=12$$

한편 코시-슈바르츠 부등식에서

$$(a^2+b^2+c^2)(3^2+4^2+5^2) \geq (3a+4b+5c)^2 \quad \therefore\ a^2+b^2+c^2 \geq \frac{72}{25}$$

등호는 $a : b : c = 3 : 4 : 5$, 곧 $a=\dfrac{18}{25}$, $b=\dfrac{24}{25}$, $c=\dfrac{6}{5}$일 때 성립한다.

[답] $\dfrac{72}{25}$

[유제] **8**-16. 넓이가 9인 삼각형 ABC의 내부에 점 P가 있다. $\triangle PAB$, $\triangle PBC$,
$\triangle PCA$의 넓이를 각각 S_1, S_2, S_3이라고 할 때, $S_1^2+S_2^2+S_3^2$의 최솟값을 구
하시오. [답] 27

[유제] **8**-17. 한 변의 길이가 6인 정삼각형의 내부에 점 P가 있다. 점 P와 세
변 사이의 거리를 각각 a, b, c라고 할 때, $a^2+b^2+c^2$의 최솟값을 구하시오.

[답] 9

연습문제 8

[기본] **8**-1 $3m^2 - n^2 = 1$을 만족시키는 정수 m, n은 존재하지 않음을 증명하시오.

8-2 다음 부등식을 증명하시오. 단, a, b, c, d는 양수이다.

(1) $a + \dfrac{1}{a} \geq 2$　　　　　　(2) $\left(\dfrac{a}{b} + \dfrac{c}{d}\right)\left(\dfrac{b}{a} + \dfrac{d}{c}\right) \geq 4$

8-3 양수 a, b가 $a + b = 1$을 만족시킬 때, 다음 세 수의 대소를 비교하시오.
$$a^2 + b^2, \quad a^3 + b^3, \quad a^4 + b^4$$

8-4 a, b, c가 양수일 때, 다음 부등식을 증명하시오.

(1) $\dfrac{bc}{a} + \dfrac{ca}{b} + \dfrac{ab}{c} \geq a + b + c$　　(2) $\dfrac{a+b+c}{3} \leq \sqrt{\dfrac{a^2 + b^2 + c^2}{3}}$

8-5 a, b가 실수일 때, 다음 부등식을 증명하시오.

(1) $a^2 + ab + b^2 \geq 0$　　　　(2) $a^2 - 2ab + 2b^2 + 2a - 6b + 5 \geq 0$

8-6 모든 실수 x에 대하여 $ax - (a+1)$의 값이 x^2보다 작고, $-(x+1)^2$보다 크도록 실수 a의 값의 범위를 정하시오.

8-7 $x > 0$, $y > 0$일 때, 다음 물음에 답하시오.

(1) $xy = 100$일 때, $\dfrac{1}{x} + \dfrac{1}{y}$의 최솟값을 구하시오.

(2) $\dfrac{1}{x} + \dfrac{4}{y} = 1$일 때, $x + y$의 최솟값을 구하시오.

(3) $x + y = 1$일 때, $\dfrac{y}{x+1} + \dfrac{x}{y+1}$의 최솟값을 구하시오.

8-8 $a > 1$, $b > 1$이고 $ab - a - b = 24$일 때, $a + b$의 최솟값을 구하시오.

8-9 $x > 0$일 때, $y = x^2 + \dfrac{1}{x^2} - 2a\left(x + \dfrac{1}{x}\right)$의 최솟값을 구하시오.
단, a는 실수이다.

8-10 두 실수 a, b에 대하여 x에 관한 삼차방정식 $x^3 - ax^2 + bx - a = 0$이 세 양의 실근을 가진다.
　　a의 값이 최소일 때의 b의 값을 구하시오.

8-11 오른쪽 그림과 같이 둘레의 길이가 12인 삼각형 ABC의 각 변을 지름으로 하는 반원의 넓이를 각각 S_1, S_2, S_3이라고 할 때, $S_1 + S_2 + S_3$의 최솟값을 구하시오.

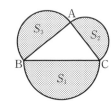

[실력] 8-12 모든 실수 b에 대하여 $a^4-4a^2b+b^2+6b\geq0$이 성립하도록 하는 실수 a의 값의 범위를 구하시오.

8-13 다항식 $f(x)$가 모든 실수 a, b에 대하여 $\dfrac{f(a)+f(b)}{2}\geq f\left(\dfrac{a+b}{2}\right)$를 만족시킬 때, 모든 실수 a, b, c에 대하여 다음이 성립함을 보이시오.
$$\frac{f(a)+f(b)+f(c)}{3}\geq f\left(\frac{a+b+c}{3}\right)$$

8-14 다음 부등식을 증명하시오.
(1) x, y, z가 양수일 때, $(x+y-z)(y+z-x)(z+x-y)\leq xyz$
(2) a, b, c가 양수이고 $abc=1$일 때, $\left(a-1+\dfrac{1}{b}\right)\left(b-1+\dfrac{1}{c}\right)\left(c-1+\dfrac{1}{a}\right)\leq1$

8-15 a, b, c, d가 실수이고 $a^2+b^2=2$, $c^2+d^2=4$일 때, 다음 식의 값의 범위를 구하시오. 단, (2)에서 $abcd\neq0$이다.
(1) $ac+bd$
(2) $ab+cd$

8-16 $x>0, y>0, z>0$이고 $x+y+z=2$일 때, $\dfrac{1}{x}+\dfrac{4}{y}+\dfrac{9}{z}$의 최솟값을 구하시오.

8-17 두 양수 a, b에 대하여 한 변의 길이가 $a+b$인 정사각형 ABCD의 세 변 AB, CB, CD를 각각 $a:b$로 내분하는 점을 E, F, G라 하고, 선분 EG의 중점을 M이라고 하자.
$\overline{EG}=8\sqrt{2}$일 때, 삼각형 MFG의 넓이의 최댓값을 구하시오.

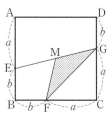

8-18 정육면체의 6개의 면에 1, 2, 3, 4, 5, 6을 각각 하나씩 적은 다음 이 정육면체의 각 꼭짓점에서 만나는 세 면에 적힌 수의 곱을 계산한다. 이때 얻은 8개의 수의 합의 최댓값을 구하시오.

8-19 오른쪽 그림과 같이 △ABC의 내부의 점 P를 지나고 변 AB, BC, CA에 평행한 직선이 세 변과 만나는 점을 각각 D, E, F, G, H, I라고 하자. △ABC, △PIF, △PEH, △PGD의 넓이를 각각 S, S_1, S_2, S_3이라고 할 때,

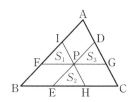

(1) $\sqrt{S}=\sqrt{S_1}+\sqrt{S_2}+\sqrt{S_3}$임을 보이시오.
(2) $\dfrac{S_1+S_2+S_3}{S}$이 최소일 때, 점 P는 △ABC의 무게중심임을 보이시오.

⑨. 함 수

§1. 함 수

1 함수, 함숫값, 독립변수, 종속변수

공집합이 아닌 두 집합 X, Y에 대하여 X의 각 원소에 Y의 원소가 하나씩 대응할 때 이 대응을

$$X에서 Y로의 함수$$

라 하고, 이 함수를 f라고 할 때

$$f : X \longrightarrow Y \quad 또는 \quad X \xrightarrow{\ f\ } Y$$

로 나타낸다.

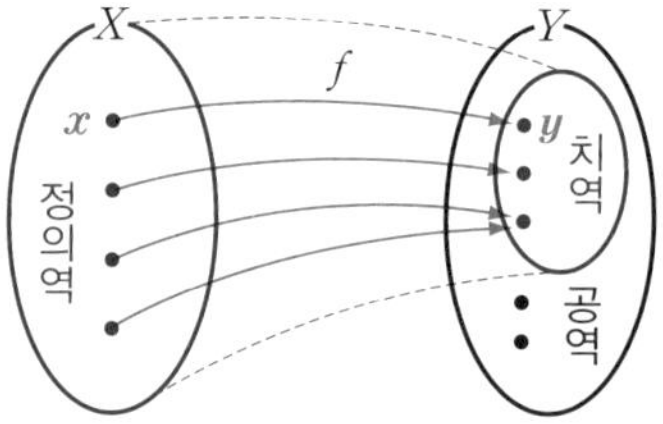

또, 함수 f에 의하여 X의 원소 x에 Y의 원소 y가 대응하는 것을

$$f : x \longrightarrow y, \quad x \xrightarrow{\ f\ } y, \quad y = f(x)$$

등으로 나타낸다.

이때, y를 함수 f에 의한 x의 함숫값이라 하고, $f(x)$로 나타낸다. 여기에서 x를 독립변수, y를 종속변수라고도 한다.

2 함수의 정의역, 공역, 치역

함수 $f : X \longrightarrow Y$에서 집합 X를 함수 f의 정의역, 집합 Y를 함수 f의 공역이라고 한다.

또, f에 의한 $x(x \in X)$의 함숫값 전체의 집합 $\{f(x) | x \in X\}$를 함수 f의 치역이라 하고, $f(X)$로 나타낸다. 이때, 치역 $f(X)$는 공역 Y의 부분집합이다.

3 서로 같은 함수

정의역과 공역이 각각 같은 두 함수 $f : X \longrightarrow Y, g : X \longrightarrow Y$에서

$$정의역 X의 모든 원소 x에 대하여 \quad f(x) = g(x)$$

일 때, 두 함수 f와 g는 서로 같다고 하고, 이것을 $f = g$로 나타낸다.

*$Note$ 두 함수 f, g가 서로 같지 않을 때 $f \ne g$로 나타낸다.

Advice 1° 대 응

이를테면 두 집합

$$X = \{서울, 런던, 뉴욕\},$$
$$Y = \{영국, 미국, 한국\}$$

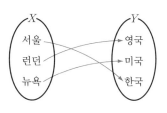

에서 X에 속하는 각 도시가 Y에 속하는
나라 중 어느 나라에 있는가를 짝을 지어
보면 오른쪽과 같다.

　이와 같이 집합 X의 원소에 집합 Y의 원소를 짝지은 것을 집합 X에서 집
합 Y로의 대응이라고 한다.

보기 1 두 집합

$$X = \{2, 3, 4\}, \quad Y = \{7, 8, 9\}$$

에 대하여 다음 대응을 위의 그림과 같이 나타내시오.

(1) X의 각 원소에 그 수의 배수인 Y의 원소를 대응시킨다.

(2) X의 각 원소에 그 수보다 5가 큰 Y의 원소를 대응시킨다.

(3) X의 각 원소에 그 수보다 6이 큰 Y의 원소를 대응시킨다.

(4) X의 각 원소 중 짝수인 원소에 짝수인 Y의 원소를, 홀수인 원소에 홀수
인 Y의 원소를 대응시킨다.

연구 (1) 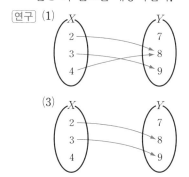　　(2)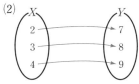

(3)　　(4)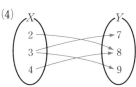

Advice 2° 함수에 관한 여러 가지 용어

　이제 위의 **보기 1**의 그림을 좀 더 구체적으로 살펴보자.

(i) 그림 (1)에서 보면

$$2 \longrightarrow 8, \quad 3 \longrightarrow 9, \quad 4 \longrightarrow 8$$

과 같이 X의 원소를 하나 정하면 그 원소에 대하여 Y의 원소가

반드시 그리고 오직 하나만

대응한다는 사실을 알 수 있다.

이와 같은 대응을 X에서 Y로의 함수라 하고, 이 함수를 f라고 할 때

$$f : X \longrightarrow Y \quad \text{또는} \quad X \xrightarrow{\ f\ } Y$$

로 나타낸다.

또, 이를테면 $2 \longrightarrow 8$에서 8을 함수 f에 의한 2의 함숫값이라고 한다.

그리고 집합 $X = \{2, 3, 4\}$를 함수 f의 정의역, 집합 $Y = \{7, 8, 9\}$를 함수 f의 공역이라 하고, f에 의한 2, 3, 4의 함숫값 전체의 집합 $\{8, 9\}$를 함수 f의 치역이라고 한다.

(ii) 그림 (2)에서 보면

$$2 \longrightarrow 7, \quad 3 \longrightarrow 8, \quad 4 \longrightarrow 9$$

와 같이 X의 각 원소에 Y의 원소가 하나씩 대응하므로 X에서 Y로의 함수이다.

이때, 정의역은 $X = \{2, 3, 4\}$이고, 공역과 치역은 모두 $Y = \{7, 8, 9\}$이다.

(iii) 그림 (3)에서 보면 $2 \longrightarrow 8$, $3 \longrightarrow 9$이지만, X의 원소 4에 대응하는 Y의 원소가 없다. 이런 경우는 함수라고 하지 않는다.

(iv) 그림 (4)에서 보면 $3 \longrightarrow 7$, $3 \longrightarrow 9$와 같이 X의 원소 3에 Y의 원소가 두 개 대응하고 있다. 이런 경우에도 함수라고 하지 않는다.

이상에서 함수는 대응의 특수한 경우라고 생각하면 된다.

보기 2 실수 전체의 집합을 R이라고 하자. R에서 R로의 함수 f가 다음과 같을 때, $f(0), f(1), f(2)$의 값을 구하시오.

(1) $f : x \longrightarrow x+1$ (2) $x \xrightarrow{\ f\ } 3x^2$ (3) $f(x) = x^3 - 2$

연구 함수 f가 (3)과 같은 꼴로 주어질 때에는 다음 방법을 따르면 된다.

$$\overbrace{f(x) = x^3 - 2}^{\text{x 대신 a를 대입한 것이므로}} \qquad \underbrace{f(a) = a^3 - 2}_{\text{x 대신 a를 대입한다}}$$

또, (1)은 $f(x) = x+1$로, (2)는 $f(x) = 3x^2$으로 바꾸어 쓸 수 있으므로 위의 방법에 따라 $f(0), f(1), f(2)$의 값을 구할 수 있다.

(1) $f(x) = x+1$이므로

$$f(0) = 0+1 = \mathbf{1}, \quad f(1) = 1+1 = \mathbf{2}, \quad f(2) = 2+1 = \mathbf{3}$$

(2) $f(x) = 3x^2$이므로

$$f(0) = 3 \times 0^2 = \mathbf{0}, \quad f(1) = 3 \times 1^2 = \mathbf{3}, \quad f(2) = 3 \times 2^2 = \mathbf{12}$$

(3) $f(x) = x^3 - 2$이므로

$$f(0) = 0^3 - 2 = \mathbf{-2}, \quad f(1) = 1^3 - 2 = \mathbf{-1}, \quad f(2) = 2^3 - 2 = \mathbf{6}$$

보기 3 정수 전체의 집합을 Z라 하고, 함수 f를 $f:Z \longrightarrow Z$, $f(x)=x^2$이라고 할 때, 이 함수의 정의역, 공역, 치역을 구하시오.

연구 $f:Z \longrightarrow Z$이므로 정의역과 공역은 모두 정수 전체의 집합 Z이다.

따라서   정의역 : **Z**, 공역 : **Z**

또, $f(x)=x^2$에서

$$f(0)=0,$$
$$f(1)=f(-1)=1,$$
$$f(2)=f(-2)=4,$$
$$f(3)=f(-3)=9,$$
$$\cdots$$

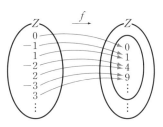

이므로 함수 f의 치역은 **{0, 1, 4, 9, $\cdots$}**이다.

Advice 3° 함수의 여러 가지 예

함수 $f:X \longrightarrow Y$에서 정의역 X나 공역 Y는 원소가 수, 점, 도형, 사람 등 무엇이든 집합을 이루기만 하면 된다. 몇 가지 예를 들면 다음과 같다.

▶ $(x, y) \longrightarrow (x', y')$

이를테면 점 $(2, 3)$을 x축에 대하여 대칭이동하면 점 $(2, -3)$이다.

일반적으로 좌표평면 위의 점을 x축에 대하여 대칭이동하는 대응은

$$함수\, f:(x, y) \longrightarrow (x, -y)$$

와 같이 나타낼 수 있다.

마찬가지로 좌표평면 위의 점을 x축의 방향으로 a만큼, y축의 방향으로 b 만큼 평행이동하는 대응은

$$함수\, f:(x, y) \longrightarrow (x+a, y+b)$$

와 같이 나타낼 수 있다.

▶ 사람 $\longrightarrow$ 실수, 도형 $\longrightarrow$ 실수

① 사람에 그의 몸무게를 대응시키는 것도 함수이다.

② 삼각형에 그 넓이를 대응시키는 것도 함수이다.

▶ $t \longrightarrow (x, y)$, $(x, y) \longrightarrow t$

① $t \longrightarrow (t-1, 2t)$와 같은 대응도 함수이다.

이를테면 $t=0, 1, 2$에 각각 좌표평면 위의 점 $(-1, 0), (0, 2), (1, 4)$가 대응한다. 곧, 모든 실수 t의 값에 좌표평면 위의 점이 하나씩 대응하는데, 더 많은 t의 값을 잡아 좌표평면에 찍어 보면 하나의 직선을 나타낸다. 이 것은 실수 t에 직선 위의 점이 대응하고 있음을 보여 준다.

② $(a, b) \longrightarrow a+b+ab$와 같은 대응도 함수이다.

이 함수는 실수의 순서쌍 (a, b)에 실수를 대응시키는 함수이다. 이를테면 순서쌍 $(2, 3)$에 대응하는 실수는 $2+3+2\times3=11$이다. 이와 같이 실수의 순서쌍에 실수를 대응시키는 함수를 이항연산이라 하고, 보통 기호 ∘ 등을 써서 다음과 같이 나타낸다.

$$a \circ b = a+b+ab$$

사칙연산도 이항연산의 하나이다.

이상에서 든 예 이외에도 우리의 주변이나 수학적 상황에서 함수의 예는 얼마든지 찾아볼 수 있다. 또한 이와 같은 함수의 개념은 일상생활에서도 효과적으로 이용되고 있다.

Advice 4° 함수와 사상

공집합이 아닌 두 집합 X, Y에 대하여 X의 각 원소에 Y의 원소가 하나씩 대응할 때 이 대응을 X에서 Y로의 사상이라 하고, 이 중에서 X, Y가 모두 수의 집합일 때의 사상을 특히 함수라고 부르기도 한다.

이것은 데데킨트(Dedekind)에게서 유래한다. 그는 두 집합 X, Y가 주어졌을 때, X의 각 원소에 대응하여 Y의 원소가 오직 하나씩 결정되는 규칙이 있으면 이 규칙을 X에서 Y로의 사상이라고 하였다. 또, 그는 X와 Y가 수로 이루어진 집합이면 이 사상을 함수라고 하였다.

그러나 오늘날 함수의 개념이 적용되는 범위가 넓어짐에 따라, 데데킨트의 사상의 정의를 함수의 정의로 받아들여 함수라는 용어와 사상이라는 용어를 같은 뜻으로 사용한다.

또한 위에서 말한 역사적 사실 때문에 사상과 함수를 구별하여 사상 중에서 그 정의역과 공역이 수의 집합일 때만 함수라고 부르는 경향도 남아 있다.

이 책에서는 함수와 사상을 같은 뜻으로 사용하기로 한다.

Advice 5° $f: X \longrightarrow Y$, $y=f(x)$의 의미

이를테면 정의역과 공역이 모두 실수 전체의 집합인 함수 $y=2x-1$이 주어졌다고 할 때, 이것을 정확하게는 실수 x에 실수 $2x-1$을 대응시키는 대응 관계 f가 주어진 것이라고 할 수 있다.

이런 의미에서 $y=2x-1$이라는 함수를

$$f: x \longrightarrow 2x-1 \qquad \Leftarrow y=2x-1 \text{과 같은 뜻}$$

이라고 표기하는 것이 더욱 바람직하다.

그러나 이와 같은 대응 관계만을 밝혔다고 해서 함수 $y=2x-1$이 뜻하는 바를 다 밝혔다고 할 수는 없다.

이를테면 $y=\sqrt{x-1}+2$라는 함수를 생각해 보자. 이것을

$$f: x \longrightarrow \sqrt{x-1}+2$$

라고 써서 대응 관계만을 밝힌다면, 마치 함수 f는

$$0 \longrightarrow \sqrt{0-1}+2$$

와 같은 대응도 가능하다는 인상을 준다.

그런데 고등학교 교육과정에서는 실수 범위에서만 함수를 다루므로 이와 같은 대응은 곤란하다.

그래서 함수 f가 어떤 집합에 속하는 원소에 어떤 집합에 속하는 원소를 대응시키는가를 뚜렷하게 밝혀 줄 필요가 있다. 그러자면

$$X=\{x\,|\,x\geq1\}, \quad Y=\{y\,|\,y\text{는 실수}\}$$

라고 할 때, 함수 $y=\sqrt{x-1}+2$를

$$f: X \longrightarrow Y, \quad x \longrightarrow \sqrt{x-1}+2 \qquad \cdots\cdots①$$

과 같이 「$X \longrightarrow Y$」를 써서 f가 정의되어 있는 집합과 f의 함숫값이 속해 있는 집합을 밝혀 주어야 비로소 완벽한 의미를 지니게 된다.

위의 ①과 같이 표기된 함수를

$$f: X \longrightarrow Y, \quad y=\sqrt{x-1}+2$$
$$f: X \longrightarrow Y, \quad f(x)=\sqrt{x-1}+2$$

와 같이 나타내기도 한다.

이때, 이 함수 f의

정의역은 $X=\{x\,|\,x\geq1\}$,   공역은 $Y=\{y\,|\,y\text{는 실수}\}$,
치역은 $f(X)=\{y\,|\,y\geq2\}$ ⇦ $\sqrt{x-1}\geq0$이므로 $\sqrt{x-1}+2\geq2$

이다.

앞면에서 예를 든 함수 $f: x \longrightarrow 2x-1$의 경우는 실수 전체의 집합을 R이라고 할 때

$$f: R \longrightarrow R, \quad x \longrightarrow 2x-1$$

을 간단히 나타낸 것이라고 생각할 수 있다.

만일 이 함수를 $x>0$인 범위에서만 생각하려면

$$f: \{x\,|\,x>0\} \longrightarrow R, \quad x \longrightarrow 2x-1$$

로 나타내면 된다.

일반적으로 함수 $f: X \longrightarrow Y, x \longrightarrow y$에서 정의역과 공역이 분명할 때에는 「$X \longrightarrow Y$」를 생략하고 간단히

함수 f,   함수 $f(x)$,   함수 $y=f(x)$

등으로 나타낸다.

따라서 함수 $y=f(x)$의 정의역이나 공역이 주어지지 않은 경우에는 함숫값 $f(x)$가 정의되는 x의 값 전체의 집합을 정의역으로 하고, 실수 전체의 집합을 공역으로 한다. 이를테면

$$\text{함수 } y=2x-1, \quad \text{함수 } y=\sqrt{x-1}+2, \quad \text{함수 } y=\frac{1}{x}$$

과 같이 간단히 함수를 나타내는 경우가 많다. 이때의 정의역은

$y=2x-1$에서는 실수 전체의 집합 R이고,

$y=\sqrt{x-1}+2$에서는 $\{x\,|\,x \geq 1\}$이며, $\Leftarrow x-1 \geq 0$

$y=\dfrac{1}{x}$에서는 $\{x\,|\,x \neq 0$인 실수$\}$이다. $\Leftarrow (\text{분모}) \neq 0$

그리고 공역은 모두 실수 전체의 집합 R로 본다.

[보기] 4 다음 함수의 정의역을 구하시오.

(1) $y=x^2-x$ (2) $y=\sqrt{4-x^2}$ (3) $y=\dfrac{3}{(x-1)(x-2)}$

[연구] (1) 모든 실수 x에 대하여 x^2-x가 정의되므로 $\{x\,|\,x$는 실수$\}$

(2) $4-x^2 \geq 0$이어야 하므로 $-2 \leq x \leq 2$ ∴ $\{x\,|\,-2 \leq x \leq 2\}$

(3) $(x-1)(x-2) \neq 0$이어야 하므로 $x \neq 1$이고 $x \neq 2$

$$\therefore \ \{x\,|\,x \neq 1, \ x \neq 2$인 실수$\}$$

Advice 6° 서로 같은 함수

이를테면 두 함수

$$f(x)=x, \quad g(x)=x^3$$

에서 모든 실수 x에 대하여 $f(x)$와 $g(x)$가 같은 것은 아니므로 $f \neq g$이다.

그러나 정의역이 모두 $X=\{-1, 1\}$이면

$$f(-1)=g(-1)=-1, \quad f(1)=g(1)=1$$

이므로 정의역 X의 모든 원소 x에 대하여 $f(x)=g(x)$이다.

이때, f와 g는 $X=\{-1, 1\}$에서 서로 같다고 하고, $f=g$로 나타낸다.

물론 $f_1(x)=x^2$, $g_1(x)=x^2$과 같이 대응 관계식이 같은 두 함수는 정의역만 같으면 항상 $f_1(x)=g_1(x)$이므로 $f_1=g_1$이다.

[보기] 5 정의역이 $\{-1, 0, 1\}$인 두 함수 $f(x)=|x|-1$, $g(x)=x^2-1$에 대하여 $f=g$임을 보이시오.

[연구] $f(-1)=|-1|-1=0$, $g(-1)=(-1)^2-1=0$이므로 $f(-1)=g(-1)$

$f(0)=|0|-1=-1$, $g(0)=0^2-1=-1$이므로 $f(0)=g(0)$

$f(1)=|1|-1=0$, $g(1)=1^2-1=0$이므로 $f(1)=g(1)$

$$\therefore \ f=g$$

필수 예제 **9**-1   두 집합 $X=\{-1,\ 1,\ 2\}$, $Y=\{1,\ 2,\ 3,\ 4\}$가 있다.

집합 X의 임의의 원소 x에 대하여 다음과 같은 집합 X에서 집합 Y 로의 대응을 생각할 때, 이 중 함수인 것을 찾고, 그 치역을 구하시오.

(1) $x \longrightarrow x$ (2) $x \longrightarrow x+2$ (3) $x \longrightarrow |x|$ (4) $x \longrightarrow x^2$

(5) $\begin{cases} x \geq 0 \text{일 때 } x \longrightarrow \text{짝수} \\ x < 0 \text{일 때 } x \longrightarrow \text{홀수} \end{cases}$ (6) $\begin{cases} x \geq 0 \text{일 때 } x \longrightarrow 1 \\ x < 0 \text{일 때 } x \longrightarrow 0 \end{cases}$

[정석연구] 이와 같이 집합 X, Y가 원소가 몇 개 안 되는 유한집합일 때, 대응 관 계의 조사는 그림을 이용하는 것이 좋다. 이때,

정 의 X의 각 원소에 Y의 원소가 하나씩 대응할 때 $\Longrightarrow$ 함수

라고 한다는 것이 문제 해결의 기본이다.

[모범답안] 대응 관계를 그림으로 나타내면 각각 다음과 같다.

(1) 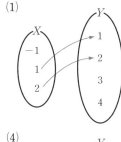 (2) (3)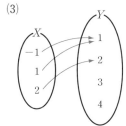

(4) 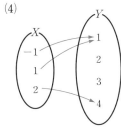 (5) 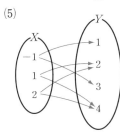 (6)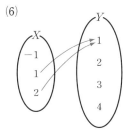

이상에서 함수인 것은 (2), (3), (4)이고, 그 치역은

(2): $\{1,\ 3,\ 4\}$, (3): $\{1,\ 2\}$, (4): $\{1,\ 4\}$ ← 답

[유제] **9**-1. 자연수 전체의 집합을 N이라고 하자. 집합 N의 임의의 원소 x에 대하여 다음 대응 중 집합 N에서 집합 N으로의 함수가 <u>아닌</u> 것은?

① $x \longrightarrow x+1$ ② $x \longrightarrow x-1$ ③ $x \longrightarrow x^2$

④ $x \longrightarrow |x|$ ⑤ $x \longrightarrow x^3$ 답 ②

필수 예제 **9**-2 $X = \{0, 1, 2, 3, \cdots\}$ 이라고 하자.

함수 $f : X \rightarrow X$ 가 임의의 $m, n \in X$ 에 대하여
$$f(m^2 + n^2) = \{f(m)\}^2 + \{f(n)\}^2, \quad f(1) \neq 0$$
을 만족시킬 때, $f(0), f(1), f(2)$ 의 값을 구하시오.

[정석연구] 문제의 조건식이

임의의 $m, n \in X$ 에 대하여 성립한다

는 것이므로, 이를테면 m, n 이
$$m = 0, \ n = 0, \quad m = 0, \ n = 1, \quad m = 1, \ n = 1$$
등과 같이 특정한 값을 가질 때에도 조건식은 성립한다.

[모범답안] $f(m^2 + n^2) = \{f(m)\}^2 + \{f(n)\}^2$ ······①

$m = 0, n = 0$ 을 ①에 대입하면
$$f(0) = 2\{f(0)\}^2 \quad \therefore \ f(0)\{2f(0) - 1\} = 0$$

$f(0) \in X$ 이므로 $f(0) \neq \dfrac{1}{2}$ $\quad \therefore \ f(0) = 0$

$m = 1, n = 0$ 을 ①에 대입하면 $f(1) = \{f(1)\}^2 + \{f(0)\}^2$

$f(0) = 0$ 이므로 $f(1)\{f(1) - 1\} = 0$

조건에서 $f(1) \neq 0$ 이므로 $f(1) = 1$

$m = 1, n = 1$ 을 ①에 대입하면 $f(2) = \{f(1)\}^2 + \{f(1)\}^2 = 1^2 + 1^2 = 2$

[답] $f(0) = 0, \ f(1) = 1, \ f(2) = 2$

[유제] **9**-2. 함수 f 가 임의의 두 양수 x, y 에 대하여
$$f(xy) = f(x) + f(y)$$
를 만족시킬 때, 다음을 증명하시오.

(1) $f(1) = 0$ (2) $f(x^3) = 3f(x)$ (3) $f\left(\dfrac{1}{x}\right) = -f(x)$

[유제] **9**-3. 함수 f 가 임의의 두 실수 x, y 에 대하여
$$2f(x + y) = f(x)f(y), \quad f(x) > 0, \quad f(2) = 1$$
을 만족시킬 때, $f\left(\dfrac{1}{2}\right)$ 의 값을 구하시오. [답] $\sqrt{2\sqrt{2}}$

[유제] **9**-4. 함수 f 가 임의의 두 실수 a, b 에 대하여
$$f\left(\dfrac{a + b}{2}\right) = \dfrac{f(a) + f(b)}{2}, \quad f(0) = 1, \quad f(4) = 3$$
을 만족시킬 때, $f(2)$ 와 $f(-2)$ 의 값을 구하시오.

[답] $f(2) = 2, \ f(-2) = 0$

§2. 함수의 그래프

1 순서쌍

　두 집합 X, Y가 주어졌을 때, X의 원소 x와 Y의 원소 y를 잡아 순서를 생각해서 만든 x와 y의 쌍 (x, y)를 순서쌍이라고 한다.

2 함수의 그래프

　함수 $f : X \longrightarrow Y$, $y = f(x)$가 주어질 때, 집합
$$G = \{(x, f(x)) \mid x \in X\}$$
를 함수 $y = f(x)$의 그래프라고 한다.

　특히 함수 $y = f(x)$의 정의역과 공역이 모두 실수 전체의 집합 R의 부분집합이면 함수 $y = f(x)$의 그래프는 좌표평면 위에 그림으로 나타낼 수 있다. 이 그림을 함수 $y = f(x)$의 그래프의 기하적 표현이라 하고, 그래프의 기하적 표현에 의하여 나타난 도형을 간단히 그래프라고도 한다.

Advice 1° 순서쌍

　이를테면 실수 a, b, c에 대하여 집합 X, Y가 $X = \{a, b, c\}$, $Y = \{1, 2\}$일 때, X의 원소 x와 Y의 원소 y의 순서쌍 (x, y)를 모두 나열하면
$$(a, 1), (a, 2), (b, 1), (b, 2), (c, 1), (c, 2)$$
이고, 이들을 원소로 하는 집합은
$$\{(a, 1), (a, 2), (b, 1), (b, 2), (c, 1), (c, 2)\}$$
이다.

　또, 이 집합의 원소를 좌표평면 위의 점으로 나타내면 $0 < a < b < c$일 때 오른쪽 그림과 같다.

보기 1 두 집합
$$X = \{a, b, c, d\}, \quad Y = \{\alpha, \beta, \gamma\}$$
에 대하여 집합 X의 원소 x와 집합 Y의 원소 y로 만든 순서쌍 (x, y)의 개수를 구하시오.

[연구] 집합 X의 원소 4개에 각각 집합 Y의 원소가 3개씩 대응하므로 구하는 순서쌍 (x, y)의 개수는　$4 \times 3 = \mathbf{12}$

Advice 2° 함수의 그래프

실수 a, b, c 에 대하여 함수 $f : X \longrightarrow Y$ 가 아래 왼쪽과 같다고 하자.

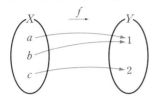 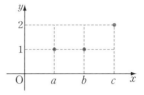

이제 첫 번째에는 집합 X 의 원소 x 를, 두 번째에는 f 에 의한 x 의 함숫값 $f(x)$ 를 잡아 만든 순서쌍 $(x, f(x))$ 전체의 집합을 G 라고 하면

$$G = \{(a, 1), (b, 1), (c, 2)\}$$

이다. 이때, 집합 G 를 함수 f 의 그래프라고 한다. 또, 집합 G 의 원소를 좌표 평면 위의 점으로 나타내면 $0 < a < b < c$ 일 때 위의 오른쪽 그림과 같다. 이것을 함수 f 의 그래프의 기하적 표현이라고 한다.

이를테면 함수 $y = 2x - 1$ 의 그래프는

$$G' = \{(x, y) \mid y = 2x - 1, \ x \in R\}$$

이고, 이 G' 을 오른쪽 그림과 같이 나타낸 것을 함수 $y = 2x - 1$ 의 그래프의 기하적 표현이라고 한다.

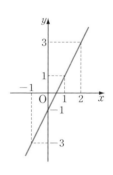

한편 $y = 2x - 1$ 은 x, y 에 관한 방정식이라고도 볼 수 있고, G' 은 이 방정식의 해의 순서쌍을 좌표로 하는 점의 집합이라고 할 수도 있다.

이런 뜻에서 등식 $y = 2x - 1$ 을 그래프 G' 의 방정식 또는 도형 G' 의 방정식이라고도 한다.

보기 2 다음 중 함수의 그래프인 것은 어느 것인가?

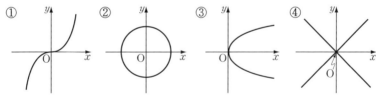

연구 함수는 그 정의에 따라 정의역의 각 원소에 대응하는 공역의 원소가 오직 하나뿐이다.

따라서 함수의 그래프는 정의역의 각 원소 a 에 대하여 직선 $x = a$ 를 그을 때, 이 직선과 오직 한 점에서만 만난다. 답 ①

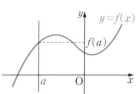

보기 3 오른쪽 그림에서 직선은 함수 $y=f(x)$
의 그래프이고, 포물선은 함수 $y=g(x)$의 그
래프이다.

　다음 물음에 답하시오.

(1) 다음 두 함숫값의 크기를 비교하시오.

　① $f(-2)$, $g(-2)$　② $f(-1)$, $g(-1)$

　③ $f(0)$, $g(0)$　　　④ $f(4)$, $g(4)$

　⑤ $g(-1)$, $f(2)$　　⑥ $f(0)$, $f(2)$

(2) 다음 방정식을 만족시키는 x의 값을 구하
시오.

　⑦ $f(x)=0$　　　　⑧ $g(x)=0$

　⑨ $f(x)=g(x)$　　⑩ $g(x)=-1$

(3) 다음 부등식을 만족시키는 x의 값의 범위
를 구하시오.

　⑪ $f(x)>0$　　　　⑫ $g(x)<0$

　⑬ $f(x)<8$　　　　⑭ $f(x)\geq g(x)$

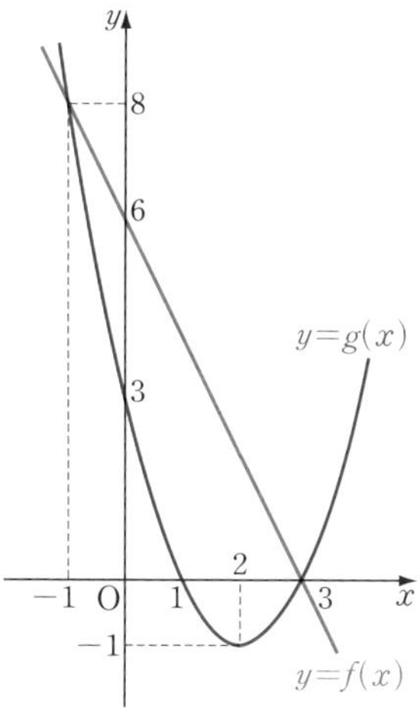

연구 주어진 함수의 그래프를 그릴 수도 있어야 하지만, 주어진 그래프를 보고
의미를 정확하게 이해할 수도 있어야 한다.

① $f(-2)<g(-2)$　　② $f(-1)=g(-1)$　　③ $f(0)>g(0)$

④ $f(4)<g(4)$　　　⑤ $g(-1)>f(2)$　　⑥ $f(0)>f(2)$

⑦ $x=3$　　　　　　⑧ $x=1, 3$　　　　⑨ $x=-1, 3$

⑩ $x=2$　　　　　　⑪ $x<3$　　　　　　⑫ $1<x<3$

⑬ $x>-1$　　　　　⑭ $-1\leq x\leq 3$

Advice 3° 그래프를 보는 방법

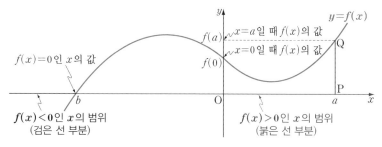

* *Note* 위의 그림에서 $x=a$일 때 $f(x)>0$이므로 $f(a)$의 값은 선분 PQ의 길이와
같다.

필수 예제 **9**-3 두 집합 $X=\{-1, 0, 1, 2\}$, $Y=\{-1, 0, 1, 2, 3\}$에 대하여 함수 f를 다음과 같이 정의하자.
$$f : X \longrightarrow Y, \quad x \longrightarrow x^2 - 1$$
(1) 함수 f의 그래프를 집합으로 나타내시오.
(2) 함수 f의 그래프를 좌표평면 위에 나타내시오.
(3) 함수 f의 치역을 구하시오.

[정석연구] 함수 $f : X \longrightarrow Y$, $y=f(x)$가 주어지면

f의 그래프 $\Longrightarrow \{(x, f(x)) \mid x \in X\} = \{(x, y) \mid y=f(x), x \in X\}$

[모범답안] X의 임의의 원소 x에 대하여

$x \longrightarrow x^2 - 1$

인 대응 관계를 그림으로 나타내면 오른쪽 과 같다.

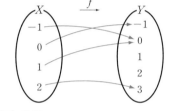

(1) 오른쪽 그림에서 함수 f의 그래프는

$\{(-1, 0), (0, -1), (1, 0), (2, 3)\}$

(2) 함수 f의 그래프를 좌표평면 위에 나타내면 오른 쪽과 같다.

(3) 함수 f의 치역은 $\{-1, 0, 3\}$

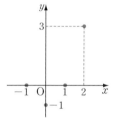

[유제] **9**-5. 다음은 두 집합 $X=\{1, 2, 3\}$, $Y=\{0, 1, 2, 3\}$에 대하여 X의 원소 x와 Y의 원소 y 사이의 대응 관계를 좌표평면 위에 나타낸 것 이다. 이 중 X에서 Y로의 함수의 그래프인 것은?

 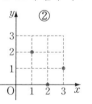 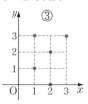 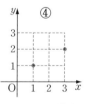

답 ②

[유제] **9**-6. 두 집합 $X=\{1, 2, 3, 4\}$, $Y=\{1, 2, 3, 4, 5, 6\}$에 대하여
$$f : X \longrightarrow Y, \quad f(x)=x+2$$
인 함수 f의 그래프를 집합으로 나타내시오. 또, 치역을 구하시오.

답 그래프 : $\{(1, 3), (2, 4), (3, 5), (4, 6)\}$, 치역 : $\{3, 4, 5, 6\}$

§3. 일대일대응

함수 $f : X \longrightarrow Y$ 에서
대응의 규칙에 따라서 다음과 같이 정의한다.

(1) 일대일함수

X 의 서로 다른 원소에 Y 의 서로 다른
원소가 대응하는 함수를 일대일함수라고 한
다. 곧,

X 의 임의의 두 원소 x_1, x_2에 대하여

$$x_1 \neq x_2 \text{이면} \quad f(x_1) \neq f(x_2)$$

일 때, 함수 f를 일대일함수라고 한다.

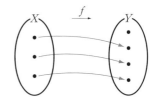

(2) 일대일대응

일대일함수 중에서 치역과 공역이 같은 함
수를 특히 일대일대응이라고 한다. 곧,

(i) 치역과 공역이 같고,

(ii) X 의 임의의 두 원소 x_1, x_2에 대하여

$$x_1 \neq x_2 \text{이면} \quad f(x_1) \neq f(x_2)$$

일 때, 함수 f를 일대일대응이라고 한다.

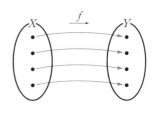

(3) 항등함수

정의역과 공역이 같은 함수 $f : X \longrightarrow X$
에서 정의역 X 의 임의의 원소 x 에 그 자
신인 x 가 대응할 때, 곧 $f(x) = x$ 일 때 이
함수 f를 집합 X 에서의 항등함수라 하고,
흔히 I_X(또는 I)로 나타낸다.

항등함수는 일대일대응이다.

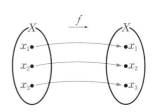

(4) 상수함수

함수 f 의 치역의 원소가 하나뿐인 함수를
상수함수라고 한다. 곧, X 의 모든 원소에
Y 의 한 원소가 대응하는 함수를 상수함수
라고 한다.

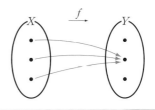

보기 1 다음 함수 $f : X \longrightarrow Y$ 중에서 일대일함수, 일대일대응, 항등함수, 상수함수를 말하시오.

① 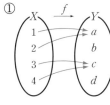　② 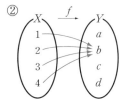　③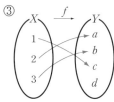

④ 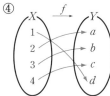　⑤ 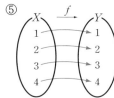　⑥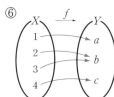

[연구] 일대일함수 : ③, ④, ⑤　　　　일대일대응 : ④, ⑤

항등함수 : ⑤　　　　　　　　　　상수함수 : ②

보기 2 실수 전체의 집합 R에서 R로의 함수 f의 그래프가 다음과 같을 때, 일대일함수, 일대일대응, 항등함수, 상수함수를 말하시오.

① $f(x) = x$　　　② $f(x) = x - 1$　　　③ $f(x) = 2x + |x| + 1$

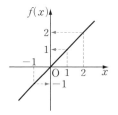　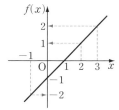　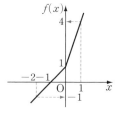

④ $f(x) = x^2$　　　⑤ $f(x) = x^3$　　　⑥ $f(x) = 3$

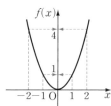　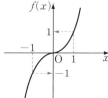　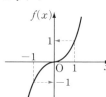

[연구] 일대일함수 : ①, ②, ③, ⑤　　　일대일대응 : ①, ②, ③, ⑤

항등함수 : ①　　　　　　　　　　상수함수 : ⑥

필수 예제 **9**-4 두 집합 $X=\{a, b, c\}$, $Y=\{1, 2, 3\}$이 있다.

(1) X에서 Y로의 함수의 개수를 구하시오.

(2) X에서 Y로의 일대일대응의 개수를 구하시오.

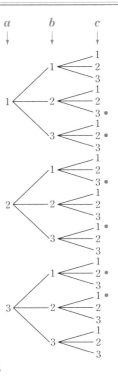

[모범답안] 오른쪽과 같이 수형도(tree)를 만들어 그 개수를 조사해 본다.

(1) 함수의 개수는 $3\times3\times3=27$ ← [답]

(2) 이 중 일대일대응은 오른쪽 그림의 점「•」을 찍은 것이므로 그 개수는 $3\times2=6$ ← [답]

Advice 1° 다음 방법도 생각할 수 있다.

(1)의 경우는 Y의 원소 1, 2, 3에서 세 개를 뽑아 이것을

$$a \rightarrow \boxed{}, \; b \rightarrow \boxed{}, \; c \rightarrow \boxed{}$$

의 $\boxed{}$ 안에 나열하는 경우의 수를 구하면 된다.

이때, 뽑은 세 수가 1, 2, 3으로 모두 다를 때는 말할 것도 없지만, 이를테면 1, 1, 2와 같이 뽑은 어느 두 수가 같거나 세 수가 모두 같아도 된다.

따라서 a에는 1, 2, 3의 세 가지, b에는 a에 온 수가 와도 되므로 세 가지, c에는 a, b에 온 수가 와도 되므로 세 가지씩 있다.

$$\therefore \; 3\times3\times3=27$$

(2)의 경우는 a에 온 수가 b에 와서는 안 되고, a, b에 온 수가 c에 와서는 안 되므로 $3\times2\times1=6$

2° 일반적으로 함수의 개수와 일대일대응의 개수는 다음과 같다.

[정석] (i) 두 집합 X, Y의 원소의 개수가 각각 r, n일 때,

X에서 Y로의 함수의 개수는 $\Longrightarrow n^r$

(ii) 두 집합 X, Y의 원소의 개수가 각각 n일 때,

X에서 Y로의 일대일대응의 개수는

$$\Longrightarrow n\times(n-1)\times(n-2)\times\cdots\times3\times2\times1=n!$$

[유제] **9**-7. 두 집합 $X=\{a, b, c, d\}$, $Y=\{p, q, r, s\}$가 있다.

(1) X에서 Y로의 함수의 개수를 구하시오.

(2) X에서 Y로의 일대일대응의 개수를 구하시오.   [답] (1) **256**   (2) **24**

필수 예제 **9**-5 두 집합 $X=\{x\,|\,x\geq 0\}$, $Y=\{y\,|\,y\geq 1\}$에 대하여 함수 $f(x)=2x^2+1$이 X에서 Y로의 일대일대응임을 보이시오.

[정석연구] 오른쪽과 같이 함수 $f(x)$의 대응 관계를 그림이나 그래프로 나타내어 보면 일대일대응임을 쉽게 알 수 있다. 이를 논리적으로 증명할 때에는 일대일대응의 정의를 충실히 따른다.

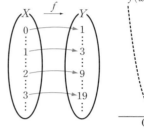

정 의 함수 $f: X \longrightarrow Y$에서
 (i) 치역과 공역이 같고,
 (ii) X의 임의의 두 원소 x_1, x_2에 대하여 $x_1 \neq x_2$이면 $f(x_1) \neq f(x_2)$
일 때, 함수 f를 일대일대응이라고 한다.

이때, (ii) 대신 그 대우인 다음을 보이는 것이 더 수월하다.

  X의 임의의 두 원소 x_1, x_2에 대하여 $f(x_1)=f(x_2)$이면 $x_1=x_2$

[모범답안] (i) $f(x)=2x^2+1\,(x\geq 0)$에서 $f(x)\geq 1$
  $\therefore \{f(x)\,|\,x\in X\}\subset Y$ ······①
 역으로 임의의 $y\in Y$에 대하여 $x=\sqrt{\dfrac{y-1}{2}}\in X$는 $f(x)=y$를 만족시킨다.
  $\therefore Y\subset\{f(x)\,|\,x\in X\}$ ······②
 ①, ②에 의하여 $\{f(x)\,|\,x\in X\}=Y$
 (ii) X의 임의의 두 원소 x_1, x_2에 대하여 $f(x_1)=f(x_2)$이면
   $2x_1^{\,2}+1=2x_2^{\,2}+1$ $\therefore (x_1+x_2)(x_1-x_2)=0$
 $x_1\geq 0$, $x_2\geq 0$이므로 $x_1=x_2$ ($x_1+x_2=0$일 때는 $x_1=x_2=0$)
 (i), (ii)에서 함수 $f(x)$는 X에서 Y로의 일대일대응이다.

Advice | 다음과 같이 (ii)를 직접 보일 수도 있다.
 X의 임의의 두 원소 x_1, x_2에 대하여 $x_1\neq x_2$이면
   $f(x_2)-f(x_1)=(2x_2^{\,2}+1)-(2x_1^{\,2}+1)=2(x_2+x_1)(x_2-x_1)$
 $x_1\geq 0$, $x_2\geq 0$이고 $x_1\neq x_2$이므로 $f(x_2)-f(x_1)\neq 0$ $\therefore f(x_2)\neq f(x_1)$

[유제] **9**-8. 다음 함수가 실수 전체의 집합 R에서 R로의 일대일대응임을 보이시오.
 (1) $f(x)=2x+3$ (2) $f(x)=x^3$

연습문제 9

[기본] 9-1 자연수 전체의 집합을 N이라고 할 때, 함수 $f : N-\{1\} \longrightarrow N$을 다음과 같이 정의하자.

$$f(x) = \begin{cases} x+1 & (x\text{는 소수}) \\ \dfrac{x}{p} & (x\text{는 합성수, } p\text{는 } x\text{의 가장 큰 소인수}) \end{cases}$$

이때, $f(7) + f(77) + f(777)$의 값을 구하시오.

9-2 정의역이 실수 전체의 집합의 부분집합 X인 두 함수 $f(x) = x^3 - 3x^2 + 1$, $g(x) = x - 2$가 있다. $f = g$가 되는 정의역 X 중에서 원소가 가장 많은 집합 X를 구하시오.

9-3 두 집합 $X = \{0, 1, 2\}$, $Y = \{3, 4, 5\}$에 대하여 X에서 Y로의 함수
$$f : x \longrightarrow (k-3)x^2 + (5-k)x + 3$$
이 일대일대응이 되도록 하는 상수 k의 값을 구하시오.

9-4 집합 $X = \{-2, -1, 1, 2\}$에서 집합 $Y = \{0, 1, 2, 3, 4\}$로의 함수 f가 다음 두 조건을 만족시킬 때, $f(1) + f(2)$의 최댓값을 구하시오.

㉮ $(x^2 - 1)f(x)$가 X에서 Y로의 상수함수이다.

㉯ $f(-1) > f(1)$

[실력] 9-5 양의 실수 전체의 집합에서 정의된 함수 $f(x)$가 임의의 양수 x에 대하여 $f(x) - 3f\left(\dfrac{1}{x}\right) = 4x$를 만족시킬 때, $f(x)$의 최댓값을 구하시오.

9-6 자연수 전체의 집합을 N이라고 할 때, 함수 $f : N \longrightarrow N \cup \{0\}$이

㉮ p가 소수이면 $f(p) = 1$ ㉯ $f(mn) = nf(m) + mf(n)$

을 만족시킨다. 이때, $f(2^{2030})$의 값을 구하시오.

9-7 실수 전체의 집합 R에서 R로의 일대일함수 f가 모든 실수 x에 대하여 $f(x) + f(-x) = 0$을 만족시킨다. $f(|a|) - f(-a) = 2f(1)$을 만족시키는 실수 a의 값을 구하시오.

9-8 집합 A가 실수 전체의 집합의 부분집합일 때, 함수 $C_A(x) = \begin{cases} 1 & (x \in A) \\ 0 & (x \notin A) \end{cases}$ 에 대하여 다음이 성립함을 보이시오.

(1) $C_{A^c}(x) = 1 - C_A(x)$ (2) $C_{A \cap B}(x) = C_A(x)C_B(x)$

(3) $C_{A^c \cap B^c}(x) + C_{(A \cap B)^c}(x) = 2 - C_A(x) - C_B(x)$

1◎. 합성함수와 역함수

§1. 합성함수

기 본 정 석

합성함수

두 함수 $f: X \longrightarrow Y, g: Y \longrightarrow Z$가 주어졌을 때, f에 의하여 집합 X의 원소 x에 대응하는 집합 Y의 원소는 $f(x)$이고, g에 의하여 집합 Y의 원소 $f(x)$에 대응하는 집합 Z의 원소는 $g(f(x))$이다.

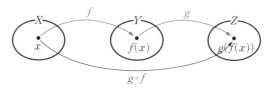

이때, 집합 X의 원소 x에 집합 Z의 원소 $g(f(x))$를 대응시키면 정의역이 집합 X이고 공역이 집합 Z인 새로운 함수를 얻는다.

이 함수를 f와 g의 합성함수라 하고, $g \circ f$로 나타낸다. 곧,

$$g \circ f : x \longrightarrow g(f(x)), \quad (g \circ f)(x) = g(f(x))$$

Advice | 이를테면 세 집합

$$X = \{1, 2, 3, 4\}, \quad Y = \{a, b, c, d\}, \quad Z = \{\alpha, \beta, \gamma, \delta\}$$

에 대하여 두 함수

$$f: X \longrightarrow Y, \quad g: Y \longrightarrow Z$$

가 아래 그림과 같다고 하자.

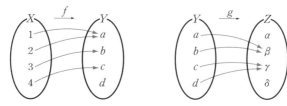

이때, 이 두 함수 f, g의 대응을 계속하여 그림으로 나타내면 다음 면의 왼쪽 그림과 같다.

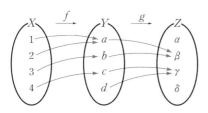 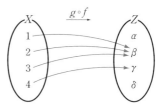

이제 위의 왼쪽 그림에서 화살표를 따라 집합 X의 원소에 집합 Z의 원소를 대응시키면, 위의 오른쪽 그림과 같이 집합 X를 정의역으로 하고 집합 Z를 공역으로 하는 새로운 함수를 얻을 수 있다. 이 새로운 함수를 f와 g의 합성함수라 하고, $\boldsymbol{g \circ f}$로 나타낸다. 곧,

$$g \circ f : X \longrightarrow Z$$

그런데 위의 왼쪽 그림에서 1에 a가 대응하고, 또 a에 β가 대응하는 것을 그림으로 나타내면 아래와 같다.

여기에서 f에 의한 1의 함숫값이 a인 것을 $f(1)=a$로, g에 의한 a의 함숫값이 β인 것을 $g(a)=\beta$로 나타내는 것과 마찬가지로 $g \circ f$에 의한 1의 함숫값이 β인 것을

$$(g \circ f)(1) = \beta$$

로 나타낸다. 한편

$$a = f(1), \ \beta = g(a)$$

이므로

$$\beta = g(a) = g(f(1)) \qquad \Leftarrow a에 f(1)을 대입$$

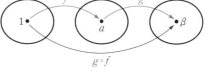

이 되어 $(g \circ f)(1) = g(f(1))$로 계산할 수 있음을 알 수 있다.

정석 $(g \circ f)(x) = g(f(x))$

보기 1 두 함수 f, g가

$$f : x \longrightarrow x+1, \quad g : x \longrightarrow x^2$$

일 때, 다음 물음에 답하시오.

(1) $(g \circ f)(3), \ (f \circ g)(3)$의 값을 구하시오.

(2) $(g \circ f)(x), \ (f \circ g)(x)$를 구하시오.

연구 $f(x) = x+1, \ g(x) = x^2$에서

(1) $(g \circ f)(3) = g(f(3)) = g(4) = 4^2 = \boldsymbol{16}$ $\qquad \Leftarrow f(3) = 3+1 = 4$

$\quad (f \circ g)(3) = f(g(3)) = f(9) = 9+1 = \boldsymbol{10}$ $\qquad \Leftarrow g(3) = 3^2 = 9$

(2) $(g \circ f)(x) = g(f(x)) = g(x+1) = \boldsymbol{(x+1)^2}$

$\quad (f \circ g)(x) = f(g(x)) = f(x^2) = \boldsymbol{x^2+1}$

필수 예제 **10**-1   실수 전체의 집합에서 실수 전체의 집합으로의 함수 f, g, h가

$$f : x \longrightarrow 2x, \quad g : x \longrightarrow x^2 - 1, \quad h : x \longrightarrow |x+1|$$

일 때, 다음을 구하시오.

(1) $g \circ f$ (2) $f \circ g$ (3) $h \circ (g \circ f)$ (4) $(h \circ g) \circ f$

(5) $f \circ f \circ f$ (6) $f \circ f \circ f \circ \cdots \circ f$ (f가 n개)

[정석연구] 문제 해결의 기본은 다음 합성함수의 정의이다.

정의 $(g \circ f)(x) = g(f(x))$

[모범답안] $f(x) = 2x$, $g(x) = x^2 - 1$, $h(x) = |x+1|$ 이다.

(1) $(g \circ f)(x) = g(f(x)) = g(2x) = (2x)^2 - 1 = \mathbf{4x^2 - 1}$ ← [답]

(2) $(f \circ g)(x) = f(g(x)) = f(x^2 - 1) = 2(x^2 - 1) = \mathbf{2x^2 - 2}$ ← [답]

(3) $(g \circ f)(x) = 4x^2 - 1$ 이므로

$$\begin{aligned}(h \circ (g \circ f))(x) &= h((g \circ f)(x)) = h(4x^2 - 1) \\ &= |(4x^2 - 1) + 1| = |4x^2| = \mathbf{4x^2} \ \leftarrow \ \boxed{답}\end{aligned}$$

(4) $(h \circ g)(x) = h(g(x)) = h(x^2 - 1) = |(x^2 - 1) + 1| = |x^2| = x^2$ 이므로

$$\begin{aligned}((h \circ g) \circ f)(x) &= (h \circ g)(f(x)) = (h \circ g)(2x) \\ &= (2x)^2 = \mathbf{4x^2} \ \leftarrow \ \boxed{답}\end{aligned}$$

(5) $(f \circ f)(x) = f(f(x)) = f(2x) = 2 \times 2x = 2^2 x$ 이므로

$$(f \circ f \circ f)(x) = f((f \circ f)(x)) = f(2^2 x) = 2 \times 2^2 x = \mathbf{2^3 x} \ \leftarrow \ \boxed{답}$$

(6) 위의 (5)와 같은 계산을 계속하면 $\underbrace{(f \circ f \circ f \circ \cdots \circ f)}_{n개}(x) = \mathbf{2^n x} \ \leftarrow \ \boxed{답}$

Advice 1° f, g, h 등을 다음과 같이 나타내어 생각할 수도 있다.

이를테면 $f : x \longrightarrow 2x$ 를

$$x \overset{f}{\longrightarrow} 2x$$

와 같이 나타내어 구하면 편리할 때가 많다.

곧, x가 f를 통과하면 2배가 되므로

$$x^2 \overset{f}{\longrightarrow} 2x^2, \quad |x| \overset{f}{\longrightarrow} 2|x|, \quad x+5 \overset{f}{\longrightarrow} 2(x+5)$$

이다. 이 방법에 따라 위의 문제의 $g \circ f$, $h \circ (g \circ f)$를 구하면 다음과 같다.

$$x \overset{f}{\longrightarrow} 2x \overset{g}{\longrightarrow} (2x)^2 - 1 \quad \therefore \ g \circ f : x \longrightarrow 4x^2 - 1$$

$$x \overset{g \circ f}{\longrightarrow} 4x^2 - 1 \overset{h}{\longrightarrow} |(4x^2 - 1) + 1| \quad \therefore \ h \circ (g \circ f) : x \longrightarrow 4x^2$$

Advice 2° 합성함수를 나타낼 때, 이를테면 (1)의 경우

$$(g \circ f)(x) = 4x^2 - 1, \quad g(f(x)) = 4x^2 - 1, \quad g \circ f : x \longrightarrow 4x^2 - 1$$

중의 어느 것을 답으로 해도 좋다.

Advice 3° (1), (2)에서 $g \circ f \neq f \circ g$ 임을 알 수 있다. 일반적으로 함수의 합성에서는 교환법칙이 성립하지 않는다.

그러나 (3), (4)에서 알 수 있듯이 결합법칙 $h \circ (g \circ f) = (h \circ g) \circ f$ 가 성립한다. 이에 대한 일반적인 증명은 다음과 같다.

세 함수 $f : A \longrightarrow B, g : B \longrightarrow C, h : C \longrightarrow D$ 가 주어졌을 때, 다음 합성함수가 정의된다.

$$g \circ f : A \longrightarrow C, \quad h \circ g : B \longrightarrow D$$

한편 $g \circ f$ 의 공역과 h 의 정의역이 서로 같은 집합이므로 합성함수

$$h \circ (g \circ f) : A \longrightarrow D$$

가 정의되고, f 의 공역과 $h \circ g$ 의 정의역이 서로 같은 집합이므로 합성함수

$$(h \circ g) \circ f : A \longrightarrow D$$

가 정의된다. (합성함수 $g \circ f$ 가 정의되기 위해서는 f 의 치역이 g 의 정의역의 부분집합이 되어야 한다.)

또, A 의 임의의 원소 x 에 대하여

$$(h \circ (g \circ f))(x) = h((g \circ f)(x)) = h(g(f(x))),$$
$$((h \circ g) \circ f)(x) = (h \circ g)(f(x)) = h(g(f(x)))$$

이므로 $h \circ (g \circ f) = (h \circ g) \circ f$ 이다. 곧,

정석 합성함수의 성질

    (i) $\boldsymbol{g \circ f \neq f \circ g}$

    (ii) $\boldsymbol{h \circ (g \circ f) = (h \circ g) \circ f}$

특히 (ii)의 경우 괄호를 풀어서 $h \circ g \circ f$ 로 나타내어도 된다.

Advice 4° 여기에서 항등함수 $I(x) = x$ 의 성질도 알아 두자.

함수 $f : X \longrightarrow X$ 에 대하여

$$(f \circ I)(x) = f(I(x)) = f(x), \quad (I \circ f)(x) = I(f(x)) = f(x)$$

정석 $f : X \longrightarrow X$ 에 대하여 $\boldsymbol{f \circ I = I \circ f = f}$

보기 **10**-1. $f(x) = x - 1, g(x) = -2x, h(x) = x^2$ 일 때, 다음을 구하시오.

(1) $g \circ f$ (2) $f \circ g$ (3) $h \circ (g \circ f)$ (4) $(h \circ g) \circ f$

    답 (1) $(g \circ f)(x) = -2x + 2$ (2) $(f \circ g)(x) = -2x - 1$

      (3) $(h \circ (g \circ f))(x) = 4(x-1)^2$ (4) $((h \circ g) \circ f)(x) = 4(x-1)^2$

필수 예제 **10**-2 다음 물음에 답하시오.

(1) $f\left(\dfrac{x+1}{2}\right)=3x+2$ 일 때, $f(\sqrt{2})$, $(f\circ f)\left(\dfrac{1}{3}\right)$ 의 값을 구하시오.

(2) $f(x)=x^2-2x$, $g(x)=3x-1$ 일 때, $(f\circ g)(x)=f(x)$ 를 만족시키는 x의 값을 구하시오.

정석연구 (1) 먼저 조건식에서 $\dfrac{x+1}{2}=t$ 로 놓고 $f(t)$를 구한다.

(2) 먼저 $(f\circ g)(x)$를 구한 다음, 주어진 방정식을 푼다.

정석 $(f\circ g)(x)=f(g(x))$

모범답안 (1) $f\left(\dfrac{x+1}{2}\right)=3x+2$ 에서 $\dfrac{x+1}{2}=t$ 로 놓으면 $x=2t-1$

$$\therefore\ f(t)=3(2t-1)+2=6t-1 \quad 곧,\ f(t)=6t-1$$

$$\therefore\ f(\sqrt{2})=\mathbf{6\sqrt{2}-1} \leftarrow \boxed{답}$$

$$(f\circ f)\left(\frac{1}{3}\right)=f\left(f\left(\frac{1}{3}\right)\right)=f\left(6\times\frac{1}{3}-1\right)=f(1)=6\times1-1=\mathbf{5} \leftarrow \boxed{답}$$

(2) $f(x)=x^2-2x$, $g(x)=3x-1$ 이므로

$$(f\circ g)(x)=f(g(x))=f(3x-1)=(3x-1)^2-2(3x-1)$$
$$=9x^2-12x+3$$

따라서 $(f\circ g)(x)=f(x)$ 에서

$$9x^2-12x+3=x^2-2x \quad \therefore\ 8x^2-10x+3=0$$

$$\therefore\ (2x-1)(4x-3)=0 \quad \therefore\ x=\mathbf{\frac{1}{2},\ \frac{3}{4}} \leftarrow \boxed{답}$$

Advice | (1)에서 $f(\sqrt{2})$의 값은 다음 방법으로 구할 수도 있다.

$f\left(\dfrac{x+1}{2}\right)=3x+2$ 에서 $\dfrac{x+1}{2}=\sqrt{2}$ 로 놓으면 $x=2\sqrt{2}-1$

이 값을 주어진 식의 양변에 대입하면

$$f(\sqrt{2})=3(2\sqrt{2}-1)+2=\mathbf{6\sqrt{2}-1}$$

유제 **10**-2. 집합 $X=\{1,\,2,\,3,\,4,\,5\}$를 정의역으로 하는 함수 f가

$$f(x)=-x+6$$

으로 정의될 때, $f(f(x))=\dfrac{1}{x}$ 을 만족시키는 x의 값을 구하시오.

$\boxed{답}\ x=1$

유제 **10**-3. $f(x)=3x-4$, $g(x)=-x^2+x-3$ 일 때, $(f\circ g)(x)=(g\circ f)(x)$ 를 만족시키는 x의 값을 구하시오.

$\boxed{답}\ x=\dfrac{6\pm\sqrt{21}}{3}$

필수 예제 **10**-3　두 일차함수 $f(x)$, $g(x)$가 다음을 만족시킨다.
$$(f \circ f)(x) = (g \circ g)(x) = 9x - 8, \quad f(0) < 0, \quad g(0) > 0$$
(1) $f(x)$, $g(x)$를 구하시오.
(2) $(f \circ h)(x) = g(x)$를 만족시키는 함수 $h(x)$를 구하시오.
(3) $(k \circ g \circ f)(x) = f(x)$를 만족시키는 함수 $k(x)$를 구하시오.

[정석연구] 문제 해결의 기본은

정석　$(g \circ f)(x) = g(f(x))$

이다.

[모범답안] (1) $f(x)$는 일차함수이므로 $f(x) = ax + b$라고 하면 $f(0) = b < 0$이고,
$$(f \circ f)(x) = f(f(x)) = f(ax + b) = a(ax + b) + b = a^2 x + ab + b$$
　　따라서 문제의 조건으로부터　$a^2 x + ab + b = 9x - 8$
$$\therefore \ a^2 = 9, \ ab + b = -8 \quad \therefore \ a = \pm 3$$
　　$a = 3$일 때 $b = -2$이고, 이것은 $b < 0$을 만족시킨다.
　　$a = -3$일 때 $b = 4$이고, 이것은 $b < 0$을 만족시키지 않는다.
$$\therefore \ a = 3, \ b = -2 \quad \therefore \ f(x) = 3x - 2$$
　　같은 방법으로 하면　$g(x) = -3x + 4$
　　　　　　　　　　　　　　　[답] $f(x) = 3x - 2$, $g(x) = -3x + 4$
(2) $f(x) = 3x - 2$이므로　$(f \circ h)(x) = f(h(x)) = 3h(x) - 2$
　　따라서 $(f \circ h)(x) = g(x)$는　$3h(x) - 2 = -3x + 4$
$$\therefore \ \boldsymbol{h(x) = -x + 2} \ \longleftarrow \ \boxed{답}$$
(3) $(k \circ g \circ f)(x) = f(x) \iff k((g \circ f)(x)) = f(x)$
　　그런데 $(g \circ f)(x) = g(f(x)) = -3(3x - 2) + 4 = -9x + 10$이므로
$$k(-9x + 10) = 3x - 2 \qquad\qquad \cdots\cdots①$$
　　여기에서 $-9x + 10 = t$로 놓으면　$x = \dfrac{-t + 10}{9}$

　　①에 대입하면
$$k(t) = 3 \times \frac{-t + 10}{9} - 2 \quad \therefore \ \boldsymbol{k(x) = -\frac{1}{3}x + \frac{4}{3}} \ \longleftarrow \ \boxed{답}$$

[유제] **10**-4. $f(x) = 2x + 3$, $g(x) = 4x - 5$일 때, 다음 물음에 답하시오.
(1) $f(h(x)) = g(x)$를 만족시키는 함수 $h(x)$를 구하시오.
(2) $k(f(x)) = g(x)$를 만족시키는 함수 $k(x)$를 구하시오.
　　　　　　　　　[답] (1) $\boldsymbol{h(x) = 2x - 4}$　(2) $\boldsymbol{k(x) = 2x - 11}$

필수 예제 **10**-4   오른쪽 그림은 두 함수

$y=f(x)$와 $y=x$의 그래프이다.

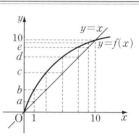

합성함수 $f \circ f$를 f^2으로, $f^2 \circ f$를 f^3으로,
$\cdots, f^n \circ f$를 f^{n+1}으로 나타낼 때, 다음 물음
에 답하시오.

(1) $f^4(1)$의 값은 a, b, c, d, e 중 어느 것인
가?

(2) $f^2(x)=d$를 만족시키는 x의 값은 a, b, c, d, e 중 어느 것인가?

정석연구 이 문제에서는

정석 직선 $y=x$ 위의 점의 x좌표와 y좌표는 서로 같다

는 성질을 이용하는 것이 핵심이다.

이 성질에 의하면 $a=1$이고, y좌표 b, c, d,
e에 대응하는 x좌표는 오른쪽 그림과 같다.

이와 같이 생각하면 오른쪽 그림에서

$f(1)=b, f(b)=c, f(c)=d, f(d)=e$

인 것도 알 수 있다.

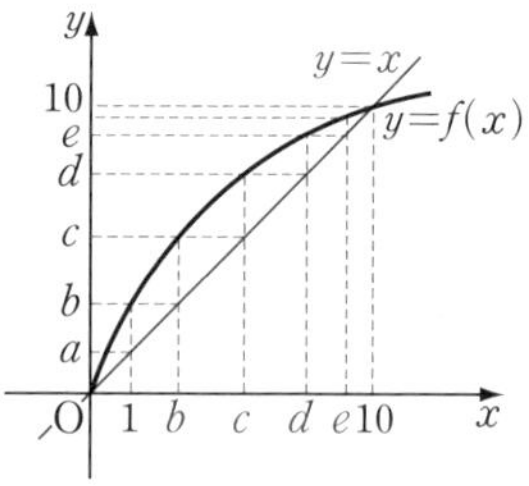

모범답안 (1) $f^4(1)=f^3(f(1))=f^3(b)=f^2(f(b))$
$\qquad\qquad =f^2(c)=f(f(c))=f(d)$
$\qquad\qquad =e \leftarrow$ 답

(2) $f^2(x)=d$에서 $f(f(x))=d$

한편 그림에서 $f(c)=d$이고, $f(x)$는 일대일함수이므로 $f(x)=c$

또한 그림에서 $f(b)=c$이고, $f(x)$는 일대일함수이므로

$\qquad\qquad x=b \leftarrow$ 답

유제 **10**-5. 오른쪽 그림은 두 함수

$y=f(x)$와 $y=x$의 그래프이다.

다음 물음에 답하시오.

(1) $(f \circ f \circ f)(a)$의 값은 a, b, c, d 중
어느 것인가?

(2) $(f \circ f)(x)=c$를 만족시키는 x의
값은 a, b, c, d 중 어느 것인가?

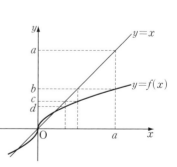

답 (1) d (2) a

§2. 역 함 수

기 본 정 석

1 역함수

　함수 $f : X \longrightarrow Y$ 가

　　　일대일대응

이면 Y 의 임의의 한 원소에 X 의 원
소가 하나씩 대응하므로 이 대응은 Y
에서 X 로의 함수이다.

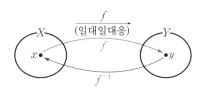

　이것을 함수 f 의 역함수라 하고, $\boldsymbol{f^{-1}}$ 로 나타낸다. 곧,

　　정의 함수 $f : X \longrightarrow Y,\ x \longrightarrow y$ 의 역함수는
　　　　$\Longrightarrow f^{-1} : Y \longrightarrow X,\ y \longrightarrow x$

　따라서 함수 f 와 역함수 f^{-1} 사이에는 다음 관계가 있다.

　　정석 $y = f(x) \Longleftrightarrow x = f^{-1}(y)$　　　⇐ 위의 그림 참조

2 역함수의 성질

　집합 X 에서 집합 X 로의 항등함수를 I_X, 집합 Y 에서 집합 Y 로의 항등함
수를 I_Y 라고 하자.

　⑴ $f : X \longrightarrow Y$ 가 일대일대응일 때, 역함수 $f^{-1} : Y \longrightarrow X$ 에 대하여

　　① $(f^{-1})^{-1} = f$

　　② $f^{-1}(f(x)) = x\ (x \in X)$　　곧, $f^{-1} \circ f = I_X$
　　　$f(f^{-1}(y)) = y\ (y \in Y)$　　곧, $f \circ f^{-1} = I_Y$

　⑵ $f : X \longrightarrow Y,\ g : Y \longrightarrow X$ 에서

　　　　$g \circ f = I_X,\ f \circ g = I_Y \Longleftrightarrow g = f^{-1}$

　⑶ 함수 $f : X \longrightarrow Y,\ g : Y \longrightarrow Z$ 가 일대일대응일 때,

　　　　$(g \circ f)^{-1} = f^{-1} \circ g^{-1}$

3 함수 $\boldsymbol{y = f(x)}$ 의 역함수를 구하는 순서

　첫째 ─ 주어진 함수가 일대일대응인가를 확인한다.

　둘째 ─ $y = f(x)$ 를 $x = g(y)$ 의 꼴로 고친다.

　셋째 ─ $x = g(y)$ 에서 x 와 y 를 바꾸어서 $y = g(x)$ 로 한다. 이때,

　　　f^{-1} 의 정의역은 $\Longrightarrow f$ 의 치역, f^{-1} 의 치역은 $\Longrightarrow f$ 의 정의역

Advice 1° 역함수의 뜻, 역함수의 존재

아래 그림과 같은 함수 $f : X \longrightarrow Y$와 함수 $g : X \longrightarrow Y$를 생각해 보자.

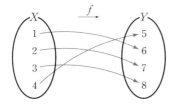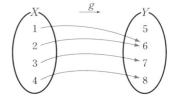

이제 이 두 함수 f, g에 대하여 Y에서 X로의 대응(이것을 역대응이라고 한다)을 생각하자.

이때, f의 역대응에서는 Y의 각 원소에 X의 원소가 하나씩 대응하고 있어 이 대응 역시 Y에서 X로의 함수이다.

그러나 g의 역대응에서는 Y의 원소 5에 대응하는 X의 원소가 없다. 뿐만 아니라 Y의 원소 6에 대응하는 X의 원소가 1, 2의 두 개이다. 따라서 g의 역대응은 함수가 아니다.

일반적으로 함수 $f : X \longrightarrow Y$가 일대일대응이면 역대응도 역시 함수이며, 이 함수를 f의 역함수라 하고, $f^{-1} : Y \longrightarrow X$로 나타낸다.

정석 함수 f가 일대일대응이면 역함수 f^{-1}가 존재!

이를테면 함수 $y = 2x - 1$은 일대일대응이므로 역함수가 존재하지만, 함수 $y = x^2$은 일대일대응이 아니므로 역함수가 존재하지 않는다.

그러나 X, Y가 음이 아닌 실수 전체의 집합일 때

$$f : X \longrightarrow Y, \ y = x^2$$

이라고 하면 오른쪽 그림과 같이 함수 f는 일대일대응이므로 역함수가 존재한다. 곧, 함수

$$y = x^2 \ (x \geq 0)$$

의 역함수는 존재한다.

또, X의 원소 x에 Y의 원소 y가 대응할 때,

$$f : x \longrightarrow y$$의 역함수는 $$f^{-1} : y \longrightarrow x$$

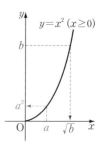

이고, $f^{-1} : y \longrightarrow x$를 $f^{-1}(y) = x$로 나타낸다.

따라서 역함수의 정의로부터 다음 관계가 성립한다.

정석 $y = f(x) \iff x = f^{-1}(y), \quad y = f^{-1}(x) \iff x = f(y)$

Note 집합 X에서 집합 Y로의 함수가 일대일대응이 아니어도
$f : X \longrightarrow f(X) \subset Y$가 일대일대응이면 역함수 $f^{-1} : f(X) \longrightarrow X$가 존재한다.

보기 1 삼차함수 $f(x)=ax^3+b$의 역함수 f^{-1}가 $f^{-1}(5)=2$를 만족시킬 때, $8a+b$의 값을 구하시오. 단, a, b는 상수이다.

[연구] $f^{-1}(5)=2$에서 $f(2)=5$이므로 $a\times 2^3+b=5$ ∴ $\boldsymbol{8a+b=5}$

보기 2 역함수가 존재하는 함수 $y=f(x)$의 그래프가 오른쪽 그림과 같을 때, a의 값을 f 또는 f^{-1}를 써서 나타내시오.

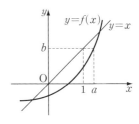

[연구] y의 값에 대응하는 x의 값을 찾을 때에는 역함수 f^{-1}를 써서 나타내면 된다.
　　$b=1$이므로 $f(a)=1$ ∴ $\boldsymbol{a=f^{-1}(1)}$

보기 3 집합 $X=\{x\,|\,x\geq a\}$에서 집합 Y로의 함수 $f(x)=(x-2)^2-1$의 역함수가 존재할 때, 실수 a의 최솟값과 이때의 집합 Y를 구하시오.

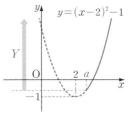

[연구] $y=(x-2)^2-1$이 $x\geq a$에서 일대일대응이기 위해서는 오른쪽 그림에서 $a\geq 2$이어야 하므로 최솟값 2, $\boldsymbol{Y=\{y\,|\,y\geq -1\}}$

Advice 2° 역함수의 성질

① $(f^{-1})^{-1}=f$

　　f가 일대일대응이므로 f^{-1}도 일대일대응이다. 따라서 f^{-1}의 역함수 $(f^{-1})^{-1}$가 존재한다.

　　$y=f(x)$로 놓으면 역함수의 정의에 의하여 $y=f(x) \iff x=f^{-1}(y)$
　　마찬가지로 $x=f^{-1}(y) \iff y=(f^{-1})^{-1}(x)$ ∴ $(f^{-1})^{-1}=f$

② $f^{-1}\circ f=I_X$, $f\circ f^{-1}=I_Y$

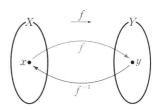

　　$f(x)=y$라고 하면
　　$(f^{-1}\circ f)(x)=f^{-1}(f(x))=f^{-1}(y)=x,$
　　$(f\circ f^{-1})(y)=f(f^{-1}(y))=f(x)=y$
　　따라서 $f^{-1}\circ f, f\circ f^{-1}$는 항등함수이다.
　　또, $X=Y$이면 $f^{-1}\circ f=f\circ f^{-1}=I$이다.

③ $g\circ f=I_X$, $f\circ g=I_Y \iff g=f^{-1}$

　　$f^{-1}\circ f=I_X$, $f\circ f^{-1}=I_Y$와 비교하면 알 수 있다. 이 성질을 역함수의 정의로 쓰기도 하고, 두 함수 f, g가 역함수의 관계가 있는지를 살피는 데 이용할 수도 있다.

④ $(g \circ f)^{-1} = f^{-1} \circ g^{-1}$

$(f^{-1} \circ g^{-1}) \circ (g \circ f) = f^{-1} \circ (g^{-1} \circ g) \circ f = f^{-1} \circ I \circ f = f^{-1} \circ f = I$

$(g \circ f) \circ (f^{-1} \circ g^{-1}) = g \circ (f \circ f^{-1}) \circ g^{-1} = g \circ I \circ g^{-1} = g \circ g^{-1} = I$

따라서 성질 ③에서 $(g \circ f)^{-1} = f^{-1} \circ g^{-1}$

Advice 3° 역함수를 구하는 순서

함수 $f : x \longrightarrow y$의 역함수를 구한다는 것은 역대응의 규칙 $y \longrightarrow x$를 구하는 것과 같다. 따라서 이를테면 함수 $y = x - 1$의 역함수는 $x = y + 1$이라고 하면 된다.

그런데 보통은 독립변수를 x로, 종속변수를 y로 나타내므로 $x = y + 1$의 x와 y를 바꾸어 $y = x + 1$과 같이 나타낸다.

[보기] 4 다음 함수의 역함수를 구하시오.

(1) $f(x) = x + 3$ (2) $f(x) = 3x - 1$

[연구] (1) $y = f(x) = x + 3$으로 놓으면 $x = y - 3$

x와 y를 바꾸면 $y = x - 3$ $\therefore \boldsymbol{f^{-1}(x) = x - 3}$

(2) $y = f(x) = 3x - 1$로 놓으면 $x = \dfrac{1}{3}(y + 1)$

x와 y를 바꾸면 $y = \dfrac{1}{3}(x + 1)$ $\therefore \boldsymbol{f^{-1}(x) = \dfrac{1}{3}(x + 1)}$

Advice 4° 함수의 그래프와 그 역함수의 그래프의 관계

이를테면 위의 **보기 4**에서 함수 $y = x + 3$의 그래프와 그 역함수 $y = x - 3$의 그래프를 그려 보면, 이 두 그래프는 오른쪽 그림과 같이 직선 $y = x$에 대하여 대칭임을 알 수 있다.

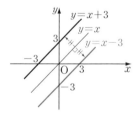

일반적으로 실수의 집합 X에서 실수의 집합 Y로의 함수 $y = f(x)$의 그래프는

$$\{(x, y) \,|\, y = f(x),\ x \in X\}$$

이고, f의 역함수 $y = f^{-1}(x)$가 존재하면 그 그래프는

$$\{(y, x) \,|\, y = f(x),\ x \in X\}$$

이다.

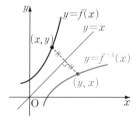

그런데 점 (x, y)와 점 (y, x)는 직선 $y = x$에 대하여 대칭이므로 다음이 성립한다.

[정석] 함수 $y = f(x)$의 그래프와 그 역함수 $y = f^{-1}(x)$의 그래프는 직선 $y = x$에 대하여 서로 대칭이다.

필수 예제 **10**-5   네 함수 f, g, h, k를 다음과 같이 정의하자.
$$f : x \longrightarrow x+a, \quad g : x \longrightarrow x+c,$$
$$h : x \longrightarrow bx^2, \quad k : x \longrightarrow 2x^2+8x+5$$

(1) $f^{-1}, g^{-1}, f^{-1} \circ g^{-1}, g \circ f, (g \circ f)^{-1}$를 각각 구하여 $(g \circ f)^{-1} = f^{-1} \circ g^{-1}$임을 확인하시오.

(2) $f^{-1} \circ h \circ g^{-1} = k$일 때, 상수 a, b, c의 값을 구하시오.

[정석연구] 일차함수의 역함수를 구하는 것은 어렵지 않으므로 일차함수 f, g의 역함수 f^{-1}, g^{-1}를 구한 다음,

> **정석** $(g \circ f)(x) = g(f(x))$

를 활용해 보자.

[모범답안] $f(x) = x+a, \ g(x) = x+c, \ h(x) = bx^2, \ k(x) = 2x^2+8x+5$이다.

(1) $f(x) = x+a = y$로 놓으면 $x = y-a$

　x와 y를 바꾸면 $y = x-a$ $\therefore f^{-1}(x) = x-a$

　같은 방법으로 하면 $g^{-1}(x) = x-c$

　$\therefore (f^{-1} \circ g^{-1})(x) = f^{-1}(g^{-1}(x)) = f^{-1}(x-c) = (x-c)-a$
$$= x-a-c \qquad\qquad \cdots\cdots ①$$

　또, $(g \circ f)(x) = g(f(x)) = g(x+a) = (x+a)+c = x+a+c$

　여기에서 $x+a+c = y$로 놓으면 $x = y-a-c$

　x와 y를 바꾸면 $y = x-a-c$
$$\therefore (g \circ f)^{-1}(x) = x-a-c \qquad\qquad \cdots\cdots ②$$

　①, ②에서 $(g \circ f)^{-1} = f^{-1} \circ g^{-1}$

(2) (1)에서 $f^{-1}(x) = x-a, \ g^{-1}(x) = x-c$이므로
$$(f^{-1} \circ h \circ g^{-1})(x) = (f^{-1} \circ h)(g^{-1}(x)) = (f^{-1} \circ h)(x-c)$$
$$= f^{-1}(h(x-c)) = f^{-1}(b(x-c)^2) = b(x-c)^2 - a$$

　따라서 $f^{-1} \circ h \circ g^{-1} = k$이려면 $b(x-c)^2 - a = 2x^2+8x+5$

　좌변을 정리하면 $bx^2 - 2bcx + bc^2 - a = 2x^2+8x+5$

　x에 관한 항등식이므로 $b=2, \ -2bc=8, \ bc^2-a=5$

　연립하여 풀면 $\boldsymbol{a=3, \ b=2, \ c=-2}$ ←── 답

[유제] **10**-6. 세 함수 $f(x)=3x, \ g(x)=x-2, \ h(x)=ax+b$에 대하여 $f^{-1} \circ g^{-1} \circ h = f$가 성립하도록 상수 a, b의 값을 정하시오.

답 $a=9, \ b=-2$

필수 예제 **10**-6   집합 $A=\{x\,|\,x>1\}$에서 A로의 함수 $f(x)=3x^2-2$, $g(x)=2x-1$에 대하여 다음 값을 구하시오.

(1) $g^{-1}(10)$ (2) $(f\circ(g\circ f)^{-1}\circ f)(2)$

정석연구 (1) $g(x)=2x-1$로부터 $g^{-1}(10)$의 값을 구하는 데는 다음 두 가지 방법을 생각할 수 있다.

(ⅰ) 먼저 $g(x)$의 역함수 $g^{-1}(x)$를 직접 구한다.

곧, $g(x)=2x-1=y$로 놓으면 $2x=y+1$ $\therefore\ x=\dfrac{y+1}{2}$

$\therefore\ g^{-1}(x)=\dfrac{x+1}{2}\ (x>1)$ $\therefore\ \boldsymbol{g^{-1}(10)=\dfrac{11}{2}}$

(ⅱ) 다음 역함수의 정의를 이용하여 구한다.

> 정석 $f(a)=b\iff f^{-1}(b)=a$

곧, $g^{-1}(10)=k$로 놓으면 $g(k)=10$ $\therefore\ 2k-1=10$

$\therefore\ k=\dfrac{11}{2}$ $\therefore\ \boldsymbol{g^{-1}(10)=\dfrac{11}{2}}$

(2) 다음 성질을 활용하여 먼저 $f\circ(g\circ f)^{-1}\circ f$를 간단히 한다.

> 정석 $I\circ f=f,\ \ f\circ I=f,\ \ (f\circ g)\circ h=f\circ(g\circ h)=f\circ g\circ h,$
> $f\circ f^{-1}=I,\ \ f^{-1}\circ f=I,\ \ (g\circ f)^{-1}=f^{-1}\circ g^{-1}$

모범답안 (1) **정석연구 참조** 답 $\dfrac{11}{2}$

(2) $f\circ(g\circ f)^{-1}\circ f=f\circ(f^{-1}\circ g^{-1})\circ f=f\circ f^{-1}\circ g^{-1}\circ f$

$=(f\circ f^{-1})\circ(g^{-1}\circ f)=I\circ(g^{-1}\circ f)=g^{-1}\circ f$

$\therefore\ (f\circ(g\circ f)^{-1}\circ f)(2)=(g^{-1}\circ f)(2)=g^{-1}(f(2))$

그런데 $f(x)=3x^2-2$에서 $f(2)=10$이므로

$(f\circ(g\circ f)^{-1}\circ f)(2)=g^{-1}(10)=\dfrac{11}{2}$ ← 답

Advice | 두 함수 f와 g의 역함수가 각각 존재하면 $g\circ f$의 역함수도 존재하고 역함수는 $(g\circ f)^{-1}=f^{-1}\circ g^{-1}$이다. 그러나 $g\circ f$의 역함수가 존재해도 $f^{-1},\,g^{-1}$는 존재하지 않을 수 있다. 따라서 $(g\circ f)^{-1}=f^{-1}\circ g^{-1}$를 이용할 때에는 $f^{-1},\,g^{-1}$가 존재하는지 확인해야 한다.

유제 **10**-7. 양의 실수 전체의 집합 R^+에서 R^+로의 함수 f와 h가

$$f(x)=x^2+2x,\quad h(x)=\frac{x+1}{f(x)}$$

이다. g가 f의 역함수일 때, $h(g(3))$의 값을 구하시오. 답 $\dfrac{2}{3}$

필수 예제 **10**-7 두 함수 $f(x)=x+2$, $g(x)=x^2-1$에 대하여 다음 물음에 답하시오.
 (1) $f^{-1}(x)$를 구하시오.
 (2) $(h \circ f)(x)=g(x)$를 만족시키는 함수 $h(x)$를 구하시오.
 (3) $(f \circ k)(x)=g(x)$를 만족시키는 함수 $k(x)$를 구하시오.

정석연구 $h(x)$와 $k(x)$는 p. 179에서와 같이 합성함수의 정의만으로도 구할 수 있고, 다음과 같이 역함수를 이용하여 구할 수도 있다.

　$h \circ f = g$일 때, 양변의 오른쪽에 f^{-1}를 합성하면

$$(h \circ f) \circ f^{-1} = g \circ f^{-1} \quad \therefore \ h \circ (f \circ f^{-1}) = g \circ f^{-1} \quad \therefore \ h = g \circ f^{-1}$$

　$f \circ k = g$일 때, 양변의 왼쪽에 f^{-1}를 합성하면

$$f^{-1} \circ (f \circ k) = f^{-1} \circ g \quad \therefore \ (f^{-1} \circ f) \circ k = f^{-1} \circ g \quad \therefore \ k = f^{-1} \circ g$$

　정석 함수 f의 역함수 f^{-1}가 존재할 때,
$$h \circ f = g \implies h = g \circ f^{-1}, \quad f \circ k = g \implies k = f^{-1} \circ g$$

　특히 $g(x)=x$일 때에는 역함수의 성질 $f^{-1}(f(x))=x$를 생각하면 다음 성질을 얻는다. 아래 **유제**에 이용해 보자.

　정석 $h(f(x))=x \implies h(x)=f^{-1}(x)$

모범답안 (1) $y=x+2$로 놓으면 $x=y-2$

　　x와 y를 바꾸면 $y=x-2$　$\therefore \ \boldsymbol{f^{-1}(x)=x-2}$ ← 답

　(2) $h(x)=(g \circ f^{-1})(x)=g(f^{-1}(x))=g(x-2)$
　　　$=(x-2)^2-1=\boldsymbol{x^2-4x+3}$ ← 답

　(3) $k(x)=(f^{-1} \circ g)(x)=f^{-1}(g(x))=f^{-1}(x^2-1)$
　　　$=(x^2-1)-2=\boldsymbol{x^2-3}$ ← 답

*Note (3) $(f \circ k)(x)=f(k(x))=k(x)+2=x^2-1$
　　　　$\therefore \ \boldsymbol{k(x)=x^2-3}$

유제 **10**-8. 함수 $f(x)=2x-3$에 대하여 다음 물음에 답하시오.
 (1) $(f \circ f)(x)$를 구하시오.　　　　　(2) $f^{-1}(x)$를 구하시오.
 (3) $g(f(x))=x$를 만족시키는 함수 $g(x)$를 구하시오.
 (4) $f(h(x))=x+1$을 만족시키는 함수 $h(x)$를 구하시오.

　　　　답 (1) $(f \circ f)(x)=4x-9$　(2) $f^{-1}(x)=\dfrac{1}{2}(x+3)$
　　　　　(3) $g(x)=\dfrac{1}{2}(x+3)$　　(4) $h(x)=\dfrac{1}{2}(x+4)$

연습문제 10

기본 **10**-1 $0 \le x \le 1$인 실수 x에 대하여 함수 $f(x)$를

$$f(x) = \begin{cases} x & (x\text{가 유리수}) \\ 1-x & (x\text{가 무리수}) \end{cases}$$

로 정의할 때, 다음을 구하시오.

(1) $f\left(f\left(\dfrac{1}{2}\right)\right)$ (2) $f\left(f\left(\dfrac{1}{\sqrt{2}}\right)\right)$ (3) $f(x)+f(1-x)+(f\circ f)(x)$

10-2   모든 실수 x에 대하여 세 함수 f, g, h가

$$(h \circ g)(x)=2x+1, \quad f(x)=-x+a, \quad (h \circ (g \circ f))(x)=bx+3$$

을 만족시킬 때, 상수 a, b의 값을 구하시오.

10-3   집합 $A=\{a, b, c\}$에 대하여 $f \circ f$가 항등함수가 되는 함수 $f : A \longrightarrow A$
의 개수를 구하시오.

10-4   두 함수 $f(x)=x^2+1, g(x)=ax+b$가 모든 실수 x에 대하여
$(g \circ f)(x)=(f \circ g)(x)$를 만족시킬 때, 상수 a, b의 값을 구하시오.

10-5   실수 전체의 집합에서 정의된 함수 $f(x)=\begin{cases} x^2-9x+25 & (x \ge 3) \\ 3x-2 & (x<3) \end{cases}$에 대하

여 $(f \circ f)(a)=f(a)$를 만족시키는 모든 실수 a의 값의 합을 구하시오.

10-6   두 함수 $f(x)=ax+b, g(x)=x+c$에 대하여 $(f \circ g)(x)=2x-3$,
$f^{-1}(3)=-2$일 때, $(g^{-1} \circ f)(-2)$의 값을 구하시오. 단, a, b, c는 상수이다.

10-7   함수 $f(x)=x^3-6x^2+12x$는 역함수 $f^{-1}(x)$가 존재한다. 방정식
$f^{-1}(8x)-2x=0$의 모든 근의 합을 구하시오.

10-8   함수 $f(x)$의 역함수가 존재하고, $g(x)=f(2x+1)$이다.

(1) $f^{-1}(0)=5$일 때, $g^{-1}(0)$의 값을 구하시오.

(2) $g^{-1}(x)$를 $f^{-1}(x)$에 관한 식으로 나타내시오.

10-9   양수 a에 대하여 함수

$$f(x)=x^2+(a+1)x \ (x \ge 0)$$

의 역함수를 $g(x)$라 하고, 직선 $y=-x+a+3$
과 두 함수 $y=f(x), y=g(x)$의 그래프가 만
나는 점을 각각 P, Q라고 하자. 삼각형 POQ
의 넓이가 24일 때, a의 값을 구하시오.

단, O는 원점이다.

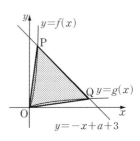

[실력] **10**-10 실수 전체의 집합 R에서 R로의 함수 f에 대하여
$f(f(x))=ax+b$이면 f는 일대일함수임을 보이시오.
단, a, b는 상수이고, $a \neq 0$이다.

10-11 다항식 $g(x)$가 임의의 실수 x에 대하여 $g(g(x))=x$이고, $g(0)=1$일
때, $g(x)$를 구하시오.

10-12 집합 $X=\{1, 2, 3, 4\}$에 대하여 f, g는 각각 X에서 X로의 함수이다.
$$f(1)=2, \quad f(3)=3, \quad g(1)=3,$$
$$(g \circ f)(1)=4, \quad (g \circ f)(2)=2, \quad (g \circ f)(3)=1, \quad (g \circ f)(4)=3$$
일 때, $f(2), f(4), g(4)$의 값을 구하시오.

10-13 자연수 전체의 집합에서 정의된 함수 f가 다음과 같다.
$$f(x)=\begin{cases} 3x+1 & (x가\ 홀수) \\ \dfrac{x}{2} & (x가\ 짝수) \end{cases}$$
$(f \circ f \circ f)(k)=10$을 만족시키는 모든 자연수 k의 값의 합을 구하시오.

10-14 함수 $y=f(x)$의 그래프가 오른쪽 그림
과 같을 때, 집합 $\{x \mid (f \circ f)(x)=f(x)\}$의 원
소의 개수를 구하시오.
단, 점선은 $y=x$의 그래프이다.

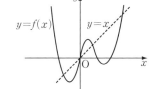

10-15 실수 전체의 집합 R에서 R로의 함수
$$f(x)=\begin{cases} x^2-ax+b & (x \geq 2) \\ x-2 & (x < 2) \end{cases}$$
의 역함수가 존재하도록 음이 아닌 실수 a, b의 값을 정할 때, 점 (a, b)의 자
취의 길이를 구하시오.

10-16 함수 $f(x)=\dfrac{1}{4}x^2+a \ (x \geq 0)$의 역함수를 $g(x)$라고 하자.
방정식 $f(x)=g(x)$가 음이 아닌 서로 다른 두 실근을 가질 때, 실수 a의
값의 범위를 구하시오.

10-17 실수 전체의 집합 R에서 R로의 함수
$$f(x)=\begin{cases} -2x+3 & (x \geq 1) \\ x^2-2x+2 & (x < 1) \end{cases}$$
에 대하여 함수 $y=f(x)$의 그래프와 그 역함수 $y=f^{-1}(x)$의 그래프의 교점
의 좌표를 구하시오.

11. 다항함수의 그래프

§1. 일차함수의 그래프

1 다항함수

함수 $f(x)$가 x에 관한 다항식일 때, $f(x)$를 다항함수라고 한다.

또, $f(x)$가 일차, 이차, 삼차, … 의 다항식일 때, 그 다항함수를 각각 일차함수, 이차함수, 삼차함수, … 라고 한다.

특히 상수 c에 대하여 $f(x)=c$는 상수함수이고, 이때 $f(x)$를 영(0)차의 다항함수로 볼 수 있다.

2 일차함수 $y=ax+b$의 그래프

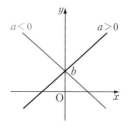

(1) 기울기가 a이고 y절편이 b인 직선이다.

(2) $a>0$일 때, x의 값이 증가하면 y의 값도 증가한다.

$a<0$일 때, x의 값이 증가하면 y의 값은 감소한다.

(3) $b>0$일 때 원점의 위쪽에서 y축과 만나고,

$b<0$일 때 원점의 아래쪽에서 y축과 만나며,

$b=0$일 때 원점을 지난다.

Advice | 일차함수의 성질에 대해서는 이미 중학교에서도 공부하였고, 직선의 방정식 단원에서도 공부하였다. 여기에서는 이를 정리하면서 그 활용 방법을 중심으로 좀 더 깊이 있게 다루어 보자.

보기 1 $1 \le x \le 3$에서 일차함수 $y=2x+k$의 최댓값이 5일 때, 상수 k의 값과 최솟값을 구하시오.

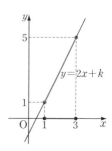

연구 $y=2x+k$에서 x의 값이 증가하면 y의 값도 증가하므로 $x=3$일 때 $y=5$(최댓값)이다.

$$\therefore 2 \times 3 + k = 5 \quad \therefore k = -1$$

따라서 $1 \le x \le 3$에서 $y=2x-1$의 최솟값은 $x=1$일 때 $y=1$ 곧, 최솟값 1

필수 예제 11-1 $y=(2-m)x+2m-1$에 대하여 다음 물음에 답하시오.

(1) $-1<x<1$일 때, y의 값이 항상 양수가 되도록 실수 m의 값의 범위를 정하시오.

(2) $-1\leq x\leq 1$일 때, y가 양수인 값과 음수인 값을 모두 가지도록 실수 m의 값의 범위를 정하시오.

(3) $0<m<3$일 때, 항상 $y>0$이 되는 x의 값의 범위를 구하시오.

[모범답안] $y=(2-m)x+2m-1$에서 $(x-2)m+y-2x+1=0$

이 직선은 m의 값에 관계없이 두 직선 $x-2=0$, $y-2x+1=0$의 교점 $(2, 3)$을 지난다.

(1) $-1<x<1$일 때 y의 값이 항상 양수가 되려면

$x=-1$일 때 $y=-2+m+2m-1\geq 0$ $\therefore m\geq 1$

$x=1$일 때 $y=2-m+2m-1\geq 0$ $\therefore m\geq -1$

두 부등식을 동시에 만족시키는 m의 값의 범위는

$\qquad \boldsymbol{m\geq 1}$ ← [답]

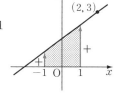

(2) $-1\leq x\leq 1$일 때 y가 양수인 값과 음수인 값을 모두 가지려면

$x=-1$일 때 $y=-2+m+2m-1<0$ $\therefore m<1$

$x=1$일 때 $y=2-m+2m-1>0$ $\therefore m>-1$

두 부등식을 동시에 만족시키는 m의 값의 범위는

$\qquad \boldsymbol{-1<m<1}$ ← [답]

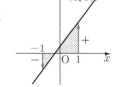

(3) y를 m에 관하여 정리하면 $y=(2-x)m+2x-1$

$0<m<3$일 때 $y>0$이면

$m=0$일 때 $y=2x-1\geq 0$ $\therefore x\geq \dfrac{1}{2}$

$m=3$일 때 $y=3(2-x)+2x-1\geq 0$ $\therefore x\leq 5$

$\qquad \therefore \dfrac{1}{2}\leq x\leq 5$ ← [답]

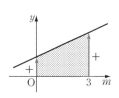

[유제] **11**-1. $y=ax+2a+1$에 대하여 다음 물음에 답하시오.

(1) $-1\leq x\leq 1$일 때, 항상 $y>0$이 되도록 실수 a의 값의 범위를 정하시오.

(2) $-1<x<1$일 때, y가 양수인 값과 음수인 값을 모두 가지도록 실수 a의 값의 범위를 정하시오.   [답] (1) $a>-\dfrac{1}{3}$ (2) $-1<a<-\dfrac{1}{3}$

[유제] **11**-2. $|p|<2$일 때, $x^2+px+1>2x+p$가 항상 성립하는 x의 값의 범위를 구하시오.   [답] $x\leq -1$, $x\geq 3$

필수 예제 **11**-2 정의역이 집합 $\{x \mid 0 \leq x \leq 4\}$인 함수

$$f(x) = \begin{cases} 2x & (0 \leq x \leq 2) \\ 8-2x & (2 < x \leq 4) \end{cases}$$

에 대하여 $g(x) = (f \circ f)(x)$라고 할 때, 다음 물음에 답하시오.

(1) $y = g(x)$의 그래프를 그리시오.

(2) $0 \leq x \leq 4$에서 부등식 $1 \leq g(x) \leq 3$을 만족시키는 x의 값의 범위를 구하시오.

[정석연구] $g(x) = f(f(x))$이므로

$$g(x) = \begin{cases} 2f(x) & (0 \leq f(x) \leq 2) \\ 8-2f(x) & (2 < f(x) \leq 4) \end{cases}$$

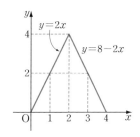

이다. 오른쪽 $y = f(x)$의 그래프에서

$$0 \leq f(x) \leq 2 \iff 0 \leq x \leq 1, \ 3 \leq x \leq 4$$
$$2 < f(x) \leq 4 \iff 1 < x < 3$$

임을 이용한다.

[모범답안] (1) $g(x) = \begin{cases} 2f(x) & (0 \leq f(x) \leq 2) \\ 8-2f(x) & (2 < f(x) \leq 4) \end{cases}$ 이므로

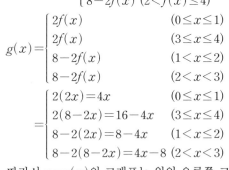

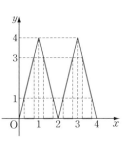

$$g(x) = \begin{cases} 2f(x) & (0 \leq x \leq 1) \\ 2f(x) & (3 \leq x \leq 4) \\ 8-2f(x) & (1 < x \leq 2) \\ 8-2f(x) & (2 < x < 3) \end{cases}$$

$$= \begin{cases} 2(2x) = 4x & (0 \leq x \leq 1) \\ 2(8-2x) = 16-4x & (3 \leq x \leq 4) \\ 8-2(2x) = 8-4x & (1 < x \leq 2) \\ 8-2(8-2x) = 4x-8 & (2 < x < 3) \end{cases}$$

따라서 $y = g(x)$의 그래프는 위의 오른쪽 그림과 같다.

(2) $\dfrac{1}{4} \leq x \leq \dfrac{3}{4}, \ \dfrac{5}{4} \leq x \leq \dfrac{7}{4}, \ \dfrac{9}{4} \leq x \leq \dfrac{11}{4}, \ \dfrac{13}{4} \leq x \leq \dfrac{15}{4} \longleftarrow$ 답

[유제] **11**-3. 두 함수

$$y = f(x), \quad y = g(x)$$

의 그래프가 오른쪽 그림과 같을 때, 함수 $y = (g \circ f)(x)$의 그래프를 좌표평면 위에 그리시오.

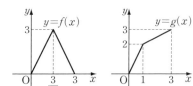

§2. 절댓값 기호가 있는 방정식의 그래프

기본정석

절댓값의 성질

(1) $|a| = \begin{cases} a & (a \geq 0) \\ -a & (a < 0) \end{cases}$

(2) $|a| \geq 0$

(3) $|-a| = |a|$

(4) $|a|^2 = a^2$

(5) $|ab| = |a||b|$

(6) $\left|\dfrac{a}{b}\right| = \dfrac{|a|}{|b|}$

Advice | 절댓값 기호가 있는 방정식의 그래프는 절댓값의 정의와 절댓값의 성질을 이용하여 절댓값 기호를 없앤 다음 그래프를 그린다.

정석 $A \geq 0$일 때 $|A| = A$, $A < 0$일 때 $|A| = -A$

보기 1 다음 방정식의 그래프를 그리시오.

(1) $y = |x|$ (2) $y = -|x|$ (3) $|y| = x$

연구 (1) $x \geq 0$일 때 $y = x$, $x < 0$일 때 $y = -x$

(2) $x \geq 0$일 때 $y = -x$, $x < 0$일 때 $y = x$

(3) $y \geq 0$일 때 $y = x$, $y < 0$일 때 $-y = x$, 곧 $y = -x$

따라서 그래프는 다음 그림과 같다.

(1)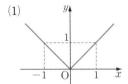

(2)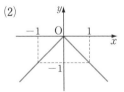

(3)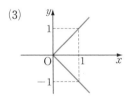

*Note 위의 그래프에서 다음을 알 수 있다.

1° $y = |x|$의 그래프는 y축에 대하여 대칭이다. 그 이유는 x 대신 $-x$를 대입해도 같은 식이 되기 때문이다.

2° $|y| = x$의 그래프는 x축에 대하여 대칭이다. 그 이유는 y 대신 $-y$를 대입해도 같은 식이 되기 때문이다.

3° $y = |x|$와 $y = -|x|$의 그래프는 x축에 대하여 대칭이다. 그 이유는 $y = |x|$의 y에 $-y$를 대입하면 $y = -|x|$이기 때문이다.

또한 $y = |x|$와 $|y| = x$의 그래프는 직선 $y = x$에 대하여 대칭이다. 그 이유는 $y = |x|$의 x와 y를 바꾸면 $|y| = x$이기 때문이다.

필수 예제 **11**-3　다음 방정식의 그래프를 그리시오.

(1) $y=|x-2|-1$　　　　　(2) $|y-3|=x+2$

정석연구 절댓값 기호는 다음 방법으로 없앤다.

정석 $A\geq0$일 때 $|A|=A$,　$A<0$일 때 $|A|=-A$

모범답안 (1) $y=|x-2|-1$에서

$x-2\geq0$일 때　$y=(x-2)-1$

곧, $x\geq2$일 때　$y=x-3$

$x-2<0$일 때　$y=-(x-2)-1$

곧, $x<2$일 때　$y=-x+1$

따라서 그래프는 오른쪽 그림과 같다.

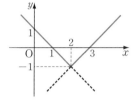

(2) $|y-3|=x+2$에서

$y-3\geq0$일 때　$y-3=x+2$

곧, $y\geq3$일 때　$y=x+5$

$y-3<0$일 때　$-(y-3)=x+2$

곧, $y<3$일 때　$y=-x+1$

따라서 그래프는 오른쪽 그림과 같다.

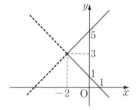

Advice 1° (1)의 그래프를 보면 점 $(2,-1)$에서 그래프가 꺾였다.

일반적으로 절댓값 기호 안에 x가 있는 식에서 꺾인 점의 좌표를 구하려면

(i) 절댓값 기호 안이 0이 되는 x의 값을 구한다. 이것이 x좌표이다.

(ii) 이 x의 값을 주어진 식에 대입하여 y의 값을 구한다. 이것이 y좌표이다.

(2)의 그래프도 같은 방법으로 꺾인 점의 좌표를 구할 수 있다.

2° $y=|x-2|-1\Longleftrightarrow y+1=|x-2|$이므로 $y=|x-2|-1$의 그래프는

$y=|x|$의 그래프를 x축의 방향으로 2만큼, y축의 방향으로 -1만큼 평행

이동한 것이다.

또, $|y-3|=x+2$의 그래프는 $|y|=x$의 그래프를 x축의 방향으로 -2

만큼, y축의 방향으로 3만큼 평행이동한 것이다.

따라서 그래프를 그릴 때 $y=|x|$, $|y|=x$의 그래프를 기본 도형으로 익

혀 두고, 그 평행이동을 생각하여 그릴 수도 있다.

유제 **11**-4. 다음 방정식의 그래프를 그리시오.

(1) $y=|x+2|-3$　　　　　(2) $y=x+|x-1|$

(3) $x+|y|=1$　　　　　(4) $|y-3|=\dfrac{1}{2}x+1$

필수 예제 **11**-4 다음 함수의 그래프를 그리시오.

(1) $y=\dfrac{x\,|x-1|}{x-1}$ (2) $y=|x-2|+|x+3|$

정석연구 (1) 다음 **정석**을 이용하여 절댓값 기호를 없앤다.

정석 $A\geq0$일 때 $|A|=A$, $A<0$일 때 $|A|=-A$

또, 이 함수는 $x=1$에서 정의되지 않으므로 이 함수의 정의역은 $\{x\,|\,x\neq1$인 실수$\}$라는 것도 주의해야 한다.

정석 분모가 **0**일 때에는 함수가 정의되지 않는다.

(2) 방정식이나 부등식을 풀 때와 마찬가지로 절댓값 기호가 두 개 이상 있는 경우에는 절댓값 기호 안의 식이 0이 되는 값을 찾아 x의 값의 범위를 나누면 된다.

곧, $x-2=0$에서 $x=2$, $x+3=0$에서 $x=-3$이므로

$$x<-3,\quad -3\leq x<2,\quad x\geq2$$

인 경우로 나누어 그린다.

모범답안 (1) $y=\dfrac{x\,|x-1|}{x-1}$에서

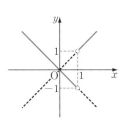

(ⅰ) $x>1$일 때 $y=\dfrac{x(x-1)}{x-1}=x$

(ⅱ) $x<1$일 때 $y=\dfrac{-x(x-1)}{x-1}=-x$

따라서 그래프는 오른쪽 그림과 같다.

(2) $y=|x-2|+|x+3|$에서

(ⅰ) $x<-3$일 때

$$y=-(x-2)-(x+3)=-2x-1$$

(ⅱ) $-3\leq x<2$일 때

$$y=-(x-2)+(x+3)=5$$

(ⅲ) $x\geq2$일 때

$$y=(x-2)+(x+3)=2x+1$$

따라서 그래프는 오른쪽 그림과 같다.

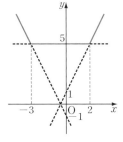

유제 **11**-5. 다음 함수의 그래프를 그리시오.

(1) $y=\dfrac{\sqrt{x^2}}{x}$ (2) $y=|x+2|+|x-3|$

필수 예제 **11**-5 다음 함수의 그래프를 그리고, 치역을 구하시오.

$$y=||x-2|-|x-4||$$

정석연구 $f(x)=|x-2|-|x-4|$ 라고 하면 주어진 함수는 $y=|f(x)|$ 꼴이다.

$$y=|f(x)|=\begin{cases} f(x) & (f(x)\geq0) \\ -f(x) & (f(x)<0) \end{cases}$$

이고, $y=-f(x)$ 의 그래프는 $y=f(x)$ 의 그래프와 x 축에 대하여 대칭이다.

따라서 $y=f(x)$ 의 그래프에서 $f(x)\geq0$ 인 부분(x 축 윗부분)은 그대로 두고, $f(x)<0$ 인 부분(x 축 아랫부분)만 찾아 x 축을 대칭축으로 하여 x 축 위로 꺾어 올린다.

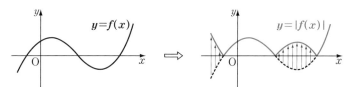

정석 $y=|f(x)|$ 꼴의 그래프를 그리는 방법

(ⅰ) $y=f(x)$ 의 그래프를 그린다.

(ⅱ) x 축 윗부분은 그대로 두고, 아랫부분은 x 축 위로 꺾어 올린다.

모범답안 $f(x)=|x-2|-|x-4|$ 로 놓으면

(ⅰ) $x<2$ 일 때 $f(x)=-(x-2)+(x-4)=-2$

(ⅱ) $2\leq x<4$ 일 때 $f(x)=(x-2)+(x-4)=2x-6$

(ⅲ) $x\geq4$ 일 때 $f(x)=(x-2)-(x-4)=2$

따라서 $y=f(x)$ 의 그래프는 아래 왼쪽 그림과 같으므로 $y=|f(x)|$ 의 그래프는 아래 오른쪽 그림과 같다. 또, 치역은 $\{y\,|\,0\leq y\leq2\}$ ← 답

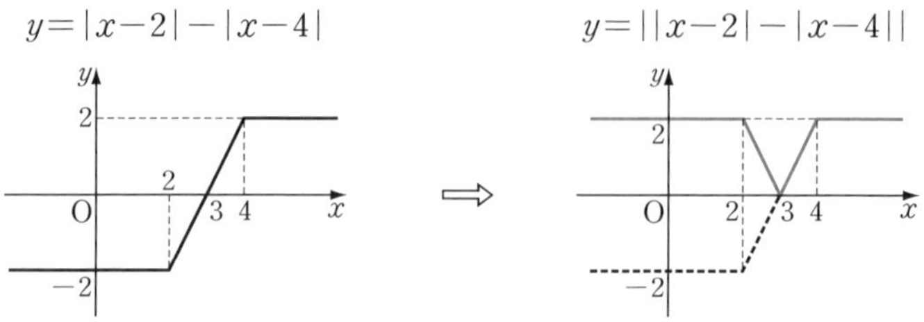

$$y=|x-2|-|x-4| \qquad\qquad y=||x-2|-|x-4||$$

유제 **11**-6. 다음 함수의 그래프를 그리시오.

(1) $y=\sqrt{x^2-6x+9}$ \qquad\qquad (2) $y=||x+2|-|x-3||$

필수 예제 **11**-6 다음 방정식의 그래프를 그리시오.

(1) $|x|+|y|=2$ (2) $||x|-|y||=1$

정석연구 $|x|$, $|y|$를 모두 포함한 방정식의 그래프는

$$x \geq 0, \ y \geq 0, \quad x \geq 0, \ y < 0,$$
$$x < 0, \ y \geq 0, \quad x < 0, \ y < 0$$

인 경우로 나누어 그린다.

모범답안 (1) $|x|+|y|=2$에서

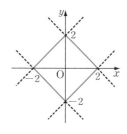

$x \geq 0$, $y \geq 0$일 때 $x+y=2$ $\therefore \ y=-x+2$

$x \geq 0$, $y < 0$일 때 $x-y=2$ $\therefore \ y=x-2$

$x < 0$, $y \geq 0$일 때 $-x+y=2$ $\therefore \ y=x+2$

$x < 0$, $y < 0$일 때 $-x-y=2$ $\therefore \ y=-x-2$

Advice 1° 그래프를 보면 x축, y축, 원점에 대하여 대칭인 도형이다. x 대신 $-x$를, y 대신 $-y$를 대입해도 같은 식이기 때문이다.

일반적으로 $|y|=f(|x|)$ 꼴의 그래프를 그리는 방법은 다음과 같다.

> 정석 $|y|=f(|x|)$ 꼴의 그래프를 그리는 방법

첫째 — $x \geq 0$, $y \geq 0$일 때의 $y=f(x)$의 그래프를 그린다.

둘째 — 다른 사분면에서의 그래프는 위에서 얻은 그래프를 x축, y축, 원점에 대하여 대칭이동하여 그린다.

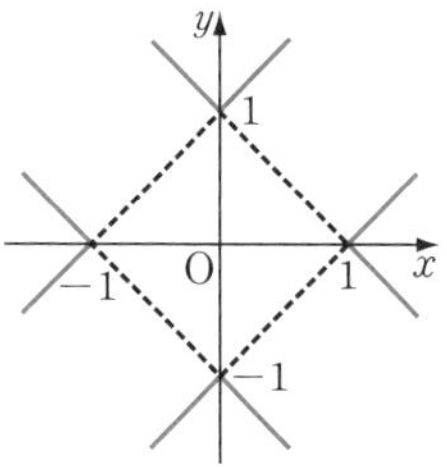

(2) $||x|-|y||=1$에서 x 대신 $-x$를, y 대신 $-y$를 대입해도 같은 식이 되므로 그래프는 x축, y축, 원점에 대하여 대칭인 도형이다.

$x \geq 0$, $y \geq 0$일 때 $|x-y|=1$

$\therefore \ x-y=1$ 또는 $x-y=-1$

따라서 그래프는 오른쪽 그림과 같다.

Advice 2° 평행이동을 이용하면 다음과 같은 도형도 쉽게 그릴 수 있다.

$|x-2|+|y-1|=2 \Longrightarrow$ 도형 $|x|+|y|=2$를 x축의 방향으로 2만큼, y축의 방향으로 1만큼 평행이동한 도형이다.

$|x+1|-|y-4|=3 \Longrightarrow$ 도형 $|x|-|y|=3$을 x축의 방향으로 -1만큼, y축의 방향으로 4만큼 평행이동한 도형이다.

유제 **11**-7. 방정식 $2|x|+|y|=4$의 그래프가 나타내는 도형의 넓이를 구하시오.
답 16

필수 예제 **11**-7 다음 물음에 답하시오.

　　단, $[x]$는 x보다 크지 않은 최대 정수를 나타낸다.

　(1) $-1 \leq x \leq 3$일 때, 함수 $y = x - [x]$의 그래프를 그리시오.

　(2) 다음 x에 관한 방정식의 서로 다른 실근의 개수를 구하시오.

$$x - [x] = \frac{1}{k} x \; (k \text{는 1보다 큰 자연수})$$

[정석연구] (1) 가우스 기호 $[x]$를 포함한 식의 그래프를 그릴 때에는 다음 가우스
기호의 정의를 이용하는 것이 기본이다.

정의 $[x] = n \iff n \leq x < n + 1 \; (n \text{은 정수})$

　　따라서 $-1 \leq x < 0$, $0 \leq x < 1$, $\cdots$일 때 그래프의 개형을 생각해 본다.

　(2) 특히 방정식의 실근의 개수를 구하는 경우 식으로 푸는 것보다 그래프의
개형을 그린 다음, x축과 만나는 점의 개수나 두 그래프의 교점의 개수를
조사하는 것이 편할 때가 있다.

정석 방정식 $f(x) = g(x)$의 실근

　　　　$\iff y = f(x), \; y = g(x)$의 그래프의 교점의 x좌표

[모범답안] (1) $y = x - [x]$에서

　　$-1 \leq x < 0$일 때　$y = x + 1$

　　$0 \leq x < 1$일 때　$y = x$

　　$1 \leq x < 2$일 때　$y = x - 1$

　　$2 \leq x < 3$일 때　$y = x - 2$

　　$x = 3$　　일 때　$y = 0$

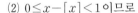

(2) $0 \leq x - [x] < 1$이므로

$$0 \leq \frac{1}{k} x < 1 \quad \text{곧,} \quad 0 \leq x < k$$

인 범위에서 생각하면 된다.

　　이 범위에서 $y = x - [x]$와 $y = \frac{1}{k} x$

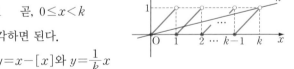

의 그래프는 오른쪽 그림과 같으므로 두 그래프의 교점은 $(k-1)$개이다.

　　따라서 방정식의 실근의 개수는 　**$k-1$** ← 답

[유제] **11**-8. $[x]$는 x보다 크지 않은 최대 정수를 나타낼 때, 다음에 답하시오.

　(1) 함수 $y = [x] + [-x]$의 그래프를 그리시오.

　(2) $-1 \leq x \leq 3$에서 $y = |x[x-2]|$의 그래프를 그리시오.

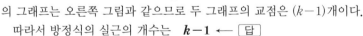

§3. 이차함수의 그래프

1 이차함수 $y=ax^2$의 그래프

　　꼭짓점이 원점이고 축이 y축인 포물선이다.

　(1) $a>0$이면 아래로 볼록한 포물선이고,

　　　$a<0$이면 위로 볼록한 포물선이다.

　(2) $|a|$의 값이 커질수록 포물선의 폭이 좁아진다.

2 이차함수 $y=a(x-m)^2+n$의 그래프

　　이차함수 $y=a(x-m)^2+n$의 그래프는

　　이차함수 $y=ax^2$의 그래프를

　　　　x축의 방향으로 m만큼,

　　　　y축의 방향으로 n만큼

　　평행이동한 것이다.

　　　따라서 이차함수 $y=ax^2$의 그래프와

　　합동인 포물선이고,

　　　　꼭짓점 : $(m,\,n)$,　축 : $x=m$

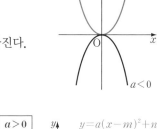

3 이차함수 $y=ax^2+bx+c$의 그래프

　(1) $y=ax^2+bx+c$

　　　$=a\left(x+\dfrac{b}{2a}\right)^2-\dfrac{b^2-4ac}{4a}$

　(2) 이차함수 $y=ax^2+bx+c$의 그래프는

　　　이차함수 $y=ax^2$의 그래프를

　　　　x축의 방향으로 $-\dfrac{b}{2a}$만큼,

　　　　y축의 방향으로 $-\dfrac{b^2-4ac}{4a}$만큼

　　평행이동한 것이다.

　　　따라서 이차함수 $y=ax^2$의 그래프와 합동인 포물선이고,

　　　　꼭짓점 : $\left(-\dfrac{b}{2a},\,-\dfrac{b^2-4ac}{4a}\right)$,　축 : $x=-\dfrac{b}{2a}$,　y절편 : c

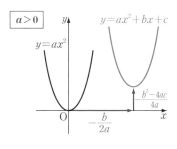

Advice 1° 이차함수 $y=ax^2+bx+c$의 그래프

이차함수의 그래프와 그 성질에 대해서는 이미 중학교에서 충분히 공부했으므로 여기서는 간단히 복습하면서 정리해 두자.

▶ 이차함수 $y=a(x-m)^2+n$의 그래프

$y=a(x-m)^2+n$에서 $y-n=a(x-m)^2$이고, 이것은 $y=ax^2$의 x 대신 $x-m$을, y 대신 $y-n$을 대입한 것이므로

정석 $y=a(x-m)^2+n$의 그래프는 $y=ax^2$의 그래프를

   x축의 방향으로 m만큼, y축의 방향으로 n만큼 평행이동한 것이다.

보기 1 함수 $y=2x^2$의 그래프를 이용하여 다음 함수의 그래프를 그리시오.

(1) $y=2(x-3)^2$ (2) $y=2x^2-1$ (3) $y=2(x+3)^2+1$

연구 $y=2x^2$의 그래프를 (1)은 x축의 방향으로 3만큼, (2)는 y축의 방향으로 -1만큼, (3)은 x축의 방향으로 -3만큼, y축의 방향으로 1만큼 평행이동한 것이다.

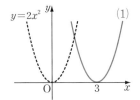 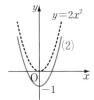 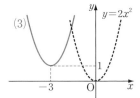

▶ 이차함수 $y=ax^2+bx+c$의 그래프

$y=a(x-m)^2+n$의 꼴로 변형하여 그린다.

보기 2 함수 $y=x^2-4x+3$의 그래프를 그리고, 치역을 구하시오.

연구 $y=x^2-4x+3=x^2-4x+(-2)^2-(-2)^2+3$

  $=(x-2)^2-1$

∴ 꼭짓점 : $(2, -1)$, 축 : $x=2$

  y절편 : $x=0$을 대입하면 $y=3$

  x절편 : $y=0$을 대입하면

    $x^2-4x+3=0$ ∴ $x=1, 3$

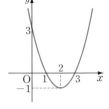

따라서 그래프는 오른쪽 그림과 같고, 치역은 $\{y\,|\,y\geq-1\}$이다.

Advice 2° 포물선 $y=ax^2+bx+c$의 x절편은 $y=0$일 때의 x의 값이므로 이차방정식 $ax^2+bx+c=0$의 실근이다.

정석 포물선 $y=ax^2+bx+c$의 x절편 $\Longleftrightarrow$ $ax^2+bx+c=0$의 실근

보기 3 함수 $y = -6x - 2x^2$의 그래프를 그리고, 치역을 구하시오.

연구 $y = -2x^2 - 6x = -2(x^2 + 3x)$

$$= -2\left\{x^2 + 3x + \left(\frac{3}{2}\right)^2 - \left(\frac{3}{2}\right)^2\right\}$$

$$= -2\left(x + \frac{3}{2}\right)^2 + \frac{9}{2}$$

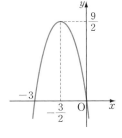

$\therefore$ 꼭짓점 : $\left(-\frac{3}{2}, \frac{9}{2}\right)$, 축 : $x = -\frac{3}{2}$

y절편 : $x = 0$을 대입하면 $y = 0$

x절편 : $y = 0$을 대입하면 $x = -3, 0$

따라서 그래프는 오른쪽 그림과 같고, 치역은 $\left\{y \mid y \leq \frac{9}{2}\right\}$이다.

*Note 만일 정의역이 $\{x \mid -1 \leq x \leq 0\}$이면 치역은 $\{y \mid 0 \leq y \leq 4\}$이다.

Advice 3° 이차함수 $y = ax^2 + bx + c$는 다음과 같이 변형한다.

$$y = ax^2 + bx + c = a\left(x^2 + \frac{b}{a}x\right) + c$$

$$= a\left\{x^2 + \frac{b}{a}x + \left(\frac{b}{2a}\right)^2 - \left(\frac{b}{2a}\right)^2\right\} + c = a\left(x + \frac{b}{2a}\right)^2 - a \times \frac{b^2}{4a^2} + c$$

$$= a\left(x + \frac{b}{2a}\right)^2 - \frac{b^2 - 4ac}{4a}$$

따라서 다음과 같이 정리할 수 있다.

정석 $y = ax^2 + bx + c = a\left(x + \dfrac{b}{2a}\right)^2 - \dfrac{b^2 - 4ac}{4a}$

꼭짓점 : $\left(-\dfrac{b}{2a}, -\dfrac{b^2 - 4ac}{4a}\right)$, 축 : $x = -\dfrac{b}{2a}$

이것을 공식으로 기억해 두고서 활용할 수도 있다.

이를테면 $y = x^2 - 4x + 3$의 그래프에서 꼭짓점의 좌표는 $a = 1$, $b = -4$, $c = 3$을 대입하면

$$-\frac{b}{2a} = -\frac{-4}{2 \times 1} = 2, \quad -\frac{b^2 - 4ac}{4a} = -\frac{(-4)^2 - 4 \times 1 \times 3}{4 \times 1} = -1$$

$$\therefore \ (2, -1)$$

한편 축의 방정식만 기억해도 꼭짓점의 좌표를 쉽게 구할 수 있다. 곧,

$$축의 방정식 : x = -\frac{b}{2a} = -\frac{-4}{2 \times 1} = 2$$

이므로 꼭짓점의 x좌표는 2이다.

이 값을 $y = x^2 - 4x + 3$에 대입하면 $y = 2^2 - 4 \times 2 + 3 = -1$이므로 꼭짓점의 좌표는 $(2, -1)$이다.

필수 예제 11-8　세 점 $O(0, 0)$, $A(1, 0)$, $B(0, 1)$과 선분 OB 위에 한 점 C(점 C는 선분의 양 끝 점이 아님)가 있다.

　　포물선 $y=ax^2+bx+c$가 점 A와 점 C를 지나고, 그 꼭짓점이 제1사분면에 있을 때, 다음의 값 또는 부호를 조사하시오.

(1) a　　　　(2) b　　　　(3) c　　　　(4) $a+b+c$

(5) $a-b+c$　　(6) $a+b+1$　　(7) $a+2b+4c$

[정석연구] 주어진 조건을 만족시키는 포물선의 개형은 오른쪽 그림과 같다.

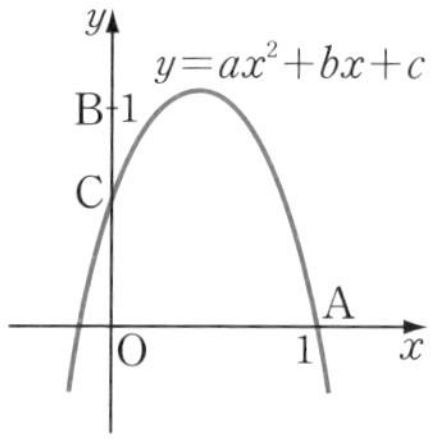

　일반적으로

(i) a의 부호는 어느 쪽으로 볼록한지를 보고 판단한다.

(ii) b의 부호는 꼭짓점의 x좌표나 축의 위치를 보고 판단한다.

(iii) c의 부호는 y축과의 교점의 위치를 보고 판단한다.

[모범답안] (1) 위로 볼록한 포물선이므로　$a<0$ ← [답]

(2) 꼭짓점의 x좌표가 양수이므로　$-\dfrac{b}{2a}>0$

　　여기에서 $a<0$이므로　$b>0$ ← [답]

(3) $x=0$일 때의 y의 값으로서 점 C의 y좌표이므로　$c>0$ ← [답]

(4) $x=1$일 때의 y의 값이므로　$a+b+c=0$ ← [답]

(5) $f(x)=ax^2+bx+c$ 라고 하면

　　$f(-1)-f(1)=(a-b+c)-(a+b+c)=-2b<0$

　　　　$\therefore f(-1)<f(1)=0$　$\therefore a-b+c<0$ ← [답]

(6) $c<1$이므로　$a+b+c<a+b+1$　$\therefore a+b+1>0$ ← [답]

(7) $x=\dfrac{1}{2}$일 때　$y=\dfrac{1}{4}a+\dfrac{1}{2}b+c=\dfrac{1}{4}(a+2b+4c)>0$

　　　　$\therefore a+2b+4c>0$ ← [답]

[유제] **11**-9. 함수 $y=-ax^2+bx-c$의 그래프가 오른쪽 그림과 같을 때, 다음의 값 또는 부호를 조사하시오.

(1) a　　　　(2) b　　　　(3) c

(4) $4a-2b+c$　　(5) $4a+2b+c$

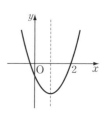

　　　[답] (1) $a<0$　(2) $b<0$　(3) $c>0$

　　　　　(4) $4a-2b+c=0$　(5) $4a+2b+c<0$

필수 예제 **11**-9　다음 함수의 그래프를 그리시오.

(1) $y=|x^2-4|$　　　　　　(2) $y=(x-2)^2-2|x-2|+3$

(3) $y=(|x|-1)(x+2)$

정석연구 절댓값 기호가 있는 함수의 그래프는

정석 $A \geq 0$일 때 $|A|=A$, $A<0$일 때 $|A|=-A$

를 이용하여 먼저 절댓값 기호를 없애고 그린다.

모범답안 (1) $x^2-4 \geq 0$일 때, 곧 $x \leq -2$, $x \geq 2$일 때

$$y=x^2-4$$

$x^2-4<0$일 때, 곧 $-2<x<2$일 때

$$y=-(x^2-4)=-x^2+4$$

*Note $y=|f(x)|$ 꼴의 그래프를 그리는 방법에 따라 그릴 수도 있다.　⇦ p. 196 참조

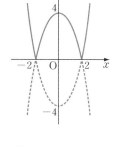

(2) $x \geq 2$일 때

$$y=(x-2)^2-2(x-2)+3=x^2-6x+11$$
$$=(x-3)^2+2$$

∴ 꼭짓점 : $(3, 2)$, y절편 : 11

$x<2$일 때

$$y=(x-2)^2+2(x-2)+3=x^2-2x+3$$
$$=(x-1)^2+2$$

∴ 꼭짓점 : $(1, 2)$, y절편 : 3

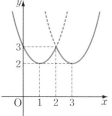

(3) $x \geq 0$일 때　$y=(x-1)(x+2)=x^2+x-2$

$$=\left(x+\frac{1}{2}\right)^2-\frac{9}{4}$$

∴ 꼭짓점 : $\left(-\frac{1}{2}, -\frac{9}{4}\right)$, y절편 : -2

$x<0$일 때　$y=(-x-1)(x+2)$

$$=-x^2-3x-2$$
$$=-\left(x+\frac{3}{2}\right)^2+\frac{1}{4}$$

∴ 꼭짓점 : $\left(-\frac{3}{2}, \frac{1}{4}\right)$, y절편 : -2

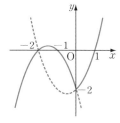

유제 **11**-10. $f(x)=x^2-2x-3$일 때, 다음 방정식의 그래프를 그리시오.

(1) $y=|f(x)|$　　(2) $y=f(|x|)$　　(3) $|y|=f(x)$

필수 예제 **11**-10   이차함수 $y=x^2+2ax+b$의 정의역이 $\{x\,|\,0\leq x\leq 1\}$일 때, 치역이 $\{y\,|\,0\leq y\leq 1\}$이 되도록 상수 $a,\,b$의 값을 정하시오.

[정석연구] 이를테면 $y=x^2$은 오른쪽 그림과 같이 정의역이 $\{x\,|\,0\leq x\leq 1\}$일 때, 치역이 $\{y\,|\,0\leq y\leq 1\}$이 되는 함수이다.

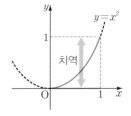

따라서 $a=0,\,b=0$은 문제의 조건에 알맞은 값 중의 하나라고 할 수 있다.

[모범답안] $y=(x+a)^2-a^2+b$

따라서 이 함수의 그래프는 아래로 볼록한 포물선이고, 꼭짓점은 점 $(-a,\,-a^2+b)$이다.

$f(x)=x^2+2ax+b$로 놓으면

(i) $-a\leq 0$일 때, 곧 $a\geq 0$ ······①

일 때 $f(x)$는 $0\leq x\leq 1$에서 증가한다.

$$\therefore\ f(0)=0,\ f(1)=1$$
$$\therefore\ b=0,\ 1+2a+b=1 \quad \therefore\ a=0$$

이것은 ①에 적합하다.

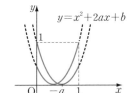

(ii) $0<-a<1$일 때, 곧 $-1<a<0$ ······②

일 때 조건을 만족시키기 위해서는

꼭짓점의 y좌표: $-a^2+b=0$

$$\begin{cases} f(0)\leq 1 \\ f(1)=1 \end{cases} \text{또는} \begin{cases} f(0)=1 \\ f(1)\leq 1 \end{cases}$$

이로부터 $a=0$ 또는 $a=-1$이지만 모두 ②에 적합하지 않다.

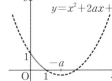

(iii) $-a\geq 1$일 때, 곧 $a\leq -1$ ······③

일 때 $f(x)$는 $0\leq x\leq 1$에서 감소한다.

$$\therefore\ f(0)=1,\ f(1)=0$$
$$\therefore\ b=1,\ 1+2a+b=0 \quad \therefore\ a=-1$$

이것은 ③에 적합하다.   답 $a=0,\ b=0$ 또는 $a=-1,\ b=1$

[유제] **11**-11. $0<a<b$인 상수 $a,\,b$에 대하여 함수 $f(x)=\dfrac{1}{4}(x^2+3)$의 정의역이 $\{x\,|\,a\leq x\leq b\}$, 치역이 $\{y\,|\,a\leq y\leq b\}$일 때, $a,\,b$의 값을 구하시오.

답 $a=1,\ b=3$

필수 예제 **11**-11   두 함수 $f(x)=|x-2|-5$, $g(x)=x^2+6x+8$이 있다.
$0\leq x\leq 5$일 때, $y=g(f(x))$의 최댓값과 최솟값을 구하시오.

정석연구 주어진 조건에 의하면
$$y=g(f(x))=g(|x-2|-5) \qquad \cdots\cdots①$$
$$=(|x-2|-5)^2+6(|x-2|-5)+8$$
$$=|x-2|^2-4|x-2|+3$$

이므로 절댓값 기호를 없앤 다음 그래프를 그려서 풀 수 있다.

또는 ①에서 $|x-2|-5=t$로 치환한 다음
$$y=g(t)=t^2+6t+8$$

의 최댓값과 최솟값을 구할 수도 있다.

이와 같이 $t=|x-2|-5$로 치환할 때에는 오른쪽 그림에서 알 수 있듯이

$0\leq x\leq 5$일 때 $-5\leq t\leq-2$

인 것에 주의해야 한다.

정석 치환할 때에는 제한 범위에 주의한다.

모범답안 $f(x)=|x-2|-5=t$로 놓으면
$$y=g(f(x))=g(t)=t^2+6t+8$$
$$=(t+3)^2-1 \qquad \cdots\cdots②$$

한편 오른쪽 위의 그림에서
$$0\leq x\leq 5일 때   -5\leq t\leq-2$$

이 범위에서 ②의 최댓값, 최솟값을 구하면

$t=-5$, 곧 $x=2$일 때   최댓값 **3**
$t=-3$, 곧 $x=0,4$일 때   최솟값 **−1**   ← 답

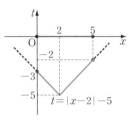

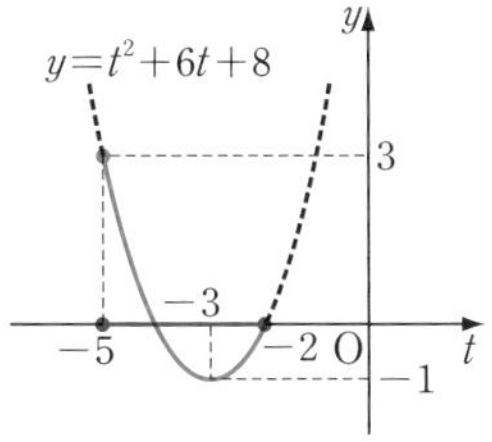

유제 **11**-12. $-1\leq x\leq 2$일 때, $y=(x^2-2x+3)^2-4(x^2-2x+3)+1$의 최댓값과 최솟값을 구하시오.   답 최댓값 **13**, 최솟값 **−3**

유제 **11**-13. 두 함수 $f(x)=x^2+2x-1$, $g(x)=2x^2-8x+5$가 있다.
$0\leq x\leq 3$일 때, 합성함수 $(f\circ g)(x)$의 최댓값과 최솟값을 구하시오.   답 최댓값 **34**, 최솟값 **−2**

유제 **11**-14. $f(x)=x^2+x+1$일 때, $-1\leq x\leq 1$에서 $f(3-4f(x))$의 최댓값과 최솟값을 구하시오.   답 최댓값 **73**, 최솟값 $\dfrac{3}{4}$

§4. 포물선의 방정식

포물선의 방정식을 구하는 기본 방법

(1) 꼭짓점 (m, n)이 주어진 경우 $\implies y=a(x-m)^2+n$을 이용

(2) 세 점이 주어진 경우 $\implies y=ax^2+bx+c$를 이용

(3) x절편이 주어진 경우 $\implies y=a(x-\alpha)(x-\beta)$를 이용

(1) 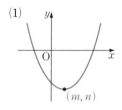   (2) 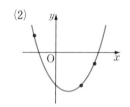   (3)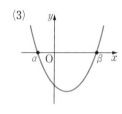

Advice | 이제 어떤 조건이 주어지고 그 조건에 맞는 포물선의 방정식을 구하는 방법을 공부해 보자.

보기 1 꼭짓점이 점 $(-1, 2)$이고, 점 $(1, 6)$을 지나며, 축이 x축에 수직인 포물선의 방정식을 구하시오.

연구 꼭짓점이 점 $(-1, 2)$이므로 $y=a(x+1)^2+2$ ……①

그런데 ①은 점 $(1, 6)$을 지나므로 $6=a(1+1)^2+2$ ∴ $a=1$

따라서 ①은 $y=1\times(x+1)^2+2$ 곧, $y=x^2+2x+3$

보기 2 세 점 $(1, 4)$, $(-1, 6)$, $(2, 9)$를 지나고, 축이 x축에 수직인 포물선의 방정식을 구하시오.

연구 구하는 방정식을 $y=ax^2+bx+c$라고 하자.

세 점 $(1, 4)$, $(-1, 6)$, $(2, 9)$를 지나므로

$$4=a+b+c, \quad 6=a-b+c, \quad 9=4a+2b+c$$

연립하여 풀면 $a=2$, $b=-1$, $c=3$ ∴ $y=2x^2-x+3$

보기 3 세 점 $(1, 0)$, $(-3, 0)$, $(3, 24)$를 지나고, 축이 x축에 수직인 포물선의 방정식을 구하시오.

연구 x축과 $x=1$, $x=-3$인 점에서 만나므로 $y=a(x-1)(x+3)$ ……①

그런데 ①은 점 $(3, 24)$를 지나므로 $24=a(3-1)(3+3)$ ∴ $a=2$

따라서 ①은 $y=2(x-1)(x+3)$ 곧, $y=2x^2+4x-6$

필수 예제 11-12 두 점 $(0, -1)$, $(3, 2)$를 지나고, 꼭짓점이 직선 $y = 3x - 3$ 위에 있는 포물선의 방정식 $y = ax^2 + bx + c$ 에서 상수 a, b, c 의 값을 구하시오. 단, $a < 0$이다.

───

정석연구 포물선 $y = ax^2 + bx + c$가 두 점 $(0, -1)$, $(3, 2)$를 지난다는 조건으로부터 a, b, c에 관한 관계식을 두 개 얻을 수 있다.

정석 $y = f(x)$의 그래프가 점 (x_1, y_1)을 지난다 $\iff y_1 = f(x_1)$

또,「포물선의 꼭짓점이 직선 $y = 3x - 3$ 위에 있다」는 조건으로부터 a, b, c 에 관한 관계식을 또 하나 얻을 수 있다.

이때, 포물선의 꼭짓점의 좌표는 기억해 두고 활용하는 것이 좋다.

정석 포물선 $y = ax^2 + bx + c$의 꼭짓점 $\implies \left(-\dfrac{b}{2a}, \ -\dfrac{b^2 - 4ac}{4a} \right)$

모범답안 $y = ax^2 + bx + c$ ……①

①이 두 점 $(0, -1)$, $(3, 2)$를 지나므로

$-1 = c$ ……②　　　　$2 = 9a + 3b + c$ ……③

또, 포물선의 꼭짓점 $\left(-\dfrac{b}{2a}, -\dfrac{b^2 - 4ac}{4a} \right)$가 직

선 $y = 3x - 3$ 위에 있으므로

$$-\frac{b^2 - 4ac}{4a} = 3 \times \left(-\frac{b}{2a} \right) - 3 \quad \cdots\cdots④$$

②의 $c = -1$을 ③, ④에 대입하면

$3a + b = 1$ ……⑤　　$b^2 - 6b - 8a = 0$ ……⑥

⑤에서의 $b = 1 - 3a$ ……⑦

을 ⑥에 대입하면 $9a^2 + 4a - 5 = 0$ ∴ $(9a - 5)(a + 1) = 0$

$a < 0$이므로 $a = -1$, ⑦에서 $b = 4$ 　답 $a = -1$, $b = 4$, $c = -1$

*Note 꼭짓점이 직선 $y = 3x - 3$ 위에 있으므로 꼭짓점의 좌표는 $(p, 3p - 3)$ 꼴이다. 따라서 포물선의 방정식을 $y = a(x - p)^2 + 3p - 3$으로 놓고 두 점 $(0, -1)$, $(3, 2)$의 좌표를 대입할 수도 있지만, 계산 과정이 복잡하다.

유제 **11**-15. 포물선 $y = x^2 + 2ax + b$가 점 $(2, 4)$를 지나고, 꼭짓점이 직선 $y - 2x - 1 = 0$ 위에 있을 때, 상수 a, b의 값을 구하시오. 답 $a = -1$, $b = 4$

유제 **11**-16. 포물선 $y = ax^2 + bx + c$와 직선 $y = x + 3$이 $x = -1$, $x = 2$인 점에서 만나고, 포물선의 꼭짓점의 y좌표가 1이다. 이때, 정수 a, b, c의 값을 구하시오. 답 $a = 1$, $b = 0$, $c = 1$

필수 예제 **11**-13 p가 음이 아닌 실수의 값을 가지면서 변할 때, 포물선
$$y = x^2 - 4px + 8p^2 - 8p$$
의 꼭짓점의 자취의 방정식을 구하시오.

[정석연구] $y = x^2 - 4px + 8p^2 - 8p$에서 p에 0, $\dfrac{1}{4}$, $\dfrac{1}{2}$, 1, $\dfrac{3}{2}$, $\dfrac{7}{4}$, 2를 대입하여 각각의 그래프를 그 려 보면 오른쪽 그림의 점선인 곡선이 되며, 각 곡선의 꼭짓점의 집합을 생각하면 초록색으로 나타내어지는 포물선임을 알 수 있다.

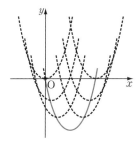

그러나 이와 같은 방법으로

꼭짓점의 자취가 포물선이라고 예상

할 수는 있으나 대단히 귀찮을 뿐만 아니라 정확한 포물선의 방정식을 구하기 도 어렵다.

따라서 꼭짓점의 자취를 구할 때에는 꼭짓점의 좌표를 p로 나타낸 다음 x 좌표를 x로, y좌표를 y로 놓고 p를 소거하여 x와 y의 관계식을 구한다.

정석 점 $(f(p), g(p))$의 자취는
$\implies x = f(p)$, $y = g(p)$로 놓고 p를 소거한다.

그리고 p가 음이 아닌 실수라는 조건을 빠뜨리지 않도록 주의한다.

정석 자취 문제 $\implies$ 항상 변수의 범위에 주의한다.

[모범답안] $y = x^2 - 4px + 8p^2 - 8p = (x - 2p)^2 + 4p^2 - 8p$

에서 꼭짓점의 좌표는 $(2p, 4p^2 - 8p)$이다.

$x = 2p$ ······① $y = 4p^2 - 8p$ ······②

①에서 $p = \dfrac{1}{2}x$ ······③

③을 ②에 대입하면 $y = x^2 - 4x$

한편 $p \geq 0$이므로 ③에서 $x \geq 0$

따라서 구하는 자취의 방정식은

$$y = x^2 - 4x \ (x \geq 0) \longleftarrow \boxed{답}$$

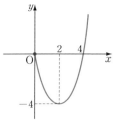

[유제] **11**-17. p가 실수의 값을 가지면서 변할 때, 다음 포물선의 꼭짓점의 자 취의 방정식을 구하시오.

(1) $y = x^2 + px$ 　　　　　　　　(2) $y = x^2 - px + p$

$\boxed{답}$ (1) $y = -x^2$ 　(2) $y = -x^2 + 2x$

필수 예제 **11**-14 다음 물음에 답하시오.

(1) 점 $F(3, -2)$와 직선 $y=4$에서 같은 거리에 있는 점의 자취의 방정식을 구하시오.

(2) x축과 원 $x^2+(y-3)^2=1$에 동시에 접하는 원의 중심의 자취의 방정식을 구하시오.

[정석연구] 자취 문제는 다음 방법으로 해결한다.

정석 (i) 조건을 만족시키는 점을 $P(x, y)$라 하고,
(ii) 주어진 조건을 이용하여 x와 y의 관계식을 구한다.

[모범답안] (1) 조건을 만족시키는 점을 $P(x, y)$라고 하면
$$\overline{PF}=\sqrt{(x-3)^2+(y+2)^2}$$
또, 점 $P(x, y)$와 직선 $y=4$ 사이의 거리는 $|y-4|$이므로
$$\sqrt{(x-3)^2+(y+2)^2}=|y-4|$$
양변을 제곱하면
$$(x-3)^2+(y+2)^2=(y-4)^2$$
정리하면 $y=-\dfrac{1}{12}(x-3)^2+1$ ← 답

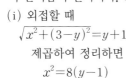

(2) 조건을 만족시키는 점을 $P(x, y)$라고 하면 $y>0$이고, y는 중심이 P인 원의 반지름의 길이이다. 또, 두 원의 중심 사이의 거리는 $\sqrt{x^2+(3-y)^2}$이다.

(i) 외접할 때
$$\sqrt{x^2+(3-y)^2}=y+1$$
제곱하여 정리하면
$$x^2=8(y-1)$$
(ii) 내접할 때
$$\sqrt{x^2+(3-y)^2}=y-1$$
제곱하여 정리하면
$$x^2=4(y-2)$$

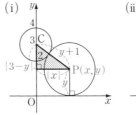
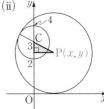

답 $y=\dfrac{1}{8}x^2+1,\ y=\dfrac{1}{4}x^2+2$

[유제] **11**-18. 점 $F(3, 2)$와 직선 $y=-3$에서 같은 거리에 있는 점의 자취의 방정식을 구하시오. 답 $y=\dfrac{1}{10}(x-3)^2-\dfrac{1}{2}$

[유제] **11**-19. 원 $x^2+y^2=1$에 외접하고, 직선 $y=-2$에도 접하는 원의 중심의 자취의 방정식을 구하시오. 답 $y=\dfrac{1}{6}x^2-\dfrac{3}{2}$

§5. 간단한 삼차함수의 그래프

1 삼차함수 $y=ax^3$의 그래프

(1) 원점에 대하여 대칭이다.

(2) $a>0$일 때, x의 값이 증가하면 y의 값도 증가한다.

$a<0$일 때, x의 값이 증가하면 y의 값은 감소한다.

2 $y=a(x-m)^3+n$의 그래프

삼차함수 $y=ax^3$의 그래프를 x축의 방향으로 m만큼, y축의 방향으로 n만큼 평행이동한 것이다.

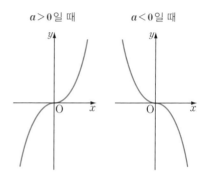

3 우함수와 기함수

우함수 $\iff f(-x)=f(x) \iff$ 그래프는 y축에 대하여 대칭

기함수 $\iff f(-x)=-f(x) \iff$ 그래프는 원점에 대하여 대칭

Advice 1° 삼차함수 $y=ax^3$의 그래프

여기서는 삼차함수 중 $y=ax^3$ 꼴의 그래프와 이것을 평행이동한 그래프의 개형만 다룬다. 일반적인 삼차함수의 그래프는 미적분 I 에서 공부한다.

▶ $y=x^3$의 그래프

여러 가지 x의 값에 대응하는 y의 값을 표로 나타내면 다음과 같다.

x	$\cdots$	-2	-1	0	1	2	$\cdots$
y	$\cdots$	-8	-1	0	1	8	$\cdots$

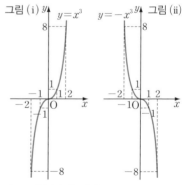

이들 각 쌍의 x, y의 값을 x, y좌표로 하는 점 (x, y)의 집합을 좌표평면 위에 나타내면 그림 (i)과 같은 곡선을 얻는다.

같은 방법으로 하면 $y=-x^3$의 그래프는 그림 (ii)와 같다.

또, $y=-x^3 \Longleftrightarrow y=(-x)^3$ 이고, 이것은 $y=x^3$에서 x 대신 $-x$를 대입한 것이므로 $y=-x^3$의 그래프는 $y=x^3$의 그래프를 y축에 대하여 대칭이동한 것임을 이용하여 그려도 된다.

이상과 같은 방법으로 하면 다음 함수의 그래프도 그릴 수 있다.

$$y=2x^3, \quad y=-2x^3, \quad y=\frac{1}{2}x^3, \quad y=-\frac{1}{2}x^3, \quad \cdots$$

보기 1 삼차함수 $y=x^3$의 그래프를 다음과 같이 평행이동한 그래프의 방정식을 구하시오.

(1) x축의 방향으로 2만큼 평행이동

(2) y축의 방향으로 4만큼 평행이동

(3) x축의 방향으로 -2만큼, y축의 방향으로 -4만큼 평행이동

연구 (1) x 대신 $x-2$를 대입하면 $\boldsymbol{y=(x-2)^3}$

(2) y 대신 $y-4$를 대입하면 $y-4=x^3$ ∴ $\boldsymbol{y=x^3+4}$

(3) x 대신 $x+2$를, y 대신 $y+4$를 대입하면

$$y+4=(x+2)^3 \quad ∴ \boldsymbol{y=(x+2)^3-4}$$

Advice 2° 우함수와 기함수

이를테면 함수 $f(x)=x^2$에서는

$$f(-x)=(-x)^2=x^2=f(x) \quad 곧, \boldsymbol{f(-x)=f(x)}$$

가 성립한다. 또, 함수 $f(x)=x^3$에서는

$$f(-x)=(-x)^3=-x^3=-f(x) \quad 곧, \boldsymbol{f(-x)=-f(x)}$$

가 성립한다.

일반적으로 $f(-x)=f(x)$가 성립하는 함수 $f(x)$를 우함수(짝함수)라 하고, $f(-x)=-f(x)$가 성립하는 함수 $f(x)$를 기함수(홀함수)라고 한다.

또, 두 함수 $f(x)=x^2, f(x)=x^3$의 그래프로부터 다음 성질을 알 수 있다.

정석 우함수와 기함수

우함수 $\Longleftrightarrow \boldsymbol{f(-x)=f(x)} \Longleftrightarrow$ 그래프는 $\boldsymbol{y}$축에 대하여 대칭

기함수 $\Longleftrightarrow \boldsymbol{f(-x)=-f(x)} \Longleftrightarrow$ 그래프는 원점에 대하여 대칭

보기 2 다음 함수 중에서 우함수는 ○표, 기함수는 △표, 우함수도 기함수도 아닌 함수는 ×표를 하시오.

(1) $f(x)=2x^4+3x^2-3$ $\qquad$ (2) $f(x)=x^3-4x$

(3) $f(x)=\dfrac{5}{x^2+1}$ $\qquad$ (4) $f(x)=4x^2-3x+1$

연구 $f(-x)$를 구하여 $f(x)$와 비교하면 알 수 있다.

(1) ○ $\quad$ (2) △ $\quad$ (3) ○ $\quad$ (4) ×

필수 예제 11-15 함수 $f(x)$가 우함수이고 함수 $g(x)$가 기함수일 때, 다음 함수는 우함수인가, 기함수인가? 단, (2)에서 $g(x) \neq 0$이다.

(1) $f(x)g(x)$ (2) $\dfrac{f(x)}{g(x)}$ (3) $\{g(x)\}^2$ (4) $f(g(x))$

[정석연구] 주어진 조건에서 $f(-x)=f(x)$, $g(-x)=-g(x)$이다.

각 식을 $F(x)$로 놓고, $F(-x)$를 계산하여 $F(x)$와 비교한다.

> **정석** $F(-x)=F(x) \iff F(x)$는 우함수
>
> $F(-x)=-F(x) \iff F(x)$는 기함수

[모범답안] 문제의 조건에서 $f(-x)=f(x)$, $g(-x)=-g(x)$

(1) $F(x)=f(x)g(x)$로 놓으면

$$F(-x)=f(-x)g(-x)=f(x)\{-g(x)\}=-f(x)g(x)=-F(x)$$

곧, $F(-x)=-F(x)$이므로   기함수 ← [답]

(2) $F(x)=\dfrac{f(x)}{g(x)}$로 놓으면 $F(-x)=\dfrac{f(-x)}{g(-x)}=\dfrac{f(x)}{-g(x)}=-F(x)$

곧, $F(-x)=-F(x)$이므로   기함수 ← [답]

(3) $F(x)=\{g(x)\}^2$으로 놓으면

$$F(-x)=\{g(-x)\}^2=\{-g(x)\}^2=\{g(x)\}^2=F(x)$$

곧, $F(-x)=F(x)$이므로   우함수 ← [답]

(4) $F(x)=f(g(x))$로 놓으면

$$F(-x)=f(g(-x))=f(-g(x))=f(g(x))=F(x)$$

곧, $F(-x)=F(x)$이므로   우함수 ← [답]

[유제] **11**-20. 실수 전체의 집합에서 정의된 함수 $f(x)$에 대하여 다음을 보이시오.

(1) $f(x)+f(-x)$는 우함수이다.   (2) $f(x)-f(-x)$는 기함수이다.

(3) $f(x)f(-x)$는 우함수이다.

[유제] **11**-21. 실수 전체의 집합에서 정의된 두 함수 $f(x)$, $g(x)$와 두 실수 p, q에 대하여 $h(x)=pf(x)+qg(x)$라고 할 때, 다음을 보이시오.

(1) $y=f(x)$, $y=g(x)$의 그래프가 모두 원점에 대하여 대칭이면 $y=h(x)$의 그래프도 원점에 대하여 대칭이다.

(2) $p>0$, $q>0$, $p+q=1$이면 모든 실수 x에 대하여

$$\{h(x)-f(x)\}\{h(x)-g(x)\} \leq 0$$이다.

연습문제 11

기본 **11**-1   함수 $y=ax+b$의 정의역이 $\{x\,|\,-1\le x\le 1\}$일 때, 치역이
$\{y\,|\,1\le y\le 3\}$이 되도록 하는 상수 a, b의 값을 구하시오.

11-2   오른쪽 그림과 같이 중심이 각각 점
$(-1,\,0)$, $(1,\,0)$이고 반지름의 길이가 2인 두
원이 있다. x축 위의 점 $\mathrm{P}(x,\,0)$에서 두 원에
그을 수 있는 접선의 개수를 $f(x)$라고 할 때,
함수 $y=f(x)$의 그래프를 그리시오.

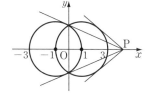

11-3   오른쪽 그림은 정의역이 $\{x\,|\,-2\le x\le 3\}$
인 함수 $y=f(x)$의 그래프이다.
다음 함수의 그래프를 그리시오.
(1) $y=f(-x)$ (2) $y=f(|x|)$
(3) $y=|f(x)|$ (4) $y=f(|1-x|)$

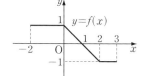

11-4   양수 k에 대하여 함수 $f(x)$를
$$f(x)=|x+k|+\left|x-\frac{1}{k}\right|$$
로 정의할 때, $f(x)\ge 2$임을 증명하시오.

11-5   도형 $y=|x-1|-|x-2|+2$와 직선 $y=ax+2$가 서로 다른 세 점에
서 만날 때, 실수 a의 값의 범위를 구하시오.

11-6   수직선 위에 세 점 $\mathrm{A}(1)$, $\mathrm{B}(4)$, $\mathrm{C}(6)$과 이 수직선 위를 움직이는 점 P
가 있다. $\overline{\mathrm{PA}}+\overline{\mathrm{PB}}+\overline{\mathrm{PC}}$를 최소가 되게 하는 점 P의 좌표를 구하시오.

11-7   방정식 $y-mx+m-1=0$의 그래프에 대하여 다음 물음에 답하시오.
(1) 실수 m의 값에 관계없이 방정식 $2|x|+|y|=4$의 그래프와 두 점에서 만
남을 보이시오.
(2) 방정식 $|x|+2|y|=2$의 그래프와 만나지 않도록 하는 실수 m의 값의 범
위를 구하시오.

11-8   포물선 $y=x^2+2ax+a^2+2a$의 꼭짓점이 원 $x^2+y^2-5y=15$의 내부에
있도록 하는 실수 a의 값의 범위를 구하시오.

11-9 $2\le x\le 4$일 때, $y=|x^2-3x|-x+2$의 최댓값과 최솟값을 구하시오.

11-10   포물선 $y=x^2-2x-6$을 x축의 방향으로 m만큼 평행이동하면 포물선
$y=-x^2-2x$에 접할 때, 양수 m의 값을 구하시오.

11-11 $f(x)=x^2-x-6$, $g(x)=x^2-ax+4$일 때, 모든 실수 x에 대하여 $(f\circ g)(x)\geq0$이 성립하기 위한 실수 a의 값의 범위를 구하시오.

11-12   두 점 $(-1,0)$, $(2,3)$을 지나는 포물선 $y=f(x)$가 있다. 모든 실수 x에 대하여 $f(2-x)=f(x)$가 성립할 때, $f(x)$를 구하시오.

11-13   두 점 $(1,1)$, $(4,4)$를 지나고, x축에 접하며, 축이 x축에 수직인 포물선의 방정식을 구하시오.

11-14   포물선 $y=x^2+1$ 위의 점 P와 점 $A(2,0)$에 대하여 선분 AP를 $1:2$로 내분하는 점 Q의 자취의 방정식을 구하시오.

11-15   실수 전체의 집합에서 정의된 함수 $f(x)$가 모든 실수 x에 대하여
   (가) $f(-x)=-f(x)$ (나) $x_1<x_2 \Longleftrightarrow f(x_1)>f(x_2)$
를 만족시킬 때, 부등식 $f(x^2)+f(2x-3)>0$의 해를 구하시오.

실력 **11**-16   다음 함수의 그래프를 그리고, 최솟값이 있으면 구하시오.
   $(1)\ y=\dfrac{(x^2-4)(x-4)}{|x^2-2x-8|}$ $(2)\ y=\dfrac{|1-x^2|}{1+|x|}$

11-17   아래 그림과 같이 꺾인 선으로 나타내어지는 그래프의 방정식을 절댓값 기호를 써서 나타내시오.

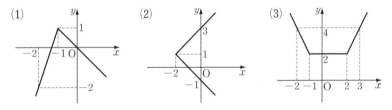

11-18   실수 a에 대하여 정의역이 $\{x\,|\,0\leq x\leq2\}$인 함수 $f(x)=|x-a|+1$의 최솟값을 $g(a)$라고 할 때, $g(a)$를 구하시오.

11-19   정의역이 $\{x\,|\,0\leq x\leq2\}$인 함수 $f(x)=|x-1|+kx\,(k>0)$가 있다.
   $f(x)$의 치역이 어떤 실수 a에 대하여 $\{y\,|\,a\leq y\leq a+3\}$이라고 할 때, 상수 k의 값을 구하시오.

11-20 $f(x)=3-|x|$, $g(x)=-3+|x|$일 때, 다음 함수의 그래프를 그리시오.
   $(1)\ y=g(f(x))$ $(2)\ y=f(g(x))$

11-21 $f_1(x)=|x|$이고, 자연수 n에 대하여 $f_{n+1}(x)=|f_n(x)-1|$일 때, $0\leq x\leq2$에서 $y=f_{10}(x)$의 그래프를 그리시오.

11-22 정의역이 $\{x\,|\,0\leq x\leq 2\}$인 함수 $f(x)=2\,|\,x-1\,|$에 대하여

(1) $y=(f\circ f)(x)$와 $y=(f\circ f\circ f)(x)$의 그래프를 그리시오.

(2) $0\leq x\leq 2$에서 방정식 $(f\circ f\circ f)(x)=x$의 실근의 개수를 구하시오.

11-23 함수 $y=|\,[x]\,|-[\,|x|\,]$의 그래프와 직선 $y=k(x+3)$의 교점의 개수가 1이 되도록 하는 양수 k의 조건을 구하시오.

단, $[x]$는 x보다 크지 않은 최대 정수를 나타낸다.

11-24 $f(x)=[x[x]]$이고 n이 자연수일 때, 다음 물음에 답하시오.

단, $[x]$는 x보다 크지 않은 최대 정수를 나타낸다.

(1) 모든 실수 x에 대하여 $f(x)\geq 0$임을 보이시오.

(2) 집합 $\{f(x)\,|\,n\leq x<n+1\}$의 원소의 개수를 구하시오.

(3) 집합 $\{f(x)\,|-n\leq x<-n+1\}$의 원소의 개수를 구하시오.

11-25 $f(x)=x^2-4x+5,\ g(x)=x+1$일 때, 함수

$h(x)=\dfrac{1}{2}\{f(x)+g(x)-|f(x)-g(x)|\}$의 그래프를 그리시오.

11-26 정의역이 $\{x\,|-2\leq x\leq 10\}$인 함수 $y=f(x)$의 그래프가 오른쪽 그림과 같을 때, 다음 물음에 답하시오.

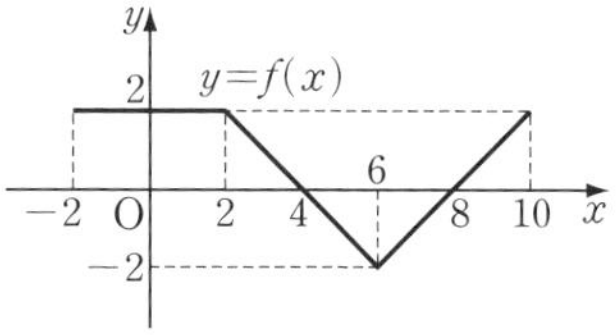

(1) $y=f(2x-8)$의 그래프를 그리시오.

(2) $y=\{f(x)\}^2$의 그래프를 그리시오.

11-27 곡선 $y=mx^2-(2m+a)x-b(m-1)$은 실수 m의 값에 관계없이 서로 다른 두 점 $(3,0),\ (\alpha,\beta)$를 지난다. 상수 $a,\ b,\ \alpha,\ \beta$의 값을 구하시오.

11-28 네 꼭짓점의 좌표가 $(1,1),\ (1,-1),\ (-1,-1),\ (-1,1)$인 정사각형 P와 $(t,0),\ (0,-t),\ (-t,0),\ (0,t)$인 정사각형 Q가 있다. $t>0$일 때, P의 내부와 Q의 내부의 공통부분의 넓이 S를 t의 함수로 나타내고, 그 그래프를 그리시오.

11-29 이차방정식 $x^2-5x+5=0$의 두 근을 $\alpha,\ \beta$라고 할 때, 세 점 $(\alpha,\beta),$ $(\beta,\alpha),\ (1,5)$를 지나고 축이 x축에 수직인 포물선의 방정식을 구하시오.

11-30 포물선 $y=x^2+bx+c$의 꼭짓점이 점 $(a+2,2a-1)$이라고 하면 이 포물선은 a의 값에 관계없이 일정한 직선에 접한다. 이 직선의 방정식을 구하시오. 단, $b,\ c$는 상수이다.

11-31 모든 실수 x에 대하여 $x^2+2\,|\,x-a\,|-a^2\geq 0$이 성립하도록 하는 실수 a의 값의 범위를 구하시오.

12. 유리함수의 그래프

§1. 유 리 식

1 **유리식의 기본 성질**

(1) 두 다항식 $A,\ B\,(B\neq0)$에 대하여 $\dfrac{A}{B}$의 꼴로 나타내어지는 식을 유리식이라 하고, A를 분자, B를 분모라고 한다.

(2) $A,\ B,\ M\,(B\neq0,\ M\neq0)$이 다항식일 때, 다음이 성립한다.

① $\dfrac{A}{B}=\dfrac{A\times M}{B\times M}$ ② $\dfrac{A}{B}=\dfrac{A\div M}{B\div M}$

2 **유리식의 약분, 통분**

$A,\ B,\ C,\ D,\ M$이 다항식일 때,

약분 : $\dfrac{AM}{BM}\Longrightarrow\dfrac{A}{B}$,   통분 : $\dfrac{A}{B},\ \dfrac{C}{D}\Longrightarrow\dfrac{AD}{BD},\ \dfrac{BC}{BD}$

3 **유리식의 연산**

$A,\ B,\ C,\ D$가 다항식일 때,

(1) $\dfrac{A}{D}+\dfrac{B}{D}-\dfrac{C}{D}=\dfrac{A+B-C}{D}$

(2) $\dfrac{A}{B}\times\dfrac{C}{D}=\dfrac{AC}{BD}$ (3) $\dfrac{A}{B}\div\dfrac{C}{D}=\dfrac{A}{B}\times\dfrac{D}{C}=\dfrac{AD}{BC}$

4 **비례식의 성질**

(1) $\dfrac{a}{b}=\dfrac{c}{d}$ (곧, $a:b=c:d$)이면

① $ad=bc$

② $\dfrac{a+b}{b}=\dfrac{c+d}{d}$ ③ $\dfrac{a-b}{b}=\dfrac{c-d}{d}$

④ $\dfrac{a+b}{a-b}=\dfrac{c+d}{c-d},\ \dfrac{a-b}{a+b}=\dfrac{c-d}{c+d}$ (분모$\neq0$)

(2) $\dfrac{a}{b}=\dfrac{c}{d}=\dfrac{e}{f}$이면 $\dfrac{a}{b}=\dfrac{c}{d}=\dfrac{e}{f}=\dfrac{a+c+e}{b+d+f}=\dfrac{pa+qc+re}{pb+qd+rf}$

단, $b+d+f\neq0,\ pb+qd+rf\neq0$이다.

Advice 1° 유리식

이를테면

$$\frac{1}{x^2+1}, \quad \frac{x^2}{2x+3}, \quad \frac{x+1}{x^2+3x+2}, \quad \frac{x-1}{2}, \quad x^2-4x+5$$

와 같이 두 다항식 $A, B(B\neq0)$에 대하여 $\dfrac{A}{B}$의 꼴로 나타내어지는 식을 유리식이라 하고, A를 분자, B를 분모라고 한다.

위의 식 중에서 $\dfrac{x-1}{2}, x^2-4x+5$와 같이 분모 B가 0이 아닌 상수이면 유리식 $\dfrac{A}{B}$는 다항식이다. 따라서 다항식도 유리식이다.

유리식의 분모와 분자를 그 공약수로 나누어 간단히 하는 것을 약분한다고 한다. 유리식의 약분은 유리식의 분모와 분자가 서로소가 되도록 분모와 분자를 그들의 최대공약수로 나누면 된다.

그리고 두 개 이상의 유리식을 분모가 같은 식으로 고치는 것을 통분한다고 한다. 유리식의 통분은 각 분모의 최소공배수를 공통분모로 하는 유리식으로 고치면 된다.

$$\text{약분}: \frac{AM}{BM} \implies \frac{A}{B}, \qquad \text{통분}: \frac{A}{B}, \frac{C}{D} \implies \frac{AD}{BD}, \frac{BC}{BD}$$

보기 1 다음 유리식을 약분하시오.

(1) $\dfrac{48a^3b^2}{36ab^5}$ 　　　　　　　　(2) $\dfrac{3x^2-4x-4}{x^2-4}$

연구 분모와 분자의 최대공약수로 분모, 분자를 나눈다.

(1) $\dfrac{48a^3b^2}{36ab^5} = \dfrac{4a^2}{3b^3}$ 　　　(2) $\dfrac{3x^2-4x-4}{x^2-4} = \dfrac{(3x+2)(x-2)}{(x+2)(x-2)} = \dfrac{3x+2}{x+2}$

보기 2 다음 유리식을 통분하시오.

(1) $\dfrac{1}{x+y}, \dfrac{1}{x-y}, \dfrac{1}{x^2-y^2}$ 　　　(2) $\dfrac{x+4}{x^2-5x+6}, \dfrac{x-4}{x^2-x-6}$

연구 각 분모의 최소공배수를 공통분모로 한다.

(1) $x^2-y^2=(x+y)(x-y)$이므로 분모의 최소공배수는 $(x+y)(x-y)$이다.

$$\therefore \frac{x-y}{(x+y)(x-y)}, \frac{x+y}{(x+y)(x-y)}, \frac{1}{(x+y)(x-y)}$$

(2) $x^2-5x+6=(x-2)(x-3), \ x^2-x-6=(x+2)(x-3)$

이므로 분모의 최소공배수는 $(x+2)(x-2)(x-3)$이다.

$$\therefore \frac{(x+4)(x+2)}{(x+2)(x-2)(x-3)}, \frac{(x-4)(x-2)}{(x+2)(x-2)(x-3)}$$

Advice 2° 유리식의 덧셈, 뺄셈

첫째 ── 분모, 분자를 인수분해할 수 있으면 인수분해하고, 또 약분할 수 있으면 약분해서 분모, 분자가 서로소인 유리식으로 만든다.

둘째 ── 분모가 같을 때에는

$$\frac{A}{D} + \frac{B}{D} - \frac{C}{D} = \frac{A+B-C}{D}$$

와 같이 계산하고, 분모가 다를 때에는 통분해서 위와 같이 계산한다.

셋째 ── 결과를 다시 약분할 수 있으면 약분해서 분모, 분자가 서로소인 유리식으로 만든다.

[보기] 3 다음 유리식을 간단히 하시오.

$$\frac{x^2+x-2}{x^2-2x-8} + \frac{x^2-4x-21}{x^2-x-12} - \frac{x^2+3x-18}{x^2+6x}$$

[연구] (준 식) $= \dfrac{(x-1)(x+2)}{(x+2)(x-4)} + \dfrac{(x+3)(x-7)}{(x+3)(x-4)} - \dfrac{(x-3)(x+6)}{x(x+6)}$

$\qquad = \dfrac{x-1}{x-4} + \dfrac{x-7}{x-4} - \dfrac{x-3}{x}$

$\qquad = \dfrac{x(x-1)+x(x-7)-(x-3)(x-4)}{x(x-4)}$

$\qquad = \dfrac{x^2-x-12}{x(x-4)} = \dfrac{(x+3)(x-4)}{x(x-4)} = \dfrac{\boldsymbol{x+3}}{\boldsymbol{x}}$

Advice 3° 유리식의 곱셈, 나눗셈

첫째 ── 분모, 분자를 인수분해할 수 있으면 인수분해하고, 또 약분할 수 있으면 약분해서 분모, 분자가 서로소인 유리식으로 만든다.

둘째 ── 곱셈일 때는 $\dfrac{A}{B} \times \dfrac{C}{D} = \dfrac{AC}{BD}$ 와 같이 계산하고,

나눗셈일 때는 $\dfrac{A}{B} \div \dfrac{C}{D} = \dfrac{A}{B} \times \dfrac{D}{C} = \dfrac{AD}{BC}$ 와 같이 계산한다.

셋째 ── 결과를 다시 약분할 수 있으면 약분해서 분모, 분자가 서로소인 유리식으로 만든다.

[보기] 4 다음 유리식을 간단히 하시오.

$$\frac{2x^2-5x+2}{x^2-2x+1} \times \frac{x^3-1}{x^2-4} \div \frac{2x^2+x-1}{x^2+x-2}$$

[연구] (준 식) $= \dfrac{(2x-1)(x-2)}{(x-1)^2} \times \dfrac{(x-1)(x^2+x+1)}{(x+2)(x-2)} \times \dfrac{(x+2)(x-1)}{(2x-1)(x+1)}$

$\qquad = \dfrac{\boldsymbol{x^2+x+1}}{\boldsymbol{x+1}}$

Advice 4° 분모 또는 분자가 유리식인 식의 연산

분모 또는 분자가 다항식이 아닌 유리식으로 되어 있는 식을 간단히 하고자 할 때에는 다음 **보기 5**, **보기 6**의 방법 중 식에 따라 간편한 쪽을 따른다.

$$\dfrac{\dfrac{A}{B}}{\dfrac{C}{D}} = \dfrac{A}{B} \times \dfrac{D}{C}$$

[보기] 5 유리식 $\dfrac{x}{x-\dfrac{1}{x+\dfrac{1}{x}}}$ 를 간단히 하시오.

[연구] 차례차례   부분을 계산한다.

$$\dfrac{x}{x-\dfrac{1}{x+\dfrac{1}{x}}} = \dfrac{x}{x-\dfrac{1}{\dfrac{x^2+1}{x}}} = \dfrac{x}{x-\dfrac{x}{x^2+1}} = \dfrac{x}{\dfrac{x^3+x-x}{x^2+1}} = \dfrac{x(x^2+1)}{x^3} = \dfrac{x^2+1}{x^2}$$

[보기] 6 유리식 $\dfrac{\dfrac{x}{y^2}-\dfrac{y}{x^2}}{\dfrac{x^2}{y^2}+\dfrac{x}{y}+1}$ 를 간단히 하시오.

[연구] 분모의 분모 $(y^2,\ y,\ 1)$와 분자의 분모 $(y^2,\ x^2)$의 최소공배수인 x^2y^2을 분모, 분자에 곱한다.

$$\dfrac{\dfrac{x}{y^2}-\dfrac{y}{x^2}}{\dfrac{x^2}{y^2}+\dfrac{x}{y}+1} = \dfrac{x^3-y^3}{x^4+x^3y+x^2y^2} = \dfrac{(x-y)(x^2+xy+y^2)}{x^2(x^2+xy+y^2)} = \dfrac{x-y}{x^2}$$

Advice 5° 비례식의 성질

두 개의 비 $a:b$와 $c:d$가 같을 때,

$$a:b=c:d \quad \text{또는} \quad \dfrac{a}{b}=\dfrac{c}{d}$$

로 나타내고, 이 식을 비례식이라고 한다.

$$\text{비례식} \quad \dfrac{a}{b}=\dfrac{c}{d} \qquad\qquad \cdots\cdots ①$$

에서 p. 216의 **기본정석** $\boxed{4}$는 다음과 같이 유도한다.

⑴ ①의 양변에 1을 더하면 $\dfrac{a}{b}+1=\dfrac{c}{d}+1$ $\therefore\ \dfrac{a+b}{b}=\dfrac{c+d}{d}$ $\cdots\cdots ②$

①의 양변에서 1을 빼면 $\dfrac{a}{b}-1=\dfrac{c}{d}-1$ $\therefore\ \dfrac{a-b}{b}=\dfrac{c-d}{d}$ $\cdots\cdots ③$

②÷③하면 $\dfrac{a+b}{a-b}=\dfrac{c+d}{c-d}$,   ③÷②하면 $\dfrac{a-b}{a+b}=\dfrac{c-d}{c+d}$

(2) $\dfrac{a}{b}=\dfrac{c}{d}=\dfrac{e}{f}=k$로 놓으면 $a=bk,\ c=dk,\ e=fk$이므로

$$a+c+e=(b+d+f)k \qquad \therefore\ k=\dfrac{a+c+e}{b+d+f}\ (b+d+f\neq 0)$$

$$\therefore\ \dfrac{a}{b}=\dfrac{c}{d}=\dfrac{e}{f}=\dfrac{a+c+e}{b+d+f}\ (b+d+f\neq 0)$$

또, $\dfrac{a}{b}=\dfrac{c}{d}=\dfrac{e}{f}=\dfrac{pa}{pb}=\dfrac{qc}{qd}=\dfrac{re}{rf}$이므로 위의 성질을 이용하면

$$\dfrac{a}{b}=\dfrac{c}{d}=\dfrac{e}{f}=\dfrac{pa+qc+re}{pb+qd+rf}\ (pb+qd+rf\neq 0)$$

보기 7 $2x=3y$일 때, $\dfrac{(x+y)^3}{x^3+y^3}$의 값을 구하시오. 단, $xy\neq 0$이다.

연구 (방법 1) $y=\dfrac{2}{3}x$이므로 $\quad \dfrac{(x+y)^3}{x^3+y^3}=\dfrac{\left(x+\dfrac{2}{3}x\right)^3}{x^3+\left(\dfrac{2}{3}x\right)^3}=\dfrac{\dfrac{125}{27}x^3}{\dfrac{35}{27}x^3}=\dfrac{125}{35}=\boldsymbol{\dfrac{25}{7}}$

(방법 2) $x:y=3:2$이므로 $x=3k,\ y=2k$로 놓으면

$$\dfrac{(x+y)^3}{x^3+y^3}=\dfrac{(3k+2k)^3}{(3k)^3+(2k)^3}=\dfrac{125k^3}{35k^3}=\dfrac{125}{35}=\boldsymbol{\dfrac{25}{7}}$$

보기 8 $x,\ y,\ z$가 $2x-3y+z=0,\ 6x+y-2z=0$을 만족시킬 때, $x:y:z$를 구하시오. 단, $xyz\neq 0$이다.

연구 $2x-3y+z=0 \qquad\qquad \cdots\cdots①\qquad\qquad 6x+y-2z=0 \qquad\qquad \cdots\cdots②$

로 놓고 두 식에서 x를 상수로, $y,\ z$를 미지수로 생각하고 연립하여 푼다.

$①+②\times 3$에서 $\quad 20x-5z=0 \quad \therefore\ z=4x$

이것을 ②에 대입하면 $\quad y=2x$

$$\therefore\ x:y:z=x:2x:4x=\boldsymbol{1:2:4}$$

보기 9   다음 ☐ 안에 알맞은 수나 식을 써넣으시오. 단, 분모는 0이 아니다.

(1) $\dfrac{a}{b}=\dfrac{c}{d}$이면 $\dfrac{a}{b}=\dfrac{\boxed{}}{b-d}=\dfrac{3a-2c}{\boxed{}}$이다.

(2) $\dfrac{a}{b}=\dfrac{c}{d}=\dfrac{e}{f}=\dfrac{2}{3}$이면 $\dfrac{3a-2c+4e}{3b-2d+4f}=\boxed{}$이다.

연구 (1) $\dfrac{a}{b}=\dfrac{c}{d}\iff \dfrac{a}{b}=\dfrac{-c}{-d} \quad \therefore\ \dfrac{a}{b}=\boldsymbol{\dfrac{a-c}{b-d}}$

$\dfrac{a}{b}=\dfrac{c}{d}\iff \dfrac{3a}{3b}=\dfrac{-2c}{-2d} \quad \therefore\ \dfrac{a}{b}=\dfrac{3a-2c}{\boldsymbol{3b-2d}}$

(2) $\dfrac{a}{b}=\dfrac{c}{d}=\dfrac{e}{f}=\dfrac{2}{3}\iff \dfrac{3a}{3b}=\dfrac{-2c}{-2d}=\dfrac{4e}{4f}=\dfrac{2}{3} \quad \therefore\ \dfrac{3a-2c+4e}{3b-2d+4f}=\boldsymbol{\dfrac{2}{3}}$

필수 예제 **12**-1　다음 유리식을 간단히 하시오.

(1) $\dfrac{3x+4}{x+1}-\dfrac{2x+7}{x+3}+\dfrac{2x+11}{x+5}-\dfrac{3x+22}{x+7}$

(2) $\dfrac{1}{x(x+2)}+\dfrac{1}{(x+2)(x+4)}+\dfrac{1}{(x+4)(x+6)}$

[정석연구] (1) 분자를 분모로 직접 나누거나, 분자를

$$3(x+1)+1,\ 2(x+3)+1,\ 2(x+5)+1,\ 3(x+7)+1$$

로 변형하여

$$(분자의 차수)<(분모의 차수)$$

가 되도록 고친 다음 계산한다.

(2) 다음 **정석**을 활용하여 각 항을 변형한다.

$$\boxed{정석}\quad \dfrac{1}{AB}=\dfrac{1}{B-A}\left(\dfrac{1}{A}-\dfrac{1}{B}\right)$$

이 등식의 우변을 통분하고 정리하면 좌변이 됨을 쉽게 확인할 수 있다. 공식으로 기억해 두고 활용하기를 바란다.

(예) $\dfrac{1}{3\times4}=\dfrac{1}{4-3}\left(\dfrac{1}{3}-\dfrac{1}{4}\right),\quad \dfrac{1}{a(a+2)}=\dfrac{1}{(a+2)-a}\left(\dfrac{1}{a}-\dfrac{1}{a+2}\right)$

[모범답안] (1) (준 식)$=\left(3+\dfrac{1}{x+1}\right)-\left(2+\dfrac{1}{x+3}\right)+\left(2+\dfrac{1}{x+5}\right)-\left(3+\dfrac{1}{x+7}\right)$

$$=\dfrac{1}{x+1}-\dfrac{1}{x+3}+\dfrac{1}{x+5}-\dfrac{1}{x+7}$$

$$=\dfrac{2}{(x+1)(x+3)}+\dfrac{2}{(x+5)(x+7)}$$

$$=\dfrac{4(x^2+8x+19)}{(x+1)(x+3)(x+5)(x+7)}\ \leftarrow\ \boxed{답}$$

(2) (준 식)$=\dfrac{1}{2}\left(\dfrac{1}{x}-\dfrac{1}{x+2}\right)+\dfrac{1}{2}\left(\dfrac{1}{x+2}-\dfrac{1}{x+4}\right)+\dfrac{1}{2}\left(\dfrac{1}{x+4}-\dfrac{1}{x+6}\right)$

$$=\dfrac{1}{2}\left(\dfrac{1}{x}-\dfrac{1}{x+6}\right)=\dfrac{3}{x(x+6)}\ \leftarrow\ \boxed{답}$$

[유제] **12**-1. 다음 유리식을 간단히 하시오.

(1) $\dfrac{3x-14}{x-5}-\dfrac{5x-11}{x-2}+\dfrac{x-4}{x-3}+\dfrac{x-5}{x-4}$

(2) $\dfrac{1}{(x-2)(x-1)}+\dfrac{1}{(x-1)x}+\dfrac{1}{x(x+1)}+\dfrac{1}{(x+1)(x+2)}$

　　　　[답] (1) $\dfrac{2(2x-7)}{(x-2)(x-3)(x-4)(x-5)}$　(2) $\dfrac{4}{(x-2)(x+2)}$

필수 예제 12-2   다음 등식이 x에 관한 항등식이 되도록 상수 a, b, c의 값을 정하시오.

(1) $\dfrac{3x}{x^3+1} = \dfrac{a}{x+1} + \dfrac{bx+c}{x^2-x+1}$

(2) $\dfrac{x+1}{(x-1)^2(x-2)} = \dfrac{a}{x-1} + \dfrac{b}{(x-1)^2} + \dfrac{c}{x-2}$

[정석연구] 우변을 통분하면 양변의 분모가 같아지는 유형의 문제이다.

따라서 통분한 다음 분자를 같게 놓고 항등식의 성질을 이용해 본다.

정석 미정계수법 $\implies$ 계수비교법, 수치대입법

[모범답안] (1) $\dfrac{3x}{x^3+1} = \dfrac{a(x^2-x+1)+(bx+c)(x+1)}{(x+1)(x^2-x+1)}$

$\therefore \dfrac{3x}{x^3+1} = \dfrac{(a+b)x^2+(-a+b+c)x+a+c}{x^3+1}$

$\therefore 3x = (a+b)x^2+(-a+b+c)x+a+c$

x에 관한 항등식이므로 $a+b=0$, $-a+b+c=3$, $a+c=0$

연립하여 풀면 $\boldsymbol{a=-1}$, $\boldsymbol{b=1}$, $\boldsymbol{c=1}$ ← [답]

(2) $\dfrac{x+1}{(x-1)^2(x-2)} = \dfrac{a(x-1)(x-2)+b(x-2)+c(x-1)^2}{(x-1)^2(x-2)}$

$\therefore \dfrac{x+1}{(x-1)^2(x-2)} = \dfrac{(a+c)x^2+(-3a+b-2c)x+2a-2b+c}{(x-1)^2(x-2)}$

$\therefore x+1 = (a+c)x^2+(-3a+b-2c)x+2a-2b+c$

x에 관한 항등식이므로 $a+c=0$, $-3a+b-2c=1$, $2a-2b+c=1$

연립하여 풀면 $\boldsymbol{a=-3}$, $\boldsymbol{b=-2}$, $\boldsymbol{c=3}$ ← [답]

Advice | (1)에서 $a=-1$, $b=1$, $c=1$을 주어진 등식에 대입하면

$$\frac{3x}{(x+1)(x^2-x+1)} = \frac{-1}{x+1} + \frac{x+1}{x^2-x+1}$$

이다. 이와 같이 좌변을 우변과 같이 두 유리식의 합의 꼴로 변형하는 방법은 미적분Ⅱ에서 이용된다.

[유제] **12**-2. 다음 등식이 x에 관한 항등식이 되도록 상수 a, b, c의 값을 정하시오.

(1) $\dfrac{3x+1}{(x-1)(x^2+1)} = \dfrac{a}{x-1} + \dfrac{bx+c}{x^2+1}$ (2) $\dfrac{1}{x^2(x+1)} = \dfrac{a}{x} + \dfrac{b}{x^2} + \dfrac{c}{x+1}$

[답] (1) $\boldsymbol{a=2}$, $\boldsymbol{b=-2}$, $\boldsymbol{c=1}$ (2) $\boldsymbol{a=-1}$, $\boldsymbol{b=1}$, $\boldsymbol{c=1}$

필수 예제 **12**-3 다음 물음에 답하시오.

(1) $abc=1$일 때, 다음 유리식의 값을 구하시오.
$$P=\frac{a}{ab+a+1}+\frac{b}{bc+b+1}+\frac{c}{ca+c+1}$$

(2) $abc=-1$일 때, 다음 유리식의 값을 구하시오.
$$Q=\frac{a+b}{(a+1)(b+1)}+\frac{b+c}{(b+1)(c+1)}+\frac{c+a}{(c+1)(a+1)}$$

[정석연구] (1) $abc=1$에서 $c=\dfrac{1}{ab}$이므로 이것을 주어진 식에 대입하면 c가 소거되어 P는 a, b만의 식이 된다. 이를 간단히 해 본다.

정석 조건식이 있을 때 유리식의 값은
　　　　　조건식을 이용하여 문자의 수를 줄여 본다.

(2) c를 소거하는 방법으로도 해결은 되지만 계산이 복잡하다. 주어진 식이 쉽게 통분되므로 우선 통분하고 생각해 본다.

[모범답안] (1) $abc=1$로부터 $c=\dfrac{1}{ab}$이므로 이것을 주어진 식에 대입하면

$$P=\frac{a}{ab+a+1}+\frac{b}{b\times\frac{1}{ab}+b+1}+\frac{\frac{1}{ab}}{\frac{1}{ab}\times a+\frac{1}{ab}+1}$$

$$=\frac{a}{ab+a+1}+\frac{ab}{1+ab+a}+\frac{1}{a+1+ab}=\frac{ab+a+1}{ab+a+1}=1 \leftarrow \boxed{답}$$

(2) $Q=\dfrac{(a+b)(c+1)+(b+c)(a+1)+(c+a)(b+1)}{(a+1)(b+1)(c+1)}$

$$=\frac{2(ab+bc+ca+a+b+c)}{abc+ab+bc+ca+a+b+c+1}=\frac{2(ab+bc+ca+a+b+c)}{ab+bc+ca+a+b+c}$$

$$=2 \leftarrow \boxed{답}$$

Advice 1° (1)에서 $abc=1$을 만족시키는 적당한 값 $a=1, b=1, c=1$을 대입해도 P의 값은 나오지만, 이는 답만을 얻기 위한 편법일 뿐 일반적인 풀이는 아니다. 항상 모범답안을 작성하는 연습을 해 두어야 한다.

2° (2)에서 $abc=-1$을 만족시키는 a, b, c는 $a=-1, b=-1, c=-1$도 있으며, 이때 Q의 분모는 0이 된다. 이런 경우 유리식이라는 말에는 '분모는 0이 아니다'는 조건이 포함되어 있다고 생각하여 풀면 된다.

[유제] **12**-3. $ab=1$일 때, 다음 유리식의 값을 구하시오.

(1) $\dfrac{1}{a+1}+\dfrac{1}{b+1}$　　　　(2) $\dfrac{a}{a+1}+\dfrac{b}{b+1}$　　　　$\boxed{답}$ (1) **1** (2) **1**

필수 예제 **12**-4 $x+\dfrac{1}{x}=1$ 일 때, 다음 유리식의 값을 구하시오.

  (1) $x^2+\dfrac{1}{x^2}$ (2) $x^3+\dfrac{1}{x^3}$ (3) $x-\dfrac{1}{x}$ (4) $x^3-\dfrac{1}{x^3}$

정석연구 다음 곱셈 공식의 변형식을 이용하여 구할 수 있다.

> **정석** $a^2+b^2=(a+b)^2-2ab, \quad (a-b)^2=(a+b)^2-4ab$
> $$a^3+b^3=(a+b)^3-3ab(a+b)$$

모범답안 (1) $x^2+\dfrac{1}{x^2}=\left(x+\dfrac{1}{x}\right)^2-2x\times\dfrac{1}{x}=1^2-2=\boldsymbol{-1}$ ← 답

(2) $x^3+\dfrac{1}{x^3}=\left(x+\dfrac{1}{x}\right)^3-3x\times\dfrac{1}{x}\left(x+\dfrac{1}{x}\right)=1^3-3\times1=\boldsymbol{-2}$ ← 답

(3) $\left(x-\dfrac{1}{x}\right)^2=\left(x+\dfrac{1}{x}\right)^2-4x\times\dfrac{1}{x}=1^2-4=-3$

$$\therefore \ x-\dfrac{1}{x}=\pm\sqrt{-3}=\boldsymbol{\pm\sqrt{3}i} \ \text{← 답}$$

(4) $\left(x^3-\dfrac{1}{x^3}\right)^2=\left(x^3+\dfrac{1}{x^3}\right)^2-4x^3\times\dfrac{1}{x^3}=(-2)^2-4=0$

$$\therefore \ x^3-\dfrac{1}{x^3}=\boldsymbol{0} \ \text{← 답}$$

Advice 1° 조건식의 양변을 제곱하면 (1)의 값을 구할 수 있고, 세제곱하면 (2)의 값을 구할 수 있다.

또, (1)의 값을 이용하여 (3), (4)의 값을 다음과 같이 구할 수도 있다.

$$\left(x-\dfrac{1}{x}\right)^2=x^2+\dfrac{1}{x^2}-2x\times\dfrac{1}{x}=-1-2=-3 \quad \therefore \ x-\dfrac{1}{x}=\boldsymbol{\pm\sqrt{3}i}$$

$$x^3-\dfrac{1}{x^3}=\left(x-\dfrac{1}{x}\right)\left(x^2+x\times\dfrac{1}{x}+\dfrac{1}{x^2}\right)=\pm\sqrt{3}i(-1+1)=\boldsymbol{0}$$

2° $x+\dfrac{1}{x}=1$ 의 양변에 x를 곱하면 $x^2-x+1=0$ 이다. 곧,

$$x+\dfrac{1}{x}=1 \iff x^2-x+1=0$$

양변에 $x+1$을 곱하면 $(x+1)(x^2-x+1)=0$ $\therefore \ x^3+1=0$

곧, $x^3=-1$ 이므로 (2), (4)의 값은 이 값을 대입하여 구할 수도 있다.

유제 **12**-4. $x^2-x-1=0$ 일 때, 다음 유리식의 값을 구하시오.

  (1) $x^2+\dfrac{1}{x^2}$ (2) $x^3+\dfrac{1}{x^3}$ (3) $x^3-\dfrac{1}{x^3}$ (4) $x^4-\dfrac{1}{x^4}$

                답 (1) **3**   (2) $\boldsymbol{\pm2\sqrt{5}}$ (3) **4**   (4) $\boldsymbol{\pm3\sqrt{5}}$

필수 예제 **12**-5 $\dfrac{x+y}{2}=\dfrac{y+z}{4}=\dfrac{z+x}{5}$ 일 때, 다음 비 또는 식의 값을 구

하시오. 단, $xyz\neq0$ 이다.

(1) $x:y:z$

(2) $\left(\dfrac{1}{x}+\dfrac{1}{y}\right):\left(\dfrac{1}{y}+\dfrac{1}{z}\right):\left(\dfrac{1}{z}+\dfrac{1}{x}\right)$ (3) $\dfrac{xy+yz+zx}{x^2+y^2+z^2}$

[정석연구] 조건식이 비례식으로 주어질 때에는

> [정석] $\dfrac{a}{b}=\dfrac{c}{d}=\dfrac{e}{f}=k$ 로 놓는다.

이와 같은 방법은 비례식의 증명 문제를 해결할 때에도 자주 이용된다.

또, 주어진 조건식 대신 $(x+y):(y+z):(z+x)=2:4:5$ 가 주어져도 같은 조건이다. 이것 역시 유리식으로 고쳐 k 로 놓는다.

[모범답안] $\dfrac{x+y}{2}=\dfrac{y+z}{4}=\dfrac{z+x}{5}=k$ 로 놓으면 $k\neq0$ 이고,

$x+y=2k$ ······① $y+z=4k$ ······② $z+x=5k$ ······③

①, ②, ③을 $x,\,y,\,z$ 에 관하여 연립하여 풀면 $x=\dfrac{3}{2}k,\ y=\dfrac{1}{2}k,\ z=\dfrac{7}{2}k$

(1) $x:y:z=\dfrac{3}{2}k:\dfrac{1}{2}k:\dfrac{7}{2}k=\mathbf{3:1:7}$ ← [답]

(2) $\left(\dfrac{1}{x}+\dfrac{1}{y}\right):\left(\dfrac{1}{y}+\dfrac{1}{z}\right):\left(\dfrac{1}{z}+\dfrac{1}{x}\right)=\left(\dfrac{2}{3k}+\dfrac{2}{k}\right):\left(\dfrac{2}{k}+\dfrac{2}{7k}\right):\left(\dfrac{2}{7k}+\dfrac{2}{3k}\right)$

$=\dfrac{8}{3k}:\dfrac{16}{7k}:\dfrac{20}{21k}=56:48:20=\mathbf{14:12:5}$ ← [답]

(3) $\dfrac{xy+yz+zx}{x^2+y^2+z^2}=\dfrac{\dfrac{3}{2}k\times\dfrac{1}{2}k+\dfrac{1}{2}k\times\dfrac{7}{2}k+\dfrac{7}{2}k\times\dfrac{3}{2}k}{\left(\dfrac{3}{2}k\right)^2+\left(\dfrac{1}{2}k\right)^2+\left(\dfrac{7}{2}k\right)^2}$

$=\dfrac{3\times1+1\times7+7\times3}{3^2+1^2+7^2}=\dfrac{\mathbf{31}}{\mathbf{59}}$ ← [답]

* *Note* (1)에서 $x:y:z=3:1:7$ 이므로 (2), (3)을 구할 때 $x=3,\,y=1,\,z=7$ 을 대입해도 답은 나오지만, 이런 방법은 답만을 얻기 위한 편법일 뿐 모범답안이라고 할 수 없다.

[유제] **12**-5. 다음 식에서 $x:y:z$ 를 구하시오. 단, $xyz\neq0$ 이다.

(1) $\dfrac{x+2y}{2}=\dfrac{y+3z}{3}=\dfrac{z+4x}{4}$ (2) $(y+z):(z+x):(x+y)=a:b:c$

[답] (1) $\mathbf{4:3:4}$ (2) $\mathbf{(b+c-a):(c+a-b):(a+b-c)}$

필수 예제 **12**-6   0이 아닌 세 실수 a, b, c가 다음 식을 만족시킨다.

$$\frac{b+c-a}{a}=\frac{c+a-b}{b}=\frac{a+b-c}{c}$$

(1) 이 유리식의 값을 구하시오.

(2) $\dfrac{(a+b)(b+c)(c+a)}{abc}$ 의 값을 구하시오.

[정석연구] 이와 같이 비례식으로 주어질 때에는

정석 $\dfrac{A}{B}=\dfrac{C}{D}=\dfrac{E}{F}=k$ 로 놓는다.

[모범답안] (1) $\dfrac{b+c-a}{a}=\dfrac{c+a-b}{b}=\dfrac{a+b-c}{c}=k$ ······①

로 놓으면

$$b+c-a=ak, \ c+a-b=bk, \ a+b-c=ck$$ ······②

이 세 식을 변끼리 더하면 $a+b+c=(a+b+c)k$

(i) $a+b+c\neq0$일 때 $k=1$

(ii) $a+b+c=0$일 때 $b+c=-a, \ c+a=-b, \ a+b=-c$ ······③

이므로 ①에 대입하면

$$k=\frac{-a-a}{a}=\frac{-b-b}{b}=\frac{-c-c}{c}=-2$$ [답] $1, \ -2$

(2) $k=1$일 때, ②에서 $b+c=2a, \ c+a=2b, \ a+b=2c$이므로

$$\frac{(a+b)(b+c)(c+a)}{abc}=\frac{2c\times2a\times2b}{abc}=8$$

$k=-2$일 때, ③에 의하여

$$\frac{(a+b)(b+c)(c+a)}{abc}=\frac{(-c)\times(-a)\times(-b)}{abc}=-1$$

[답] $8, \ -1$

Advice | $a+b+c\neq0$일 때에는 ①에서

정석 $\dfrac{A}{B}=\dfrac{C}{D}=\dfrac{E}{F}=\dfrac{A+C+E}{B+D+F}$ $(B+D+F\neq0)$

를 이용하여 k의 값을 구할 수도 있다.

[유제] **12**-6. 다음 유리식의 값을 구하시오.

(1) $\dfrac{2b+c}{3a}=\dfrac{c+3a}{2b}=\dfrac{3a+2b}{c}$ (2) $\dfrac{ca+ab}{bc}=\dfrac{ab+bc}{ca}=\dfrac{bc+ca}{ab}$

[답] (1) $2, \ -1$ (2) $2, \ -1$

§2. 유리함수의 그래프

1 $y=\dfrac{k}{x}(k\neq0)$의 그래프

(1) 원점에 대하여 대칭인 쌍곡선이다.

(2) 점근선은 x축과 y축이다.

(3) $k>0$이면

　제1사분면, 제3사분면에

　$k<0$이면

　제2사분면, 제4사분면에

　존재한다.

(4) $|k|$의 값이 커질수록 곡

　선은 원점에서 멀어진다.

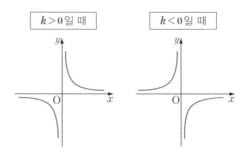

2 $y=\dfrac{k}{x-m}+n\,(k\neq0)$의 그래프

(1) $y=\dfrac{k}{x}$의 그래프를 x축의 방향으로 m만

　큼, y축의 방향으로 n만큼 평행이동한 것

　이다.

(2) 점 $(m,\,n)$에 대하여 대칭인 쌍곡선이다.

(3) 점근선은 직선 $x=m,\ y=n$이다.

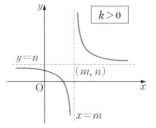

3 $y=k'x+\dfrac{k}{x}$의 그래프

　$y_1=k'x$의 그래프와 $y_2=\dfrac{k}{x}$의 그래프를 이용하여 그린다.

Advice | 함수 $y=f(x)$에서 $f(x)$가 x에 관한 유리식일 때, 이 함수를 유리
함수라고 한다. 이를테면 함수

$$y=\frac{1}{x},\quad y=\frac{2}{x-1},\quad y=\frac{2x}{x^2-1},\quad y=\frac{x^2+1}{3}$$

은 모두 유리함수이고, 이 중에서 $y=\dfrac{x^2+1}{3}$은 다항함수이다.

　다항함수가 아닌 유리함수에서 정의역이 주어지지 않은 경우에는 분모를 0
으로 하는 원소를 제외한 실수 전체의 집합을 정의역으로 한다.

▶ $y=\dfrac{1}{x}$의 그래프

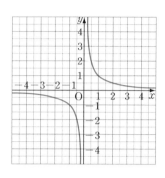

이 유리함수의 정의역은 0을 제외한 실수 전체의 집합이다. 따라서 x에 $x\neq0$인 여러 가지 값을 대입하고 이에 대응하는 y의 값을 얻어, 그 x의 값을 x좌표로, y의 값을 y좌표로 하는 점들의 집합을 좌표평면 위에 나타내면 오른쪽과 같은 한 쌍의 곡선을 얻는다. 이와 같은 곡선을 쌍곡선이라고 한다.

$y=\dfrac{k}{x}$에서 k가 $-2,\ -1,\ 1,\ 2,\ \cdots$의 여러 가지 값을 가지면서 변할 때의 곡선을 같은 좌표평면 위에 그려 보면 앞면의 성질을 쉽게 이해할 수 있다.

또, 위의 그림과 같이 곡선 위의 점은 x의 절댓값이 커질수록 x축에 가까워지고, x의 절댓값이 작아질수록 y축에 가까워진다. 이와 같이 곡선이 어떤 직선에 한없이 가까워질 때, 이 직선을 그 곡선의 점근선이라고 한다.

▶ $y=\dfrac{1}{x-3}+2$의 그래프

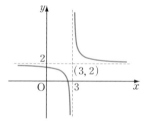

$$y=\dfrac{1}{x-3}+2 \iff y-2=\dfrac{1}{x-3}$$

따라서 $y=\dfrac{1}{x}$의 그래프를 x축의 방향으로 3만큼, y축의 방향으로 2만큼 평행이동한 것이다.

▶ $y=x+\dfrac{1}{x}$의 그래프

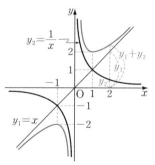

x와 $\dfrac{1}{x}$의 값을 더하면 y의 값이 된다. 곧,

$y_1=x,\ y_2=\dfrac{1}{x}$로 놓으면 $y=y_1+y_2$

따라서 직선 $y_1=x$와 곡선 $y_2=\dfrac{1}{x}$의 y좌표의 합을 y좌표로 가지는 곡선을 그리면 오른쪽과 같은 초록 곡선을 얻는다.

*__Note__ $y=x+\dfrac{1}{x}$에서

$$yx=x^2+1 \quad \therefore\ x^2-yx+1=0$$

이 x에 관한 이차방정식에서 x는 실수이므로 $D=y^2-4\geq0$ $\therefore\ y\leq-2,\ y\geq2$

따라서 이 함수의 치역은 $\{y\,|\,y\leq-2,\ y\geq2\}$이다.

필수 예제 **12**-7 다음 방정식의 그래프를 그리시오.

(1) $y=\dfrac{3x+7}{x+1}$ (2) $xy+2x-3y-4=0$

[정석연구] (1) 분자 $3x+7$을 분모 $x+1$로 나누면 몫이 3, 나머지가 4이므로

$$y=\dfrac{3x+7}{x+1}=\dfrac{4}{x+1}+3 \quad \text{곧, } y-3=\dfrac{4}{x+1}$$

이다. 이를 이용하여 $y=\dfrac{4}{x}$의 그래프를 평행이동하면 된다. 이때, 점근선을 먼저 평행이동하여 그린다.

정석 $y=\dfrac{ax+b}{cx+d}$의 꼴 $\Longrightarrow$ $y=\dfrac{k}{x-m}+n$의 꼴로 변형

(2) 주어진 식을 $y=f(x)$의 꼴로 나타낸 다음 (1)과 같이 한다.

[모범답안] (1) $y=\dfrac{3x+7}{x+1}=\dfrac{4}{x+1}+3$

따라서 $y=\dfrac{4}{x}$의 그래프를 x축의 방향으로 -1만큼, y축의 방향으로 3만큼 평행이동한 것이다.

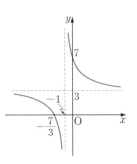

점근선 : 직선 $x=-1$, $y=3$

x절편 : $y=0$을 대입하면 $x=-\dfrac{7}{3}$

y절편 : $x=0$을 대입하면 $y=7$

(2) $xy+2x-3y-4=0$에서

$(x-3)y=-2x+4$이고 $x\neq3$이므로

$$y=\dfrac{-2x+4}{x-3}=\dfrac{-2}{x-3}-2$$

따라서 $y=\dfrac{-2}{x}$의 그래프를 x축의 방향으로 3만큼, y축의 방향으로 -2만큼 평행이동한 것이다.

점근선 : 직선 $x=3$, $y=-2$

x절편 : $y=0$을 대입하면 $x=2$

y절편 : $x=0$을 대입하면 $y=-\dfrac{4}{3}$

[유제] **12**-7. 다음 방정식의 그래프를 그리시오.

(1) $y=\dfrac{x+2}{x-2}$ (2) $\dfrac{1}{x}+\dfrac{1}{y}=1$ (3) $2xy-3x+2y+3=0$

필수 예제 **12**-8   다음 함수의 그래프를 그리시오.

(1) $y=\dfrac{x^2+x+1}{x}$ 　　　　　　　(2) $y=\dfrac{x^2-x-2}{x-1}$

[정석연구] 분자를 분모로 나누어서 분자가 상수가 되도록 변형한 다음

(1) $y=\dfrac{x^2+x+1}{x}=x+1+\dfrac{1}{x} \implies y_1=x+1$과 $y_2=\dfrac{1}{x}$의 합,

(2) $y=\dfrac{x^2-x-2}{x-1}=x+\dfrac{-2}{x-1} \implies y_1=x$와 $y_2=\dfrac{-2}{x-1}$의 합

을 생각한다.

정석 $y=\dfrac{ax^2+bx+c}{dx+e}$의 꼴 $\implies y=px+q+\dfrac{s}{x-r}$의 꼴로!

$\implies y_1=px+q,\ y_2=\dfrac{s}{x-r}$의 합!

이때, 점근선은 직선 $y=px+q,\ x=r$이다.

[모범답안] (1) $y=\dfrac{x^2+x+1}{x}=x+1+\dfrac{1}{x}$

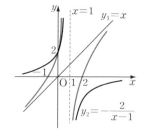

$y_1=x+1,\ y_2=\dfrac{1}{x}$로 놓으면 　$y=y_1+y_2$

따라서 $y_1,\ y_2$의 그래프를 그리고, 이 두 그래프의 y좌표의 합을 y좌표로 가지는 곡선을 그리면 오른쪽 초록 곡선과 같다.

점근선 : 직선 $x=0,\ y=x+1$

(2) $y=\dfrac{x^2-x-2}{x-1}=x+\dfrac{-2}{x-1}$

$y_1=x,\ y_2=-\dfrac{2}{x-1}$로 놓으면 　$y=y_1+y_2$

따라서 $y_1,\ y_2$의 그래프를 그리고, 이 두 그래프의 y좌표의 합을 y좌표로 가지는 곡선을 그리면 오른쪽 초록 곡선과 같다.

점근선 : 직선 $x=1,\ y=x$

x절편 : $y=0$을 대입하면 　$x=-1,\ 2$

y절편 : $x=0$을 대입하면 　$y=2$

[유제] **12**-8. 다음 함수의 그래프를 그리시오.

(1) $y=\dfrac{x^2+3x+3}{x+1}$ 　　(2) $y=-x+2+\dfrac{1}{x-1}$ 　　(3) $y=x+\dfrac{1}{|x|}$

필수 예제 **12**-9　함수 $f(x)=\dfrac{bx+c}{ax-3}$ 의 역함수가 $f^{-1}(x)=\dfrac{3x-2}{x-1}$ 일 때, 상수 $a,\ b,\ c$ 의 값을 구하시오.

[정석연구] $f(x)=\dfrac{bx+c}{ax-3}$ 의 역함수를 구한 다음 주어진 $f^{-1}(x)$ 와 비교하여 a, $b,\ c$ 의 값을 구해도 되지만, 다음 **정석**을 이용하는 것이 간편하다.

　　정석 함수 f 의 역함수 f^{-1} 가 존재하면 $\Longrightarrow\ (f^{-1})^{-1}=f$

[모범답안] $f^{-1}(x)=\dfrac{3x-2}{x-1}=y$ 로 놓으면　$xy-y=3x-2$

　　　　　∴ $(y-3)x=y-2$　∴ $x=\dfrac{y-2}{y-3}$

　x 와 y 를 바꾸면　$y=\dfrac{x-2}{x-3}$　∴ $(f^{-1})^{-1}(x)=f(x)=\dfrac{x-2}{x-3}$

　문제에서 주어진 $f(x)$ 와 비교하면　$\boldsymbol{a=1,\ b=1,\ c=-2}$ ← 답

Advice ∥ $f(x)=\dfrac{k}{x-m}+n$ 의 그래프의

점근선은 직선

　　　$x=m,\ y=n$

이다. 그런데 그 역함수 $y=f^{-1}(x)$ 의 그래프는 $y=f(x)$ 의 그래프와 직선 $y=x$ 에 대하여 대칭이므로 역함수는 직선

　　　$x=n,\ y=m$

을 그래프의 점근선으로 하는 유리함수이다.

　　　∴ $f^{-1}(x)=\dfrac{k}{x-n}+m$

$k>0$ 일 때

[유제] **12**-9. 다음 함수의 역함수를 구하시오.

(1) $f:x\longrightarrow\dfrac{1}{x}$　　　　　(2) $f(x)=\dfrac{x+1}{2x-3}$

　　　　　　　[답] (1) $\boldsymbol{f^{-1}:x\longrightarrow\dfrac{1}{x}}$　(2) $\boldsymbol{f^{-1}(x)=\dfrac{3x+1}{2x-1}}$

[유제] **12**-10. 함수 $f(x)=\dfrac{ax+2}{x+1}$ 의 역함수 $f^{-1}(x)$ 가 함수 $f(x)$ 와 같을 때, 상수 a 의 값을 구하시오.　　　　　　　　　[답] $\boldsymbol{a=-1}$

[유제] **12**-11. 함수 $f(x)=\dfrac{ax-4}{x+b}$ 의 역함수가 $f^{-1}(x)=\dfrac{3x+c}{-x+2}$ 일 때, 상수 $a,\ b,\ c$ 의 값을 구하시오.　　　　　　[답] $\boldsymbol{a=2,\ b=3,\ c=4}$

필수 예제 **12**-10 정의역이 $\{x\,|\,x\neq 0,\ x\neq 1$인 실수$\}$인 네 함수

$$f(x)=1-x,\quad g(x)=\frac{1}{1-x},\quad h(x)=\frac{x}{x-1},\quad k(x)=\frac{x-1}{x}$$

에 대하여 $A=\{f,\,g,\,h,\,k\}$일 때, 다음 함수가 A의 원소임을 보이시오.

(1) $k\circ f$　　　(2) h^{-1}　　　(3) $F\circ g=h$인 F　　　(4) $h\circ G=f$인 G

[정석연구] (3) $F\circ g=h$일 때, 양변의 오른쪽에 g^{-1}를 합성하면

$$(F\circ g)\circ g^{-1}=h\circ g^{-1}\quad\therefore\ F\circ(g\circ g^{-1})=h\circ g^{-1}\quad\therefore\ F=h\circ g^{-1}$$

(4) $h\circ G=f$일 때, 양변의 왼쪽에 h^{-1}를 합성하면

$$h^{-1}\circ(h\circ G)=h^{-1}\circ f\quad\therefore\ (h^{-1}\circ h)\circ G=h^{-1}\circ f\quad\therefore\ G=h^{-1}\circ f$$

정석 $F\circ g=h\implies F=h\circ g^{-1},\quad h\circ G=f\implies G=h^{-1}\circ f$

[모범답안] (1) $k(f(x))=k(1-x)=\dfrac{(1-x)-1}{1-x}=\dfrac{x}{x-1}=h(x)$

$$\therefore\ k\circ f\in A$$

(2) $h(x)=\dfrac{x}{x-1}$ 에서 $y=\dfrac{x}{x-1}$ 로 놓으면 $x=\dfrac{y}{y-1}$

$$\therefore\ h^{-1}(x)=\frac{x}{x-1}=h(x)\quad\therefore\ h^{-1}\in A$$

(3) $F\circ g=h$에서 $(F\circ g)\circ g^{-1}=h\circ g^{-1}\quad\therefore\ F=h\circ g^{-1}$

한편 $g(x)=\dfrac{1}{1-x}=y$로 놓으면 $x=\dfrac{y-1}{y}\quad\therefore\ g^{-1}(x)=\dfrac{x-1}{x}$

$$\therefore\ F(x)=h(g^{-1}(x))=h\Big(\frac{x-1}{x}\Big)=1-x=f(x)\quad\therefore\ F\in A$$

(4) $h\circ G=f$에서 $h^{-1}\circ(h\circ G)=h^{-1}\circ f\quad\therefore\ G=h^{-1}\circ f$

$$\therefore\ G(x)=h^{-1}(f(x))=h^{-1}(1-x)=\frac{x-1}{x}=k(x)\quad\therefore\ G\in A$$

Advice | (3)과 (4)는 다음 방법으로 구할 수도 있다. 　　　⇦ p. 179 참조

(3) $F(g(x))=h(x)$이므로 $F\Big(\dfrac{1}{1-x}\Big)=\dfrac{x}{x-1}$　　　$\cdots\cdots$①

여기에서 $\dfrac{1}{1-x}=t$로 놓으면 $1=t-tx\quad\therefore\ x=\dfrac{t-1}{t}$

이것을 ①에 대입하면 $F(t)=1-t\quad\therefore\ F(x)=1-x$

(4) $h(G(x))=f(x)$이므로 $\dfrac{G(x)}{G(x)-1}=1-x$

$$\therefore\ G(x)=(1-x)\{G(x)-1\}\quad\therefore\ xG(x)=x-1\quad\therefore\ G(x)=\frac{x-1}{x}$$

[유제] **12**-12. 함수 $f(x)=\dfrac{2x-1}{x+3}$에 대하여 $g(f(x))=x$를 만족시키는 함수 $g(x)$를 구하시오. 　　　[답] $g(x)=-\dfrac{3x+1}{x-2}$

필수 예제 **12**-11 다음과 같은 두 집합 A, B가 있다.

$$A=\{(x, y)\,|\,y=mx\}, \quad B=\left\{(x, y)\,\Big|\,y=\frac{|x|-1}{|x-1|}\right\}$$

$A \cap B = \varnothing$일 때, 실수 m의 값의 범위를 구하시오.

정석연구 $y=\dfrac{|x|-1}{|x-1|}$ 의 그래프는 다음 세 경우로 나누어 그린다.

$$x<0 \text{일 때, } \quad 0 \leq x <1 \text{일 때, } \quad x>1 \text{일 때}$$

$A \cap B = \varnothing$이므로 두 그래프가 만나지 않는 m의 값의 범위를 구하면 된다.

정석 $A \cap B = \varnothing \iff$ 두 그래프는 만나지 않는다

모범답안 $y=\dfrac{|x|-1}{|x-1|}$ ⋯⋯①

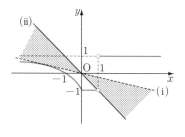

$x<0$일 때 $y=\dfrac{-x-1}{-(x-1)}$

$\qquad\qquad = 1+\dfrac{2}{x-1}$ ⋯⋯②

$0 \leq x <1$일 때 $y=\dfrac{x-1}{-(x-1)}=-1$

$x>1$일 때 $y=\dfrac{x-1}{x-1}=1$

따라서 ①의 그래프는 그림에서 초록 선 부분이다.

(i) 직선 $y=mx$가 ②의 그래프에 접할 때

$\qquad$ 방정식 $1+\dfrac{2}{x-1}=mx\,(x<0)$가 중근을 가지므로

$\qquad\qquad x-1+2=mx(x-1)$ 곧, $mx^2-(m+1)x-1=0$

$\qquad$ 에서 $D=(m+1)^2+4m=0$ $\therefore$ $m=-3\pm2\sqrt{2}$

$\qquad x<0$인 부분에서 접하므로 $m=-3+2\sqrt{2}$

(ii) 직선 $y=mx$가 점 $(1, -1)$을 지날 때 $m=-1$

$\qquad$ 그런데 직선 $y=mx$가 ①의 그래프와 만나지 않으려면 그림에서 붉은 점 찍은 부분에 존재해야 하므로 $-1 \leq m < -3+2\sqrt{2}$ ⟵ 답

유제 **12**-13. 직선 $y=mx$와 곡선 $y=\dfrac{2x-3}{x-1}$이 만날 때, 실수 m의 값의 범위를 구하시오. 답 $m \leq 4-2\sqrt{3}$, $m \geq 4+2\sqrt{3}$

유제 **12**-14. $y=mx+1$의 그래프가 $y=\left|1-\dfrac{1}{x}\right|$의 그래프와 서로 다른 세 점에서 만나도록 실수 m의 값의 범위를 정하시오. 답 $-1<m<0$

연습문제 12

기본 **12**-1 오른쪽 등식을 만족시키는 자연수 k, m의 값을 구하시오.

$$2 + \cfrac{1}{k + \cfrac{1}{m + \cfrac{1}{5}}} = \frac{803}{371}$$

12-2 다음 등식이 x에 관한 항등식일 때,
$a_1 + a_2 + \cdots + a_{10}$의 값을 구하시오. 단, $a_1, a_2, \cdots, a_{10}$은 상수이다.

$$\frac{1}{(x-1)(x-2) \times \cdots \times (x-10)} = \frac{a_1}{x-1} + \frac{a_2}{x-2} + \cdots + \frac{a_{10}}{x-10}$$

12-3 $y + \dfrac{1}{z} = z + \dfrac{1}{x} = 1$일 때, $x + \dfrac{1}{y}$과 $xyz + 1$의 값을 구하시오.

12-4 $\dfrac{1}{a^2} + \dfrac{1}{b^2} + \dfrac{1}{c^2} = \left(\dfrac{1}{a} + \dfrac{1}{b} + \dfrac{1}{c}\right)^2$이 성립할 때, 다음 P의 값을 구하시오.

$$P = a\left(\frac{1}{b} + \frac{1}{c}\right) + b\left(\frac{1}{c} + \frac{1}{a}\right) + c\left(\frac{1}{a} + \frac{1}{b}\right)$$

12-5 $\dfrac{a}{x} + \dfrac{b}{y} + \dfrac{c}{z} = 1$, $\dfrac{x}{a} + \dfrac{y}{b} + \dfrac{z}{c} = 0$일 때, $\dfrac{a^2}{x^2} + \dfrac{b^2}{y^2} + \dfrac{c^2}{z^2}$의 값을 구하시오.

12-6 $2x^2 - 3xy + y^2 = 0 \, (xy \neq 0)$일 때, 다음 비 또는 식의 값을 구하시오.

(1) $x : y$ (2) $\dfrac{x^2 - xy + y^2}{x^2 + xy + y^2}$ (3) $\dfrac{x}{x+y} + \dfrac{x^2}{x^2 + y^2} + \dfrac{x^2 y + xy^2}{x^3 + y^3}$

12-7 다음 함수의 그래프를 그리시오.

(1) $y = |x| + \dfrac{1}{|x|}$ (2) $y = \dfrac{|x| - 1}{|x+1|}$

12-8 함수 $y = \dfrac{3x-5}{x-2}$의 치역이 $\{y \,|\, y \leq 2, \, y \geq 4\}$일 때, 이 함수의 정의역을 구하시오.

12-9 함수 $y = \dfrac{ax+b}{x+c}$의 그래프가 점 $(-3, 1)$에 대하여 대칭이고, 점 $(1, 0)$을 지난다. $-2 \leq x \leq 2$일 때, 이 함수의 최댓값과 최솟값을 구하시오. 단, a, b, c는 상수이다.

12-10 함수 $f(x) = \dfrac{ax+b}{x+c}$에 대하여 $f^{-1}(-1) = 0$, $f(f(0)) = 0$이고, $y = f(x)$의 그래프의 점근선 중 하나가 직선 $y = 1$이다. 상수 a, b, c의 값을 구하시오.

12-11 함수 $f(x) = \dfrac{ax-1}{bx+1}$의 역함수를 $g(x)$라고 하자. $y = f(x)$의 그래프와 $y = g(x)$의 그래프가 모두 점 $(1, 3)$을 지날 때, 상수 a, b의 값을 구하시오.

실력 **12**-12 $n=1, 2, 3$인 경우에 다음 P의 값을 구하시오.
$$P=\frac{a^n}{(a-b)(a-c)}+\frac{b^n}{(b-c)(b-a)}+\frac{c^n}{(c-a)(c-b)}$$

12-13 $a+b+c=0$일 때, 다음 유리식의 값을 구하시오.
$$\frac{a^2+b^2+c^2}{a^3+b^3+c^3}+\frac{1}{ab}+\frac{1}{bc}+\frac{1}{ca}+\frac{2}{3}\left(\frac{1}{a}+\frac{1}{b}+\frac{1}{c}\right)$$

12-14 서로 다른 세 수 a, b, c에 대하여 $\dfrac{a^3+2a}{a+1}=\dfrac{b^3+2b}{b+1}=\dfrac{c^3+2c}{c+1}=k$일 때, 다음이 성립함을 증명하시오.
(1) $a+b+c=0$ (2) $k=abc$

12-15 함수 $y=\dfrac{bx}{x+a}$의 그래프가 점 $(3, 2)$에 대하여 대칭이다. 제1사분면에 있는 그래프 위의 점 P에서 x축, y축에 내린 수선의 발을 각각 Q, R이라고 할 때, 삼각형 PQR의 넓이의 최솟값을 구하시오. 단, a, b는 상수이다.

12-16 함수 f와 자연수 n에 대하여 $f^{n+1}=f^n \circ f$라고 정의하자.
$f(x)=\dfrac{2x-1}{3x-1}$일 때, $f^{2030}(4)$의 값을 구하시오. 단, $f^1=f$이다.

12-17 그래프를 이용하여 부등식 $\dfrac{x-6}{x-2}\geq -2x+3$을 푸시오.

12-18 x에 관한 방정식 $\left|1-\dfrac{1}{x}\right|=ax+b$가 서로 다른 세 양의 실근을 가지고, 세 근의 비가 $1:2:3$일 때, 세 근의 합을 구하시오. 단, a, b는 상수이다.

12-19 함수 $f(x)=\dfrac{ax+b}{x-1}$가 다음 두 조건을 만족시킨다.
(개) 곡선 $y=|f(x)|$는 직선 $y=3$과 한 점에서만 만난다.
(내) $f^{-1}(3)=2$
이때, $f(7)$의 값을 구하시오. 단, a, b는 상수이다.

12-20 함수 $y=\dfrac{(2a-1)x+1}{x-a}$의 그래프를 x축의 방향으로 5만큼, y축의 방향으로 b만큼 평행이동했더니 원래 함수의 역함수의 그래프와 일치하였다. 이때, 상수 a, b의 값을 구하시오.

12-21 네 점 O$(0, 0)$, A$(3, 0)$, B$(3, 3)$, C$(0, 3)$을 꼭짓점으로 하는 정사각형 OABC를 점 $(2, 1)$을 지나고 기울기가 t인 직선이 두 부분으로 나눈다. 이 두 부분 중 넓이가 크지 않은 부분의 넓이를 $f(t)$라고 하자.
$t<0$일 때, $f(t)$의 값의 범위를 구하시오.

13. 무리함수의 그래프

§1. 무 리 식

무리식의 성질

(1) $A \geq 0$, $B \geq 0$일 때 $\sqrt{A}\sqrt{B} = \sqrt{AB}$, $\dfrac{\sqrt{A}}{\sqrt{B}} = \sqrt{\dfrac{A}{B}}$ $(B \neq 0)$

(2) $\sqrt{A^2} = |A| = \begin{cases} A \ (A \geq 0) \\ -A \ (A < 0) \end{cases}$

(3) A의 부호에 관계없이 $\sqrt[3]{A^3} = A$

Advice | 이를테면

$$\sqrt{x+1}, \ \sqrt{x-1}, \ \sqrt{x^2-4x+3}, \ \frac{1}{\sqrt{x+1}-\sqrt{x-1}}, \ \cdots$$

과 같이 근호 안에 문자를 포함한 식 중에서 유리식으로 나타낼 수 없는 식을 그 문자에 관한 무리식이라고 한다.

무리식의 문자에 어떤 실수를 대입했을 때 얻은 값이 실수가 되려면 근호 안의 식의 값이 음수가 아니어야 한다. 따라서 무리식의 계산에서는

$$(근호 \ 안의 \ 식의 \ 값) \geq 0, \quad (분모) \neq 0$$

이 되는 문자의 값의 범위에서만 생각한다. 이를테면 무리식 $\sqrt{x^2-4x+3}$에서는 $x^2-4x+3 \geq 0$, 곧 $x \leq 1$, $x \geq 3$에서만 생각하기로 한다.

보기 1 다음 무리식의 분모를 유리화하시오.

(1) $\dfrac{2}{\sqrt{x+1}+\sqrt{x-1}}$

(2) $\dfrac{\sqrt{x-1}+\sqrt{x}}{\sqrt{x-1}-\sqrt{x}}$

연구 (1) $\dfrac{2}{\sqrt{x+1}+\sqrt{x-1}} = \dfrac{2(\sqrt{x+1}-\sqrt{x-1})}{(\sqrt{x+1}+\sqrt{x-1})(\sqrt{x+1}-\sqrt{x-1})}$

$$= \frac{2(\sqrt{x+1}-\sqrt{x-1})}{(x+1)-(x-1)} = \sqrt{x+1}-\sqrt{x-1}$$

(2) $\dfrac{\sqrt{x-1}+\sqrt{x}}{\sqrt{x-1}-\sqrt{x}} = \dfrac{(\sqrt{x-1}+\sqrt{x})^2}{(\sqrt{x-1}-\sqrt{x})(\sqrt{x-1}+\sqrt{x})}$

$$= \frac{x-1+2\sqrt{x-1}\sqrt{x}+x}{(x-1)-x} = -2x+1-2\sqrt{x^2-x}$$

필수 예제 **13**-1 다음 물음에 답하시오.

(1) x가 실수일 때, 다음 식을 간단히 하시오.
$$P = \sqrt{(x + \sqrt{x^2})^2} - \sqrt{(x - \sqrt{x^2})^2}$$

(2) $x = 3a + b^3$, $y = 3b + a^3$, $ab = 1$일 때, 다음 식의 값을 구하시오.
단, a, b는 실수이다.
$$Q = \sqrt[3]{(x+y)^2} - \sqrt[3]{(x-y)^2}$$

정석연구 (1) $\sqrt{A^2} = |A|$이므로 P를 다음과 같이 나타낼 수도 있다.
$$P = |x + |x|| - |x - |x||$$

정석 $A \geq 0$일 때 $\sqrt{A^2} = A$, $A < 0$일 때 $\sqrt{A^2} = -A$

(2) $x+y$, $x-y$를 a, b로 나타낸 다음,

정석 A의 양, 0, 음에 관계없이 $\sqrt[3]{A^3} = A$

를 이용한다. 이때, 문제의 조건 $ab = 1$을 활용한다.

모범답안 (1) $x \geq 0$일 때 $\sqrt{x^2} = x$이므로
$$P = \sqrt{(x+x)^2} - \sqrt{(x-x)^2} = \sqrt{(2x)^2} = 2x \qquad \Leftarrow x \geq 0 일 때 \ 2x \geq 0$$
$x < 0$일 때 $\sqrt{x^2} = -x$이므로
$$P = \sqrt{(x-x)^2} - \sqrt{(x+x)^2} = -\sqrt{(2x)^2} \qquad \Leftarrow x < 0 일 때 \ 2x < 0$$
$$= -(-2x) = 2x$$
따라서 모든 실수 x에 대하여 $\boldsymbol{P = 2x}$ ← 답

(2) $x+y = (3a+b^3) + (3b+a^3) = a^3 + b^3 + 3(a+b)$
$$= (a+b)^3 - 3ab(a+b) + 3(a+b) \qquad \Leftarrow ab = 1$$
$$= (a+b)^3 - 3(a+b) + 3(a+b) = (a+b)^3$$
$x-y = (3a+b^3) - (3b+a^3) = b^3 - a^3 + 3(a-b)$
$$= (b-a)^3 + 3ab(b-a) + 3(a-b) \qquad \Leftarrow ab = 1$$
$$= (b-a)^3 + 3(b-a) - 3(b-a) = (b-a)^3$$
$$\therefore \ Q = \sqrt[3]{(a+b)^6} - \sqrt[3]{(b-a)^6} = \sqrt[3]{\{(a+b)^2\}^3} - \sqrt[3]{\{(b-a)^2\}^3}$$
$$= (a+b)^2 - (b-a)^2 = 4ab = \boldsymbol{4} ← 답 \qquad \Leftarrow ab = 1$$

유제 **13**-1. $a < b$이고 $x = (a+b)^2$, $y = 4ab$일 때, $\sqrt{x-y}$를 a, b로 나타내시오.
답 $\boldsymbol{b-a}$

유제 **13**-2. $x = 4a$, $y = a^2 + 16$일 때, $\sqrt{(x+y)^2} + \sqrt{(x-y)^2}$을 a로 나타내시오. 단, a는 실수이다.
답 $\boldsymbol{2(a^2 + 16)}$

필수 예제 **13**-2 $\sqrt{x}=2a+3$일 때, 다음 식을 간단히 하시오.
$$P=\sqrt{x+4a+7}-\sqrt{x-36a+27}$$

정석연구 $\sqrt{x}=2a+3$에서 $x=(2a+3)^2$이다. 이것을 P의 x에 대입하면 P는 a에 관한 식이 된다.

이때, 근호 안을 완전제곱식으로 고친 다음,

정석 $A\geq0$일 때 $\sqrt{A^2}=A$, $A<0$일 때 $\sqrt{A^2}=-A$

를 이용한다.

이 문제에서 특히 주의할 것은 문제의 조건 $\sqrt{x}=2a+3$에서 $\sqrt{x}\geq0$이므로 $2a+3\geq0$이라는 것이다. 곧,

$$a\geq-\frac{3}{2}$$

이라는 a의 값의 범위가 문제의 조건 속에 숨어 있다.

모범답안 $\sqrt{x}=2a+3$ ······①

①의 양변을 제곱하면 $x=4a^2+12a+9$

이것을 P의 x에 대입하면

$$P=\sqrt{4a^2+12a+9+4a+7}-\sqrt{4a^2+12a+9-36a+27}$$
$$=\sqrt{4(a^2+4a+4)}-\sqrt{4(a^2-6a+9)}=2\{\sqrt{(a+2)^2}-\sqrt{(a-3)^2}\}$$

그런데 ①에서 $\sqrt{x}\geq0$이므로 $2a+3\geq0$ 곧, $a\geq-\frac{3}{2}$

(i) $-\frac{3}{2}\leq a<3$일 때, $a+2>0$, $a-3<0$이므로

$$P=2(a+2+a-3)=4a-2$$

(ii) $a\geq3$일 때, $a+2>0$, $a-3\geq0$이므로

$$P=2(a+2-a+3)=10$$

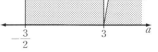

답 $-\frac{3}{2}\leq a<3$일 때 $P=4a-2$, $a\geq3$일 때 $P=10$

유제 **13**-3. a가 실수일 때, 다음 식을 간단히 하시오.
$$\sqrt{a^2+2a+1}-\sqrt{a^2-2a+1}$$
답 $a<-1$일 때 -2, $-1\leq a<1$일 때 $2a$, $a\geq1$일 때 2

유제 **13**-4. $x=(a-1)^2$일 때, 다음 식을 간단히 하시오. 단, a는 실수이다.
$$\sqrt{x}+\sqrt{x+4a}-\sqrt[3]{x-a^3+2a^2-a}$$
답 $a<-1$일 때 $-(a+1)$, $-1\leq a<1$일 때 $a+1$, $a\geq1$일 때 $3a-1$

필수 예제 **13**-3　다음 물음에 답하시오.

(1) $x=\dfrac{\sqrt{2}}{2}$일 때, $\sqrt{\dfrac{1+x}{1-x}}-\sqrt{\dfrac{1-x}{1+x}}$의 값을 구하시오.

(2) $x=\sqrt{3}$일 때, $\dfrac{1}{\sqrt{x+1-2\sqrt{x}}}-\dfrac{1}{\sqrt{x+1+2\sqrt{x}}}$의 값을 구하시오.

[정석연구] (1) $\sqrt{\dfrac{1+x}{1-x}}=\dfrac{\sqrt{1+x}}{\sqrt{1-x}}$, $\sqrt{\dfrac{1-x}{1+x}}=\dfrac{\sqrt{1-x}}{\sqrt{1+x}}$로 고쳐 통분하여 정리한 다음, x의 값을 대입해 보자.

정석 $A>0$, $B>0$일 때　$\sqrt{A}\sqrt{B}=\sqrt{AB}$, $\dfrac{\sqrt{A}}{\sqrt{B}}=\sqrt{\dfrac{A}{B}}$

(2) $\sqrt{x+1-2\sqrt{x}}$는

$$x\geq 1일 때 \sqrt{x}-1, \quad 0\leq x<1일 때 1-\sqrt{x}$$

이지만, 이 문제에서는 $x=\sqrt{3}$이므로 $x\geq 1$인 경우만 생각하면 된다.

정석 $A>B>0$일 때　$\sqrt{A+B\pm 2\sqrt{AB}}=\sqrt{A}\pm\sqrt{B}$ (복부호동순)

[모범답안] (1) $x=\dfrac{\sqrt{2}}{2}$일 때, $1+x>0$, $1-x>0$이므로

$$(준 식)=\dfrac{\sqrt{1+x}}{\sqrt{1-x}}-\dfrac{\sqrt{1-x}}{\sqrt{1+x}}=\dfrac{(\sqrt{1+x})^2-(\sqrt{1-x})^2}{\sqrt{1-x}\sqrt{1+x}}$$

$$=\dfrac{(1+x)-(1-x)}{\sqrt{1-x^2}}=\dfrac{2x}{\sqrt{1-x^2}}=\dfrac{\sqrt{2}}{\sqrt{1-(\sqrt{2}/2)^2}}=2 \leftarrow \boxed{답}$$

(2) $\sqrt{x+1-2\sqrt{x}}=\sqrt{x}-1(\because x>1)$, $\sqrt{x+1+2\sqrt{x}}=\sqrt{x}+1$이므로

$$(준 식)=\dfrac{1}{\sqrt{x}-1}-\dfrac{1}{\sqrt{x}+1}=\dfrac{(\sqrt{x}+1)-(\sqrt{x}-1)}{(\sqrt{x}-1)(\sqrt{x}+1)}$$

$$=\dfrac{2}{x-1}=\dfrac{2}{\sqrt{3}-1}=\sqrt{3}+1 \leftarrow \boxed{답}$$

*Note (1) $x=\dfrac{\sqrt{2}}{2}$를 바로 대입하여 풀 수도 있다. 곧,

$$\sqrt{\dfrac{1+x}{1-x}}=\sqrt{\dfrac{1+(\sqrt{2}/2)}{1-(\sqrt{2}/2)}}=\sqrt{\dfrac{2+\sqrt{2}}{2-\sqrt{2}}}=\sqrt{\dfrac{(2+\sqrt{2})^2}{2}}=\dfrac{2+\sqrt{2}}{\sqrt{2}}=\sqrt{2}+1$$

[유제] **13**-5. $x=\sqrt{5}$일 때, $\dfrac{\sqrt{x+1}+\sqrt{x-1}}{\sqrt{x+1}-\sqrt{x-1}}$의 값을 구하시오.　　$\boxed{답}$ $\sqrt{5}+2$

[유제] **13**-6. $x=3+2\sqrt{3}$일 때, $\dfrac{1}{\sqrt{2x-2\sqrt{x^2-1}}}+\dfrac{1}{\sqrt{2x+2\sqrt{x^2-1}}}$의 값을 구하시오.　　$\boxed{답}$ $\sqrt{3}+1$

§2. 무리함수의 그래프

1 $y=\sqrt{ax}\,(a\neq0)$의 그래프

(1) $a>0$일 때, 정의역은 $\{x\,|\,x\geq0\}$, 치역은 $\{y\,|\,y\geq0\}$이다.

    $a<0$일 때, 정의역은 $\{x\,|\,x\leq0\}$, 치역은 $\{y\,|\,y\geq0\}$이다.

(2) $|a|$의 값이 커질수록 그래프는 x축에서 멀어진다.

2 $y=\sqrt{ax+b}+c\,(a\neq0)$의 그래프

(1) 함수의 정의역은 $\{x\,|\,ax+b\geq0\}$, 치역은 $\{y\,|\,y\geq c\}$이다.

(2) 그래프는 $y=\sqrt{a(x-m)}+n$의 꼴로 변형하여 그린다. 곧,

$$y=\sqrt{a(x-m)}+n \iff y-n=\sqrt{a(x-m)}$$

이므로 $y=\sqrt{a(x-m)}+n$의 그래프는 $y=\sqrt{ax}$의 그래프를 x축의 방향으로 m만큼, y축의 방향으로 n만큼 평행이동한 것이다.

Advice 1° 무리함수

함수 $y=f(x)$에서 $f(x)$가 x에 관한 무리식일 때, 이 함수를 무리함수라고 한다. 이를테면

$$y=\sqrt{x}, \quad y=\sqrt{2x-1}, \quad y=\sqrt{6-3x}+2$$

는 모두 무리함수이다.

무리함수에서 정의역이 주어지지 않은 경우에는 근호 안의 식의 값이 음이 아닌 실수가 되도록 하는 실수 전체의 집합을 정의역으로 한다.

이를테면 무리함수 $y=\sqrt{x}$의 정의역은 $\{x\,|\,x\geq0\}$이고,

무리함수 $y=\sqrt{6-3x}+2$의 정의역은 $6-3x\geq0$에서 $\{x\,|\,x\leq2\}$이다.

Advice 2° $y=\sqrt{x}$의 그래프

무리함수 $y=\sqrt{x}$의 정의역은 $\{x\,|\,x\geq0\}$이므로 x에 $x\geq0$인 여러 가지 값을 대입하고 이에 대응하는 y의 값을 얻어, 그 x의 값을 x좌표로, y의 값을 y좌표로 하는 점들의 집합을 좌표평면 위에 나타내면 오른쪽과 같은 곡선을 얻는다.

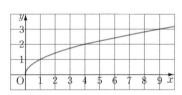

Advice 3° $y=\sqrt{ax}\,(a\neq0)$의 그래프

　　무리함수 $y=\sqrt{ax}\,(a\neq0)$의 정의역은 $\{x\,|\,ax\geq0\}$이므로

　　　　$a>0$일 때 $\{x\,|\,x\geq0\}$,　$a<0$일 때 $\{x\,|\,x\leq0\}$

이고, 치역은 $\{y\,|\,y\geq0\}$이다.

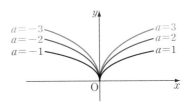

　　앞면과 같은 방법으로

　　　　$a=\pm1,\ a=\pm2,\ a=\pm3$

일 때의 그래프를 그리면 오른쪽과 같
고, $|a|$의 값이 커질수록 그래프는 x
축에서 멀어짐을 알 수 있다.

　　일반적으로 무리함수 $y=\sqrt{ax}\,(a\neq0)$의 그래프는 a의 값의 부호에 따라 아
래 그림의 초록 곡선이 된다.

　　한편 $y=-\sqrt{ax}\iff-y=\sqrt{ax}$이므로 무리함수 $y=-\sqrt{ax}$의 그래프는 무
리함수 $y=\sqrt{ax}$의 그래프를 x축에 대하여 대칭이동한 것이다. 따라서 무리함
수 $y=-\sqrt{ax}$의 그래프는 아래 그림의 붉은 곡선이 된다.

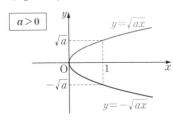
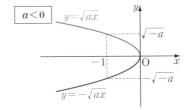

Advice 4° $y=\sqrt{ax+b}+c\,(a\neq0)$의 그래프

　　$y=\sqrt{a(x-m)}+n$의 꼴로 변형하여 그린다.

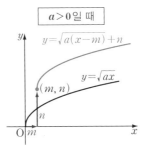

　　　$y=\sqrt{a(x-m)}+n$
　　　　　　$\iff y-n=\sqrt{a(x-m)}$

이므로 $y=\sqrt{a(x-m)}+n$의 그래프는
$y=\sqrt{ax}$의 그래프를 x축의 방향으로 m만큼,
y축의 방향으로 n만큼 평행이동한 것이다.

보기 1 함수 $y=\sqrt{x-2}-1$의 그래프를 그리시오.

연구 $y=\sqrt{x-2}-1\iff y+1=\sqrt{x-2}$
　　이므로 함수 $y=\sqrt{x}$의 그래프를 x축의 방향
　　으로 2만큼, y축의 방향으로 -1만큼 평행이
　　동한 것이다.

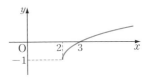

$\mathcal{A}dvice$ 5° 역함수의 그래프를 이용한 무리함수의 그래프

함수 $y=f(x)$의 그래프와 그 역함수 $y=f^{-1}(x)$의 그래프가 직선 $y=x$에 대하여 서로 대칭임을 이용하여 무리함수의 그래프를 그릴 수 있다.

이를테면 역함수의 그래프를 이용하여 함수 $y=\sqrt{x}$의 그래프를 그려 보자.

무리함수 $y=\sqrt{x}$는 정의역 $\{x|x\geq0\}$에서 치역 $\{y|y\geq0\}$으로의 일대일대응이므로 이 함수의 역함수가 존재한다. 곧,

$$y=\sqrt{x}\ (x\geq0,\ y\geq0)$$

에서

$$x=y^2\ (y\geq0,\ x\geq0)$$

x와 y를 바꾸면 역함수

$$y=x^2\ (x\geq0,\ y\geq0)$$

을 얻는다.

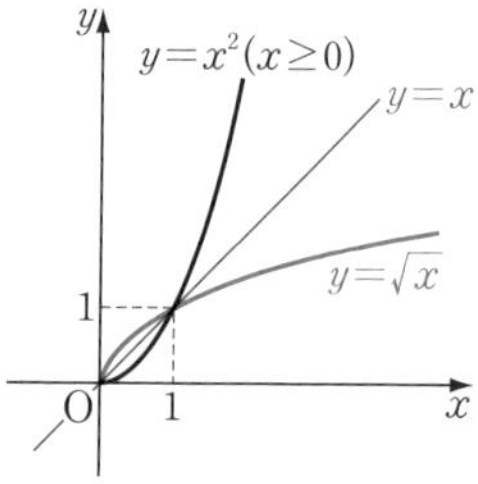

곧, 함수 $y=\sqrt{x}$와 함수 $y=x^2(x\geq0)$은 서로 역함수이므로 두 그래프는 직선 $y=x$에 대하여 서로 대칭이다.

따라서 함수 $y=x^2(x\geq0)$의 그래프를 직선 $y=x$에 대하여 대칭이동하면 함수 $y=\sqrt{x}$의 그래프를 위의 그림(초록 곡선)과 같이 그릴 수 있다.

보기 2 역함수의 그래프를 이용하여 다음 함수의 그래프를 그리시오.

(1) $y=\sqrt{x-2}$ 　　　　　　　　　　　(2) $y=-\sqrt{-3x}$

연구 (1) $y=\sqrt{x-2}\ (x\geq2,\ y\geq0)$에서

$$y^2=x-2$$

$$\therefore\ x=y^2+2\ (y\geq0,\ x\geq2)$$

x와 y를 바꾸면 $y=x^2+2\ (x\geq0,\ y\geq2)$

두 함수의 그래프는 직선 $y=x$에 대하여 서로 대칭이므로 $y=\sqrt{x-2}$의 그래프는 오른쪽 초록 곡선이다.

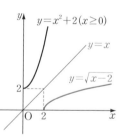

(2) $y=-\sqrt{-3x}\ (x\leq0,\ y\leq0)$에서

$$y^2=-3x$$

$$\therefore\ x=-\frac{1}{3}y^2\ (y\leq0,\ x\leq0)$$

x와 y를 바꾸면 $y=-\frac{1}{3}x^2\ (x\leq0,\ y\leq0)$

두 함수의 그래프는 직선 $y=x$에 대하여 서로 대칭이므로 $y=-\sqrt{-3x}$의 그래프는 오른쪽 초록 곡선이다.

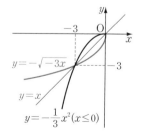

필수 예제 **13**-4 다음 함수의 그래프를 그리고, 정의역과 치역을 구하시오.

(1) $y=\sqrt{4x-8}-1$ (2) $y=2-\sqrt{x-1}$ (3) $y=1-\sqrt{6-2x}$

[정석연구] 무리함수 $y=\sqrt{ax+b}+c$, $y=-\sqrt{ax+b}+c$의 그래프의 개형은 다음과 같이 네 가지 꼴(포물선의 일부)로 나타내어진다.

따라서 우선 주어진 식을 $y-n=\sqrt{a(x-m)}$, $y-n=-\sqrt{a(x-m)}$의 꼴로 변형한 다음, 점 (m, n)을 잡는다. 그다음에 x좌표가 정의역에 속하는 한 점을 잡아 위의 개형과 같이 점 (m, n)과 부드러운 곡선으로 연결하면 된다.

이때, 특별한 말이 없는 한 정의역은 $\{x\,|\,ax+b\geq0\}$이다.

[모범답안] (1) $y=\sqrt{4x-8}-1 \iff y+1=\sqrt{4(x-2)}$

이므로 $y=\sqrt{4x}$의 그래프를 x축의 방향으로 2만큼, y축의 방향으로 -1만큼 평행이동한 것이다. 따라서 그래프는 오른쪽과 같고,

정의역은 $\{x\,|\,x\geq2\}$, 치역은 $\{y\,|\,y\geq-1\}$

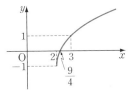

(2) $y=2-\sqrt{x-1} \iff y-2=-\sqrt{x-1}$

이므로 $y=-\sqrt{x}$의 그래프를 x축의 방향으로 1만큼, y축의 방향으로 2만큼 평행이동한 것이다. 따라서 그래프는 오른쪽과 같고,

정의역은 $\{x\,|\,x\geq1\}$, 치역은 $\{y\,|\,y\leq2\}$

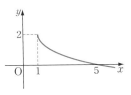

(3) $y=1-\sqrt{6-2x} \iff y-1=-\sqrt{-2(x-3)}$

이므로 $y=-\sqrt{-2x}$의 그래프를 x축의 방향으로 3만큼, y축의 방향으로 1만큼 평행이동한 것이다. 따라서 그래프는 오른쪽과 같고,

정의역은 $\{x\,|\,x\leq3\}$, 치역은 $\{y\,|\,y\leq1\}$

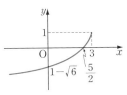

[유제] **13**-7. 다음 함수의 그래프를 그리고, 정의역과 치역을 구하시오.

(1) $y=1+\sqrt{x+2}$ (2) $y=2+\sqrt{1-x}$ (3) $y=1-\sqrt{2-x}$

[답] (1) $\{x\,|\,x\geq-2\}$, $\{y\,|\,y\geq1\}$ (2) $\{x\,|\,x\leq1\}$, $\{y\,|\,y\geq2\}$
(3) $\{x\,|\,x\leq2\}$, $\{y\,|\,y\leq1\}$

필수 예제 **13**-5　다음 함수의 역함수를 구하고, 그 그래프를 그리시오.

(1) $y=\sqrt{x-1}+2$　　　　　　　(2) $f(x)=x^2-4x+3 \ (x\geq 2)$

[정석연구] $y=f(x)$ 꼴의 역함수를 구할 때에는

(ⅰ) 정의역과 치역을 조사한다.

(ⅱ) $x=g(y)$ 꼴로 나타내고, x와 y를 바꾼다.

특히 이때 정의역과 치역이 바뀐다는 것에 주의한다.

정석 f^{-1}의 정의역은 f의 치역, f^{-1}의 치역은 f의 정의역

[모범답안] 주어진 함수의 정의역을 U, 치역을 V라고 하자.

(1) $U=\{x \mid x\geq 1\}$, $V=\{y \mid y\geq 2\}$이고, U에서 V로의 일대일대응이다.

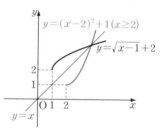

$y=\sqrt{x-1}+2 \, (x\geq 1, \ y\geq 2)$에서

$\qquad \sqrt{x-1}=y-2$

$\therefore \ x-1=(y-2)^2$

$\therefore \ x=(y-2)^2+1 \ (y\geq 2, \ x\geq 1)$

x와 y를 바꾸면

$\qquad y=(x-2)^2+1 \ (x\geq 2, \ y\geq 1)$

　　　　　　　[답] $\boldsymbol{y=(x-2)^2+1 \ (x\geq 2)}$

(2) $y=x^2-4x+3 \, (x\geq 2)$으로 놓으면 $U=\{x \mid x\geq 2\}$, $V=\{y \mid y\geq -1\}$이고, U에서 V로의 일대일대응이다.

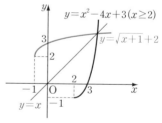

$\qquad y=x^2-4x+3$에서　$y+1=(x-2)^2$

$x\geq 2$이므로　$\sqrt{y+1}=x-2$

$\qquad \therefore \ x=\sqrt{y+1}+2 \ (y\geq -1, \ x\geq 2)$

x와 y를 바꾸면

$\qquad y=\sqrt{x+1}+2 \ (x\geq -1, \ y\geq 2)$

　　　　　　[답] $\boldsymbol{f^{-1}(x)=\sqrt{x+1}+2}$

*__Note__ 함수 $y=f(x)$의 그래프와 그 역함수 $y=f^{-1}(x)$의 그래프는 직선 $y=x$에 대하여 대칭이므로 이 성질을 이용하여 위의 그래프를 그릴 수도 있다.

[유제] **13**-8. 다음 함수의 역함수를 구하시오.

(1) $y=\sqrt{x-1}-1$　　　　　　　(2) $y=-1-\sqrt{x-1}$

(3) $y=x^2+2 \ (x\geq 0)$　　　　　(4) $y=x^2-2x \ (x\leq 1)$

　　　[답] (1) $\boldsymbol{y=x^2+2x+2 \ (x\geq -1)}$　(2) $\boldsymbol{y=x^2+2x+2 \ (x\leq -1)}$

　　　　　(3) $\boldsymbol{y=\sqrt{x-2}}$　　　　　　(4) $\boldsymbol{y=1-\sqrt{x+1}}$

필수 예제 **13**-6 함수 $f(x)=\begin{cases} x^2-2x+1 & (x\geq1) \\ \sqrt{-x+1} & (x<1) \end{cases}$ 의 그래프의 윗부분과

원 $(x-1)^2+(y-1)^2=1$ 의 내부의 공통부분의 넓이를 구하시오.

[정석연구] 먼저 문제의 공통부분을 좌표평면 위에 나타낸 다음, 여러 모양으로 나누어진 도형 중에서 넓이가 같은 것이 있는지 찾아본다.

정석 넓이가 같은 도형을 찾는다.

[모범답안] $y=x^2-2x+1=(x-1)^2$ $(x\geq1)$,

$y=\sqrt{-x+1}=\sqrt{-(x-1)}$ $(x<1)$

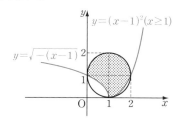

이므로 함수 $y=f(x)$의 그래프는 오른쪽 그림의 초록 곡선이고, 문제의 공통부분은 점 찍은 부분(경계선 제외)이다.

그런데 곡선 $y=(x-1)^2(x\geq1)$을 직선 $y=x$에 대하여 대칭이동하면 $y=\sqrt{x}+1$이고, 이 곡선을 y축에 대하여 대칭이동하면 $y=\sqrt{-x}+1$이며, 다시 이 곡선을 x축의 방향으로 1만큼, y축의 방향으로 -1만큼 평행이동하면 $y=\sqrt{-(x-1)}$이다.

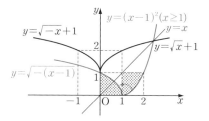

따라서 오른쪽 두 번째 그림에서 점 찍은 두 부분의 넓이는 같다.

그러므로 구하는 넓이는 반지름의 길이가 1인 반원의 넓이와 한 변의 길이가 1인 정사각형의 넓이의 합과 같으므로

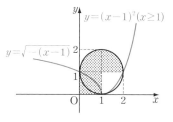

$$\pi\times1^2\times\frac{1}{2}+1^2=\frac{\pi}{2}+1 \longleftarrow \boxed{답}$$

[유제] **13**-9. 곡선 $y=\sqrt{x+4}-3$, $y=\sqrt{-x+4}+3$과 직선 $x=-4$, $x=4$로 둘러싸인 도형의 넓이를 구하시오. $\boxed{답}$ 48

[유제] **13**-10. 함수 $f(x)=\begin{cases}\sqrt{x} & (x\geq0) \\ x^2 & (x<0)\end{cases}$ 의 그래프와 이 그래프 위의 두 점 $A(-2,4)$, $B(4,2)$를 잇는 선분 AB로 둘러싸인 도형의 넓이를 구하시오. $\boxed{답}$ 10

───────────────────────────────────────

필수 예제 **13**-7   실수 k에 대하여 x에 관한 방정식 $\sqrt{x+3}=x+k$의 서로 다른 실근의 개수를 조사하시오.

───────────────────────────────────────

[정석연구] 그래프를 이용한다. 곧,

> **정석** $f(x)=g(x)$의 실근
> $\iff y=f(x)$와 $y=g(x)$의 그래프의 교점의 x좌표

이므로 그래프를 그린 다음, 교점의 개수를 세면 된다.

> **정석** 방정식의 실근의 개수 문제는 $\implies$ 그래프를 활용한다.

[모범답안] 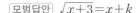 $\sqrt{x+3}=x+k$ ······①

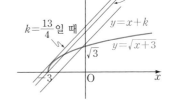

①의 양변을 y로 놓으면

$y=\sqrt{x+3}$ ······②

$y=x+k$ ······③

①의 실근은 곡선 ②와 직선 ③의 교점의 x좌표이다.

(i) 직선 ③이 곡선 ②에 접할 때

①의 양변을 제곱하면

$$x+3=x^2+2kx+k^2 \quad \therefore \ x^2+(2k-1)x+k^2-3=0$$

이 이차방정식이 중근을 가지므로

$$D=(2k-1)^2-4(k^2-3)=0 \quad \therefore \ k=\frac{13}{4}$$

(ii) 직선 ③이 점 $(-3,\,0)$을 지날 때

$$0=-3+k \quad \therefore \ k=3$$

따라서 곡선 ②와 직선 ③의 교점의 개수에서 ①의 실근의 개수는

$k<3,\ k=\dfrac{13}{4}$일 때 1, $3\leq k<\dfrac{13}{4}$일 때 2, $k>\dfrac{13}{4}$일 때 0 ←── [답]

[유제] **13**-11. $\{(x,y)\,|\,y=\sqrt{x-3}\}\cap\{(x,y)\,|\,y=mx+1\}\neq\varnothing$일 때, 실수 m의 값의 범위를 구하시오.   [답] $-\dfrac{1}{3}\leq m\leq\dfrac{1}{6}$

[유제] **13**-12. 실수 a에 대하여 다음 x에 관한 방정식의 서로 다른 실근의 개수를 조사하시오.

(1) $\sqrt{2-x}=a-2x$ (2) $\sqrt{1-x^2}=x+a$

[답] (1) $a<4,\ a=\dfrac{33}{8}$일 때 1, $4\leq a<\dfrac{33}{8}$일 때 2, $a>\dfrac{33}{8}$일 때 0

(2) $a<-1,\ a>\sqrt{2}$일 때 0, $-1\leq a<1,\ a=\sqrt{2}$일 때 1, $1\leq a<\sqrt{2}$일 때 2

연습문제 13

기본 **13**-1 $x=\dfrac{2a}{1+a^2}\,(a>0)$ 일 때, $\dfrac{\sqrt{1+x}-\sqrt{1-x}}{\sqrt{1+x}+\sqrt{1-x}}$ 를 a 로 나타내시오.

13-2 다음 식을 간단히 하시오. 단, $a>b>0$ 이다.
 (1) $\sqrt{(a+b)^2-\sqrt{8(a^3b+ab^3)}}$ (2) $\sqrt{a-\sqrt{a^2-b^2}}$

13-3 자연수 n 에 대하여 $f(n)=\sqrt{2n+1+2\sqrt{n^2+n}}$ 일 때,
 $\dfrac{1}{f(1)}+\dfrac{1}{f(2)}+\dfrac{1}{f(3)}+\cdots+\dfrac{1}{f(99)}$ 의 값을 구하시오.

13-4 실수 x 에 대하여 $\sqrt{81-x^2}-\sqrt{36-x^2}=5$ 일 때, 다음 물음에 답하시오.
 (1) $\sqrt{81-x^2}+\sqrt{36-x^2}$ 의 값을 구하시오.
 (2) x 의 값을 구하시오.

13-5 다음 함수의 그래프를 그리시오.
 (1) $y=\sqrt{|x|-x}$ (2) $y=\sqrt{9-|x|}$

13-6 무리함수 $y=-\sqrt{ax+b}+c$ 의 그래프가 오른쪽 그림과 같을 때, 다음 물음에 답하시오.
 (1) 상수 a, b, c 의 값을 구하시오.
 (2) 무리함수 $y=\sqrt{ax+b}-c$ 의 치역이 $\{y\,|-2\le y\le 1\}$ 일 때, 정의역을 구하시오.

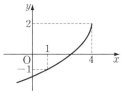

13-7 정의역이 $\{x\,|\,x>0\}$ 인 두 함수 $f(x)=\dfrac{2x}{1+x^2}$, $g(x)=\sqrt{4x}$ 가 있다.
 $f(g^{-1}(a))=1$ 일 때, $g(f(x))$ 의 값을 구하시오.

13-8 $f(x)=\begin{cases} -\sqrt{x}+1 & (x\ge 0) \\ x^2+1 & (x<0) \end{cases}$ 로 정의된 함수 $f(x)$ 에 대하여 다음을 만족시키는 상수 a 의 값을 구하시오.
 (1) $f^{-1}(a)=1$ (2) $(f^{-1}\circ f^{-1})(a)=0$
 (3) $f^{-1}(1)=a$ (4) $(f\circ f\circ f\circ f\circ f)(1)=a$

13-9 실수 전체의 집합 R 에서 R 로의 함수
$$f(x)=\begin{cases} x-2 & (x<3) \\ \sqrt{a(x-3)}+b & (x\ge 3) \end{cases}$$
 의 역함수가 존재하기 위한 상수 a, b 의 조건을 구하시오.

실력 **13**-10 $\sqrt{x}=\sqrt{a}+\dfrac{1}{\sqrt{a}}$ 일 때, $P=\dfrac{x-2+\sqrt{x^2-4x}}{x-2-\sqrt{x^2-4x}}$ 를 a 로 나타내시오.
단, $a\geq1$ 이다.

13-11 x, y 가 실수일 때, $(x+\sqrt{x^2+1})(y+\sqrt{y^2+1})=1$ 이 되기 위한 필요충분조건은 $x+y=0$ 임을 보이시오.

13-12 그래프를 이용하여 부등식 $\sqrt{2x-3}>x-3$ 을 푸시오.

13-13 두 함수 $f(x)=\sqrt{x+1}-1$, $g(x)=-\dfrac{1}{2}x^2+2x-\dfrac{3}{2}$ 에 대하여
$f(a)=g(b)$ 를 만족시키는 두 실수 a, b 가 존재할 때, a 의 값의 범위를 구하시오.

13-14 오른쪽 그림과 같이 1보다 큰 상수 k 에 대하여 원 $x^2+y^2=k^2$ 이 곡선 $y=\sqrt{x+k}$ 와 제1사분면에서 만나는 점을 A, x 축과 만나는 두 점을 각각 B, C라고 하자.
$\overline{AB}\times\overline{AC}=30$ 이 되도록 k 의 값을 정하시오.

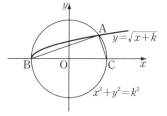

13-15 곡선 $y=\dfrac{\sqrt{4a-x}+\sqrt{4a+x}}{2}$ 와 직선 $y=a$ 가 만나도록 하는 양수 a 의 값의 범위를 구하시오.

13-16 실수 전체의 집합 R 에서 R 로의 함수
$$f(x)=\begin{cases} -x & (x\geq0) \\ x^2 & (x<0) \end{cases}$$
에 대하여 $g=f\circ f$ 라고 할 때, $g^{-1}(x)$ 를 구하시오.

13-17 무리함수 $f(x)=\sqrt{kx}$ 의 역함수를 $g(x)$ 라고 하자. 좌표평면 위의 두 점 A(3, 1), B(12, 10)을 잇는 선분 AB가 두 곡선 $y=f(x)$, $y=g(x)$ 와 모두 만나도록 하는 양수 k 의 값의 범위를 구하시오.

13-18 자연수 n 에 대하여 두 직선 $x=n$, $y=0$ 과 곡선 $y=\dfrac{\sqrt{x+3}}{2}$ 으로 둘러싸인 도형의 둘레 및 내부에 포함되는 정사각형 중에서 다음 두 조건을 만족시키는 모든 정사각형의 개수를 $f(n)$ 이라고 하자.
　　　(개) 각 꼭짓점의 x 좌표, y 좌표가 모두 정수이다.
　　　(내) 한 변의 길이가 2 이하이다.
이때, $f(n)\leq200$ 을 만족시키는 자연수 n 의 최댓값을 구하시오.

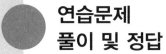

연습문제
풀이 및 정답

연습문제 풀이 및 정답

1-1. 점 P의 좌표를 $P(x, y)$라고 하면
$$\overline{PA}^2 + \overline{PB}^2 + \overline{PC}^2$$
$$= \{x^2 + (y-3)^2\} + \{(x-4)^2 + (y-1)^2\}$$
$$\qquad + \{(x-2)^2 + (y+4)^2\}$$
$$= 3x^2 + 3y^2 - 12x + 46$$
$$= 3(x-2)^2 + 3y^2 + 34$$

따라서 $x=2$, $y=0$일 때 최소이다.

$$\therefore \ \mathbf{P(2, \ 0)}, \ 최솟값 \ \mathbf{34}$$

Note $\overline{PA}^2 + \overline{PB}^2 + \overline{PC}^2$의 값이 최소가 되는 점 P는 $\triangle ABC$의 무게중심이다.

1-2.

$\triangle ABC$의 넓이를 S라고 하면
$$\overline{BP} : \overline{PC} = (1-k) : k$$이므로
$$\triangle ABP = \frac{1-k}{(1-k)+k} S = (1-k)S$$

또, $\overline{AQ} : \overline{QP} = (1-k) : k$이므로
$$S_1 = \frac{1-k}{(1-k)+k} \triangle ABP = (1-k)^2 S$$

마찬가지로
$$\triangle APC = \frac{k}{(1-k)+k} S = kS$$

이므로
$$S_2 = \frac{k}{(1-k)+k} \triangle APC = k^2 S$$

이때, $S_2 = 9S_1$이므로
$$k^2 S = 9(1-k)^2 S$$

$S \neq 0$이므로 $k^2 = 9(1-k)^2$
$$\therefore \ 8k^2 - 18k + 9 = 0$$

$$\therefore \ (2k-3)(4k-3) = 0$$
$$0 < k < 1 이므로 \quad \mathbf{k = \frac{3}{4}}$$

1-3. 선분 AD가 $\angle A$의 이등분선이므로
$$\overline{BD} : \overline{DC} = \overline{AB} : \overline{AC}$$

그런데
$$\overline{AB} = \sqrt{(2+8)^2 + (10+14)^2} = 26,$$
$$\overline{AC} = \sqrt{(10-2)^2 + (4-10)^2} = 10$$

이므로 점 D는 선분 BC를
$$26 : 10 = 13 : 5$$

로 내분하는 점이다. 따라서
$$D\left(\frac{13 \times 10 + 5 \times (-8)}{13+5}, \ \frac{13 \times 4 + 5 \times (-14)}{13+5} \right)$$
$$곧, \ \mathbf{D(5, \ -1)}$$

또, 선분 AD를 $2:1$로 내분하는 점 E의 좌표는
$$E\left(\frac{2 \times 5 + 1 \times 2}{2+1}, \ \frac{2 \times (-1) + 1 \times 10}{2+1} \right)$$
$$곧, \ \mathbf{E\left(4, \ \frac{8}{3}\right)}$$

1-4. $\overline{PC} \, /\!/ \, \overline{AB}$이므로
$$\overline{OP} : \overline{PA} = \overline{OC} : \overline{CB}$$
$$= \overline{OC} : (\overline{OB} - \overline{OC})$$
$$= \overline{OA} : (\overline{OB} - \overline{OA})$$
$$= 2\sqrt{2} : (3\sqrt{2} - 2\sqrt{2})$$
$$= 2 : 1$$

따라서 점 P는 선분 OA를 $2:1$로 내분하는 점이므로
$$P\left(\frac{2 \times 2 + 1 \times 0}{2+1}, \ \frac{2 \times 2 + 1 \times 0}{2+1} \right)$$
$$곧, \ \mathbf{P\left(\frac{4}{3}, \ \frac{4}{3}\right)}$$

1-5. 변 BC의 중점을 M이라고 하자.
점 G는 선분 AM을 $2:1$로 내분하는

점이므로 $\overline{GM}=2$이다.

　　$\triangle GBC$에서 중선 정리를 적용하면

$$\overline{GB}^2+\overline{GC}^2=2(\overline{GM}^2+\overline{BM}^2)$$

$$\therefore\ 36+64=2(4+\overline{BM}^2)$$

$$\therefore\ \overline{BM}=\sqrt{46}$$

$$\therefore\ \overline{BC}=2\overline{BM}=2\sqrt{46}$$

1-**6**. 점 P의 좌표를 P$(x,\,y)$라고 하면

$$2(x^2+y^2)=(x-3)^2+y^2+x^2+(y-1)^2$$

$$\therefore\ \boldsymbol{y=-3x+5}$$

1-**7**. $l>0$이므로 l^2의 최솟값부터 구한다.

$$l^2=x^2+(y-a)^2$$

$$=4y+y^2-2ay+a^2$$

$$=\{y-(a-2)\}^2+4a-4$$

　$y\geq0$이므로

(ⅰ) $a\geq2$일 때, l^2은 $y=a-2$에서 최소

　이고, 최솟값은 $4a-4$이다.

(ⅱ) $0<a<2$일 때, l^2은 $y=0$에서 최소

　이고, 최솟값은 a^2이다.

　그런데 $l>0$이므로 l^2이 최소일 때 l

도 최소이다. 따라서 (ⅰ), (ⅱ)에서

$$\boldsymbol{a\geq2}\text{일 때}\ \text{최솟값}\ \boldsymbol{2\sqrt{a-1}},$$

$$\boldsymbol{0<a<2}\text{일 때}\ \text{최솟값}\ \boldsymbol{a}$$

1-**8**.

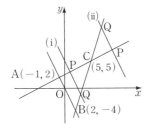

　$\overline{PQ}/\!/\overline{AB}$이므로　$\triangle ABC\infty\triangle PQC$

이때, $\triangle ABC$와 $\triangle PQC$의 넓이의 비

가 $9:4$이므로

$$\overline{AC}:\overline{PC}=3:2$$

(ⅰ) 점 P가 선분 AC 위에 있는 경우

　　점 P는 선분 AC를 $1:2$로 내분하

는 점이므로

$$P\left(\dfrac{1\times5+2\times(-1)}{1+2},\ \dfrac{1\times5+2\times2}{1+2}\right)$$

$$\text{곧, } P(1,\,3)$$

(ⅱ) 점 P가 선분 AC의 연장선 위에 있

　는 경우

　　점 P의 좌표를 $(a,\,b)$라고 하면 점

　C는 선분 AP를 $3:2$로 내분하는 점

　이므로

$$\dfrac{3a+2\times(-1)}{3+2}=5,\ \dfrac{3b+2\times2}{3+2}=5$$

$$\therefore\ a=9,\ b=7\quad\therefore\ P(9,\,7)$$

따라서 $\triangle BP_1P_2$의 무게중심의 좌표는

$$\left(\dfrac{2+1+9}{3},\ \dfrac{-4+3+7}{3}\right)$$

$$\text{곧, } \boldsymbol{(4,\,2)}$$

***Note** 점 C가 선분 P_1P_2의 중점이므

　로 $\triangle BP_1P_2$의 무게중심은 선분 BC를

　$2:1$로 내분하는 점이다.

　　이를 이용하여 $\triangle BP_1P_2$의 무게중심

　의 좌표를 구해도 된다.

1-**9**. B$(a,\,b)$, C$(c,\,d)\,(c>0)$라 하고, 외

심 $(2,\,1)$을 점 P라고 하자.

　$\overline{PB}^2=\overline{PA}^2$에서

$$(a-2)^2+(b-1)^2=225\quad\cdots\cdots①$$

　$\overline{PC}^2=\overline{PA}^2$에서

$$(c-2)^2+(d-1)^2=225\quad\cdots\cdots②$$

또, 무게중심의 좌표가 $(3,\,-1)$이므로

$$\dfrac{2+a+c}{3}=3$$

$$\therefore\ a=7-c\quad\cdots\cdots③$$

$$\dfrac{16+b+d}{3}=-1$$

$$\therefore\ b=-19-d\quad\cdots\cdots④$$

③, ④를 ①에 대입하면

$$(5-c)^2+(-20-d)^2=225\ \cdots⑤$$

②－⑤하면　$c-7d-70=0\ \cdots\cdots⑥$

⑤, ⑥에서 c를 소거하고 정리하면

$$d^2+19d+88=0$$

$$\therefore\ d=-8,\ -11$$

이 값을 ⑥에 대입하면 $c=14, -7$

$c>0$이므로 $c=14, d=-8$이고,

이 값을 ③, ④에 대입하면

$$a=-7, b=-11$$

$$\therefore \ \mathbf{B}(-7, -11), \ \mathbf{C}(14, -8)$$

1-10. $\mathrm{B}(a, b), \mathrm{C}(c, d)(a<0)$라고 하면
$\triangle \mathrm{ABC}$의 무게중심이 원점 O이므로

$$\frac{2+a+c}{3}=0, \ \frac{2+b+d}{3}=0$$

$$\therefore \begin{cases} a+c=-2 & \cdots\cdots ① \\ b+d=-2 & \cdots\cdots ② \end{cases}$$

정삼각형의 무게중심과 외심이 일치하
므로 $\overline{\mathrm{OB}}=\overline{\mathrm{OC}}=\overline{\mathrm{OA}}$에서

$$a^2+b^2=8 \qquad \cdots\cdots ③$$

$$c^2+d^2=8 \qquad \cdots\cdots ④$$

①에서 $c=-a-2$, ②에서
$d=-b-2$를 ④에 대입하면

$$(a+2)^2+(b+2)^2=8 \qquad \cdots\cdots ⑤$$

⑤－③하면 $a+b+2=0$ $\cdots\cdots ⑥$

③, ⑥에서 b를 소거하고 정리하면

$$a^2+2a-2=0$$

$a<0$이므로 $a=-1-\sqrt{3}$

$$\therefore \ b=-1+\sqrt{3}, \ c=-1+\sqrt{3},$$
$$d=-1-\sqrt{3}$$

$$\therefore \ \mathbf{B}(-1-\sqrt{3}, \ -1+\sqrt{3}),$$
$$\mathbf{C}(-1+\sqrt{3}, \ -1-\sqrt{3})$$

2-1. $2x-4y-3=0 \qquad \cdots\cdots ①$

$2x+2y-3=0 \qquad \cdots\cdots ②$

$4x-2y-9=0 \qquad \cdots\cdots ③$

②와 ③, ①과 ③, ①과 ②를 각각 연
립하여 풀면

$$\mathrm{L}\left(2, -\frac{1}{2}\right), \ \mathrm{M}\left(\frac{5}{2}, \frac{1}{2}\right), \ \mathrm{N}\left(\frac{3}{2}, 0\right)$$

이므로 점 A, B, C의 좌표를 각각

$$\mathrm{A}(x_1, y_1), \ \mathrm{B}(x_2, y_2), \ \mathrm{C}(x_3, y_3)$$

이라고 하면

$$\frac{x_1+x_2}{2}=\frac{3}{2}, \ \frac{x_2+x_3}{2}=2, \ \frac{x_3+x_1}{2}=\frac{5}{2}$$

이것을 연립하여 풀면

$$x_1=2, \ x_2=1, \ x_3=3$$

같은 방법으로 하면

$$y_1=1, \ y_2=-1, \ y_3=0$$

$$\therefore \ \mathbf{A}(2, 1), \ \mathbf{B}(1, -1), \ \mathbf{C}(3, 0)$$

2-2. 직선 m의 방정
식을

$$y=ax \ (a>0)$$

라고 하면 직선 l의
방정식은

$$y=4ax$$

이때, 두 직선 l과 m이 직선 $x=1$과
만나는 점을 각각 A, B라고 하면
$\mathrm{A}(1, 4a), \mathrm{B}(1, a)$이다.

직선 m은 $\angle \mathrm{AOC}$의 이등분선이므로

$$\overline{\mathrm{OA}} : \overline{\mathrm{OC}}=\overline{\mathrm{AB}} : \overline{\mathrm{BC}}=3a : a$$
$$=3 : 1$$

$\overline{\mathrm{OC}}=1$이므로 $\overline{\mathrm{OA}}=3$

따라서 직각삼각형 AOC에서

$$1^2+(4a)^2=3^2 \quad \therefore \ a^2=\frac{1}{2}$$

$a>0$이므로 $a=\dfrac{\sqrt{2}}{2}$

2-3. $a=0$이면 두 직선의 방정식이

$$y=0, \ x+2y=-1$$

이므로 평행하거나 일치하지 않는다. 곧,
$a\neq 0$이다.

(1) 두 직선이 평행할 때이므로

$$\frac{a+1}{a}=\frac{a^2+a+2}{a^2-a+2}\neq\frac{3a-1}{a^2}$$

$$\frac{a+1}{a}=\frac{a^2+a+2}{a^2-a+2}에서$$

$$a(a^2+a+2)=(a+1)(a^2-a+2)$$

$$\therefore \ a=-2 \ 또는 \ a=1 \quad \cdots\cdots ①$$

$$\frac{a+1}{a}\neq\frac{3a-1}{a^2}에서$$

$$a(3a-1)\neq a^2(a+1)$$

$$\therefore \ a\neq 0이고 \ a\neq 1 \qquad \cdots\cdots ②$$

①, ②에서　$a=-2$

(2) 두 직선이 일치할 때이므로

$$\frac{a+1}{a}=\frac{a^2+a+2}{a^2-a+2}=\frac{3a-1}{a^2}$$

$\dfrac{a+1}{a}=\dfrac{a^2+a+2}{a^2-a+2}$ 에서

$a=-2$ 또는 $a=1$　　……③

$\dfrac{a+1}{a}=\dfrac{3a-1}{a^2}$ 에서 $a\neq0$ 이므로

$a=1$　　　　……④

③, ④에서　$a=1$

2-4. $3x+y+3=0$, $x-3y-9=0$을 연립
하여 풀면

$x=0$, $y=-3$　∴ A$(0, -3)$

$3x+y+3=0$에 $y=0$을 대입하면

$x=-1$　∴ B$(-1, 0)$

$x-3y-9=0$에 $y=0$을 대입하면

$x=9$　∴ C$(9, 0)$

이때, 두 직선 l_1, l_2의 기울기가 각각
-3, $\dfrac{1}{3}$이므로 두 직선 l_1, l_2는 서로 수
직이다.

따라서 선분 BC가 △ABC의 외접원
의 지름이므로 선분 BC의 중점을 M이
라고 하면 점 M이 외접원의 중심이고,
그 좌표는　M$(4, 0)$

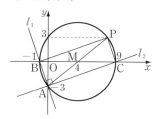

한편 △ABC와 △PBC의 넓이가 같
으므로 점 P의 y좌표는 3이고, 이때 점
M은 선분 AP의 중점이다.

따라서 P$(a, 3)$이라고 하면

$\dfrac{0+a}{2}=4$에서　$a=8$　∴　**P$(8, 3)$**

2-5. 다음과 같이 좌표축을 잡는다.

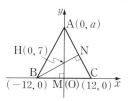

이때, y축 위의 점 H의 좌표는 $(0, 7)$
이고, 두 직선 BN, AC가 수직이므로 기
울기의 곱이 -1이다.

$$\therefore \frac{7-0}{0-(-12)}\times\frac{a-0}{0-12}=-1$$

$$\therefore a=\frac{144}{7}$$

$$\therefore \triangle ABC=\frac{1}{2}\times24\times\frac{144}{7}=\frac{1728}{7}$$

***Note**　△ABC의 각 꼭짓점에서 대변
또는 그 연장선에 그은 세 수선은 한
점에서 만난다. 이 점을 △ABC의 수
심이라고 한다.

2-6. $x^2-2x+a^2-a-1=0$이 실근을 가
지므로

$D/4=1-(a^2-a-1)\geq0$

$\therefore a^2-a-2\leq0$

$\therefore -1\leq a\leq2$　　　……①

또, 근과 계수의 관계로부터

$\alpha+\beta=2$, $\alpha\beta=a^2-a-1$　……②

기울기가 α이고 점 $(1, 0)$을 지나는 직
선의 방정식은

$y=\alpha(x-1)$　　　　……③

기울기가 $-\beta$이고 점 $(-1, 0)$을 지나
는 직선의 방정식은

$y=-\beta(x+1)$　　　　……④

③, ④에서　$\alpha(x-1)=-\beta(x+1)$

$$\therefore x=\frac{\alpha-\beta}{\alpha+\beta}$$

③에 대입하면

$$y=\alpha\left(\frac{\alpha-\beta}{\alpha+\beta}-1\right)=-\frac{2\alpha\beta}{\alpha+\beta}$$

이므로 ②를 대입하면

$$f(a) = -\frac{2(a^2 - a - 1)}{2}$$
$$= -a^2 + a + 1$$
$$= -\left(a - \frac{1}{2}\right)^2 + \frac{5}{4}$$

①의 범위에서 $f(a)$의 최댓값과 최솟값을 구하면

$a = \dfrac{1}{2}$일 때 최댓값 $\dfrac{5}{4}$,

$a = -1$ 또는 $a = 2$일 때 최솟값 -1

2-7.

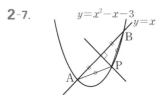

포물선 $y = x^2 - x - 3$과 직선 $y = x$의 교점의 x좌표는 $x^2 - x - 3 = x$에서

$$x^2 - 2x - 3 = 0 \quad \therefore x = -1, 3$$

따라서 $A(-1, -1)$, $B(3, 3)$이다.

점 P는 선분 AB의 수직이등분선과 포물선의 교점이다.

그런데 선분 AB의 중점이 점 $(1, 1)$이고 직선 AB의 기울기가 1이므로 선분 AB의 수직이등분선의 방정식은

$$y - 1 = -1 \times (x - 1)$$
$$\therefore y = -x + 2$$

이 식과 $y = x^2 - x - 3$에서 y를 소거하면 $x^2 - x - 3 = -x + 2$ $\therefore x^2 = 5$

$$\therefore a^2 = 5$$

2-8. 직선 l이 x축, y축의 양의 부분과 각각 점 $(a, 0)$, $(0, b)$에서 만난다고 하면 l의 방정식은

$$\frac{x}{a} + \frac{y}{b} = 1 \ (a > 0, b > 0)$$

직선 l이 점 $(4, 6)$을 지나므로

$$\frac{4}{a} + \frac{6}{b} = 1 \quad \cdots\cdots ①$$

또, 삼각형의 넓이가 54이므로

$$\frac{1}{2}ab = 54 \quad \therefore ab = 108 \quad \cdots\cdots ②$$

①, ②를 연립하여 풀면

$$a = 12, b = 9 \text{ 또는 } a = 6, b = 18$$

$$\therefore \frac{x}{12} + \frac{y}{9} = 1, \ \frac{x}{6} + \frac{y}{18} = 1$$

2-9. $P(a, 0)$이라고 하면 점 P와 두 직선 사이의 거리가 같으므로

$$\frac{|2a + 1|}{\sqrt{2^2 + (-1)^2}} = \frac{|a - 2|}{\sqrt{1^2 + (-2)^2}}$$

$$\therefore 2a + 1 = \pm(a - 2) \quad \therefore a = -3, \frac{1}{3}$$

$$\therefore P(-3, 0) \text{ 또는 } P\left(\frac{1}{3}, 0\right)$$

2-10. $ax + by = 1 \quad \cdots\cdots ①$

$$ax + by = 4 \quad \cdots\cdots ②$$

두 직선 ①, ②는 평행하므로 직선 ① 위의 점 (x_0, y_0)과 직선 ② 사이의 거리

$$l = \frac{|ax_0 + by_0 - 4|}{\sqrt{a^2 + b^2}}$$

가 두 직선 사이의 거리이다.

그런데 조건에서 $a^2 + b^2 = 9$이고, 점 (x_0, y_0)이 직선 ① 위에 있으므로

$$ax_0 + by_0 = 1$$

$$\therefore l = \frac{|1 - 4|}{\sqrt{9}} = 1$$

*__Note__ 서로 평행한 두 직선

$$ax + by + c = 0, \ ax + by + c' = 0$$

사이의 거리를 l이라고 하면

$$l = \frac{|c - c'|}{\sqrt{a^2 + b^2}}$$

2-11.

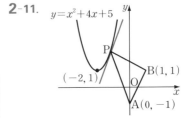

점 P와 직선 AB 사이의 거리가 최소일 때 $\triangle$ABP의 넓이가 최소이다. 이때, 점 P는 직선 AB에 평행한 직선과 포물선의 접점이다.

직선 AB의 기울기가 $\dfrac{1-(-1)}{1-0}=2$

이므로 접선의 방정식을 $y=2x+k$로 놓자.

$y=x^2+4x+5$와 $y=2x+k$에서 y를 소거하면

$$x^2+2x+5-k=0 \qquad \cdots\cdots①$$

접하므로 $D/4=1-(5-k)=0$

$$\therefore k=4$$

①에 대입하면 $x^2+2x+1=0$

$$\therefore x=-1$$

따라서 접점의 좌표는 **P$(-1, 2)$**

한편 직선 AB의 방정식은

$$y=2x-1, \ \ 곧 \ \ 2x-y-1=0$$

이므로 점 P와 직선 AB 사이의 거리는

$$\dfrac{|2\times(-1)-2-1|}{\sqrt{2^2+(-1)^2}}=\sqrt{5}$$

또, $\overline{\text{AB}}=\sqrt{(1-0)^2+(1+1)^2}=\sqrt{5}$

따라서 $\triangle$ABP의 넓이의 최솟값은

$$\dfrac{1}{2}\times\sqrt{5}\times\sqrt{5}=\dfrac{5}{2}$$

****Note*** P(a, a^2+4a+5)로 놓고 **필수 예제 2**-10의 공식을 이용하여 구할 수도 있다.

2-12. $\overline{\text{AB}}=\sqrt{(3-1)^2+(6-1)^2}=\sqrt{29}$

또, 직선 AB의 방정식은

$$y-1=\dfrac{6-1}{3-1}(x-1)$$

$$\therefore 5x-2y-3=0$$

점 P의 좌표를 (x, y)라 하고, 점 P에서 직선 AB에 내린 수선의 발을 H라 하면

$$\overline{\text{PH}}=\dfrac{|5x-2y-3|}{\sqrt{5^2+(-2)^2}}$$

$\triangle$PAB의 넓이가 3이므로

$\dfrac{1}{2}\times\overline{\text{AB}}\times\overline{\text{PH}}=3$에서

$$\dfrac{1}{2}\times\sqrt{29}\times\dfrac{|5x-2y-3|}{\sqrt{29}}=3$$

$$\therefore |5x-2y-3|=6$$

따라서 점 P의 자취의 방정식은

$$\boldsymbol{5x-2y-9=0 \ \ 또는 \ \ 5x-2y+3=0}$$

2-13. ㄱ. $a=0, b=\dfrac{1}{2}$이면 a, b가 유리수이지만 직선 $y=\dfrac{1}{2}$ 위의 모든 점은 y좌표가 $\dfrac{1}{2}$이므로 직선 $y=\dfrac{1}{2}$은 격자점을 지나지 않는다.

ㄴ. $a=\sqrt{2}, b=-\sqrt{2}$이면 a, b가 무리수이지만 직선 $y=\sqrt{2}x-\sqrt{2}$는 격자점 $(1, 0)$을 지난다.

ㄷ. 직선 $y=\sqrt{2}x$는 격자점 $(0, 0)$을 지나고, 이 직선 위의 x좌표가 0이 아닌 정수인 모든 점의 y좌표는 무리수이므로 직선 $y=\sqrt{2}x$ 위의 격자점은 점 $(0, 0)$ 하나뿐이다.

따라서 격자점을 오직 하나만 지나는 직선이 존재한다.

이상에서 옳은 것은 ㄷ

2-14.

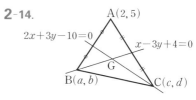

$$x-3y+4=0 \qquad \cdots\cdots①$$
$$2x+3y-10=0 \qquad \cdots\cdots②$$

에서 $x=2, y=2$이므로 **G$(2, 2)$**

또, B(a, b), C(c, d)라고 하면 B는 ① 위의 점, C는 ② 위의 점이므로

$$a-3b+4=0 \qquad \cdots\cdots③$$
$$2c+3d-10=0 \qquad \cdots\cdots④$$

또, 점 G는 무게중심이므로

$$\dfrac{2+a+c}{3}=2 \qquad \cdots\cdots⑤$$

$$\frac{5+b+d}{3}=2 \qquad \cdots\cdots\text{⑥}$$

③, ④에서 $a=3b-4$, $c=\dfrac{10-3d}{2}$

이것을 ⑤에 대입하고 정리하면

$$2b-d-2=0 \qquad \cdots\cdots\text{⑦}$$

⑥, ⑦에서 $b=1$, $d=0$

$$\therefore a=-1,\ c=5$$

$$\therefore \mathbf{B(-1,\,1),\ C(5,\,0)}$$

2-15. (1) 준 식을 x에 관하여 정리하면

$$2x^2-3(y+1)x+ay^2+y+1=0\cdots\text{①}$$

$$\therefore x=\frac{3(y+1)\pm\sqrt{D_1}}{4}$$

단, $D_1=9(y+1)^2-8(ay^2+y+1)$

$$=(9-8a)y^2+10y+1$$

따라서 ①은

$$\left\{x-\frac{3(y+1)+\sqrt{D_1}}{4}\right\}$$

$$\times\left\{x-\frac{3(y+1)-\sqrt{D_1}}{4}\right\}=0$$

이 식이 두 일차식의 곱이 되어야 하므로 $9-8a>0$이고 D_1은 완전제곱식이다.

$D_1=0$의 판별식을 D라고 하면

$$D/4=5^2-(9-8a)=0$$

$$\therefore \boldsymbol{a=-2}$$

(2) 이때, $D_1=(5y+1)^2$이므로

$$x=\frac{3(y+1)\pm(5y+1)}{4}$$

$$\therefore y=\frac{1}{2}x-\frac{1}{2},\ y=-2x+1$$

두 직선의 기울기의 곱이 -1이므로 두 직선은 수직이다. $\therefore \mathbf{90°}$

2-16. $4x+y=4 \qquad \cdots\cdots\text{①}$

$$mx+y=0 \qquad \cdots\cdots\text{②}$$

$$2x-3my=4 \qquad \cdots\cdots\text{③}$$

$m=0$이면 ②는 $y=0$, ③은 $x=2$이므로 세 직선 ①, ②, ③이 삼각형을 만든다. 곧, $m\neq0$이다.

(i) 세 직선이 한 점을 지날 때

①, ②를 연립하여 풀면

$$x=\frac{4}{4-m},\ y=\frac{-4m}{4-m}\ (m\neq4)$$

$$\Leftarrow m=4\text{일 때 ①, ②는 평행}$$

이것을 ③에 대입하면

$$\frac{8}{4-m}+\frac{12m^2}{4-m}=4$$

$$\therefore 3m^2+m-2=0 \quad \therefore m=-1,\ \frac{2}{3}$$

(ii) 적어도 두 직선이 평행할 때

①, ②, ③의 기울기는 각각

$$-4,\ -m,\ \frac{2}{3m}$$

이 중 두 개가 평행할 조건은

$$-4=-m,\ -4=\frac{2}{3m},\ -m=\frac{2}{3m}$$

m은 실수이므로 $m=4,\ -\dfrac{1}{6}$

(i), (ii)에서 $\boldsymbol{m=-1,\ -\dfrac{1}{6},\ \dfrac{2}{3},\ 4}$

2-17. $\sqrt{5x^2-2x+1}+\sqrt{5x^2-8x+4}$

$$=\sqrt{(x-1)^2+(2x-0)^2}$$

$$+\sqrt{(x-0)^2+(2x-2)^2} \quad \cdots\text{①}$$

이므로 $A(1,\,0)$, $B(0,\,2)$, $P(x,\,2x)$라고 하면 ①은 $\overline{AP}+\overline{BP}$와 같다.

이때, 점 P는 직선 $y=2x$ 위의 점이고 두 점 A, B는 직선 $y=2x$에 대하여 서로 반대쪽에 있으므로

$$\overline{AP}+\overline{BP}\geq\overline{AB}$$

$$=\sqrt{(0-1)^2+(2-0)^2}=\sqrt{5}$$

따라서 ①은 점 P가 선분 AB 위에 있을 때 최솟값 $\sqrt{5}$를 가진다.

한편 직선 AB의 방정식은

$$\frac{x}{1}+\frac{y}{2}=1,\ \text{곧}\ y=-2x+2$$

이므로 이 식에 $y=2x$를 대입하면

$$2x=-2x+2 \quad \therefore x=\frac{1}{2}$$

$\therefore$ 최솟값 $\sqrt{5}$, $x=\dfrac{1}{2}$

2-18. x절편이 p, y절편이 n인 직선의 방정식은 $\dfrac{x}{p}+\dfrac{y}{n}=1$

이 직선이 점 $(4, 3)$을 지나면

$$\dfrac{4}{p}+\dfrac{3}{n}=1 \quad \therefore \dfrac{3}{n}=\dfrac{p-4}{p}$$

$$\therefore n=\dfrac{3p}{p-4}=3+\dfrac{12}{p-4}$$

따라서 n이 정수이려면 12가 $p-4$로 나누어떨어져야 한다. 이 조건을 만족시키는 소수 p는 $2, 3, 5, 7$이고, 이 중 n이 양수인 p는 5 또는 7이다.

따라서 구하는 직선의 개수는 **2**

2-19. 점 A를 원점으로 하고, 직선 AB와 AD를 각각 x축, y축으로 잡는다.

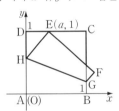

점 $E(a, 1)$ $(0<a<1)$이라고 하면 직선 HG는 선분 AE의 수직이등분선이므로 직선 HG의 방정식은

$$y-\dfrac{1}{2}=-a\left(x-\dfrac{a}{2}\right)$$

$$\therefore y=-ax+\dfrac{a^2+1}{2}$$

$x=0$을 대입하면 $y=\dfrac{a^2+1}{2}$

$$\therefore H\left(0, \dfrac{a^2+1}{2}\right)$$

$x=1$을 대입하면 $y=\dfrac{a^2-2a+1}{2}$

$$\therefore G\left(1, \dfrac{a^2-2a+1}{2}\right)$$

사다리꼴 EHGF와 사다리꼴 AHGB는 합동이므로 넓이가 같다.

따라서 사다리꼴 EHGF의 넓이를 S라고 하면

$$S=\dfrac{1}{2}(\overline{AH}+\overline{BG})\times\overline{AB}$$

$$=\dfrac{1}{2}\left(\dfrac{a^2+1}{2}+\dfrac{a^2-2a+1}{2}\right)\times 1$$

$$=\dfrac{1}{2}\left\{\left(a-\dfrac{1}{2}\right)^2+\dfrac{3}{4}\right\}$$

따라서 $a=\dfrac{1}{2}$일 때 최솟값은 $\dfrac{3}{8}$

2-20. $y=mx-m+1$ ······①

①을 m에 관하여 정리하면

$$m(x-1)+1-y=0$$

따라서 ①은 m의 값에 관계없이 점 $(1, 1)$을 지난다.

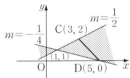

①이 선분 AB와 만나면

$$0\leq m\leq 4 \quad\text{······②}$$

①이 선분 CD와 만나면

$$-\dfrac{1}{4}\leq m\leq\dfrac{1}{2} \quad\text{······③}$$

②와 ③에서 $0\leq m\leq\dfrac{1}{2}$

2-21. $(k+1)x+(k-2)y-4k-1=0$ ······①

을 k에 관하여 정리하면

$$(x+y-4)k+(x-2y-1)=0$$

①은 k의 값에 관계없이 두 직선

$$x+y-4=0, \quad x-2y-1=0$$

의 교점 $A(3, 1)$을 지난다.

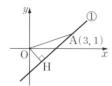

원점에서 직선 ①에 내린 수선의 발을 H라고 하면
$$f(k) = \overline{OH} \le \overline{OA}$$
이므로 $f(k)$의 최댓값은 $\overline{OA}$이고, 이때 직선 ①은 직선 OA와 수직이다.

따라서 최댓값은
$$\overline{OA} = \sqrt{9+1} = \sqrt{10}$$

2-22. (1) $x-2y+3=0$, $x-y-1=0$을 연립하여 풀면
$$x=5, \ y=4 \qquad \therefore \ \boldsymbol{(5, 4)}$$
(2) 직선 l 의 방정식은
$$(m+1)x-(m+2)y-m+3=0$$
이므로 직선 l 이 직선 $x-y-1=0$과 일치할 조건은
$$\frac{m+1}{1} = \frac{-(m+2)}{-1} = \frac{-m+3}{-1}$$
이지만, 이것을 만족시키는 m 의 값은 없다.

따라서 직선 l 은 직선
$$x-y-1=0 \qquad \cdots\cdots ①$$
을 나타낼 수 없다.

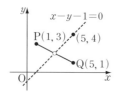

한편 직선 PQ의 방정식은
$$y = -\frac{1}{2}x + \frac{7}{2} \qquad \cdots\cdots ②$$
따라서 직선 l 은 직선 ①, ②의 교점 인 점 $\boldsymbol{(3, 2)}$를 지나지 않는다.

2-23.

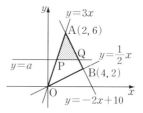

삼각형의 세 꼭짓점은
$$O(0, 0), \ A(2, 6), \ B(4, 2)$$
직선 $y=a$가 점 $B(4, 2)$를 지날 때 변 OA와 만나는 점은 변 OA의 중점 $(1, 3)$보다 아래쪽에 있으므로 직선 $y=a$가 선분 AB와 만나는 경우에 △OAB의 넓이를 이등분할 수 있다.

직선 $y=a$와 변 OA, AB의 교점을 각각 P, Q라고 하면
$$P\left(\frac{a}{3}, a\right), \ Q\left(\frac{10-a}{2}, a\right)$$
이므로
$$\triangle APQ = \frac{1}{2} \times \left(\frac{10-a}{2} - \frac{a}{3}\right) \times (6-a)$$
$$= \frac{5}{12}(6-a)^2$$
한편 $\triangle OAB = \frac{1}{2}|2 \times 2 - 4 \times 6| = 10$

따라서 $\triangle APQ = \frac{1}{2}\triangle OAB$에서
$$\frac{5}{12}(6-a)^2 = \frac{1}{2} \times 10$$
$$\therefore \ (6-a)^2 = 12 \quad \therefore \ 6-a = \pm 2\sqrt{3}$$
$2 < a < 6$이므로 $\boldsymbol{a = 6 - 2\sqrt{3}}$

2-24.

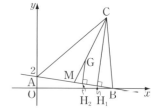

△ABC의 무게중심을 G, 선분 AB의 중점을 M이라 하고, 두 점 C, G에서 직

선 AB에 내린 수선의 발을 각각 H_1, H_2
라고 하자.

$\overline{CG} : \overline{GM} = 2 : 1$에서

　　$\overline{CM} : \overline{GM} = 3 : 1$

이므로　$\overline{CH_1} : \overline{GH_2} = 3 : 1$

　이때, $\overline{CH_1} = 9\sqrt{2}$이므로　$\overline{GH_2} = 3\sqrt{2}$

　직선 AB의 기울기를 m이라고 하면
점 $G(9, 5)$와 직선

　　$y = mx + 2$, 곧 $mx - y + 2 = 0$

사이의 거리가 $3\sqrt{2}$이므로

$$\frac{|9m - 5 + 2|}{\sqrt{m^2 + (-1)^2}} = 3\sqrt{2}$$

$$\therefore \ |9m - 3| = 3\sqrt{2(m^2 + 1)}$$

　양변을 제곱하여 정리하면

$$7m^2 - 6m - 1 = 0$$

$$\therefore \ (7m + 1)(m - 1) = 0$$

$m < 0$이므로　$m = -\dfrac{1}{7}$

　따라서 직선 AB의 방정식은

$y = -\dfrac{1}{7}x + 2$이므로　$-\dfrac{1}{7}x + 2 = 0$에서

　　$x = 14$　$\therefore$　**B(14, 0)**

$C(a, b)$라고 하면 $\triangle ABC$의 무게중심
이 $G(9, 5)$이므로

$$\frac{0 + 14 + a}{3} = 9, \ \frac{2 + 0 + b}{3} = 5$$

$\therefore \ a = 13, \ b = 13$　$\therefore$　**C(13, 13)**

2-25. (1) $x + y - 1 = 0$　　……①

　　　　$x - 2y + 2 = 0$　　……②

　　　　$2x - y - 2 = 0$　　……③

　①과 ②, ②와 ③, ③과 ①의 교점을
각각 A, B, C라고 하면

　　$A(0, 1)$, $B(2, 2)$, $C(1, 0)$

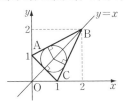

$\triangle ABC$의 세 내각의 이등분선이 만
나는 점이 내심이므로 내심은 제1사
분면의 직선 $y = x$ 위에 있다.

　따라서 내심의 좌표를 (a, a)로 놓
으면 내심에서 각 변에 이르는 거리가
같으므로

$$\frac{|a + a - 1|}{\sqrt{1^2 + 1^2}} = \frac{|a - 2a + 2|}{\sqrt{1^2 + (-2)^2}}$$

$$= \frac{|2a - a - 2|}{\sqrt{2^2 + (-1)^2}} \ \cdots ④$$

$$\therefore \ \frac{2a - 1}{\sqrt{2}} = \pm \frac{a - 2}{\sqrt{5}}$$

$a > 0$이므로　$a = \dfrac{2 + \sqrt{10}}{6}$

$$\therefore \ \left(\frac{2 + \sqrt{10}}{6}, \frac{2 + \sqrt{10}}{6} \right)$$

(2) 위의 a의 값을 ④에 대입하면 내접원
의 반지름의 길이는

$$\frac{2\sqrt{5} - \sqrt{2}}{6}$$

2-26.

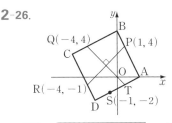

$$\overline{PR} = \sqrt{(1 + 4)^2 + (4 + 1)^2} = 5\sqrt{2}$$

이므로 점 Q를 지나고 직선 PR에 수직
인 직선 위의 점 중에서 점 Q와의 거리가
$5\sqrt{2}$이고 직선 PR에 대하여 점 Q와 반
대쪽에 있는 점을 T라고 하면 점 T는 변
DA 위에 있다.

　이때, 직선 PR의 기울기가 1이므로 직
선 QT의 방정식은

$$y - 4 = -(x + 4) \quad \therefore \ y = -x$$

　따라서 $T(a, -a)$라고 하면

$$\overline{QT} = \sqrt{(a + 4)^2 + (-a - 4)^2}$$

$$= \sqrt{2(a + 4)^2} = 5\sqrt{2}$$

$$\therefore \ (a+4)^2=25 \quad \therefore \ a=1, \ -9$$

그런데 $a=-9$이면 점 $\mathrm{T}(-9, 9)$는 직선 PR에 대하여 점 Q와 같은 쪽에 있게 된다. $\quad \therefore \ a=1$

곧, $\mathrm{T}(1, -1)$이므로 직선 ST의 방정식은

$$y+2=\frac{-1+2}{1+1}(x+1)$$

$$\therefore \ x-2y-3=0 \quad \cdots\cdots ①$$

이때, 점 $\mathrm{Q}(-4, 4)$와 직선 ① 사이의 거리는

$$\frac{|-4-2\times 4-3|}{\sqrt{1^2+(-2)^2}}=3\sqrt{5}$$

이고, 이것은 정사각형 ABCD의 한 변의 길이와 같다.

따라서 구하는 넓이는 $\ (3\sqrt{5})^2=\mathbf{45}$

2-27.

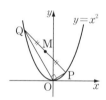

$\mathrm{P}(t, t^2)(t>0)$이라고 하면 직선 OP의 방정식은 $\ y=tx$

직선 OQ는 직선 OP와 수직이므로 직선 OQ의 방정식은 $\ y=-\dfrac{1}{t}x$

따라서 점 Q의 x좌표는 방정식 $x^2=-\dfrac{1}{t}x$의 0이 아닌 해이다. 곧,

$x=-\dfrac{1}{t}$에서 $\ \mathrm{Q}\left(-\dfrac{1}{t}, \dfrac{1}{t^2}\right)$

$\mathrm{M}(x, y)$라고 하면

$$x=\frac{1}{2}\left(t-\frac{1}{t}\right), \ y=\frac{1}{2}\left(t^2+\frac{1}{t^2}\right)$$

에서

$$x^2=\frac{1}{4}\left(t^2-2+\frac{1}{t^2}\right)$$

$$=\frac{1}{4}(2y-2)=\frac{1}{2}y-\frac{1}{2}$$

$$\therefore \ \boldsymbol{y=2x^2+1}$$

*__Note__ $t>0$일 때 $x=\dfrac{1}{2}\left(t-\dfrac{1}{t}\right)$은 모든 실수를 가지므로 $y=2x^2+1$은 모든 실수 x에 대하여 정의된다. 이에 관해서는 p. 228, 230에서 공부한다.

2-28. $\mathrm{P}(\alpha, \alpha^2)$, $\mathrm{Q}(\beta, \beta^2)$이라고 하자.

점 P에서의 접선의 방정식을 $y=m(x-\alpha)+\alpha^2$이라고 하면

$$x^2=m(x-\alpha)+\alpha^2$$

곧, $\ x^2-mx+m\alpha-\alpha^2=0$

이 방정식이 중근을 가져야 하므로

$$D=m^2-4(m\alpha-\alpha^2)=0$$

$$\therefore \ (m-2\alpha)^2=0 \quad \therefore \ m=2\alpha$$

따라서 점 P에서의 접선의 방정식은

$$y=2\alpha x-\alpha^2 \quad \cdots\cdots ①$$

같은 방법으로 하면 점 Q에서의 접선의 방정식은

$$y=2\beta x-\beta^2 \quad \cdots\cdots ②$$

교점의 좌표를 구하기 위하여 ①, ②에서 y를 소거하면

$$2\alpha x-\alpha^2=2\beta x-\beta^2$$

$$\therefore \ 2(\alpha-\beta)x=(\alpha+\beta)(\alpha-\beta)$$

$\alpha\neq\beta$이므로 $\ x=\dfrac{\alpha+\beta}{2} \quad \therefore \ y=\alpha\beta$

그런데 ①, ②는 수직이므로

$$2\alpha\times 2\beta=-1 \quad \therefore \ \boldsymbol{y=-\frac{1}{4}}$$

2-29.

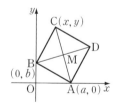

(1) $\triangle\mathrm{OAB}=\dfrac{1}{2}$이므로 $\ \dfrac{1}{2}ab=\dfrac{1}{2}$

$$\therefore \ ab=1$$

따라서 $a+b=t$라고 하면 a, b는 이차방정식 $x^2-tx+1=0$의 두 근이다.

a, b가 양수이므로

$$t>0, \quad D=t^2-4 \geq 0$$

$$\therefore \ t \geq 2 \qquad \therefore \ \boldsymbol{a+b \geq 2}$$

(2) 점 C의 좌표를 (x, y)라고 하면

$$x>0, \ y>0 \text{이고}, \ \overline{BC}=\overline{AB} \text{이므로}$$

$$x^2+(y-b)^2=a^2+b^2 \quad \cdots\cdots \text{①}$$

$\overline{BC} \perp \overline{AB}$이므로

$$\frac{y-b}{x} \times \left(-\frac{b}{a}\right) = -1 \quad \cdots\cdots \text{②}$$

①, ②에서 y를 소거하면 $\quad x^2=b^2$

$x>0, \ b>0$이므로 $\quad x=b$

$$\therefore \ y=a+b \qquad \therefore \ C(b, \ a+b)$$

$$\therefore \ M\left(\frac{a+b}{2}, \ \frac{a+b}{2}\right)$$

곧, 점 M의 x, y좌표가 항상 같으므로 점 M은 직선 $y=x$ 위에 있다.

그런데 $a+b \geq 2$이므로 점 M의 자취의 방정식은 $\quad y=x \ (x \geq 1)$

따라서 그 그래프는 아래와 같다.

3-1. (1) 반지름의 길이를 r이라고 하면 제1사분면의 점 $(2, 1)$을 지나고 x축, y축에 접하므로 중심은 점 (r, r)이다.

$$\therefore \ (x-r)^2+(y-r)^2=r^2$$

이 원이 점 $(2, 1)$을 지나므로

$$(2-r)^2+(1-r)^2=r^2 \qquad \therefore \ r=1, \ 5$$

$$\therefore \ \boldsymbol{(x-1)^2+(y-1)^2=1,}$$

$$\boldsymbol{(x-5)^2+(y-5)^2=25}$$

(2) 중심을 점 (a, b)라고 하면

$$(x-a)^2+(y-b)^2=25$$

이 원이 두 점 $(4, 5)$, $(1, -4)$를 지나므로

$$(4-a)^2+(5-b)^2=25,$$

$$(1-a)^2+(-4-b)^2=25$$

연립하여 풀면

$$a=4, \ b=0 \ \text{또는} \ a-1, \ b=1$$

$$\therefore \ \boldsymbol{(x-4)^2+y^2=25,}$$

$$\boldsymbol{(x-1)^2+(y-1)^2=25}$$

(3) $(x-2)^2+(y+3)^2=16$이므로 중심은 점 $(2, -3)$이다.

따라서 구하는 원의 반지름의 길이를 r이라고 하면

$$(x-2)^2+(y+3)^2=r^2$$

이 원이 원점을 지나므로

$$(0-2)^2+(0+3)^2=r^2 \qquad \therefore \ r^2=13$$

$$\therefore \ \boldsymbol{(x-2)^2+(y+3)^2=13}$$

(4) 반지름의 길이를 r이라고 하면 점 $(3, 0)$에서 x축에 접하므로 중심은 점 $(3, r)$ 또는 점 $(3, -r)$이다. 그런데 구하는 원이 점 $(0, 2)$를 지나므로 중심은 점 $(3, r)$이다.

$$\therefore \ (x-3)^2+(y-r)^2=r^2$$

이 원이 점 $(0, 2)$를 지나므로

$$(0-3)^2+(2-r)^2=r^2 \qquad \therefore \ r=\frac{13}{4}$$

$$\therefore \ \boldsymbol{(x-3)^2+\left(y-\frac{13}{4}\right)^2=\frac{169}{16}}$$

3-2. 원의 중심을 C라고 하면

$$C\left(\frac{x_1+x_2}{2}, \ \frac{y_1+y_2}{2}\right)$$

또, 반지름의 길이를 r이라고 하면

$$r=\frac{1}{2}\overline{AB}$$

$$=\frac{1}{2}\sqrt{(x_2-x_1)^2+(y_2-y_1)^2}$$

$$\therefore \ \left(x-\frac{x_1+x_2}{2}\right)^2+\left(y-\frac{y_1+y_2}{2}\right)^2$$

$$=\frac{(x_2-x_1)^2+(y_2-y_1)^2}{4}$$

$$\therefore \ x^2-x(x_1+x_2)+x_1x_2$$

$$+y^2-y(y_1+y_2)+y_1y_2=0$$

$$\therefore \ (x-x_1)(x-x_2)+(y-y_1)(y-y_2)=0$$

Note 원의 성질을 이용하면 더욱 간단히 증명할 수 있다.

곧, 원 위의 임의의 점을 $P(x, y)$라고 하면 점 P가 점 A 또는 점 B와 일치하지 않을 때, 직선 PA, PB의 기울기는 각각

$$\frac{y-y_1}{x-x_1}, \quad \frac{y-y_2}{x-x_2}$$

그런데 선분 AB가 지름이므로

$$\overline{PA} \perp \overline{PB}$$

$$\therefore \ \frac{y-y_1}{x-x_1} \times \frac{y-y_2}{x-x_2} = -1$$

$$\therefore \ (x-x_1)(x-x_2)$$
$$+(y-y_1)(y-y_2)=0 \ \cdots ①$$

또, 점 A와 B는 ①을 만족시킨다.

3-3. 주어진 식에서

$$(x+m-1)^2+(y-m)^2=3-2m-m^2$$

따라서 원을 나타내기 위해서는

$$3-2m-m^2>0 \quad \therefore \ \boldsymbol{-3<m<1}$$

또, $3-2m-m^2=-(m+1)^2+4$

이므로 반지름의 길이가 최대가 되는 m의 값은 $\boldsymbol{m=-1}$

3-4. 반지름의 길이를 r이라고 하면 제1사분면의 점 $(3, 2)$를 지나고 x축, y축에 접하므로 중심은 점 (r, r)이다.

따라서 원의 방정식은

$$(x-r)^2+(y-r)^2=r^2$$

이 원이 점 $(3, 2)$를 지나므로

$$(3-r)^2+(2-r)^2=r^2$$

$$\therefore \ r^2-10r+13=0 \quad \cdots ①$$

이 방정식의 두 근을 α, β라고 하면 α, β는 두 원의 반지름의 길이이고,

$$\alpha+\beta=10, \ \alpha\beta=13$$

(1) 두 원의 넓이의 합을 S라고 하면

$$S=\pi\alpha^2+\pi\beta^2=\pi(\alpha^2+\beta^2)$$
$$=\pi\{(\alpha+\beta)^2-2\alpha\beta\}$$
$$=\pi(10^2-2\times13)=\boldsymbol{74\pi}$$

(2) 두 원의 중심은 각각 점 (α, α), (β, β)이므로 두 원의 중심 사이의 거리를 d라고 하면

$$d^2=(\beta-\alpha)^2+(\beta-\alpha)^2$$
$$=2(\beta-\alpha)^2=2\{(\alpha+\beta)^2-4\alpha\beta\}$$
$$=2(10^2-4\times13)=96$$

$d>0$이므로 $d=\boldsymbol{4\sqrt{6}}$

***Note** ①의 두 근이 간단할 때에는 직접 두 근을 구하여 풀어도 된다.

3-5. 구하는 원의 방정식을

$$x^2+y^2+ax+by+c=0 \quad \cdots ①$$

이라고 하면 ①은 두 점 $(1, 2)$, $(3, 4)$를 지나므로

$$1+4+a+2b+c=0 \quad \cdots ②$$

$$9+16+3a+4b+c=0 \quad \cdots ③$$

또, ①에 $y=0$을 대입하면

$$x^2+ax+c=0$$

이 방정식의 두 근의 차가 6이므로

$$\sqrt{a^2-4c}=6$$

$$\therefore \ a^2-4c=36 \quad \cdots ④$$

②, ③, ④를 연립하여 풀면

$$a=-8, \ b=-2, \ c=7$$
$$또는 \ a=12, \ b=-22, \ c=27$$

①에 대입하면

$$\boldsymbol{x^2+y^2-8x-2y+7=0,}$$
$$\boldsymbol{x^2+y^2+12x-22y+27=0}$$

***Note** 이차방정식 $x^2+ax+c=0$의 두 근을 α, β $(\alpha>\beta)$라고 하면

$$\alpha+\beta=-a, \ \alpha\beta=c$$

이므로

$$(\alpha-\beta)^2=(\alpha+\beta)^2-4\alpha\beta=a^2-4c$$

$$\therefore \ \alpha-\beta=\sqrt{a^2-4c}$$

3-6.

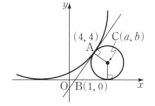

원 C의 중심을 $C(a, b)$라고 하면 점

C에서 직선 AB와 x축에 이르는 거리는 같다.

이때, 직선 AB의 방정식은

$$y = \frac{4}{3}(x-1), \ 곧 \ 4x-3y-4=0$$

이므로

$$\frac{|4a-3b-4|}{\sqrt{4^2+(-3)^2}} = |b|$$

$$\therefore \ 4a-3b-4=5b$$

또는 $4a-3b-4=-5b$

$$\therefore \ a-2b-1=0 \qquad \cdots\cdots ①$$

또는 $2a+b-2=0 \quad \cdots\cdots ②$

한편 직선 AC는 직선 AB에 수직이므로 직선 AC의 방정식은

$$y-4 = -\frac{3}{4}(x-4)$$

곧, $3x+4y-28=0$

점 C가 이 직선 위에 있으므로

$$3a+4b-28=0 \qquad \cdots\cdots ③$$

①, ③에서　$a=6, \ b=\frac{5}{2}$

②, ③에서　$a=-4, \ b=10$

따라서 $C\left(6, \frac{5}{2}\right)$ 또는 $C(-4, 10)$이므로 원 C의 방정식은

$$\left(x-6\right)^2 + \left(y-\frac{5}{2}\right)^2 = \frac{25}{4},$$

$$\left(x+4\right)^2 + \left(y-10\right)^2 = 100$$

3-7. 원 C_1 위의 점 P가 x축 위에 있을 때, 원점 O에 대하여 직선 OP가 원 C_2와 만나서 생기는 현의 길이가 최대가 되고, 이 현은 원 C_2의 지름과 같다.

이때, 현의 길이가 10이므로 원 C_2의 반지름의 길이는 5이다.

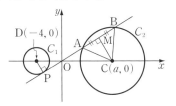

한편 현의 길이가 최소일 때는 위의 그림과 같이 직선 OP가 점 P에서 원 C_1에 접할 때이다.

이때, 직선 OP가 원 C_2와 만나는 두 점을 A, B라 하고, 선분 AB의 중점을 M이라고 하면

$$\overline{AC}=5, \ \overline{AM}=3$$

이므로　$\overline{CM}=\sqrt{5^2-3^2}=4$

원 C_1의 중심을 D라고 하면

$$\triangle ODP \backsim \triangle OCM \ (AA \ 닮음)$$

이므로　$\overline{DP} : \overline{DO} = \overline{CM} : \overline{CO}$

$$\therefore \ 2 : 4 = 4 : \overline{CO}$$

$$\therefore \ \overline{CO}=8 \quad \therefore \ a=8$$

3-8. 직선 $x=2$가 원과 만나서 생기는 현의 길이는 $2\sqrt{6}$이므로 직선 $x=2$는 주어진 조건을 만족시킨다.

또, 점 $(2, 1)$을 지나고 조건을 만족시키는 직선의 방정식을

$$y-1=m(x-2) \qquad \cdots\cdots ①$$

로 놓을 때, 원점에서 이 직선에 내린 수선의 발을 H라고 하면 아래 그림에서

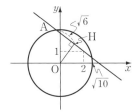

$$\overline{AH}=\sqrt{6}, \ \overline{OA}=\sqrt{10}$$

$$\therefore \ \overline{OH}=\sqrt{(\sqrt{10})^2-(\sqrt{6})^2}=2$$

따라서 원의 중심 O와 직선 $mx-y-2m+1=0$ 사이의 거리는 2이므로

$$\frac{|-2m+1|}{\sqrt{m^2+(-1)^2}}=2$$

$$\therefore \ (2m-1)^2=4(m^2+1)$$

$$\therefore \ m=-\frac{3}{4}$$

①에 대입하면 $y-1=-\dfrac{3}{4}(x-2)$

$\therefore$ $x=2,\ 3x+4y-10=0$

***Note** ①은 x축에 수직인 직선을 나타내지 않으므로 직선 $x=2$와 원이 만나서 생기는 현이 주어진 조건을 만족시키는지 확인해야 한다.

3-**9**. (1) 원의 중심을 C라고 하면 $\triangle$PTC는 $\angle$PTC$=90°$인 직각삼각형이다.

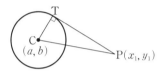

$\therefore$ $\overline{PT}^2=\overline{PC}^2-\overline{CT}^2$

$\qquad =\{(x_1-a)^2+(y_1-b)^2\}-r^2$

$\qquad =(x_1-a)^2+(y_1-b)^2-r^2$

***Note** 원 $x^2+y^2+Ax+By+C=0$ 밖의 한 점 $P(x_1,\ y_1)$에서 원에 그은 접선의 접점을 T라고 하면

$$\overline{PT}^2=x_1^2+y_1^2+Ax_1+By_1+C$$

(2) (1)에 의하여

$$\overline{PT}^2=(6-2)^2+(8-3)^2-4=37$$

$$\therefore \overline{PT}=\sqrt{37}$$

(3)

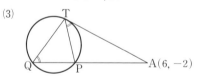

점 A에서 원에 그은 접선의 접점을 T라고 하자.

$\triangle$AQT와 $\triangle$ATP에서

$\angle$AQT$=\angle$ATP, $\angle$A는 공통

이므로

$\triangle$AQT$\oosim$$\triangle$ATP (AA 닮음)

$\therefore$ $\overline{AT}:\overline{AP}=\overline{AQ}:\overline{AT}$

$\therefore$ $\overline{AT}^2=\overline{AP}\times\overline{AQ}$ ......①

그런데 $\overline{AP}:\overline{PQ}=2:1$이므로

$\overline{AP}=\dfrac{2}{3}\overline{AQ}$ $\therefore$ $\overline{AQ}=\dfrac{3}{2}\overline{AP}$

①에 대입하면

$$\overline{AT}^2=\dfrac{3}{2}\overline{AP}^2 \qquad\cdots\cdots②$$

한편 (1)의 **Note**를 활용하면

$\overline{AT}^2=6^2+(-2)^2-2\times6$
$\qquad\qquad\qquad +2\times(-2)-2$
$\qquad =22$

이므로 ②에 대입하면

$$\overline{AP}^2=\dfrac{44}{3} \qquad \therefore \overline{AP}=\dfrac{2\sqrt{33}}{3}$$

3-**10**. 접선의 방정식을 $y=ax+b$라고 하자.

포물선 $y=2x^2$에 접하므로

$2x^2=ax+b$, 곧 $2x^2-ax-b=0$

에서 $D=a^2+8b=0$ ......①

또, 원 $x^2+(y+1)^2=1$에 접하므로 원의 중심 $(0,\ -1)$과 접선 사이의 거리가 1이다.

$\therefore$ $\dfrac{|1+b|}{\sqrt{a^2+(-1)^2}}=1$

$\therefore$ $(1+b)^2=a^2+1$ ......②

①, ②에서 a^2을 소거하면

$(1+b)^2=-8b+1$ $\therefore$ $b=0,\ -10$

$b=0$일 때 $a=0$ $\therefore$ $y=0$

$b=-10$일 때 $a^2=80$ $\therefore$ $a=\pm4\sqrt5$

$\therefore$ $y=\pm4\sqrt5\,x-10$

3-**11**. (i) 공통외접선의 두 접점 사이의 거리

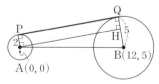

$\overline{AB}=\sqrt{12^2+5^2}=13$이므로

$\overline{PQ}=\overline{AH}=\sqrt{\overline{AB}^2-\overline{BH}^2}$
$\qquad =\sqrt{13^2-(5-2)^2}=4\sqrt{10}$

(ii) 공통내접선의 두 접점 사이의 거리

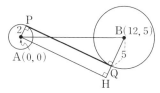

$$\overline{PQ}=\overline{AH}=\sqrt{\overline{AB}^2-\overline{BH}^2}$$
$$=\sqrt{13^2-(5+2)^2}=\boldsymbol{2\sqrt{30}}$$

3-12.

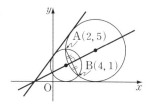

두 공통외접선 중 하나는 x축이고, 두 원의 중심을 지나는 직선과 두 공통외접선은 한 점에서 만나므로 두 원의 중심을 지나는 직선과 x축의 교점의 좌표를 구하면 된다.

한편 두 원의 중심을 지나는 직선은 선분 AB를 수직이등분한다.

선분 AB의 중점이 점 $(3, 3)$이고 직선 AB의 기울기가 $\dfrac{1-5}{4-2}=-2$이므로 두 원의 중심을 지나는 직선의 방정식은

$$y-3=\frac{1}{2}(x-3)$$
$$\therefore y=\frac{1}{2}x+\frac{3}{2}$$

$y=0$을 대입하면 $x=-3$이므로 구하는 교점의 좌표는 $(\boldsymbol{-3, 0})$

3-13.

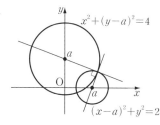

두 원이 직교하면 교점에서 각각의 접선이 서로 수직이므로 교점에서 그은 한 원의 접선이 다른 원의 중심을 지난다.

따라서 두 원의 중심과 교점은 직각삼각형을 이룬다.

두 원의 중심은 각각 점 $(a, 0)$, $(0, a)$이므로 두 원의 중심 사이의 거리는

$$\sqrt{a^2+a^2}=\sqrt{2}a$$

또, 두 원의 반지름의 길이가 각각 $\sqrt{2}$, 2이므로

$$(\sqrt{2}a)^2=(\sqrt{2})^2+2^2$$

$a>0$이므로 $\boldsymbol{a=\sqrt{3}}$

3-14. 구하는 원의 반지름의 길이를 r이라고 하면 조건에 맞는 원의 중심은 제1사분면에 있으므로 중심은 점 (r, r)이다.

두 원이 외접하면 중심 사이의 거리가 두 원의 반지름의 길이의 합과 같으므로

$$\sqrt{(7-r)^2+(6-r)^2}=r+2$$

양변을 제곱하여 정리하면

$$r^2-30r+81=0 \quad \therefore r=3, 27$$

따라서 구하는 원의 방정식은

$$\boldsymbol{(x-3)^2+(y-3)^2=3^2},$$
$$\boldsymbol{(x-27)^2+(y-27)^2=27^2}$$

3-15. 두 원 모두 중심이 y축 위에 있지 않으므로 구하는 원의 방정식을

$$(x^2+y^2+4x-8y-28)m$$
$$+(x^2+y^2-4x+6y-12)=0$$
$$(m\neq -1)$$

으로 놓을 수 있다.

이 식을 정리하면

$$(m+1)x^2+(4m-4)x+(m+1)y^2$$
$$+(6-8m)y-12-28m=0 \cdots ①$$

구하는 원의 중심의 x좌표는 0이므로 x의 계수는 0이다.

$$\therefore 4m-4=0 \quad \therefore m=1$$

①에 대입하여 정리하면

$$\boldsymbol{x^2+y^2-y-20=0}$$

3-16. 두 식을 연립하여 교점을 구하면
A$(1, 0)$, B$(1, -2)$이다.

따라서 선분 AB를 지름으로 하는 원의 중심 C와 반지름의 길이 r은

$$C(1, -1), \quad r=\frac{1}{2}\overline{AB}=\frac{1}{2}\times 2=1$$

따라서 구하는 원의 방정식은
$$(x-1)^2+(y+1)^2=1$$

***Note** 두 원의 교점을 구하는 과정이 복잡한 경우 다음과 같이 풀면 된다.

두 원의 교점을 지나는 원의 방정식을
$$(x^2+y^2+2x+2y-3)$$
$$+m(x^2+y^2+x+2y-2)=0$$
$$(m\neq -1)$$

으로 놓으면 이 원의 중심은
$$C\left(-\frac{2+m}{2(1+m)}, -\frac{2+2m}{2(1+m)}\right)$$
곧, $C\left(-\frac{2+m}{2(1+m)}, -1\right)$

한편 두 원의 교점을 지나는 직선의 방정식은
$$x^2+y^2+2x+2y-3$$
$$-(x^2+y^2+x+2y-2)=0$$
곧, $x-1=0$

이 직선이 점 C를 지나므로
$$-\frac{2+m}{2(1+m)}-1=0 \quad \therefore m=-\frac{4}{3}$$

따라서 구하는 원의 방정식은
$$(x-1)^2+(y+1)^2=1$$

3-17. $x^2+y^2-4ax-2ay+20a-25=0$
                    ······①

(1) ①을 a에 관하여 정리하면
$$(-4x-2y+20)a+(x^2+y^2-25)=0$$

①은 a의 값에 관계없이 다음 직선과 원의 교점을 지난다.
$$-4x-2y+20=0 \quad ······②$$
$$x^2+y^2-25=0 \quad ······③$$

②에서의 $y=-2x+10$을 ③에 대입하여 정리하면
$$x^2-8x+15=0 \quad \therefore x=3, 5$$

②에 대입하면 $y=4, 0$
$$\therefore \ (\mathbf{3, 4}), (\mathbf{5, 0})$$

(2) 원 ①과 $x^2+y^2=5$의 교점을 지나는 직선의 방정식은
$$(x^2+y^2-4ax-2ay+20a-25)$$
$$-(x^2+y^2-5)=0$$
$$\therefore \ 4ax+2ay-20a+20=0$$
$$\therefore \ y=-2x+10-\frac{10}{a} \quad ······④$$

④가 $y=-2x$와 일치하므로
$$10-\frac{10}{a}=0 \quad \therefore \ \boldsymbol{a=1}$$

3-18. P(a, b), G(x, y)라고 하면 점 P는 원 $x^2+y^2=9$ 위의 점이므로
$$a^2+b^2=9 \quad ······①$$

또, 점 G는 △ABP의 무게중심이므로
$$x=\frac{6+3+a}{3}, \quad y=\frac{0+3+b}{3}$$
$$\therefore \ a=3x-9, \quad b=3y-3$$

①에 대입하여 정리하면
$$(\boldsymbol{x-3})^2+(\boldsymbol{y-1})^2=\mathbf{1}$$

3-19. $x\geq 0, y\geq 0$일 때
$$(x-1)^2+(y-1)^2=4$$
$x\geq 0, y<0$일 때
$$(x-1)^2+(-y-1)^2=4$$
$x<0, y\geq 0$일 때
$$(-x-1)^2+(y-1)^2=4$$
$x<0, y<0$일 때
$$(-x-1)^2+(-y-1)^2=4$$

따라서 그래프는 아래 곡선이다.

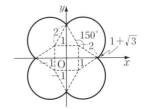

이 곡선으로 둘러싸인 도형의 넓이는 반지름의 길이가 2, 중심각의 크기가 $150°$인 부채꼴 4개, 한 변의 길이가 2인 정삼각형 4개, 한 변의 길이가 2인 정사각형 1개의 넓이의 합이므로

$$\left(\pi \times 2^2 \times \frac{150°}{360°}\right) \times 4$$
$$+ \left(\frac{\sqrt{3}}{4} \times 2^2\right) \times 4 + 2^2$$
$$= \frac{20}{3}\pi + 4\sqrt{3} + 4$$

* ***Note*** 절댓값 기호가 있는 방정식의 그 래프를 그리는 방법은 p.193에서 공 부한다.

3-20. $y=2$　　　　　……①
$\quad\quad y=3x-1$　　　　……②
$\quad\quad y=ax+b$　　　　……③
$\quad\quad x^2+y^2+2x-2y-c=0$　……④

①, ②의 교점을 A, ②, ③의 교점을 B, ①, ③의 교점을 C라고 하자.

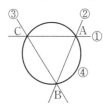

①, ②를 연립하여 풀면 A$(1, 2)$이고, 이 점은 원 ④ 위의 점이므로
$$1^2+2^2+2\times1-2\times2-c=0$$
$$\therefore \ c=3$$

또, ①과 ④의 교점은 A, C이므로 ① 과 ④를 연립하여 풀면
$$A(1, 2), \ C(-3, 2)$$

또, ②와 ④의 교점은 A, B이므로 ② 와 ④를 연립하여 풀면
$$A(1, 2), \ B(0, -1)$$

또, ③은 점 B, C를 지나므로
$$b=-1, \ 2=-3a+b \quad \therefore \ a=-1$$

3-21.

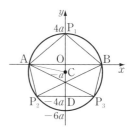

조건을 만족시키는 점 P의 개수가 3이 되려면 위의 그림과 같이 세 점 중 하나 는 원 C가 y축의 양의 부분과 만나는 점 이어야 한다. 이 점의 y좌표가 $4a$이므로 다른 두 점의 y좌표는 $-4a$이다.

원 C의 중심을 C라고 하면 원점 O에 대하여 $\overline{OC}=a$, $\overline{AC}=5a$이므로
$$\overline{OA}=\sqrt{(5a)^2-a^2}=2\sqrt{6}a$$
$$\therefore \ \overline{AB}=4\sqrt{6}a$$

이때, $\triangle PAB=8\sqrt{6}$이므로
$$\frac{1}{2}\times4\sqrt{6}a\times4a=8\sqrt{6} \quad \therefore \ a^2=1$$

$a>0$이므로 $a=1$

따라서 선분 P_2P_3이 y축과 만나는 점 을 D라고 하면 $\overline{CP_2}=5$, $\overline{CD}=3$이므로
$$\overline{P_2D}=\sqrt{5^2-3^2}=4 \quad \therefore \ \overline{P_2P_3}=8$$
$$\therefore \ S=\frac{1}{2}\times\overline{P_2P_3}\times\overline{P_1D}$$
$$=\frac{1}{2}\times8\times8=32$$
$$\therefore \ a+S=1+32=\mathbf{33}$$

3-22. $(x-a)^2+(y-b)^2=r^2$　……①

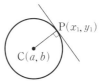

(ⅰ) $x_1\neq a$, $y_1\neq b$일 때

직선 PC의 기울기가 $\dfrac{y_1-b}{x_1-a}$이므로 점 P에서의 접선의 방정식은

$y-y_1=-\dfrac{x_1-a}{y_1-b}(x-x_1)$, 곧

$(x_1-a)(x-x_1)+(y_1-b)(y-y_1)=0$

이 식을 변형하면

$(x_1-a)(x-a+a-x_1)$
$\qquad +(y_1-b)(y-b+b-y_1)=0$

$\therefore (x_1-a)(x-a)+(y_1-b)(y-b)$
$\qquad =(x_1-a)^2+(y_1-b)^2 \quad \cdots ②$

한편 점 $\mathrm{P}(x_1,y_1)$은 원 ① 위에 있으므로

$\qquad (x_1-a)^2+(y_1-b)^2=r^2$

②에 대입하면

$(x_1-a)(x-a)+(y_1-b)(y-b)=r^2$
$\qquad\qquad\qquad\qquad\qquad \cdots\cdots ③$

(ii) $x_1=a$이면 $y_1=b\pm r$이고 접선의 방정식은 $y=b\pm r$

　　이 식은 ③에 $x_1=a$, $y_1=b\pm r$을 대입한 것과 일치하므로 ③은 $x_1=a$일 때에도 성립한다.

(iii) $y_1=b$이면 $x_1=a\pm r$이고 접선의 방정식은 $x=a\pm r$

　　이 식은 ③에 $x_1=a\pm r$, $y_1=b$를 대입한 것과 일치하므로 ③은 $y_1=b$일 때에도 성립한다.

(i), (ii), (iii)에서 접선의 방정식은

$(x_1-a)(x-a)+(y_1-b)(y-b)=r^2$

3-23. 조건에 맞는 원의 중심은 제1사분면에 존재한다.

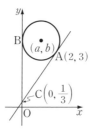

　　원의 중심을 점 $(a,b)(a>0,\,b>0)$ 라고 하면 반지름의 길이는 a이므로 구하는 원의 방정식은

$\qquad (x-a)^2+(y-b)^2=a^2$

이때, 원의 중심 (a,b)와 직선 $4x-3y+1=0$ 사이의 거리가 반지름의

길이인 a와 같으므로

$\qquad \dfrac{|4a-3b+1|}{\sqrt{4^2+(-3)^2}}=a$

$\therefore 4a-3b+1=\pm 5a \qquad \cdots\cdots ①$

또, 두 점 (a,b), $(2,3)$을 지나는 직선과 직선 $4x-3y+1=0$은 수직이므로

$\qquad \dfrac{b-3}{a-2}\times\dfrac{4}{3}=-1$

곧, $a=-\dfrac{4}{3}b+6 \qquad \cdots\cdots ②$

①, ②에서

$\qquad a=\dfrac{10}{9},\ b=\dfrac{11}{3}\ (\because b>0)$

$\therefore \left(x-\dfrac{10}{9}\right)^2+\left(y-\dfrac{11}{3}\right)^2=\dfrac{100}{81}$

***Note** b의 값은 위의 그림에서 다음과 같이 구할 수도 있다.

$\overline{\mathrm{BC}}=\overline{\mathrm{AC}}$
$\qquad =\sqrt{(2-0)^2+\left(3-\dfrac{1}{3}\right)^2}=\dfrac{10}{3}$

$\therefore b=\overline{\mathrm{OB}}=\dfrac{1}{3}+\dfrac{10}{3}=\dfrac{11}{3}$

3-24. $(x-m)^2+(y+2m)^2=4m^2$이므로 중심이 점 $(m,-2m)$, 반지름의 길이가 $2|m|$인 원이다.

　　접선의 방정식을 $ax+by+c=0$으로 놓을 때, 이 직선과 원이 접하려면

$\qquad \dfrac{|am-2bm+c|}{\sqrt{a^2+b^2}}=2|m|$

$\therefore (am-2bm+c)^2=4(a^2+b^2)m^2$

$\therefore a(3a+4b)m^2-2(a-2b)cm-c^2=0$

0이 아닌 임의의 실수 m에 대하여 성립하므로

$\qquad a(3a+4b)=0,\ (a-2b)c=0,\ c^2=0$

$\therefore c=0,\ a=0\ (b\neq 0)$

　　또는 $c=0,\ b=-\dfrac{3}{4}a\ (a\neq 0)$

따라서 구하는 직선의 방정식은

$\qquad \boldsymbol{y=0,\ 4x-3y=0}$

3-25. (1) 원점을 O라고 할 때, 직선 PQ

가 접선이 될 조건은

$$\overline{OQ} \perp \overline{PQ}$$

따라서 점 Q, R은 지름이 $\overline{PO}$인 원과 주어진 원의 교점이다.

선분 PO를 지름으로 하는 원의 방정식은　　⇦ **연습문제 3-2 참조**

$$x(x-x_1)+y(y-y_1)=0 \quad \cdots \text{①}$$

또, $x^2+y^2=r^2$ $\qquad$ ······②

②−①하면 이것은 교점 Q, R을 지나는 직선의 방정식이 된다.

$$\therefore \ x_1 x + y_1 y = r^2$$

(2) $P(\alpha, \beta)$라고 하면 점 Q, R을 지나는 직선의 방정식은 (1)에 의하여

$$\alpha x + \beta y = 25$$

이 직선과 직선 $3x+4y=15$가 일치하므로

$$\frac{\alpha}{3}=\frac{\beta}{4}=\frac{25}{15} \quad \therefore \ \alpha=5, \ \beta=\frac{20}{3}$$

$$\therefore \ P\!\left(5, \ \frac{20}{3}\right)$$

3-26. 선분 PQ를 지름으로 하는 원을 C라고 하면 $\angle POQ = 90°$이므로 원 C는 원점 O를 지난다.

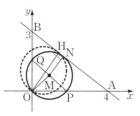

위의 그림과 같이 선분 PQ의 중점을 M, 원 C와 직선 AB의 접점을 N, 원점 O에서 직선 AB에 내린 수선의 발을 H라고 하자.

점 M은 원 C의 중심이므로

$$\overline{PQ}=\overline{OM}+\overline{MN}\geq\overline{OH}$$

따라서 선분 PQ의 길이가 최소일 때는 원 C의 중심이 선분 OH의 중점과 일

치할 때이고, 최솟값은 선분 OH의 길이와 같다.

이때, 직선 AB의 방정식은

$$\frac{x}{4}+\frac{y}{3}=1, \ \ 곧 \ 3x+4y-12=0$$

이므로 구하는 최솟값은

$$\overline{OH}=\frac{|-12|}{\sqrt{3^2+4^2}}=\frac{12}{5}$$

3-27. 두 원의 공통 접선은 모두 4개이고, 이 중 x절편이 양수인 것은 오른쪽 그림에서 l_1과 m_1이다.

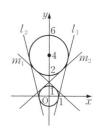

접선의 방정식을 $y=ax+b$라고 하면

$$ax-y+b=0 \qquad ······\text{①}$$

원점과 ① 사이의 거리가 1이므로

$$\frac{|b|}{\sqrt{a^2+(-1)^2}}=1 \qquad ······\text{②}$$

또, 점 $(0, 4)$와 ① 사이의 거리가 2이므로

$$\frac{|-4+b|}{\sqrt{a^2+(-1)^2}}=2 \qquad ······\text{③}$$

②와 ③에서 $\ 2|b|=|b-4|$

(ⅰ) l_1의 경우, $b<0$이므로

$$-2b=-(b-4) \quad \therefore \ b=-4$$

②에 대입하면 $a>0$이므로

$$a=\sqrt{15}$$

(ⅱ) m_1의 경우, $4>b>0$이므로

$$2b=-(b-4) \quad \therefore \ b=\frac{4}{3}$$

②에 대입하면 $a<0$이므로

$$a=-\frac{\sqrt{7}}{3}$$

(ⅰ), (ⅱ)에서

$$\boldsymbol{y=\sqrt{15}\,x-4, \ y=-\frac{\sqrt{7}}{3}x+\frac{4}{3}}$$

3-28. 점 O_1을 원점, 반직선 $O_1 O_2$를 x축

의 양의 부분으로 하면 두 점 O_2, O_3의 좌표는

$$O_2(8,\,0),\ O_3(13,\,0)$$

구하는 원의 중심을 $P(a,\,b)$, 반지름의 길이를 r이라고 하면 이 원은 반지름의 길이가 각각 5, 3, 2인 원에 외접하므로

$$\overline{PO_1}=r+5,\ \overline{PO_2}=r+3,$$
$$\overline{PO_3}=r+2$$

곧, $a^2+b^2=(r+5)^2$ $\qquad$ ……①
$$(a-8)^2+b^2=(r+3)^2\quad ……②$$
$$(a-13)^2+b^2=(r+2)^2\quad ……③$$

①$-$②하면 $\ 4a=r+20$

①$-$③하면 $\ 13a=3r+95$

연립하여 풀면 $\ r=\mathbf{120}$

3-29. 점 $(0,\,k)$에서 원 C에 그은 접선의 기울기를 m이라고 하면 $k>1$이므로

$$k=\sqrt{m^2+1}\ \ \therefore\ m=\pm\sqrt{k^2-1}$$

이때, 두 직선 l_1, l_2가 서로 수직이므로

$$\sqrt{k^2-1}\times(-\sqrt{k^2-1})=-1$$
$$\therefore\ k^2=2$$

$k>1$이므로 $\ k=\sqrt{2}\ \ \therefore\ m=\pm1$

따라서 두 직선 l_1, l_2의 방정식은

$$y=x+\sqrt{2},\ y=-x+\sqrt{2}$$

(i) 원의 중심이 y축 위에 있는 경우

중심이 y축의 양의 부분에 있는 원을 C_1, 중심이 y축의 음의 부분에 있는 원을 C_2라고 하자.

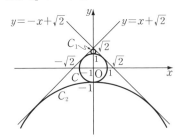

원 C_1의 반지름의 길이를 r_1이라고 하면 원 C_1의 중심의 좌표는

$(0,\,1+r_1)$이고, 직선 $y=x+\sqrt{2}$와 접하므로

$$\frac{|-(1+r_1)+\sqrt{2}|}{\sqrt{1^2+(-1)^2}}=r_1$$
$$\therefore\ |\sqrt{2}-(1+r_1)|=\sqrt{2}r_1$$

$1+r_1<\sqrt{2}$이므로

$$\sqrt{2}-(1+r_1)=\sqrt{2}r_1$$
$$\therefore\ r_1=\frac{\sqrt{2}-1}{\sqrt{2}+1}=3-2\sqrt{2}$$

원 C_2의 반지름의 길이를 r_2라고 하면 원 C_2의 중심의 좌표는 $(0,\,-1-r_2)$이고, 직선 $y=x+\sqrt{2}$와 접하므로

$$\frac{|(1+r_2)+\sqrt{2}|}{\sqrt{1^2+(-1)^2}}=r_2$$
$$\therefore\ 1+r_2+\sqrt{2}=\sqrt{2}r_2$$
$$\therefore\ r_2=\frac{\sqrt{2}+1}{\sqrt{2}-1}=3+2\sqrt{2}$$

(ii) 원의 중심이 y축 위에 있지 않은 경우

중심이 제1사분면에 있는 원을 C_3, 중심이 제2사분면에 있는 원을 C_4라고 하자.

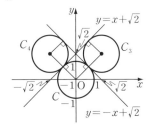

위의 그림에서 두 원 C_3, C_4의 반지름의 길이는 원 C의 반지름의 길이와 같으므로 1이다.

(i), (ii)에서 조건을 만족시키는 모든 원의 반지름의 길이의 합은

$$(3-2\sqrt{2})+(3+2\sqrt{2})+1+1=8$$

3-30. 좌표평면에서 $A(0,\,\sqrt{3}a)$, $B(-a,\,0)$, $C(a,\,0)$, $P(x,\,y)$라고 하자.

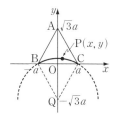

주어진 조건에서
$$x^2+(y-\sqrt{3}a)^2$$
$$=(x+a)^2+y^2+(x-a)^2+y^2$$
$$\therefore \ x^2+(y+\sqrt{3}a)^2=(2a)^2$$
$$(-a\le x\le a, \ y\ge 0)$$
따라서 점 P의 자취는 중심이
$Q(0, \ -\sqrt{3}a)$이고 반지름의 길이가 $2a$
인 원의 일부로, 양 끝 점이 B, C이고
$\angle BQC=60°$이므로 점 P의 자취의 길
이는
$$2\pi\times 2a\times\frac{60°}{360°}=\frac{2}{3}\pi a$$

3-31.

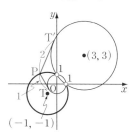

$P(x, y)$라고 하면 $\overline{PT}:\overline{PT'}=1:2$에
서 $4\overline{PT}^2=\overline{PT'}^2$이므로
$$4(x^2+y^2-1)=(x-3)^2+(y-3)^2-13$$
⇦ **연습문제 3**-9의 (1) 참조
$$\therefore \ (x+1)^2+(y+1)^2=5$$
그런데 $\overline{PT}, \overline{PT'}$은 선분의 길이이므로
$\overline{PT}=\sqrt{x^2+y^2-1}$에서
$$x^2+y^2-1>0$$
$\overline{PT'}=\sqrt{(x-3)^2+(y-3)^2-13}$에서
$$(x-3)^2+(y-3)^2-13>0$$
따라서 구하는 자취는

원 $(x+1)^2+(y+1)^2=5$ 중 두 원
$x^2+y^2=1$, $(x-3)^2+(y-3)^2=13$의
바깥 부분

3-32. $\quad x^2+y^2=1 \quad\quad\quad \cdots\cdots①$
직선 BC는 x축에 수직인 직선이 아니
면서 점 A를 지나므로
$$y=m(x-2) \quad\quad \cdots\cdots②$$
로 놓을 수 있다.
이때, 연립방정식 ①, ②의 해는 점 B,
C의 좌표 (x_1, y_1), (x_2, y_2)이다.
선분 BC의 중점 P의 좌표를 (X, Y)
라고 하면
$$X=\frac{x_1+x_2}{2}, \ Y=\frac{y_1+y_2}{2}$$
단, $y_1=m(x_1-2)$, $y_2=m(x_2-2)$
$$\therefore \ X=\frac{x_1+x_2}{2}, \ Y=\frac{m(x_1+x_2-4)}{2}$$
$$\therefore \ Y=m(X-2) \quad\quad \cdots\cdots③$$
②를 ①에 대입하여 정리하면
$$(m^2+1)x^2-4m^2x+4m^2-1=0$$
$$\therefore \ x_1+x_2=\frac{4m^2}{m^2+1}$$
$$\therefore \ X=\frac{2m^2}{m^2+1}, \ Y=-\frac{2m}{m^2+1}$$
$$\therefore \ X=-mY \quad \therefore \ m=-\frac{X}{Y}$$
이것을 ③에 대입하여 정리하면
$$(X-1)^2+Y^2=1$$
따라서 구하는 자취는
원 $(x-1)^2+y^2=1$ 중 원 $x^2+y^2=1$의
내부에 있는 부분
*_Note_

D$(1, 0)$이라고 하면
$$\overline{OP}^2+\overline{PA}^2=2(\overline{OD}^2+\overline{PD}^2)$$
⇦ p. 17 참조

이때,
$$\overline{OD}=1, \quad \overline{OP}^2+\overline{PA}^2=\overline{OA}^2=4$$
이므로 $\overline{PD}^2=1$ 곧, $\overline{PD}=1$

따라서 점 P의 자취는 중심이 점 D$(1, 0)$이고 반지름의 길이가 1인 원 $(x-1)^2+y^2=1$ 중 원 $x^2+y^2=1$의 내부에 있는 부분이다.

4-1. 점 P(x, y)를 x축의 방향으로 2만큼, y축의 방향으로 -3만큼 평행이동한 점은 Q$(x+2, y-3)$

점 Q를 직선 $y=-x$에 대하여 대칭이동한 점은 R$(-y+3, -x-2)$

이 점은 점 P를 직선 $y=x$에 대하여 대칭이동한 점 (y, x)와 같으므로
$$-y+3=y, \quad -x-2=x$$
$$\therefore x=-1, \ y=\frac{3}{2} \quad \therefore \text{P}\left(-1, \frac{3}{2}\right)$$

4-2. $x^2+y^2-14x-6y+54=0$에서
$$(x-7)^2+(y-3)^2=2^2$$
이므로 점 B는 중심이 점 C$(7, 3)$이고 반지름의 길이가 2인 원 위에 있다.

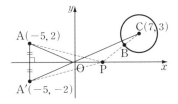

점 A를 x축에 대하여 대칭이동한 점을 A$'$이라고 하면 A$'(-5, -2)$이고,
$$\overline{AP}+\overline{PB}+\overline{BC}=\overline{A'P}+\overline{PB}+\overline{BC}$$
$$\geq \overline{A'C}$$

따라서 두 점 P, B가 모두 선분 A$'$C 위에 있을 때 $\overline{AP}+\overline{PB}+\overline{BC}$가 최소가 된다.

이때, $\overline{A'C}=\sqrt{(7+5)^2+(3+2)^2}=13$, $\overline{BC}=2$이므로 $\overline{AP}+\overline{PB}$의 최솟값은
$$13-2=\mathbf{11}$$

4-3.

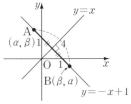

A(α, β)라고 하면 조건 ㈎에 의하여 B(β, α)이다.

또, 조건 ㈏에 의하여
$$\beta=-\alpha+1 \qquad \cdots\cdots ①$$
$$\overline{AB}^2=(\alpha-\beta)^2+(\beta-\alpha)^2$$
$$=2(\alpha-\beta)^2=4^2 \qquad \cdots\cdots ②$$

①, ②를 연립하여 풀면 두 점 A, B의 좌표는
$$\left(\frac{1-2\sqrt{2}}{2}, \frac{1+2\sqrt{2}}{2}\right),$$
$$\left(\frac{1+2\sqrt{2}}{2}, \frac{1-2\sqrt{2}}{2}\right)$$

4-4.

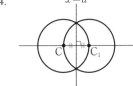

$(x-1)^2+(y-3)^2=4^2$에서 원 C는 중심이 C$(1, 3)$이고 반지름의 길이가 4인 원이다.

따라서 원 C를 직선 $x=a$에 대하여 대칭이동한 원의 중심을 C$_1$이라고 하면 직선 $x=a$는 선분 CC$_1$의 수직이등분선이고, $\overline{CC_1}=4$이므로 $a=1\pm2$

$a>0$이므로 $\boldsymbol{a=3}$

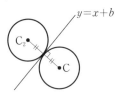

또, 직선 $y=x+b$는 원 C의 접선이므로 점 C와 이 직선 사이의 거리는 4이다.

$$\therefore \ \frac{|1-3+b|}{\sqrt{1^2+(-1)^2}}=4 \quad \therefore \ b=2\pm4\sqrt{2}$$

$b>0$이므로 $\quad \boldsymbol{b=2+4\sqrt{2}}$

4-5. 모눈종이를 직선

$$y=ax+b \qquad \cdots\cdots\text{①}$$

을 따라 접었다고 하면 점 $(1, 3)$은 점 $(4, 0)$과 직선 ①에 대하여 대칭이다.

두 점을 잇는 선분의 중점 $\left(\frac{5}{2}, \frac{3}{2}\right)$이 직선 ① 위에 있으므로

$$\frac{3}{2}=\frac{5}{2}a+b \qquad \cdots\cdots\text{②}$$

또, 두 점을 지나는 직선이 직선 ①과 수직이므로

$$\frac{0-3}{4-1}\times a=-1 \quad \therefore \ a=1$$

②에 대입하면 $\quad b=-1$

따라서 ①은 $\quad y=x-1 \qquad \cdots\cdots\text{③}$

한편 구하는 점의 좌표를 (p, q)라고 하면, 두 점 $(5, -3)$, (p, q)는 직선 ③에 대하여 대칭이므로

$$\frac{q-3}{2}=\frac{p+5}{2}-1, \ \frac{q+3}{p-5}=-1$$

$$\therefore \ p=-2, \ q=4 \quad \therefore \ \boldsymbol{(-2, 4)}$$

4-6.

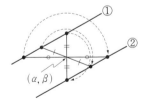

위의 그림에서 보는 바와 같이 도형 ① 위에 있는 모든 점을 점 (α, β)를 중심으로 하여 $180°$ 회전한 점들의 모임이 도형 ②가 되므로 점 (α, β)에 대하여 대칭이동한다는 말과 점 (α, β)를 중심으로 하여 **180°** 회전한다는 말은 결국 같은 뜻이 된다.

x 대신 $2a-x$를, y 대신 $2\beta-y$를 대입하면 되므로

$$a(2a-x)+b(2\beta-y)+c=0$$

$$\therefore \ \boldsymbol{ax+by-2a\alpha-2b\beta-c=0}$$

*__Note__ 도형 $f(x, y)=0$을 점 (α, β)에 대하여 대칭이동한 도형의 방정식은

$$f(2\alpha-x, 2\beta-y)=0 \qquad \Leftrightarrow \text{p. 75}$$

4-7. 두 점 A, B가 직선 $y=\frac{1}{2}x$ 위에 있지 않으므로 직선 $y=\frac{1}{2}x$는 $\angle$ACB를 이등분한다.

이때, 점 A를 직선 $y=\frac{1}{2}x$에 대하여 대칭이동한 점을 A′이라고 하면 점 A′은 직선 BC 위의 점이다.

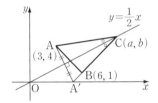

A′(p, q)라고 하면 선분 AA′의 중점 $\left(\frac{p+3}{2}, \frac{q+4}{2}\right)$가 직선 $y=\frac{1}{2}x$ 위에 있으므로

$$\frac{q+4}{2}=\frac{1}{2}\times\frac{p+3}{2}$$

$$\therefore \ p-2q=5 \qquad \cdots\cdots\text{①}$$

또, 직선 AA′이 직선 $y=\frac{1}{2}x$와 수직이므로 $\quad \frac{q-4}{p-3}=-2$

$$\therefore \ 2p+q=10 \qquad \cdots\cdots\text{②}$$

①, ②를 연립하여 풀면

$$p=5, \ q=0 \quad \therefore \ \text{A}′(5, 0)$$

따라서 직선 A′B의 방정식은

$$y-0=\frac{1-0}{6-5}(x-5) \quad \therefore \ y=x-5$$

점 C는 두 직선 $y=x-5$, $y=\frac{1}{2}x$의

교점이므로 두 식을 연립하여 풀면
$$x=10,\ y=5 \quad \therefore\ C(10,\,5)$$
$$\therefore\ \boldsymbol{a+b=15}$$

4-8. $x-y+1=0$ $\qquad$ ······①

주어진 도형의 방정식을 $f(x,\,y)=0$이라 하고, 도형 $f(x,\,y)=0$ 위의 점 $P(x,\,y)$를 직선 ①에 대하여 대칭이동한 점의 좌표를 $(x',\,y')$이라고 하면
$$\frac{x+x'}{2}-\frac{y+y'}{2}+1=0,\quad \frac{y'-y}{x'-x}=-1$$
$x,\,y$에 관하여 연립하여 풀면
$$x=y'-1,\ y=x'+1$$
점 P가 도형 $f(x,\,y)=0$ 위의 점이므로 $f(y'-1,\ x'+1)=0$

따라서 도형 $f(x,\,y)=0$을 직선 ①에 대하여 대칭이동한 도형의 방정식은
$$f(y-1,\ x+1)=0$$
$$\therefore\ f(y-1,\ x+1)=x^2+y^2+xy+2x$$
$$\qquad\qquad +(a-1)y-a+2$$
$$\qquad\qquad =0 \qquad ······②$$

그런데 도형 $f(x,\,y)=0$은 직선 ①에 대하여 대칭이므로 ②와
$$f(x,\,y)=x^2+y^2+xy+ax+y=0$$
은 같은 도형이다.

두 식을 비교하면 $\boldsymbol{a=2}$

4-9.

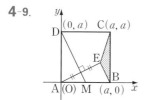

점 M의 좌표는 $M\left(\dfrac{a}{2},\,0\right)$이므로 직선 DM의 방정식은
$$y=-2x+a \qquad ······①$$
$E(\alpha,\,\beta)$라고 하면 선분 AE의 중점 $\left(\dfrac{\alpha}{2},\,\dfrac{\beta}{2}\right)$가 직선 ① 위에 있으므로

$$\frac{\beta}{2}=-2\times\frac{\alpha}{2}+a$$
$$\therefore\ \beta=-2\alpha+2a \qquad ······②$$

또, 직선 AE가 직선 DM과 수직이므로 $\dfrac{\beta}{\alpha}\times(-2)=-1$
$$\therefore\ \alpha=2\beta \qquad ······③$$

②, ③에서 $\alpha=\dfrac{4}{5}a$
$$\therefore\ \triangle EBC=\frac{1}{2}\times a\times\left(a-\frac{4}{5}a\right)$$
$$=\frac{a^2}{10}=10$$
$a>0$이므로 $\boldsymbol{a=10}$

4-10.

점 $B(5,\,1)$을 x축의 방향으로 -1만큼 평행이동한 점을 $C(4,\,1)$이라고 하면
$$\overline{AP}+\overline{PQ}+\overline{QB}+\overline{BA}$$
$$=\overline{AP}+\overline{CB}+\overline{PC}+\overline{BA}$$
$\overline{CB}=\overline{PQ}=1,\ \overline{BA}=\sqrt{(-5)^2+1^2}=\sqrt{26}$
이므로 $\overline{AP}+\overline{PC}$의 값이 최소일 때 사각형 $APQB$의 둘레의 길이가 최소이다.

점 $A(0,\,2)$를 x축에 대하여 대칭이동한 점을 $A'(0,\,-2)$라고 하면 $\overline{AP}+\overline{PC}$의 최솟값은
$$\overline{A'C}=\sqrt{4^2+3^2}=5$$
따라서 구하는 최솟값은
$$5+1+\sqrt{26}=\boldsymbol{6+\sqrt{26}}$$

5-1. ㄱ. $\{2\}$는 A의 원소이므로 $\{2\}\in A$

ㄴ. 2가 A의 원소이므로 $\{2\}\subset A$

ㄷ. $1,\,2$가 A의 원소이므로 $\{1,\,2\}\subset A$

ㄹ. 3은 A의 원소가 아니므로
$$\{2,\,3\}\not\subset A$$
이상에서 옳은 것은 ㄱ, ㄴ, ㄷ

5-2. $n(S)=1$인 것 : $\{3\}$

$n(S)=2$인 것 : $\{1, 5\}$, $\{2, 4\}$

$n(S)=3$인 것 : $\{1, 5, 3\}$, $\{2, 4, 3\}$

$n(S)=4$인 것 : $\{1, 5, 2, 4\}$

$n(S)=5$인 것 : $\{1, 5, 2, 4, 3\}$

5-3. $U=\{1, 2, 3, 4, 5, 6, 7\}$이고, 문제의 조건에 맞게 벤 다이어그램을 그리면 아래와 같다.

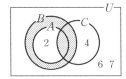

이때, 집합 $B\cap(A^C\cup C)$는 위의 그림의 점 찍은 부분이므로

$$B\cap(A^C\cup C)=U-\{2, 4, 6, 7\}$$
$$=\{1, 3, 5\}$$

5-4. ① $(A\cap D)-C$

② $(B-A)\cap(C-D)$

③ $(C\cap D)-B$

*__Note__ ①, ②, ③을 나타내는 방법은 여러 가지가 있다. 이를테면

① $A\cap D\cap C^C$, $(A\cap D)-(B\cap C)$

② $B\cap A^C\cap C\cap D^C$, $(B\cap C)-(A\cup D)$

③ $C\cap D\cap B^C$, $(C\cap D)-(B\cap C)$

등도 가능하다.

5-5. (1) $f(x)>0\geq g(x)$에서

$f(x)>0$이고 $g(x)\leq 0$

$$\therefore A\cap B^C$$

(2) $g(x)\geq 0>f(x)$에서

$g(x)\geq 0$이고 $f(x)<0$

그런데 $g(x)\geq 0$의 해집합은

$$B\cup D$$

$f(x)<0$의 해집합은 $f(x)\geq 0$의 해집합의 여집합이므로 $(A\cup C)^C$

$$\therefore (B\cup D)\cap(A\cup C)^C$$

(3) $f(x)g(x)<0$에서

$(f(x)>0, g(x)<0)$

또는 $(f(x)<0, g(x)>0)$

$$\therefore [A\cap(B\cup D)^C]\cup[(A\cup C)^C\cap B]$$

(4) $f(x)>0$, $g(x)>0$이므로 $A\cap B$

5-6. $A=\{x\,|\,(x-a)(x-a-1)\leq 0\}$

$=\{x\,|\,a\leq x\leq a+1\}$

$B=\{x\,|\,([x]+2)([x]-4)<0\}$

$=\{x\,|\,-2<[x]<4\}$

$=\{x\,|\,[x]=-1, 0, 1, 2, 3\}$

$=\{x\,|\,-1\leq x<4\}$

이때, $A-B=\varnothing$이려면 $A\subset B$이어야 한다.

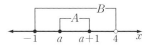

따라서 $a\geq -1$이고 $a+1<4$이어야 하므로 $-1\leq a<3$

5-7. 조건 ㈎에서 $n(P\cap A)=3$이므로 집합 A의 네 원소 중 3개가 집합 P에 속한다.

따라서 집합 $P\cap A$는 $\{1, 2, 3\}$, $\{1, 2, 4\}$, $\{1, 3, 4\}$, $\{2, 3, 4\}$ 중 하나이므로 $P\cap A$의 모든 원소의 합으로 가능한 값은 6, 7, 8, 9이다.

$P=(P\cap A)\cup(P-A)$이므로 조건 ㈐에서 $P-A$의 모든 원소의 합으로 가능한 값은 24, 23, 22, 21이다.   ……①

또, 조건 ㈏에서 $P\subset B$이므로

$$(P-A)\subset(B-A)$$

곧, $(P-A)\subset\{5, 6, 7, 8\}$

이때, ①을 만족시키는 경우는

$P-A=\{6, 7, 8\}$뿐이고, 이 경우 $P\cap A$의 모든 원소의 합은 9이어야 하므로

$$P\cap A=\{2, 3, 4\}$$

$$\therefore P=\{2, 3, 4, 6, 7, 8\}$$

5-8. $M=\{x, y, z\}$라고 하면 조건 ㈐에 의하여 x^2, xy, xz도 M의 원소이다.

그런데 $x \neq 0$ 이고 $x \neq y$ 이므로
$$x^2 - xy = x(x-y) \neq 0$$
마찬가지로
$$x^2 - xz = x(x-z) \neq 0,$$
$$xy - xz = x(y-z) \neq 0$$
이므로 x^2, xy, xz 는 0 이 아니면서 서로 다르다.
$$\therefore \ M = \{x^2, \ xy, \ xz\}$$
$$\therefore \ \{x, \ y, \ z\} = \{x^2, \ xy, \ xz\} \ \cdots ①$$
세 원소의 곱을 비교하면
$$xyz = x^4 yz$$
$xyz \neq 0$ 이므로 양변을 xyz 로 나누면
$$x^3 = 1$$
같은 방법으로 하면 $y^3 = 1$, $z^3 = 1$
따라서 방정식 $t^3 = 1$ 을 풀면
$$(t-1)(t^2 + t + 1) = 0$$
$$\therefore \ t = 1, \ \frac{-1 \pm \sqrt{3}\,i}{2}$$
$$\therefore \ M = \left\{ 1, \ \frac{-1+\sqrt{3}\,i}{2}, \ \frac{-1-\sqrt{3}\,i}{2} \right\}$$

***Note** 집합은 원소의 순서에 무관하므로 ①에서 $x = x^2$, $y = xy$, $z = xz$ 라고 하면 안 된다.

5-9. ㄱ. 조건 (다)에서
$(x-2)^2 \in A$ 이면 $x \in A$ 이므로
$x^2 \in A$ 이면 $x + 2 \in A$ 이다.
　따라서 조건 (나), (다)에 의하여
　$x \in A$ 이면 $x + 2 \in A$ $\cdots\cdots①$
　이때, $1 \in A$ 이므로
　$3 \in A$, $5 \in A$, $\cdots$, $999 \in A$
ㄴ. $x^2 = (-x + 2 - 2)^2$ 이므로 조건 (나), (다)에 의하여
　$x \in A$ 이면 $-x + 2 \in A$
　이때, ①에서 $x + 2 \in A$ 이므로
　$-(x+2) + 2 = -x \in A$
　따라서 $x \in A$ 이면 $-x \in A$ 이고, ㄱ에서 $999 \in A$ 이므로 $-999 \in A$
ㄷ. $999 = (-\sqrt{999} + 2 - 2)^2$ 이므로

조건 (다)에 의하여 $2 - \sqrt{999} \in A$
　①에 의하여
　$$4 - \sqrt{999} \in A, \ 6 - \sqrt{999} \in A,$$
　$$\cdots, \ 1000 - \sqrt{999} \in A$$
이상에서 옳은 것은 ㄱ, ㄴ, ㄷ

5-10. 집합 A 의 원소 x, y 를
$$x = a + b\sqrt{3}, \ y = c + d\sqrt{3}$$
$$(a, \ b, \ c, \ d \text{ 는 정수})$$
으로 놓으면
$$a^2 - 3b^2 = 1, \ c^2 - 3d^2 = 1 \ \cdots\cdots①$$
(i) $xy = (ac + 3bd) + (ad + bc)\sqrt{3}$
　$ac + 3bd$, $ad + bc$ 는 정수이고, ①을 이용하면
$$(ac + 3bd)^2 - 3(ad + bc)^2$$
$$= a^2 c^2 + 9b^2 d^2 - 3a^2 d^2 - 3b^2 c^2$$
$$= (a^2 - 3b^2)(c^2 - 3d^2) = 1$$
이므로 $xy \in A$ 이다.

(ii) $\dfrac{1}{x} = \dfrac{1}{a + b\sqrt{3}} = \dfrac{a - b\sqrt{3}}{a^2 - 3b^2}$ $\Leftarrow ①$
$$= a - b\sqrt{3} = a + (-b)\sqrt{3}$$
　a, $-b$ 는 정수이고,
$$a^2 - 3(-b)^2 = a^2 - 3b^2 = 1 \ \Leftarrow ①$$
이므로 $\dfrac{1}{x} \in A$ 이다.

　이때, $\dfrac{y}{x} = \dfrac{1}{x} \times y$ 이므로 (i)에 의하여 $\dfrac{y}{x} \in A$ 이다.

5-11. 집합 A 의 서로 다른 두 원소 a, b 를 3으로 나눈 나머지가 같으면 ab 를 3으로 나눈 나머지는 1이거나 9의 배수이므로 조건 (나) 또는 (다)를 만족시키지 않는다.

　곧, 집합 B 의 모든 원소의 합이 최대가 되려면 집합 A 에는 3으로 나눈 나머지가 서로 다른 세 원소가 있어야 한다.
　이때,
$$48 = 1 \times 48, \ 2 \times 24, \ 3 \times 16, \ 4 \times 12, \ 6 \times 8$$
이므로 다음과 같은 다섯 가지 경우를 생

각할 수 있다.

(i) $1 \in A$, $48 \in A$인 경우

　집합 A의 다른 한 원소는 3으로 나눈 나머지가 2이어야 하는데, 어떤 수가 A에 들어가도 집합 B의 원소 중 48이 가장 크다는 조건 ⑦를 만족시키지 않는다.

(ii) $2 \in A$, $24 \in A$인 경우

　집합 A의 다른 한 원소는 3으로 나눈 나머지가 1이어야 하는데, 조건 ⑦를 만족시키려면 $1 \in A$이어야 한다.

　이때, $B = \{2, 24, 48\}$이고 B의 모든 원소의 합은 74이다.

(iii) $3 \in A$, $16 \in A$인 경우

　집합 A의 다른 한 원소는 3으로 나눈 나머지가 2이어야 하는데, 조건 ⑦를 만족시키려면 $2 \in A$이어야 한다.

　이때, $B = \{6, 32, 48\}$이고 B의 모든 원소의 합은 86이다.

(iv) $4 \in A$, $12 \in A$인 경우

　(iii)과 마찬가지로 $2 \in A$이어야 한다.

　이때, $B = \{8, 24, 48\}$이고 B의 모든 원소의 합은 80이다.

(v) $6 \in A$, $8 \in A$인 경우

　집합 A의 다른 한 원소는 3으로 나눈 나머지가 1이어야 하는데, 조건 ⑦를 만족시키려면 $1 \in A$ 또는 $4 \in A$이어야 한다. 그런데 B의 모든 원소의 합이 최대가 되려면 $4 \in A$이어야 한다.

　이때, $B = \{24, 32, 48\}$이고 B의 모든 원소의 합은 104이다.

　(i)~(v)에서 모든 원소의 합이 최대인 집합 B는　**{24, 32, 48}**

5-**12**. 집합 U의 부분집합 S_r을
$$S_r = \{x \mid x = 5n + r, \ n = 0, 1, 2, 3, 4, 5\}$$
$$(r = 0, 1, 2, 3, 4)$$
라고 하자. 이때,

S_0에 속한 두 원소의 합,

S_1에 속한 원소와 S_4에 속한 원소의 합,

S_2에 속한 원소와 S_3에 속한 원소의 합

을 제외한 서로 다른 두 원소의 합은 5로 나누어떨어지지 않는다.

　따라서 집합 A가 $S_1 \cup S_2$, $S_1 \cup S_3$, $S_4 \cup S_2$, $S_4 \cup S_3$ 중 하나에 S_0의 원소를 하나 포함할 때 $n(A)$는 최대이다.

　따라서 최댓값은　$6 + 6 + 1 = \mathbf{13}$

5-**13**. (1) $\left[\dfrac{1^2}{3}\right] = 0$, $\left[\dfrac{2^2}{3}\right] = 1$, $\left[\dfrac{3^2}{3}\right] = 3$

이므로　$A_3 = \{0, 1, 3\}$

$\left[\dfrac{1^2}{4}\right] = 0$, $\left[\dfrac{2^2}{4}\right] = 1$, $\left[\dfrac{3^2}{4}\right] = 2$,

$\left[\dfrac{4^2}{4}\right] = 4$이므로　$A_4 = \{0, 1, 2, 4\}$

$\left[\dfrac{1^2}{5}\right] = 0$, $\left[\dfrac{2^2}{5}\right] = 0$, $\left[\dfrac{3^2}{5}\right] = 1$,

$\left[\dfrac{4^2}{5}\right] = 3$, $\left[\dfrac{5^2}{5}\right] = 5$이므로

　　$A_5 = \{0, 1, 3, 5\}$

(2) B_n에서 $\left[\dfrac{x}{n}\right]$가 정수이므로

$\dfrac{x}{n} = \left[\dfrac{x}{n}\right]$이면 $\dfrac{x}{n}$도 정수이다.

　따라서 x는 n의 배수이고, B_n은 n의 배수의 집합이다.

　이때, 4와 6의 최소공배수는 12이므로　$B_4 \cap B_6 = B_{12}$　∴ $\boldsymbol{k = 12}$

5-**14**. B를 원소나열법으로 나타내면
$$B = \{a + k, b + k, c + k, d + k, e + k\}$$
$A \cup B$의 모든 원소의 합은 50이므로
$$(a + b + c + d + e)$$
$$+ (a + b + c + d + e + 5k)$$
$$- (7 + 10) = 50$$
이때, $a + b + c + d + e = 26$이므로
$$26 + (26 + 5k) - 17 = 50 \quad \therefore \ k = 3$$
$A \cap B = \{7, 10\}$이므로
$$a + 3 = 7, \ b + 3 = 10$$

이라고 하면 $a=4$, $b=7$

또, $c=10$ 이라고 하면 $a+b+c=21$ 이므로

$$d+e=26-21=5$$

a, b, c, d, e 는 서로 다른 자연수이므로 $d=2$, $e=3$ 이라고 할 수 있다.

$$\therefore \ \boldsymbol{A=\{2, 3, 4, 7, 10\}}$$

*__Note__ 집합 X 의 모든 원소의 합을 $f(X)$ 라고 하면

$$f(A\cup B)=f(A)+f(B)-f(A\cap B)$$

이때, 집합 $A\cap B$ 의 원소는 두 집합 A , B 에 모두 속한다는 것에 주의해야 한다.

6-**1**. (1) (준 식) $=(A\cup B)^C\cap(A\cup B)$
$$=\varnothing$$

(2) (준 식) $=(A\cup B)^C\cup(A\cup B)=\boldsymbol{U}$

(3) (준 식) $=(A^C\cup A)\cap(A^C\cup B)$
$$=U\cap(A^C\cup B)=\boldsymbol{A^C\cup B}$$

(4) (준 식) $=(A\cap A^C)\cup B=\varnothing\cup B=\boldsymbol{B}$

(5) (준 식) $=(A\cap B)\cup[C\cap(A\cap B)^C]$
$$=[(A\cap B)\cup C]$$
$$\cap[(A\cap B)\cup(A\cap B)^C]$$
$$=[(A\cap B)\cup C]\cap U$$
$$=\boldsymbol{(A\cap B)\cup C}$$

(6) (준 식) $=(A^C)^C\cap(A\cap B^C)^C$
$$=A\cap(A^C\cup B)$$
$$=(A\cap A^C)\cup(A\cap B)$$
$$=\varnothing\cup(A\cap B)=\boldsymbol{A\cap B}$$

6-**2**. (1) (좌변) $=(A\cap B^C)^C$
$$=A^C\cup(B^C)^C$$
$$=A^C\cup B=\text{(우변)}$$

(2) (좌변) $=A-(B\cap C^C)$
$$=A\cap(B\cap C^C)^C$$
$$=A\cap(B^C\cup C)$$
$$=(A\cap B^C)\cup(A\cap C)$$
$$=(A-B)\cup(A\cap C)=\text{(우변)}$$

(3) (좌변) $=(A\cap B^C)\cap(B\cap A^C)$

$$=(A\cap A^C)\cap(B\cap B^C)$$
$$=\varnothing\cap\varnothing=\varnothing=\text{(우변)}$$

(4) (좌변) $=(A\cup C)\cap(B\cup C)^C$
$$=[A\cap(B\cup C)^C]\cup[C\cap(B\cup C)^C]$$
$$=[A\cap(B\cup C)^C]\cup(C\cap B^C\cap C^C)$$
$$=[A\cap(B\cup C)^C]\cup\varnothing$$
$$=A\cap(B\cup C)^C$$
$$=A-(B\cup C)=\text{(우변)}$$

6-**3**. (1) $A\circ U=(A\cap U)\cup(A\cup U)^C$
$$=A\cup U^C=A\cup\varnothing=A$$

(2) $A\circ\varnothing=(A\cap\varnothing)\cup(A\cup\varnothing)^C$
$$=\varnothing\cup A^C=A^C$$

(3) $A\circ A^C=(A\cap A^C)\cup(A\cup A^C)^C$
$$=\varnothing\cup U^C=\varnothing\cup\varnothing=\varnothing$$

(4) $(A\circ B)\circ A=[(A\circ B)\cap A]$
$$\cup[(A\circ B)\cup A]^C$$

이때,
$(A\circ B)\cap A$
$$=[(A\cap B)\cup(A\cup B)^C]\cap A$$
$$=(A\cap B\cap A)\cup[(A\cup B)^C\cap A]$$
$$=(A\cap B)\cup\varnothing=A\cap B,$$
$[(A\circ B)\cup A]^C$
$$=[(A\cap B)\cup(A\cup B)^C\cup A]^C$$
$$=[A\cup(A\cup B)^C]^C$$
$$=A^C\cap(A\cup B)$$
$$=(A\cup B)-A=B-A$$

이므로
$(A\circ B)\circ A=(A\cap B)\cup(B-A)=B$

6-**4**. (1) 4와 6의 공배수의 집합이므로
$$A_4\cap A_6=\boldsymbol{A_{12}}$$

(2) $A_4{}^C\cup A_6{}^C=(A_4\cap A_6)^C=\boldsymbol{A_{12}{}^C}$

(3) $A_2\cap(A_3\cup A_4)=(A_2\cap A_3)\cup(A_2\cap A_4)$
$$=A_6\cup A_4$$

(4) $(A_{18}\cup A_{24})\subset A_k$ 에서
$$A_{18}\subset A_k\text{이고 }A_{24}\subset A_k$$
따라서 k 는 18과 24의 공약수이고, 이 중 최대인 것은 **6**

6-5. $X-A=\varnothing$에서　$X\subset A$

$(A-B)\cup X=X$에서　$(A-B)\subset X$

∴　$(A-B)\subset X\subset A$

한편 $A-B=\{1,\,2,\,3\}$이므로

$\{1,\,2,\,3\}\subset X\subset\{1,\,2,\,3,\,4,\,5,\,6\}$

따라서 집합 X는 $\{1,\,2,\,3,\,4,\,5,\,6\}$의 부분집합으로서 원소 1, 2, 3이 속하는 집합이다.

곧, 집합 X의 개수는 집합 $\{4,\,5,\,6\}$의 부분집합의 개수와 같으므로　$2^3=8$

6-6. 벤 다이어그램의 각 부분에 해당하는 원소의 개수를 아래 그림과 같이 나타내자.

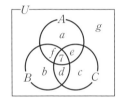

조건 ㈎에서 $n(A\cup B\cup C)=40$이므로　$a+b+c+d+e+f+7=40$

∴　$a+b+c+d+e+f=33$　⋯①

조건 ㈐에서

$n(A\circ B)=n(B\circ C)=n(C\circ A)$

이므로

$a+b+d+e=b+c+e+f$

$=a+c+d+f$

∴　$a+d=b+e=c+f=11$ ⇦ ①

이때,

$A^C\circ B^C=(A^C-B^C)\cup(B^C-A^C)$

$=(A^C\cap B)\cup(B^C\cap A)$

$=(B-A)\cup(A-B)$

이므로

$n(A^C\circ B^C)=a+b+d+e=\mathbf{22}$

6-7. 모아야 할 20종류의 스티커의 집합을 U라 하고, 갑, 을, 병이 가진 스티커의 종류의 집합을 각각 $A,\,B,\,C$라고 하면

$n(U)=20,\ n(A)=4,\ n(B)=n(C)=5,$

$n(A\cap B)=n(B\cap C)=n(C\cap A)=3,$

$n(A\cup B\cup C)=20-13=7$

이때, 세 사람이 공통으로 가지고 있었던 스티커의 종류의 수는 $n(A\cap B\cap C)$이고,

$n(A\cup B\cup C)=n(A)+n(B)+n(C)$

$-n(A\cap B)-n(B\cap C)$

$-n(C\cap A)+n(A\cap B\cap C)$

에서

$7=4+5+5-3-3-3+n(A\cap B\cap C)$

이므로

$n(A\cap B\cap C)=\mathbf{2}$

6-8. $[(A-B)\cup(A\cap C)]^C$

$=[(A\cap B^C)\cup(A\cap C)]^C$

$=[A\cap(B^C\cup C)]^C$

$=A^C\cup(B^C\cup C)^C$

$=A^C\cup(B\cap C^C)$

따라서 주어진 집합은

$[A^C\cup(B\cap C^C)]\cap A$

$=(A^C\cap A)\cup[(B\cap C^C)\cap A]$

$=B\cap C^C\cap A=(A\cap C^C)\cap B$

$=(A-C)\cap B$

$C=\{2,\,6,\,10,\,14,\,18,\,\cdots\}$이므로

$A-C=\{4,\,8,\,12,\,\cdots\}$

$=\{x\,|\,x$는 4의 배수$\}$

따라서 주어진 집합은

$\{x\,|\,x$는 4의 배수$\}\cap\{x\,|\,x$는 3의 배수$\}$

$=\{\boldsymbol{x\,|\,x}$는 **12**의 배수$\}$

6-9. $k\geq4$일 때,

$A_k=A_{k-1}\cap(A_{k-2}\cup A_{k-3})$

에서 $k=4$로 놓으면

$A_4=A_3\cap(A_2\cup A_1)$　∴　$A_4\subset A_3$

$k=5$로 놓으면

$A_5=A_4\cap(A_3\cup A_2)=A_4\ (\because\ A_4\subset A_3)$

∴　$A_5=A_4$

$k=6$으로 놓으면

$A_6 = A_5 \cap (A_4 \cup A_3)$
$= A_4 \cap (A_4 \cup A_3) = A_4$
$\therefore\ A_6 = A_4$
$\therefore\ A_7 = A_6 \cap (A_5 \cup A_4)$
$= A_4 \cap (A_4 \cup A_4)$
$= A_4 = A_3 \cap (A_2 \cup A_1)$

*__Note__ $k \geq 4$일 때,
$A_{k+1} = A_k \cap (A_{k-1} \cup A_{k-2})$
$= [A_{k-1} \cap (A_{k-2} \cup A_{k-3})]$
$\qquad \cap (A_{k-1} \cup A_{k-2})$
$= [A_{k-1} \cap (A_{k-1} \cup A_{k-2})]$
$\qquad \cap (A_{k-2} \cup A_{k-3})$
$= A_{k-1} \cap (A_{k-2} \cup A_{k-3}) = A_k$

6-10. $(A \cup B) \cap (A \cup C) = \{1, 3\}$
곧, $A \cup (B \cap C) = \{1, 3\}$
이때, $A \subset [A \cup (B \cap C)]$이므로 A가 될 수 있는 집합은
$\varnothing,\ \{1\},\ \{3\},\ \{1, 3\}$
(i) $A = \varnothing$일 때
$B = A \cup B,\ C = A \cup C$
이므로 순서쌍 (A, B, C)의 개수는 1이다.
(ii) $A = \{1\}$일 때
$B = A \cup B$ 또는 $B = (A \cup B) - \{1\}$,
$C = A \cup C$ 또는 $C = (A \cup C) - \{1\}$
이므로 순서쌍 (A, B, C)의 개수는
$2 \times 2 = 4$
(iii) $A = \{3\}$일 때
$B = A \cup B$ 또는 $B = (A \cup B) - \{3\}$,
$C = A \cup C$ 또는 $C = (A \cup C) - \{3\}$
이므로 순서쌍 (A, B, C)의 개수는
$2 \times 2 = 4$
(iv) $A = \{1, 3\}$일 때
$B = A \cup B$ 또는 $B = (A \cup B) - \{1\}$
또는 $B = (A \cup B) - \{3\}$
또는 $B = (A \cup B) - \{1, 3\}$,
$C = A \cup C$ 또는 $C = (A \cup C) - \{1\}$

또는 $C = (A \cup C) - \{3\}$
또는 $C = (A \cup C) - \{1, 3\}$
이므로 순서쌍 (A, B, C)의 개수는
$4 \times 4 = 16$
(i)~(iv)에서 구하는 순서쌍 (A, B, C)의 개수는 $1 + 4 + 4 + 16 = \mathbf{25}$

6-11. $n(X \cup B) = n(X) + n(B)$
$\qquad\qquad\qquad - n(X \cap B)$
이므로 조건 (나)에서
$n(X)n(B) = n(X \cap B)[n(X)$
$\qquad\qquad + n(B) - n(X \cap B)]$
$\therefore\ [n(X \cap B)]^2 - [n(X) + n(B)]$
$\qquad \times n(X \cap B) + n(X)n(B) = 0$
$\therefore\ [n(X \cap B) - n(X)]$
$\qquad \times [n(X \cap B) - n(B)] = 0$
$\therefore\ n(X \cap B) = n(X)$ 또는
$n(X \cap B) = n(B)$
$(X \cap B) \subset X$이므로
$n(X \cap B) = n(X)$이면
$X \cap B = X\qquad \therefore\ X \subset B$
$(X \cap B) \subset B$이므로
$n(X \cap B) = n(B)$이면
$X \cap B = B\qquad \therefore\ B \subset X$
따라서 조건 (나)에 의하여
$X \subset B$ 또는 $B \subset X$
$X \subset B$인 집합 X의 개수는 집합 B의 부분집합의 개수와 같으므로
$2^5 = 32 \qquad\qquad\cdots\cdots①$
$B \subset X \subset A$인 집합 X의 개수는 집합 $\{2, 4, 6, 8\}$의 부분집합의 개수와 같으므로 $2^4 = 16 \qquad\qquad\cdots\cdots②$
①, ②에서 $X = B$인 경우가 중복되므로 조건을 만족시키는 집합 X의 개수는
$32 + 16 - 1 = \mathbf{47}$

6-12. 48명의 학생 전체의 집합을 U라 하고, 볼펜, 연필을 가지고 있는 학생의 집합을 각각 P, Q라고 하면

$n(U)=48$, $n(P)=40$, $n(Q)=32$

(1) $n(P\cap Q)\leq n(Q)=32$,

  $n(P\cup Q)\leq n(U)=48$,

  $n(P\cup Q)=n(P)+n(Q)-n(P\cap Q)$

에서

$$40+32-n(P\cap Q)\leq 48$$
$$\therefore\ n(P\cap Q)\geq 24$$
$$\therefore\ 24\leq n(P\cap Q)\leq 32$$

따라서 가장 많은 경우는 **32**명, 가장 적은 경우는 **24**명이다.

(2) $n(P\cap Q^C)=n(P)-n(P\cap Q)$

$$=40-n(P\cap Q)$$

이므로 $n(P\cap Q^C)$은 $n(P\cap Q)$가 최대일 때 최소이고, $n(P\cap Q)$가 최소일 때 최대이다.

  (1)에서 $24\leq n(P\cap Q)\leq 32$이므로
$$8\leq n(P\cap Q^C)\leq 16$$

따라서 가장 많은 경우는 **16**명, 가장 적은 경우는 **8**명이다.

6-13. 60명의 학생 전체의 집합을 U라고 하면

$$n(U)=n(A\cup B\cup C)=60$$

(1) $n(A^C\cup B^C\cup C^C)=n((A\cap B\cap C)^C)$

$$=n(U)-n(A\cap B\cap C)$$
$$=60-10=\mathbf{50}$$

(2) $(A\cap B)\cup(B\cap C)\cup(C\cap A)$는 아래 그림의 점 찍은 부분이다.

$$\therefore\ n((A\cap B)\cup(B\cap C)\cup(C\cap A))$$
$$=n(A\cap B)+n(B\cap C)+n(C\cap A)$$
$$-2\times n(A\cap B\cap C)$$
$$=n(A)+n(B)+n(C)$$
$$-n(A\cup B\cup C)-n(A\cap B\cap C)$$

$$=42+36+27-60-10=\mathbf{35}$$

(3) $A^C\cap B^C\cap C$는 아래 그림의 점 찍은 부분이다.

$$\therefore\ n(A^C\cap B^C\cap C)$$
$$=n(A\cup B\cup C)-n(A\cup B)$$
$$=60-[n(A)+n(B)-n(A\cap B)]$$
$$=60-(42+36-26)=\mathbf{8}$$

6-14. 전체 학생의 집합을 U라 하고, a, b, c를 읽은 학생의 집합을 각각 A, B, C라고 하자.

$n(U)=x$라고 하면

$$n(A)=\frac{3}{4}x,\ n(B)=\frac{5}{12}x,\ n(C)=\frac{3}{32}x,$$
$$n(A^C\cap B^C\cap C^C)=11,\ n(A\cap B)=\frac{3}{8}x$$

또, c를 읽은 학생은 a, b를 읽지 않았으므로

$$n(C\cap A)=n(B\cap C)=n(A\cap B\cap C)=0$$

(1) $n(A\cup B\cup C)=n(A)+n(B)+n(C)$

$$-n(A\cap B)-n(B\cap C)$$
$$-n(C\cap A)+n(A\cap B\cap C)$$
$$=\frac{3}{4}x+\frac{5}{12}x+\frac{3}{32}x-\frac{3}{8}x=\frac{85}{96}x$$

이므로

$$n(A^C\cap B^C\cap C^C)=n((A\cup B\cup C)^C)$$
$$=x-n(A\cup B\cup C)$$
$$=\frac{11}{96}x$$

$n(A^C\cap B^C\cap C^C)=11$이므로

$$x=\mathbf{96}$$

(2) $n(B)-n(A\cap B)-n(B\cap C)$

$$+n(A\cap B\cap C)$$
$$=\frac{5}{12}x-\frac{3}{8}x-0+0=\frac{1}{24}x=\mathbf{4}$$

7-1. $\sim p \Longrightarrow q$이면 $P^C \subset Q$이다.

$P^C \subset Q$이고
$P^C \neq Q$인 경우의 벤
다이어그램을 그리면
오른쪽 그림과 같다.

그림에서 ①~④
는 모두 옳지만, ⑤는 옳지 않음을 알 수
있다.

답 ⑤

*__Note__ $P^C = Q$인 경우에는 ①~⑤가 모
두 옳지만, '$P^C \subset Q$이고 $P^C \neq Q$'인 경
우에는 $P \cap Q \neq \varnothing$이다.

7-2. ① $x = 1, 2, 3, 4$일 때 $x+3 < 8$이므
로 U의 모든 x에 대하여 성립한다.

② $x = 2, 3, 4$일 때 $x^2 - 1 > 0$이므로 U
의 어떤 x에 대하여 성립한다.

③ $x = 1$이면(어떤 x에 대하여) 모든 y
에 대하여 $x^2 < y+1$

④ $x = 4, y = 4$일 때 x^2+y^2이 최대이고
$$x^2+y^2 = 4^2+4^2 = 32 < 33$$
이므로 모든 x, y에 대하여
$$x^2+y^2 < 33$$

⑤ $x = 1, y = 1$일 때 x^2+y^2이 최소이고
$$x^2+y^2 = 1^2+1^2 = 2 > 1$$
이므로 $x^2+y^2 < 1$인 x, y는 U에 존재
하지 않는다.

답 ⑤

7-3. 주어진 명제가 참이 되려면 집합 P의
원소 중에서 3의 배수가 적어도 하나 있
어야 한다.

곧, 조건을 만족시키는 집합 P는 집합
U의 부분집합 중에서 원소 3, 9 중 적어
도 하나가 속하는 집합이므로, 구하는 집
합 P의 개수는 U의 모든 부분집합의 개
수에서 3, 9 중 어느 것도 속하지 않는 부
분집합의 개수를 뺀 것과 같다.
$$\therefore \ 2^5 - 2^3 = 32 - 8 = \mathbf{24}$$

7-4. 주어진 명제의 부정은

모든 실수 x에 대하여 $3x^2+9x+k \geq 0$

이 명제가 참이 되려면 이차방정식
$3x^2+9x+k = 0$의 판별식을 D라 할 때,
$$D = 9^2 - 4 \times 3 \times k \leq 0$$
이어야 한다.

따라서 $k \geq \dfrac{27}{4} = 6.75$이므로 자연수 k
의 최솟값은 **7**

7-5. (i) $(P \cap Q) \cup (P - Q) = P \cup Q$에서
$$\begin{aligned}(\text{좌변}) &= (P \cap Q) \cup (P \cap Q^C) \\ &= P \cap (Q \cup Q^C) = P \cap U = P\end{aligned}$$
이므로 주어진 식은
$$P = P \cup Q \quad \therefore \ Q \subset P$$

(ii) $P \cap (P \cap Q^C)^C = P$에서
$$\begin{aligned}(\text{좌변}) &= P \cap (P^C \cup Q) \\ &= (P \cap P^C) \cup (P \cap Q) \\ &= \varnothing \cup (P \cap Q) = P \cap Q\end{aligned}$$
이므로 주어진 식은
$$P \cap Q = P \quad \therefore \ P \subset Q$$

(i), (ii)에서 $P = Q$ $\therefore \ p \Longleftrightarrow q$

따라서 p는 q이기 위한
필요충분조건

7-6. (1) $x = 1 \Longrightarrow x^2 = 1$

$x^2 = 1 \not\Longrightarrow x = 1$ (반례 : $x = -1$)
$$\therefore \ \mathbf{충분}$$

(2) $x = 1 \Longleftrightarrow x^3 = 1$ $\quad \therefore$ **필요충분**

(3) (x, y가 정수)
$$\Longrightarrow (x+y, xy\text{가 정수})$$
($x+y, xy$가 정수)
$$\not\Longrightarrow (x, y\text{가 정수})$$
$$\left(\text{반례} : x = \frac{1+\sqrt{5}}{2}, \ y = \frac{1-\sqrt{5}}{2}\right)$$
$$\therefore \ \mathbf{충분}$$

(4) ($x > 0, y > 0$)
$$\Longleftrightarrow (x+y > 0, xy > 0)$$
$$\therefore \ \mathbf{필요충분}$$

(5) ($xy > x+y > 4$) $\not\Longrightarrow$ ($x > 2, y > 2$)
(반례 : $x = 10, y = 1.5$)

$x>2,\ y>2$이면 $x+y>4$이고

$xy-(x+y)=(x-1)(y-1)-1>0$

이므로

$\qquad (x>2,\ y>2)\implies(xy>x+y>4)$

$\qquad\qquad\therefore$ 필요

(6) 임의의 집합 $A,\ B$에 대하여

$\quad(A\cap B)\subset(A\cup B)$이므로

$\quad(A\cap B)\subset(A\cup B)\implies A=B$

$\quad A=B$이면

$\qquad\qquad A\cap B=A,\ A\cup B=A$

이므로

$\qquad A=B\implies(A\cap B)\subset(A\cup B)$

$\qquad\qquad\therefore$ 필요

(7) $A\cup B\cup C=C\implies(A\cup B)\subset C$

$\qquad\qquad\implies(A\cap B)\subset(A\cup B)\subset C$

$\qquad\qquad\implies A\cap B\cap C=A\cap B$

$\quad A\cap B\cap C=A\cap B$

$\qquad\qquad\implies A\cup B\cup C=C$

$\qquad\qquad\therefore$ 충분

(8) $A\cap(B\cap C)=A\implies A\subset(B\cap C)$

$\qquad\qquad\implies A\subset(B\cup C)$

$\qquad\qquad\implies A\cup(B\cup C)=B\cup C$

$\quad A\cup(B\cup C)=B\cup C$

$\qquad\qquad\implies A\cap(B\cap C)=A$

$\qquad\qquad\therefore$ 충분

7-**7**. (1) $ac<0$이면 $b^2-4ac>0$

$\qquad$ 그러나 $b^2-4ac>0$이면

$\qquad b^2=10,\ ac=2$일 때도 있으므로

$\qquad ac<0 \overset{\Longleftarrow}{\underset{\Longrightarrow}{}} b^2-4ac>0\quad\therefore$ 충분

(2) 방정식의 두 근을 $\alpha,\ \beta$라고 하자.

$\quad$(i) $\alpha<0,\ \beta<0\implies\alpha+\beta<0,\ \alpha\beta>0$

$\qquad\qquad\implies-\dfrac{b}{a}<0,\ \dfrac{c}{a}>0$

$\qquad\qquad\implies ab>0,\ ac>0$

$\quad$(ii) $a=1,\ b=2,\ c=2$이면 $ab>0$,

$\qquad ac>0$이지만 $x^2+2x+2=0$은 실근

$\qquad$을 가지지 않으므로 $\alpha<0,\ \beta<0$이

$\qquad$ 성립하지 않는다. 곧,

$\qquad ab>0,\ ac>0 \implies\!\!\!/\ \ \alpha<0,\ \beta<0$

$\quad$(i), (ii)에 의하여 필요

$*$***Note*** 두 근 $\alpha,\ \beta$가 음수이기 위한

$\qquad$ 필요충분조건은

$\qquad b^2-4ac\geq0,\ \alpha+\beta<0,\ \alpha\beta>0$

7-**8**. $x^2-3|x|\leq0$에서

$\quad x\geq0$일 때, $x^2-3x\leq0\quad\therefore\ 0\leq x\leq3$

$\quad x<0$일 때, $x^2+3x\leq0\quad\therefore\ -3\leq x<0$

$\quad$따라서 $P=\{x\,|-3\leq x\leq3\}$,

$\qquad Q=\{x\,|\,x\leq\alpha\},\ R=\{x\,|\,\beta\leq x\leq0\}$

$\quad$으로 놓으면 $x\leq\alpha$는 $x^2-3|x|\leq0$이기

$\quad$위한 필요조건이므로 $\quad P\subset Q$

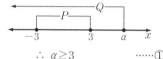

$\qquad\qquad\therefore\ \alpha\geq3\qquad\qquad\cdots\cdots①$

$\quad$또, $\beta\leq x\leq0$은 $x^2-3|x|\leq0$이기 위

$\quad$한 충분조건이므로 $\quad R\subset P$

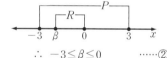

$\qquad\qquad\therefore\ -3\leq\beta\leq0\qquad\cdots\cdots②$

$\quad$②로부터 $\quad0\leq-\beta\leq3\qquad\cdots\cdots②'$

$\quad$이고, ①, ②$'$에서 $\alpha-\beta\geq3$이다.

$\quad$따라서 $\alpha-\beta$의 최솟값은 **3**

7-**9**. ㄱ. (반례) $x=1,\ y=0.5$이면

$\qquad |x-y|=0.5<1$이지만 $[x]=1$,

$\qquad [y]=0$이므로 $[x]\neq[y]$이다.

$\quad$ㄴ. (반례) $x=1,\ y=1.5$이면

$\qquad |x-y|=0.5<1$이지만 $\langle x\rangle=1$,

$\qquad \langle y\rangle=2$이므로 $\langle x\rangle\neq\langle y\rangle$이다.

$\quad$ㄷ. $[x]=[y]=n$(n은 정수)이라 하면

$\qquad\qquad n\leq x<n+1,\ n\leq y<n+1$

$\qquad$이므로

$\qquad\quad n-(n+1)<x-y<(n+1)-n$

$\qquad\quad\therefore\ -1<x-y<1\quad$곧, $|x-y|<1$

$\qquad\qquad\therefore\ q\implies p$

ㄹ. $\langle x\rangle=\langle y\rangle=n(n$은 정수)이라 하면
$$n-1<x\leq n,\ n-1<y\leq n$$
이므로
$$(n-1)-n<x-y<n-(n-1)$$
$$\therefore\ -1<x-y<1\quad 곧,\ |x-y|<1$$
$$\therefore\ r\Longrightarrow p$$
이상에서 참인 명제는 ㄷ, ㄹ

7-10. 명제 ㈎, ㈏, ㈐를 기호로 나타내면
$$p\Longrightarrow q,\ \sim r\Longrightarrow\sim q,$$
$$\sim s\Longrightarrow(\sim q\ 또는\ \sim r)$$
따라서 전체집합 U에서의 조건 $p,\ q,$ $r,\ s$의 진리집합을 각각 $P,\ Q,\ R,\ S$라고 하면
$$P\subset Q,\ R^C\subset Q^C,\ S^C\subset(Q^C\cup R^C)$$
곧, $P\subset Q,\ Q\subset R,\ (Q\cap R)\subset S$
이고, 이들 관계를 벤 다이어그램으로 나타내면 아래 그림과 같다.

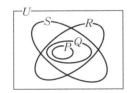

$$\therefore\ P\subset S,\ Q\subset S,\ (P\cup Q\cup R)\not\subset S,$$
$$(P\cap Q\cap R)\subset S,\ (P\cup Q)\subset R$$
따라서 반드시 참이라고 말할 수 없는 것은 ③이다. **답** ③

7-11. 조건 $p,\ q$의 진리집합을 각각 $P,\ Q$라고 하자.
조건 p에서 $-3\leq x-k\leq 3$
$$\therefore\ k-3\leq x\leq k+3$$
$$\therefore\ P=\{x\,|\,k-3\leq x\leq k+3\}$$
조건 q에서 $(x+1)(x-7)\leq 0$
$$\therefore\ -1\leq x\leq 7$$
$$\therefore\ Q=\{x\,|\,-1\leq x\leq 7\}$$
이때, 두 명제 $p\longrightarrow q,\ p\longrightarrow\sim q$가 모두 거짓이면

$$P\not\subset Q\ 이고\ P\not\subset Q^C$$
$$\therefore\ P\cap Q^C\neq\varnothing\ 이고\ P\cap Q\neq\varnothing$$
(ⅰ) $k-3<-1,$ 곧 $k<2$일 때

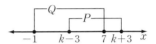

$k-3<-1$이므로 $P\cap Q^C\neq\varnothing$이고, $P\cap Q\neq\varnothing$이어야 하므로
$$k+3\geq -1\quad\therefore\ k\geq -4$$
$$\therefore\ -4\leq k<2$$
(ⅱ) $k-3\geq -1,$ 곧 $k\geq 2$일 때

$P\cap Q\neq\varnothing$이어야 하므로
$$k-3\leq 7\quad\therefore\ k\leq 10$$
$P\cap Q^C\neq\varnothing$이어야 하므로
$$k+3>7\quad\therefore\ k>4$$
$$\therefore\ 4<k\leq 10$$
(ⅰ), (ⅱ)에서 $-4\leq k<2$ 또는 $4<k\leq 10$이므로 구하는 정수 k의 개수는
$$6+6=12$$
Note 명제 $p\longrightarrow q$ 또는 명제 $p\longrightarrow\sim q$가 참이면
$$P\subset Q\ 또는\ P\subset Q^C$$
이를 만족시키는 k의 값의 범위는
$$k<-4\ 또는\ 2\leq k\leq 4\ 또는\ k>10$$
이므로 $p\longrightarrow q$와 $p\longrightarrow\sim q$가 모두 거짓이 되도록 하는 k의 값의 범위는
$$-4\leq k<2\ 또는\ 4<k\leq 10$$

7-12. 문제에서 주어진 조건들을 기호로 나타내면
$$q\Longrightarrow p,\ r\Longrightarrow q,$$
$$r\Longrightarrow s,\ q\Longleftrightarrow s$$
따라서 조건 $p,\ q,\ r,\ s$의 진리집합을 각각 $P,\ Q,\ R,\ S$라고 하면
$$Q\subset P,\ R\subset Q,\ R\subset S,\ Q=S$$

이고, 벤 다이어그램으로 나타내면 아래 오른쪽 그림과 같다.

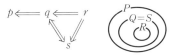

(1) $R \subset (P \cup Q)$이므로

　　$r \Longrightarrow (p$ 또는 $q)$　　∴ 필요

(2) $P \cap Q = R \cup S$이므로

　　$(p$이고 $q) \Longleftrightarrow (r$ 또는 $s)$

　　　∴ 필요충분

7-13. $|x-a|<1$이고 $|y-b|<1$

$$\Longleftrightarrow \begin{cases} -1<x-a<1 \\ -1<y-b<1 \end{cases}$$

$$\Longleftrightarrow \begin{cases} a-1<x<a+1 \\ b-1<y<b+1 \end{cases}$$

　∴ p : $a-1<x<a+1$이고

　　　　$b-1<y<b+1$

또,

$|x-y-a+b|<2$

$$\Longleftrightarrow -2<(x-y)-(a-b)<2$$

$$\Longleftrightarrow a-b-2<x-y<a-b+2$$

∴ q : $a-b-2<x-y<a-b+2$

　　　∴ $p \Longrightarrow q$

한편 $x=a+\dfrac{3}{2}$, $y=b$는 조건 q를 만족시키지만 조건 p를 만족시키지 못하므로

　　　$q \not\Longrightarrow p$　　∴ 충분조건

8-1. 정수 m, n이 존재한다고 하면

m, n이 정수이고 $3m^2=n^2+1$이므로

n^2+1은 3의 배수이다.

　한편 정수 n이 어떤 정수 k에 대하여

$n=3k$이면

　$n^2=(3k)^2=9k^2=3 \times 3k^2$

$n=3k+1$이면

　$n^2=(3k+1)^2=3(3k^2+2k)+1$

$n=3k+2$이면

　$n^2=(3k+2)^2=3(3k^2+4k+1)+1$

이므로 n^2을 3으로 나눈 나머지는 0 또는 1이다.

　따라서 n^2+1을 3으로 나눈 나머지는 1 또는 2이므로 n^2+1은 3의 배수일 수 없다. 그러므로 모순이다.

　따라서 $3m^2-n^2=1$을 만족시키는 정수 m, n은 존재하지 않는다.

8-2. (1) $a+\dfrac{1}{a}-2=\dfrac{a^2-2a+1}{a}$

$$=\dfrac{(a-1)^2}{a} \geq 0$$

　∴ $a+\dfrac{1}{a} \geq 2$ (등호는 $a=1$일 때 성립)

(2) $\left(\dfrac{a}{b}+\dfrac{c}{d}\right)\left(\dfrac{b}{a}+\dfrac{d}{c}\right)-4$

$$=\dfrac{(ad+bc)^2-4abcd}{abcd}$$

$$=\dfrac{(ad-bc)^2}{abcd} \geq 0$$

　∴ $\left(\dfrac{a}{b}+\dfrac{c}{d}\right)\left(\dfrac{b}{a}+\dfrac{d}{c}\right) \geq 4$

　　　(등호는 $ad=bc$일 때 성립)

Note 다음과 같이

　　　(산술평균)$\geq$(기하평균)

을 이용하여 증명할 수도 있다.

(1) $a>0$, $\dfrac{1}{a}>0$이므로

$$a+\dfrac{1}{a} \geq 2\sqrt{a \times \dfrac{1}{a}}=2$$

　$\left($등호는 $a=\dfrac{1}{a}$, 곧 $a=1$일 때 성립$\right)$

(2) $\dfrac{a}{b}+\dfrac{c}{d} \geq 2\sqrt{\dfrac{a}{b} \times \dfrac{c}{d}}=2\sqrt{\dfrac{ac}{bd}}$

$\dfrac{b}{a}+\dfrac{d}{c} \geq 2\sqrt{\dfrac{b}{a} \times \dfrac{d}{c}}=2\sqrt{\dfrac{bd}{ac}}$

　∴ $\left(\dfrac{a}{b}+\dfrac{c}{d}\right)\left(\dfrac{b}{a}+\dfrac{d}{c}\right)$

$$\geq 2\sqrt{\dfrac{ac}{bd}} \times 2\sqrt{\dfrac{bd}{ac}}=4$$

　　　(등호는 $ad=bc$일 때 성립)

8-3. $a+b=1$에서

　　$1-a=b$, $1-b=a$

$$a^2+b^2-(a^3+b^3)=a^2(1-a)+b^2(1-b)$$
$$=a^2b+b^2a$$
$$=ab(a+b)=ab>0$$
$$\therefore\ a^2+b^2>a^3+b^3$$
$$a^3+b^3-(a^4+b^4)=a^3(1-a)+b^3(1-b)$$
$$=a^3b+b^3a$$
$$=ab(a^2+b^2)>0$$
$$\therefore\ a^3+b^3>a^4+b^4$$
$$\therefore\ \boldsymbol{a^2+b^2>a^3+b^3>a^4+b^4}$$

*__Note__ $0<a<1,\ 0<b<1$이므로
$$a^2>a^3>a^4,\ b^2>b^3>b^4$$
$$\therefore\ \boldsymbol{a^2+b^2>a^3+b^3>a^4+b^4}$$

8-4. (1) 좌변을 통분하면
$$\frac{(bc)^2+(ca)^2+(ab)^2}{abc}\geq a+b+c$$
그런데 $abc>0$이므로
$$(bc)^2+(ca)^2+(ab)^2\geq abc(a+b+c)$$
를 증명해도 된다.

$bc=x,\ ca=y,\ ab=z$라고 하면
$$x^2+y^2+z^2\geq xy+yz+zx$$
이고, $x,\ y,\ z$가 실수이므로 항상 성립한다.
$$\therefore\ \frac{bc}{a}+\frac{ca}{b}+\frac{ab}{c}\geq a+b+c$$
(등호는 $x=y=z$, 곧
$$a=b=c$$일 때 성립)

(2) $9\times(우변)^2-9\times(좌변)^2$
$$=3(a^2+b^2+c^2)-(a+b+c)^2$$
$$=2(a^2+b^2+c^2-ab-bc-ca)\geq0$$
이때, (좌변)>0, (우변)>0이므로
$$\frac{a+b+c}{3}\leq\sqrt{\frac{a^2+b^2+c^2}{3}}$$
(등호는 $a=b=c$일 때 성립)

*__Note__ (1) 다음과 같이
(산술평균)$\geq$(기하평균)
을 이용하여 증명할 수도 있다.
두 양수 $\dfrac{bc}{a},\ \dfrac{ca}{b}$에 대하여

$$\frac{1}{2}\left(\frac{bc}{a}+\frac{ca}{b}\right)\geq\sqrt{\frac{bc}{a}\times\frac{ca}{b}}=c$$
곧, $\dfrac{1}{2}\left(\dfrac{bc}{a}+\dfrac{ca}{b}\right)\geq c$
같은 방법으로 하면
$$\frac{1}{2}\left(\frac{ca}{b}+\frac{ab}{c}\right)\geq a,$$
$$\frac{1}{2}\left(\frac{ab}{c}+\frac{bc}{a}\right)\geq b$$
변끼리 더하면
$$\frac{bc}{a}+\frac{ca}{b}+\frac{ab}{c}\geq a+b+c$$
(등호는 $a=b=c$일 때 성립)

(2) 다음과 같이 코시-슈바르츠 부등식을 이용하여 증명할 수도 있다.
$$(a+b+c)^2\leq(a^2+b^2+c^2)(1^2+1^2+1^2)$$
$$\therefore\ \left(\frac{a+b+c}{3}\right)^2\leq\frac{a^2+b^2+c^2}{3}$$
$$\therefore\ \frac{a+b+c}{3}\leq\sqrt{\frac{a^2+b^2+c^2}{3}}$$
(등호는 $a=b=c$일 때 성립)

8-5. (1) $a^2+ab+b^2=a^2+ba+b^2$
$$=\left(a+\frac{b}{2}\right)^2-\frac{b^2}{4}+b^2$$
$$=\left(a+\frac{b}{2}\right)^2+\frac{3}{4}b^2$$
$a,\ b$는 실수이므로
$$\left(a+\frac{b}{2}\right)^2\geq0,\ \frac{3}{4}b^2\geq0$$
$$\therefore\ a^2+ab+b^2\geq0$$
등호는 $a+\dfrac{b}{2}=0,\ b=0$, 곧 $a=0,$
$b=0$일 때 성립한다.

(2) $a^2-2ab+2b^2+2a-6b+5$
$$=a^2-2(b-1)a+2b^2-6b+5\ \cdots①$$
$$=\{a-(b-1)\}^2-(b-1)^2+2b^2-6b+5$$
$$=(a-b+1)^2+b^2-4b+4$$
$$=(a-b+1)^2+(b-2)^2$$
$a,\ b$는 실수이므로
$$(a-b+1)^2\geq0,\ (b-2)^2\geq0$$
$$\therefore\ a^2-2ab+2b^2+2a-6b+5\geq0$$

등호는 $a-b+1=0$, $b-2=0$, 곧
$a=1$, $b=2$일 때 성립한다.

***Note** ①에서 a^2의 계수가 양수이고,
$$D/4=(b-1)^2-(2b^2-6b+5)$$
$$=-(b-2)^2\leq0$$
$$\therefore \ a^2-2ab+2b^2+2a-6b+5\geq0$$

8-6. 모든 실수 x에 대하여
$$ax-(a+1)<x^2 \qquad\cdots\cdots①$$
$$ax-(a+1)>-(x+1)^2 \quad\cdots\cdots②$$
를 모두 만족시키는 a의 값의 범위를 구
하면 된다.

　①에서 $x^2-ax+a+1>0$이므로
$x^2-ax+a+1=0$의 판별식을 D_1이라고
하면
$$D_1=a^2-4(a+1)<0$$
$$\therefore \ 2-2\sqrt{2}<a<2+2\sqrt{2} \quad\cdots\cdots③$$
　②에서 $x^2+(a+2)x-a>0$이므로
$x^2+(a+2)x-a=0$의 판별식을 D_2라고
하면
$$D_2=(a+2)^2+4a<0$$
$$\therefore \ -4-2\sqrt{3}<a<-4+2\sqrt{3} \ \cdots④$$
　③, ④의 공통 범위는
$$\mathbf{2-2\sqrt{2}<a<-4+2\sqrt{3}}$$

8-7. (1) $\dfrac{1}{x}+\dfrac{1}{y}\geq2\sqrt{\dfrac{1}{xy}}=2\sqrt{\dfrac{1}{100}}$
$$\therefore \ \dfrac{1}{x}+\dfrac{1}{y}\geq\dfrac{1}{5}$$
등호는 $\dfrac{1}{x}=\dfrac{1}{y}$, 곧 $x=y=10$일 때
성립하고, 최솟값은 $\dfrac{1}{5}$

(2) $(x+y)\left(\dfrac{1}{x}+\dfrac{4}{y}\right)=1+\dfrac{4x}{y}+\dfrac{y}{x}+4$
$$\geq2\sqrt{\dfrac{4x}{y}\times\dfrac{y}{x}}+5$$
$$=9$$
$\dfrac{1}{x}+\dfrac{4}{y}=1$이므로 $\ x+y\geq9$

등호는 $\dfrac{4x}{y}=\dfrac{y}{x}$, 곧 $x=3$, $y=6$일
때 성립하고, 최솟값은 **9**

(3) $\dfrac{y}{x+1}+\dfrac{x}{y+1}=\dfrac{y^2+y+x^2+x}{(x+1)(y+1)}$
$$=\dfrac{(x+y)^2-2xy+(x+y)}{xy+(x+y)+1}$$
$$=\dfrac{-2xy+2}{xy+2}$$
$$=\dfrac{6}{xy+2}-2 \qquad\cdots\cdots①$$
$x>0$, $y>0$이므로
$\dfrac{x+y}{2}\geq\sqrt{xy}$에서 $\ \dfrac{1}{2}\geq\sqrt{xy}$
$$\therefore \ 0<xy\leq\dfrac{1}{4}$$
①에서 $\ \dfrac{2}{3}\leq\dfrac{6}{xy+2}-2<1$
등호는 $x=y=\dfrac{1}{2}$일 때 성립하고, 최
솟값은 $\dfrac{2}{3}$

8-8. $ab-a-b=24$에서
$$(a-1)(b-1)=25$$
$a-1>0$, $b-1>0$이므로
$$(a-1)+(b-1)\geq2\sqrt{(a-1)(b-1)}=10$$
$$\therefore \ a+b\geq12$$
등호는 $a-1=b-1=5$, 곧 $a=b=6$
일 때 성립하고, 최솟값은 **12**

8-9. $x+\dfrac{1}{x}=t$로 놓으면 $x>0$이므로
$$t=x+\dfrac{1}{x}\geq2\sqrt{x\times\dfrac{1}{x}}=2 \quad 곧, \ t\geq2$$
이때,
$$y=t^2-2at-2=(t-a)^2-a^2-2$$
따라서
　　$a<2$일 때　최솟값 $2-4a$,
　　$a\geq2$일 때　최솟값 $-a^2-2$

8-10. $x^3-ax^2+bx-a=0$의 세 양의 실
근을 α, β, γ라고 하면 근과 계수의 관계
로부터
$\alpha+\beta+\gamma=a$, $\alpha\beta+\beta\gamma+\gamma\alpha=b$, $\alpha\beta\gamma=a$
이때, $\alpha>0$, $\beta>0$, $\gamma>0$이므로 산술평
균과 기하평균의 관계에서

$$\frac{a+\beta+\gamma}{3} \geq \sqrt[3]{a\beta\gamma} \qquad \therefore \ \frac{a}{3} \geq \sqrt[3]{a}$$

양변을 세제곱하여 정리하면

$$a(a^2-27) \geq 0$$

$a>0$이므로 $a \geq 3\sqrt{3}$

따라서 a의 최솟값은 $3\sqrt{3}$이고, 이때
$\alpha=\beta=\gamma=\sqrt{3}$이므로

$$b=\alpha\beta+\beta\gamma+\gamma\alpha = \mathbf{9}$$

*__*Note*__ $a=3\sqrt{3}$, $b=9$일 때, 주어진 삼차
방정식은

$$x^3 - 3\sqrt{3}\,x^2 + 9x - 3\sqrt{3} = 0$$

곧, $(x-\sqrt{3})^3 = 0$

이므로 $x=\sqrt{3}$을 삼중근으로 가진다.

8-11. △ABC에서 $\overline{BC}=a$, $\overline{CA}=b$,
$\overline{AB}=c$라고 하면

$$a+b+c=12$$

또, $S_1 = \dfrac{\pi}{2} \times \left(\dfrac{a}{2}\right)^2 = \dfrac{\pi}{8}a^2$,

$$S_2 = \frac{\pi}{2} \times \left(\frac{b}{2}\right)^2 = \frac{\pi}{8}b^2,$$

$$S_3 = \frac{\pi}{2} \times \left(\frac{c}{2}\right)^2 = \frac{\pi}{8}c^2$$

$$\therefore \ S_1+S_2+S_3 = \frac{\pi}{8}(a^2+b^2+c^2)$$

그런데 코시-슈바르츠 부등식에서

$$(a^2+b^2+c^2)(1^2+1^2+1^2) \geq (a+b+c)^2$$

$$\therefore \ 3(a^2+b^2+c^2) \geq 12^2$$

$$\therefore \ a^2+b^2+c^2 \geq 48$$

(등호는 $a=b=c=4$일 때 성립)

따라서

$$S_1+S_2+S_3 = \frac{\pi}{8}(a^2+b^2+c^2)$$

$$\geq \frac{\pi}{8} \times 48 = 6\pi$$

이므로 최솟값은 6π

8-12. 모든 실수 b에 대하여
$b^2 - 2(2a^2-3)b + a^4 \geq 0$이 성립하려면

$$D/4 = (2a^2-3)^2 - a^4$$

$$= (2a^2-3+a^2)(2a^2-3-a^2) \leq 0$$

곧, $(a^2-1)(a^2-3) \leq 0$ $\quad \therefore \ 1 \leq a^2 \leq 3$

$$\therefore \ -\sqrt{3} \leq a \leq -1 \ \text{또는} \ 1 \leq a \leq \sqrt{3}$$

8-13. 문제의 조건으로부터 모든 실수 a, b,
c, m에 대하여

$$f(a)+f(b)+f(c)+f(m)$$

$$\geq 2\left\{ f\left(\frac{a+b}{2}\right) + f\left(\frac{c+m}{2}\right) \right\}$$

$$\geq 4f\left(\frac{a+b+c+m}{4}\right)$$

이 성립한다.

여기서 $m = \dfrac{1}{3}(a+b+c)$로 놓으면

$$f(a)+f(b)+f(c)+f\left(\frac{a+b+c}{3}\right)$$

$$\geq 4f\left(\frac{a+b+c}{3}\right)$$

$$\therefore \ \frac{f(a)+f(b)+f(c)}{3} \geq f\left(\frac{a+b+c}{3}\right)$$

*__*Note*__ $f(x)=x^2$, $f(x)=x^4$일 때, 각각
다음 부등식을 얻는다.

$$\frac{a^2+b^2+c^2}{3} \geq \left(\frac{a+b+c}{3}\right)^2,$$

$$\frac{a^4+b^4+c^4}{3} \geq \left(\frac{a+b+c}{3}\right)^4$$

8-14. (1) $0 < x \leq y \leq z$라고 해도 일반성을
잃지 않는다.

이때, $y+z-x>0$, $z+x-y>0$이므
로 다음과 같이 경우를 나누어 생각할
수 있다.

(ⅰ) $x+y-z \leq 0$인 경우

$$(x+y-z)(y+z-x)(z+x-y) \leq 0$$

이고 $xyz>0$이므로 주어진 부등식
은 성립한다.

(ⅱ) $x+y-z>0$인 경우

$$x+y-z=p, \ y+z-x=q,$$

$z+x-y=r$로 놓으면 $p>0$, $q>0$,
$r>0$이고

$$x = \frac{r+p}{2}, \ y = \frac{p+q}{2}, \ z = \frac{q+r}{2}$$

이때, 산술평균과 기하평균의 관

계에서

$$\frac{r+p}{2} \times \frac{p+q}{2} \times \frac{q+r}{2}$$
$$\geq \sqrt{rp} \times \sqrt{pq} \times \sqrt{qr} = pqr$$

곧,

$$xyz \geq (x+y-z)(y+z-x)(z+x-y)$$

(등호는 $p=q=r$, 곧
$$x=y=z$$일 때 성립)

(ⅰ), (ⅱ)에 의하여 세 양수 x, y, z에 대하여 주어진 부등식이 성립하고, 등호는 $x=y=z$일 때 성립한다.

(2) a, b, c가 양수이고 $abc=1$이므로

$$a=\frac{x}{y},\ b=\frac{y}{z},\ c=\frac{z}{x}$$
$$(x>0,\ y>0,\ z>0)$$

로 놓으면

$$\left(a-1+\frac{1}{b}\right)\left(b-1+\frac{1}{c}\right)\left(c-1+\frac{1}{a}\right)$$
$$=\left(\frac{x}{y}-1+\frac{z}{y}\right)\left(\frac{y}{z}-1+\frac{x}{z}\right)\left(\frac{z}{x}-1+\frac{y}{x}\right)$$
$$=\frac{(x-y+z)(y-z+x)(z-x+y)}{xyz}$$
$$\leq \frac{xyz}{xyz} \qquad \Leftarrow (1)$$
$$=1$$

등호는 $x=y=z$, 곧 $a=b=c=1$일 때 성립한다.

8-15. (1) $(a^2+b^2)(c^2+d^2) \geq (ac+bd)^2$

에서
$$2 \times 4 \geq (ac+bd)^2$$
(등호는 $ad=bc$일 때 성립)
$$\therefore\ -2\sqrt{2} \leq ac+bd \leq 2\sqrt{2}$$

(2) $\sqrt{a^2b^2} \leq \frac{a^2+b^2}{2} = 1$

(등호는 $a^2=b^2=1$일 때 성립)
$$\therefore\ |ab| \leq 1 \quad \therefore\ -1 \leq ab \leq 1$$

또, $\sqrt{c^2d^2} \leq \frac{c^2+d^2}{2} = 2$

(등호는 $c^2=d^2=2$일 때 성립)
$$\therefore\ |cd| \leq 2 \quad \therefore\ -2 \leq cd \leq 2$$

$$\therefore\ -3 \leq ab+cd \leq 3$$

***Note** $(a+b)^2 = a^2+2ab+b^2 \geq 0$,
$$(a-b)^2 = a^2-2ab+b^2 \geq 0$$
에서 $-a^2-b^2 \leq 2ab \leq a^2+b^2$
임을 이용하여 풀 수도 있다.

8-16. $x>0,\ y>0,\ z>0$이므로
$$x=(\sqrt{x})^2,\ y=(\sqrt{y})^2,\ z=(\sqrt{z})^2,$$
$$\frac{1}{x}=\left(\sqrt{\frac{1}{x}}\right)^2,\ \frac{4}{y}=\left(\sqrt{\frac{4}{y}}\right)^2,\ \frac{9}{z}=\left(\sqrt{\frac{9}{z}}\right)^2$$
코시-슈바르츠 부등식에서
$$(x+y+z)\left(\frac{1}{x}+\frac{4}{y}+\frac{9}{z}\right)$$
$$\geq \left(\sqrt{x}\sqrt{\frac{1}{x}}+\sqrt{y}\sqrt{\frac{4}{y}}+\sqrt{z}\sqrt{\frac{9}{z}}\right)^2$$
$$=36$$
$x+y+z=2$이므로
$$\frac{1}{x}+\frac{4}{y}+\frac{9}{z} \geq 18$$
등호는 $x:y:z = \frac{1}{x}:\frac{4}{y}:\frac{9}{z}$, 곧
$x=\frac{1}{3},\ y=\frac{2}{3},\ z=1$일 때 성립하고, 최솟값은 **18**

***Note** $(x+y+z)\left(\frac{1}{x}+\frac{4}{y}+\frac{9}{z}\right)$
$$=1+\frac{4x}{y}+\frac{9x}{z}+\frac{y}{x}+4+\frac{9y}{z}$$
$$+\frac{z}{x}+\frac{4z}{y}+9$$
$$\geq 14+2\sqrt{\frac{4x}{y}\times\frac{y}{x}}+2\sqrt{\frac{9x}{z}\times\frac{z}{x}}$$
$$+2\sqrt{\frac{9y}{z}\times\frac{4z}{y}}$$
$$=36$$
$x+y+z=2$이므로
$$\frac{1}{x}+\frac{4}{y}+\frac{9}{z} \geq 18$$
등호는 $\frac{4x}{y}=\frac{y}{x},\ \frac{9x}{z}=\frac{z}{x}$,
$\frac{9y}{z}=\frac{4z}{y}$, 곧 $x=\frac{1}{3},\ y=\frac{2}{3},\ z=1$일
때 성립하고, 최솟값은 **18**

8-17.

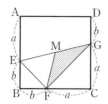

△EFG에서 $\overline{FG}=a\sqrt{2}$, $\overline{EF}=b\sqrt{2}$,
∠EFG=90°이므로 피타고라스 정리에
의하여

$$(a\sqrt{2})^2+(b\sqrt{2})^2=(8\sqrt{2})^2$$
$$\therefore a^2+b^2=64 \qquad \cdots\cdots①$$

한편

$$\triangle MFG=\frac{1}{2}\triangle EFG$$
$$=\frac{1}{2}\times\frac{1}{2}\times a\sqrt{2}\times b\sqrt{2}$$
$$=\frac{1}{2}ab$$

이때, $a>0$, $b>0$이므로

$$a^2+b^2\geq 2\sqrt{a^2b^2}=2ab$$

(등호는 $a=b$일 때 성립)

여기에 ①을 대입하면

$$2ab\leq 64 \qquad \therefore ab\leq 32$$
$$\therefore \triangle MFG=\frac{1}{2}ab\leq 16$$

따라서 $a=b=4\sqrt{2}$일 때 최댓값은 **16**

8-18. 정육면체의 마주 보는 두 면에 적힌
수를 각각 a, b라 하고, 나머지 네 면에 적
힌 수를 순서대로 c, d, e, f라고 하자.

각 꼭짓점에서 만나는 세 면에 적힌 수
의 곱은

$acd, ade, aef, afc, bcd, bde, bef, bfc$
이고, 이 8개의 수의 합은

$a(cd+de+ef+fc)+b(cd+de+ef+fc)$
$=(a+b)(cd+de+ef+fc)$
$=(a+b)\{(c+e)d+(c+e)f\}$
$=(a+b)(c+e)(d+f)$

이때, $a+b>0$, $c+e>0$, $d+f>0$이
므로 산술평균과 기하평균의 관계에서

$$\frac{(a+b)+(c+e)+(d+f)}{3}$$
$$\geq\sqrt[3]{(a+b)(c+e)(d+f)}$$
$$\therefore (a+b)(c+e)(d+f)$$
$$\leq\left(\frac{a+b+c+d+e+f}{3}\right)^3$$
$$=\left(\frac{21}{3}\right)^3=7^3=343$$

등호는 $a+b=c+e=d+f=7$일 때 성
립하고, 최댓값은 **343**

8-19. (1) △ABC∽△IFP
∽△PEH∽△DPG

이므로 $\overline{BE}=\overline{FP}=a_1$, $\overline{EH}=a_2$,
$\overline{HC}=\overline{PG}=a_3$이라고 하면

$$\frac{S}{(a_1+a_2+a_3)^2}=\frac{S_1}{a_1^2}=\frac{S_2}{a_2^2}=\frac{S_3}{a_3^2}$$

이 식의 값을 $k^2(k>0)$으로 놓으면

$$S=(a_1+a_2+a_3)^2k^2,$$
$$S_1=a_1^2k^2, \ S_2=a_2^2k^2, \ S_3=a_3^2k^2$$
$$\therefore \sqrt{S_1}+\sqrt{S_2}+\sqrt{S_3}=a_1k+a_2k+a_3k$$
$$=(a_1+a_2+a_3)k$$
$$=\sqrt{S}$$

(2) $a_1+a_2+a_3=a$로 놓으면

$$\frac{S_1+S_2+S_3}{S}=\frac{a_1^2+a_2^2+a_3^2}{(a_1+a_2+a_3)^2}$$
$$=\frac{1}{a^2}(a_1^2+a_2^2+a_3^2)$$

그런데 코시-슈바르츠 부등식에서

$$(a_1^2+a_2^2+a_3^2)(1^2+1^2+1^2)$$
$$\geq(a_1+a_2+a_3)^2$$
$$\therefore a_1^2+a_2^2+a_3^2\geq\frac{1}{3}(a_1+a_2+a_3)^2$$
$$=\frac{1}{3}a^2$$

(등호는 $a_1=a_2=a_3$일 때 성립)

따라서

$$\frac{S_1+S_2+S_3}{S}=\frac{1}{a^2}(a_1^2+a_2^2+a_3^2)\geq\frac{1}{3}$$

이고, $a_1=a_2=a_3=\frac{1}{3}a$일 때 최소이다.

같은 방법으로 하면

$$\overline{AD}=\overline{DG}=\overline{GC}=\frac{1}{3}\overline{AC}$$

일 때 최소이다.

곧, $\overline{IP}=\overline{PH}$

$\overline{BP}$의 연장선과 $\overline{AC}$의 교점을 M이라고 하면 $\overline{IP}=\overline{PH}$, $\overline{IH}\,/\!/\,\overline{AC}$이므로 점 M은 $\overline{AC}$의 중점이고,

$$\overline{BP}:\overline{PM}=\overline{BH}:\overline{HC}=2:1$$

이므로 점 P는 $\triangle ABC$의 무게중심이다.

9-1. 7은 소수이므로　$f(7)=7+1=8$

$77=7\times11$이므로　$f(77)=\dfrac{77}{11}=7$

$777=3\times7\times37$이므로

$$f(777)=\frac{777}{37}=21$$

$\therefore\ f(7)+f(77)+f(777)=8+7+21$
$$=\mathbf{36}$$

9-2. $f=g$이므로 정의역의 모든 원소 x에 대하여 $f(x)=g(x)$이다. 곧,

$$x^3-3x^2+1=x-2$$
$$\therefore\ x^3-3x^2-x+3=0$$
$$\therefore\ (x+1)(x-1)(x-3)=0$$
$$\therefore\ x=-1,\,1,\,3$$

따라서 정의역 X 중에서 원소가 가장 많은 집합은　$\{-1,\,1,\,3\}$

__Note__ 정의역 X로 가능한 집합은
$\{-1\},\,\{1\},\,\{3\},\,\{-1,\,1\},\,\{-1,\,3\},$
$\{1,\,3\},\,\{-1,\,1,\,3\}$이다.

9-3. $f(0)=3$,
$$f(1)=k-3+5-k+3=5$$
이므로 함수 f가 일대일대응이 되려면
$f(2)=4$이어야 한다. 곧,
$$4(k-3)+2(5-k)+3=4$$
$$\therefore\ 2k=3\quad\therefore\ \boldsymbol{k=\frac{3}{2}}$$

9-4. $g(x)=(x^2-1)f(x)$라고 하면
$g(-1)=g(1)=0$이고 $g(x)$는 상수함수이므로 $g(-2)=g(2)=0$이어야 한다.

이때,
$$g(-2)=3f(-2)=0,\ g(2)=3f(2)=0$$
이므로　$f(-2)=f(2)=0$

한편 $f(-1),\,f(1)$은 0, 1, 2, 3, 4 중 어느 값이어도 되고, $f(-1)>f(1)$이므로 $f(1)$의 최댓값은 3이다.

따라서 $f(1)+f(2)$의 최댓값은
$$3+0=\mathbf{3}$$

9-5. $f(x)-3f\!\left(\dfrac{1}{x}\right)=4x$　　……①

①에서 x 대신 $\dfrac{1}{x}$을 대입하면

$$f\!\left(\frac{1}{x}\right)-3f(x)=\frac{4}{x}$$
$$\therefore\ f\!\left(\frac{1}{x}\right)=3f(x)+\frac{4}{x}$$

이것을 ①에 대입하면

$$f(x)-9f(x)-\frac{12}{x}=4x$$
$$\therefore\ f(x)=-\frac{x}{2}-\frac{3}{2x}=-\left(\frac{x}{2}+\frac{3}{2x}\right)$$

한편 $x>0$이므로 산술평균과 기하평균의 관계에서

$$\frac{x}{2}+\frac{3}{2x}\geq2\sqrt{\frac{x}{2}\times\frac{3}{2x}}=2\times\frac{\sqrt{3}}{2}=\sqrt{3}$$
$$\therefore\ f(x)=-\left(\frac{x}{2}+\frac{3}{2x}\right)\leq-\sqrt{3}$$

등호는 $\dfrac{x}{2}=\dfrac{3}{2x}$, 곧 $x=\sqrt{3}$일 때 성립하고, $f(x)$의 최댓값은　$-\sqrt{3}$

9-6. $f(mn)=nf(m)+mf(n)$에서 양변을 mn으로 나누면

$$\frac{f(mn)}{mn}=\frac{f(m)}{m}+\frac{f(n)}{n}$$
$$\therefore\ \frac{f(2^{2030})}{2^{2030}}=\frac{f(2\times2^{2029})}{2\times2^{2029}}$$
$$=\frac{f(2)}{2}+\frac{f(2^{2029})}{2^{2029}}$$

$$=\frac{f(2)}{2}+\frac{f(2)}{2}+\frac{f(2^{2028})}{2^{2028}}$$
$$=\cdots$$
$$=2030\times\frac{f(2)}{2} \quad\Leftrightarrow f(2)=1$$
$$\therefore\ f(2^{2030})=\mathbf{1015\times2^{2030}}$$

*Note p가 소수이면 $f(p)=1$이므로
$$f(p^2)=f(p\times p)=pf(p)+pf(p)$$
$$=2p$$
$$f(p^3)=f(p\times p^2)=p^2f(p)+pf(p^2)$$
$$=3p^2$$
$$\cdots$$
$$f(p^n)=np^{n-1}$$
$$\therefore\ f(2^{2030})=2030\times2^{2029}$$
$$=\mathbf{1015\times2^{2030}}$$

9-7. $f(x)+f(-x)=0$ $\qquad\cdots\cdots$①

①에서 $f(-x)=-f(x)$

①에 $x=0$을 대입하면

$f(0)+f(0)=0$ $\quad\therefore\ f(0)=0$

(i) $a>0$일 때
$$f(|a|)-f(-a)=f(a)-f(-a)$$
$$=f(a)-\{-f(a)\}$$
$$=2f(a)=2f(1)$$
$$\therefore\ f(a)=f(1)$$
이때, f가 일대일함수이므로 $a=1$

(ii) $a\le0$일 때
$$f(|a|)-f(-a)=f(-a)-f(-a)$$
$$=0=2f(1)$$
$$\therefore\ f(1)=0$$
그런데 $f(0)=0$이므로 f가 일대일함수라는 조건에 모순이다.

(i), (ii)에서 $\boldsymbol{a=1}$

9-8. (1) $C_{A^c}(x)=\begin{cases}1 & (x\in A^c)\\0 & (x\not\in A^c)\end{cases}$

$$\therefore\ C_{A^c}(x)=\begin{cases}1 & (x\not\in A)\\0 & (x\in A)\end{cases}$$

또, $C_A(x)=\begin{cases}0 & (x\not\in A)\\1 & (x\in A)\end{cases}$

$$\therefore\ C_{A^c}(x)+C_A(x)=1$$
$$\therefore\ C_{A^c}(x)=1-C_A(x)$$

(2) (i) $x\in(A\cap B)$이면 $x\in A$이고 $x\in B$이므로
$$C_{A\cap B}(x)=1,\ C_A(x)=1,\ C_B(x)=1$$
$$\therefore\ C_{A\cap B}(x)=C_A(x)C_B(x)$$

(ii) $x\not\in(A\cap B)$이면 $x\not\in A$ 또는 $x\not\in B$이므로
$$C_{A\cap B}(x)=0$$이고
$$(C_A(x)=0\ 또는\ C_B(x)=0)$$
$$C_A(x)C_B(x)=0$$이므로
$$C_{A\cap B}(x)=C_A(x)C_B(x)$$

(i), (ii)에서
$$C_{A\cap B}(x)=C_A(x)C_B(x)$$

(3) (1), (2)에서 $C_{A^c}(x)=1-C_A(x)$, $C_{A\cap B}(x)=C_A(x)C_B(x)$이므로
$$C_{A^c\cap B^c}(x)+C_{(A\cap B)^c}(x)$$
$$=C_{A^c}(x)C_{B^c}(x)+1-C_{A\cap B}(x)$$
$$=\{1-C_A(x)\}\{1-C_B(x)\}$$
$$+1-C_A(x)C_B(x)$$
$$=2-C_A(x)-C_B(x)$$

10-1. (1) $f\left(f\left(\dfrac{1}{2}\right)\right)=f\left(\dfrac{1}{2}\right)=\dfrac{\mathbf 1}{\mathbf 2}$

(2) $f\left(f\left(\dfrac{1}{\sqrt2}\right)\right)=f\left(1-\dfrac{1}{\sqrt2}\right)$
$$=1-\left(1-\dfrac{1}{\sqrt2}\right)=\dfrac{\sqrt2}{2}$$

(3) (i) x가 유리수일 때
$$(f\circ f)(x)=f(f(x))=f(x)=x$$
$$\therefore\ (준\ 식)=x+(1-x)+x=x+1$$

(ii) x가 무리수일 때, $1-x$도 무리수이므로
$$(f\circ f)(x)=f(f(x))=f(1-x)$$
$$=1-(1-x)=x$$
$$\therefore\ (준\ 식)=1-x+\{1-(1-x)\}+x$$
$$=x+1$$

(i), (ii)에서 $(준\ 식)=\boldsymbol{x+1}$

10-2. $h\circ(g\circ f)=(h\circ g)\circ f$이므로

$$(h \circ (g \circ f))(x) = ((h \circ g) \circ f)(x)$$
$$= (h \circ g)(f(x))$$
$$= (h \circ g)(-x+a)$$
$$= 2(-x+a)+1$$
$$= -2x+2a+1$$

문제의 조건에서
$$-2x+2a+1 = bx+3$$
$$\therefore \ -2=b, \ 2a+1=3$$
$$\therefore \ \boldsymbol{a=1}, \ \boldsymbol{b=-2}$$

10-3. 다음 4개이다.

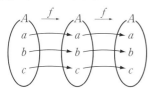

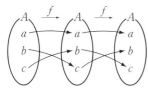

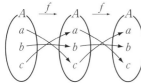

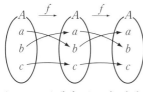

$\boxed{\text{답}}$ **4**

Note A에서 A로의 일대일대응 6개 중 2개는 $f \circ f$가 항등함수가 되지 않는다.

10-4. $(g \circ f)(x) = g(f(x)) = g(x^2+1)$
$$= a(x^2+1)+b$$
$$= ax^2 + a + b$$

$$(f \circ g)(x) = f(g(x)) = f(ax+b)$$
$$= (ax+b)^2 + 1$$
$$= a^2 x^2 + 2abx + b^2 + 1$$
$(g \circ f)(x) = (f \circ g)(x)$이므로
$$a = a^2 \qquad \cdots\cdots ①$$
$$0 = 2ab \qquad \cdots\cdots ②$$
$$a+b = b^2+1 \qquad \cdots\cdots ③$$

①에서　$a = 0, 1$

(i) $a=0$일 때, ②를 만족시킨다.
　　③에서 $b^2 - b + 1 = 0$이지만 이 식을 만족시키는 실수 b는 없다.

(ii) $a=1$일 때, ②와 ③에서　$b=0$

(i), (ii)에서　$\boldsymbol{a=1}, \ \boldsymbol{b=0}$

Note $a=1, b=0$이므로　$g(x)=x$ 곧, 항등함수이다.

10-5. $(f \circ f)(a) = f(a)$에서 $f(a)=t$로 놓으면　$f(t)=t$

$t \geq 3$이면 $t^2 - 9t + 25 = t$에서
$$(t-5)^2 = 0 \quad \therefore \ t=5$$
$t < 3$이면 $3t-2=t$에서　$t=1$

(i) $t=5$일 때
　　$f(a)=5$에서
　$a \geq 3$이면　$a^2 - 9a + 25 = 5$
$$\therefore \ (a-4)(a-5)=0 \quad \therefore \ a=4, 5$$
　$a<3$이면　$3a-2=5 \quad \therefore \ a=\dfrac{7}{3}$

(ii) $t=1$일 때
　　$f(a)=1$에서
　$a \geq 3$이면　$a^2 - 9a + 25 = 1$
　　곧, $a^2 - 9a + 24 = 0$이고, 이 식을 만족시키는 실수 a는 없다.
　$a<3$이면　$3a-2=1 \quad \therefore \ a=1$

(i), (ii)에서 구하는 a의 값의 합은
$$4+5+\frac{7}{3}+1 = \frac{37}{3}$$

10-6. $(f \circ g)(x) = f(g(x)) = f(x+c)$
$$= a(x+c)+b$$
$$= ax + ac + b$$

이므로 $(f \circ g)(x) = 2x - 3$에서

$$ax + ac + b = 2x - 3$$
$$\therefore \; a = 2, \; ac + b = -3 \qquad \cdots\cdots ①$$

또,

$$f^{-1}(3) = -2 \iff f(-2) = 3$$

이므로

$$-2a + b = 3 \qquad \cdots\cdots ②$$

①, ②에서 $a = 2, \; b = 7, \; c = -5$

$$\therefore \; f(x) = 2x + 7, \; g(x) = x - 5$$

따라서

$$(g^{-1} \circ f)(-2) = g^{-1}(f(-2))$$
$$= g^{-1}(3) = k$$

로 놓으면 $g(k) = 3$

$$\therefore \; k - 5 = 3 \quad \therefore \; k = 8$$
$$\therefore \; (g^{-1} \circ f)(-2) = 8$$

10-7. $f^{-1}(8x) = 2x$이면 $f(2x) = 8x$

$$\therefore \; (2x)^3 - 6 \times (2x)^2 + 12 \times 2x = 8x$$
$$\therefore \; x^3 - 3x^2 + 2x = 0$$

따라서 근과 계수의 관계로부터 세 근

의 합은 $-\dfrac{-3}{1} = 3$

Note 함수 $f(x) = x^3 - 6x^2 + 12x$는 증

가함수(미적분 I 에서 공부한다)이므로

일대일대응이다.

10-8. (1) $g^{-1}(0) = k$로 놓으면

$$g(k) = f(2k + 1) = 0$$

이때, $f^{-1}(0) = 5$에서 $f(5) = 0$이고,

f는 일대일대응이므로

$$2k + 1 = 5 \quad \therefore \; k = 2$$
$$\therefore \; g^{-1}(0) = 2$$

(2) $y = f(2x + 1)$로 놓으면

$$2x + 1 = f^{-1}(y)$$
$$\therefore \; x = \frac{1}{2} f^{-1}(y) - \frac{1}{2}$$

x와 y를 바꾸면 $y = \dfrac{1}{2} f^{-1}(x) - \dfrac{1}{2}$

$$\therefore \; g^{-1}(x) = \frac{1}{2} f^{-1}(x) - \frac{1}{2}$$

Note (1) $f^{-1}(0) = 5$에서 $f(5) = 0$

$$g^{-1}(g(x)) = x$$에서
$$g^{-1}(f(2x + 1)) = x$$

이므로 $x = 2$를 대입하면

$$g^{-1}(f(5)) = 2 \quad \therefore \; g^{-1}(0) = 2$$

10-9. 점 P는 함수 $y = f(x)$의 그래프와

직선 $y = -x + a + 3$의 교점이므로, 점 P

의 x좌표는 방정식

$$x^2 + (a + 1)x = -x + a + 3$$
곧, $x^2 + (a + 2)x - (a + 3) = 0$

의 실근이다.

좌변을 인수분해하면

$$(x - 1)(x + a + 3) = 0$$

$x \geq 0$이므로 $x = 1$

따라서 점 P의 좌표는 $\mathrm{P}(1, a + 2)$이

고, 점 P와 직선 $y = x$에 대하여 대칭인

점 Q의 좌표는 $\mathrm{Q}(a + 2, 1)$이다. 곧,

$$\overline{\mathrm{PQ}} = \sqrt{\{(a + 2) - 1\}^2 + \{1 - (a + 2)\}^2}$$
$$= \sqrt{2}(a + 1) \qquad \Leftarrow a > 0$$

한편 원점과 직선 $y = -x + a + 3$, 곧

$x + y - a - 3 = 0$ 사이의 거리를 h라고

하면

$$h = \frac{|-a - 3|}{\sqrt{1^2 + 1^2}} = \frac{a + 3}{\sqrt{2}}$$

$$\therefore \; \triangle \mathrm{POQ} = \frac{1}{2} \times \overline{\mathrm{PQ}} \times h$$
$$= \frac{1}{2} \times \sqrt{2}(a + 1) \times \frac{a + 3}{\sqrt{2}}$$
$$= \frac{1}{2}(a + 1)(a + 3)$$

이때, $\triangle \mathrm{POQ}$의 넓이가 24이므로

$$\frac{1}{2}(a + 1)(a + 3) = 24$$
$$\therefore \; a^2 + 4a - 45 = 0$$
$$\therefore \; (a + 9)(a - 5) = 0$$

$a > 0$이므로 $a = 5$

Note 세 점 $\mathrm{O}(0, 0), \mathrm{P}(1, a + 2)$,

$\mathrm{Q}(a + 2, 1)$을 꼭짓점으로 하는

$\triangle \mathrm{POQ}$의 넓이는

$$\frac{1}{2}\,|\,(a+2)^2-1\,|\qquad\Leftarrow\text{유제 }\mathbf{2}\text{-16}$$

10-10. 임의의 두 실수 x_1, x_2에 대하여 $f(x_1)=f(x_2)$라고 하면

$$f(f(x_1))=f(f(x_2))$$

$f(f(x))=ax+b$이므로

$$ax_1+b=ax_2+b\quad\therefore\ a(x_1-x_2)=0$$

$a\neq0$이므로 $x_1=x_2$

곧, $f(x_1)=f(x_2)$이면 $x_1=x_2$이므로 f는 일대일함수이다.

10-11. $g(x)$의 최고차항을 $ax^n(a\neq0)$이라 하면 $g(g(x))$의 최고차항이 x이므로

$$a(ax^n)^n=a^{n+1}x^{n^2}=x$$

$$\therefore\ n^2=1,\ a^{n+1}=1$$

$$\therefore\ n=1,\ a^2=1\quad\therefore\ a=\pm1$$

따라서 $g(x)=\pm x+b$라고 하면 $g(0)=1$에서 $b=1$

$$\therefore\ g(x)=\pm x+1$$

이 중 $g(g(x))=x$를 만족시키는 것은

$$\boldsymbol{g(x)=-x+1}$$

***Note** 역함수의 성질을 이용하여 다음과 같이 풀 수도 있다.

$g(0)=1$이므로 $g(g(0))=0$에서

$$g(1)=0$$

그런데 $g\circ g$는 항등함수이므로 $g=g^{-1}$이다.

곧, 함수 $y=g(x)$의 그래프는 직선 $y=x$에 대하여 대칭이고, 두 점 $(0,1)$, $(1,0)$을 지난다.

이때, $g(x)$의 최고차항을 $ax^n(a\neq0)$이라 하고, 위에서와 같은 방법으로 하면 $n=1$이다.

$$\therefore\ \boldsymbol{g(x)=-x+1}$$

10-12. 문제의 조건

$$f(1)=2,\ f(3)=3,\ g(1)=3,$$
$$(g\circ f)(1)=4,\ (g\circ f)(3)=1$$

을 그림으로 나타내면 다음과 같다.

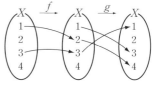

또, 나머지 두 조건

$$(g\circ f)(2)=2,\ (g\circ f)(4)=3$$

도 다음과 같이 따져서 그림으로 나타내어 본다.

(i) $(g\circ f)(2)=2$: 위의 그림에서

$$f(2)=1$이면 $(g\circ f)(2)=3,$$
$$f(2)=2$이면 $(g\circ f)(2)=4,$$
$$f(2)=3$이면 $(g\circ f)(2)=1$$

이므로 $(g\circ f)(2)=2$이려면 $f(2)=4$, $g(4)=2$이어야 한다.

이상을 그림으로 나타내면 아래와 같다.

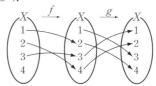

(ii) $(g\circ f)(4)=3$: 마찬가지로 생각하면 위의 그림에서 $f(4)=1$이어야 한다.

(i), (ii)에서

$$\boldsymbol{f(2)=4,\ f(4)=1,\ g(4)=2}$$

10-13. $(f\circ f\circ f)(k)=f(f(f(k)))=10$에서

(i) $f(f(k))$가 홀수일 때

$$3f(f(k))+1=10$$

$$\therefore\ f(f(k))=3\qquad\cdots\cdots①$$

①에서 $f(k)$가 홀수이면

$3f(k)+1=3$, 곧 $f(k)=\dfrac{2}{3}$이고, 이를 만족시키는 자연수 k는 없다.

따라서 $f(k)$는 짝수이므로

$$\dfrac{f(k)}{2}=3\quad\therefore\ f(k)=6\ \cdots②$$

②에서 k가 홀수이면 $3k+1=6$이고, 이를 만족시키는 자연수 k는 없다.

따라서 k는 짝수이므로

$$\frac{k}{2}=6 \quad \therefore k=12$$

(ii) $f(f(k))$가 짝수일 때

$$\frac{f(f(k))}{2}=10$$

$$\therefore f(f(k))=20 \quad \cdots\cdots ③$$

③에서 $f(k)$가 홀수이면

$3f(k)+1=20$, 곧 $f(k)=\dfrac{19}{3}$이고, 이를 만족시키는 자연수 k는 없다.

따라서 $f(k)$는 짝수이므로

$$\frac{f(k)}{2}=20 \quad \therefore f(k)=40 \quad \cdots\cdots ④$$

④에서 k가 홀수이면

$$3k+1=40 \quad \therefore k=13$$

④에서 k가 짝수이면

$$\frac{k}{2}=40 \quad \therefore k=80$$

(i), (ii)에서 구하는 k의 값의 합은

$$12+13+80=\mathbf{105}$$

10-14.

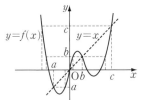

위의 그림에서 $f(x)=x$인 x는

$x=a,\ 0,\ b,\ c$의 4개이고,

$(f \circ f)(x)=f(x) \Longleftrightarrow f(f(x))=f(x)$

$\Longleftrightarrow f(x)=a,\ 0,\ b,\ c$

그런데 위의 그림에서 $f(x)=0$인 x는 4개(곡선이 x축과 만나는 점 4개), $f(x)=a$인 x는 2개(곡선이 직선 $y=a$와 만나는 점이 2개), $f(x)=b$인 x는 4개, $f(x)=c$인 x는 2개이고, 모두 서로 다르다.

따라서 $f(f(x))=f(x)$인 x의 개수는

$$4+2+4+2=\mathbf{12}$$

10-15. $f(x)$의 역함수가 존재하려면 $f(x)$가 일대일대응이어야 하므로 $y=x^2-ax+b$의 그래프의 꼭짓점의 x좌표가 2보다 크지 않아야 한다.

$$\therefore \frac{a}{2} \leq 2 \quad \therefore a \leq 4$$

또, 치역이 R이어야 하므로

$$f(2)=4-2a+b=0$$

$$\therefore b=2a-4$$

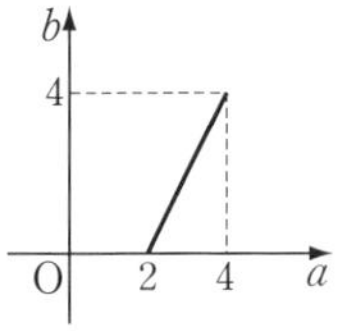

조건에서 $a,\ b$가 음이 아닌 실수이므로 $b=2a-4 \geq 0$에서 $a \geq 2$

$$\therefore b=2a-4 \ (2 \leq a \leq 4)$$

따라서 구하는 자취의 길이는

$$\sqrt{2^2+4^2}=\mathbf{2\sqrt{5}}$$

10-16. $a \geq 0$일 때와 $a < 0$일 때로 나누어 $y=f(x)$와 $y=g(x)$의 그래프를 그려 보면 두 그래프의 교점은 $y=f(x)$와 $y=x$의 그래프의 교점과 같다.

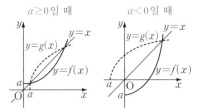

따라서 방정식 $f(x)=g(x)$의 실근은 방정식 $f(x)=x$의 실근과 일치한다.

$$\therefore \frac{1}{4}x^2+a=x$$

곧, $x^2-4x+4a=0$이 음이 아닌 서로 다른 두 실근을 가져야 하므로

$$a \geq 0,\ D/4=4-4a>0$$

따라서 구하는 a의 값의 범위는

$$\mathbf{0 \leq a < 1}$$

****Note*** $f(x)$가 증가함수(미적분 I 에서 공부한다)일 때,

방정식 $f(x)=f^{-1}(x)$의 실근

$\iff$ 방정식 $f(x)=x$의 실근

10-17. $y=f(x)$의 그래프와 $y=f^{-1}(x)$의 그래프의 교점의 좌표를 (a, b)라고 하면

$$b=f(a), \ b=f^{-1}(a) \iff a=f(b)$$

(i) $a \geq 1$일 때

$b=f(a)$에서

$$b=-2a+3 \qquad \cdots\cdots ①$$

$a \geq 1$이므로 $-2a+3 \leq 1$

곧, $b \leq 1$이므로 $a=f(b)$에서

$$a=b^2-2b+2 \qquad \cdots\cdots ②$$

①을 ②에 대입하면

$$a=(-2a+3)^2-2(-2a+3)+2$$

$$\therefore \ 4a^2-9a+5=0$$

$$\therefore \ (a-1)(4a-5)=0$$

$$\therefore \ a=1, \ \frac{5}{4}$$

①에서 $a=1$일 때 $b=1$, $a=\frac{5}{4}$일 때 $b=\frac{1}{2}$이므로 교점의 좌표는

$$(1, 1), \ \left(\frac{5}{4}, \frac{1}{2}\right)$$

(ii) $a < 1$일 때

$b=f(a)$에서

$$b=a^2-2a+2 \qquad \cdots\cdots ③$$

이때, $b=(a-1)^2+1 > 1$이므로

$a=f(b)$에서

$$a=-2b+3 \qquad \cdots\cdots ④$$

④를 ③에 대입하여 정리하면

$$4b^2-9b+5=0$$

$$\therefore \ (b-1)(4b-5)=0$$

$b > 1$이므로 $b=\frac{5}{4}$ $\therefore \ a=\frac{1}{2}$

따라서 교점의 좌표는 $\left(\frac{1}{2}, \frac{5}{4}\right)$

(i), (ii)에서 구하는 교점의 좌표는

$$(1, 1), \ \left(\frac{5}{4}, \frac{1}{2}\right), \ \left(\frac{1}{2}, \frac{5}{4}\right)$$

****Note*** 함수 $y=f(x)$의 그래프와 그 역함수 $y=f^{-1}(x)$의 그래프는 직선 $y=x$에 대하여 대칭이므로 (i)에서 교점의 좌표 $(1, 1)$, $\left(\frac{5}{4}, \frac{1}{2}\right)$을 구하면 나머지 교점의 좌표는 $\left(\frac{1}{2}, \frac{5}{4}\right)$임을 알 수 있다.

11-1. $f(x)=ax+b$라고 하면

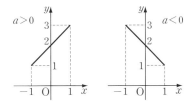

(i) $a > 0$일 때

치역은 $\{y \mid f(-1) \leq y \leq f(1)\}$

$\therefore f(-1)=-a+b=1$,

$f(1)=a+b=3$

연립하여 풀면 $a=1, \ b=2$

(ii) $a < 0$일 때

치역은 $\{y \mid f(1) \leq y \leq f(-1)\}$

$\therefore f(1)=a+b=1$,

$f(-1)=-a+b=3$

연립하여 풀면 $a=-1, \ b=2$

(iii) $a=0$일 때, 치역이 $\{b\}$가 되어 문제의 조건에 맞지 않는다.

(i), (ii), (iii)에서

$a=1, \ b=2$ 또는 $a=-1, \ b=2$

11-2. $|x| < 1$일 때 $f(x)=0$

$|x|=1$일 때 $f(x)=1$

$1 < |x| < 3$일 때 $f(x)=2$

$|x|=3$일 때 $f(x)=3$

$|x| > 3$일 때 $f(x)=4$

따라서 $y=f(x)$의 그래프는 다음 그림과 같다.

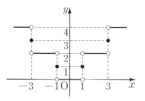

11-3. (1) $y=f(x)$의 그래프를 y축에 대하여 대칭이동한 것이다.

(2) $x\geq 0$일 때　$y=f(x)$

$x<0$일 때　$y=f(-x)$

(3) $y=|f(x)|$ 꼴의 그래프를 그리는 방법을 따른다.

(4) $y=f(|1-x|)=f(|x-1|)$의 그래프는 $y=f(|x|)$의 그래프를 x축의 방향으로 1만큼 평행이동한 것이다.

(1)　　　　　　　　(2)

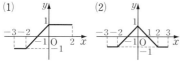

(3)　　　　　　　　(4)

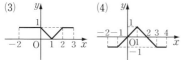

11-4. 두 실수 a, b에 대하여

$$|a|+|b|\geq |a-b|$$

이므로

$$f(x)=|x+k|+\left|x-\frac{1}{k}\right|$$

$$\geq \left|(x+k)-\left(x-\frac{1}{k}\right)\right|$$

곧, $f(x)\geq \left|k+\frac{1}{k}\right|=k+\frac{1}{k}$

$k>0$이므로 산술평균과 기하평균의 관계에서

$$k+\frac{1}{k}\geq 2\sqrt{k\times \frac{1}{k}}=2$$

이고, 등호는 $k=1$일 때 성립한다.

따라서 $f(x)\geq 2$이다.

*Note　$k=1$이면

$f(x)=|x+1|+|x-1|$이므로

$$f(x)=\begin{cases}-2x & (x<-1) \\ 2 & (-1\leq x<1) \\ 2x & (x\geq 1)\end{cases}$$

따라서 $y=f(x)$의 그래프는 오른쪽 그림과 같고, $f(x)\geq 2$

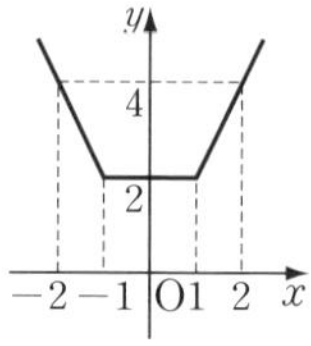

11-5. 주어진 도형은 아래 그림의 굵은 선이다.

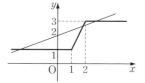

한편 직선 $y=ax+2$는 점 $(0,2)$를 지나고 기울기가 a이다.

이 직선이 점 $(2,3)$을 지날 때

$$3=2a+2 \quad \therefore \ a=\frac{1}{2}$$

따라서 서로 다른 세 점에서 만나려면

$$0<a<\frac{1}{2}$$

11-6. 점 P의 좌표를 x라고 하면

$$\overline{\text{PA}}+\overline{\text{PB}}+\overline{\text{PC}}$$

$$=|x-1|+|x-4|+|x-6|$$

$y=|x-1|+|x-4|+|x-6|$으로 놓고,

$x<1$, $1\leq x<4$,

$4\leq x<6$, $x\geq 6$

일 때로 나누어 그래프를 그리면 오른쪽 그림과 같다.

따라서 y는 $x=4$일 때 최소가 된다.

$$\therefore \ \mathbf{P(4)}$$

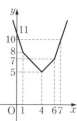

****Note***　$y=|x-a|+|x-b|+|x-c|$
$(a<b<c)$는 $x=b$일 때 최솟값을 가
진다.

11-7. $y-mx+m-1=0$　　……①
에서
$$m(x-1)+1-y=0$$
이므로 m의 값에 관계없이 점 $(1, 1)$을
지난다.

(1) $2|x|+|y|=4$　　……②
의 그래프는 네 점
　$(-2, 0)$, $(0, -4)$, $(2, 0)$, $(0, 4)$
를 꼭짓점으로 하는 마름모이다.

　그런데 점 $(1, 1)$이 위의 마름모 내
부의 점이므로 ①, ②는 항상 두 점에
서 만난다.

　****Note***　이 문제는 연립방정식
$$\begin{cases} y-mx+m-1=0 \\ 2|x|+|y|=4 \end{cases}$$
가 m의 값에 관계없이 두 쌍의 해를
가짐을 보이고 있다.

(2) $|x|+2|y|=2$　　……③
의 그래프는 네 점
　$(-2, 0)$, $(0, -1)$, $(2, 0)$, $(0, 1)$
을 꼭짓점으로 하는 마름모이다.

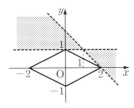

　따라서 ①, ③이 만나지 않으려면 ①
이 위의 그림의 점 찍은 부분(경계선
제외)에 존재해야 한다.
$$\therefore\ -1<m<0$$
　****Note***　이 문제는 연립방정식
$$\begin{cases} y-mx+m-1=0 \\ |x|+2|y|=2 \end{cases}$$

의 해가 존재하지 않도록 하는 m의
값의 범위를 구하는 것과 같다.

11-8. $y=(x+a)^2+2a$이므로 꼭짓점의
좌표는 $(-a, 2a)$이다.
　한편 $x^2+y^2-5y=15$에서
$$x^2+\left(y-\frac{5}{2}\right)^2=\frac{85}{4}$$
이므로 주어진 원은 중심이 점 $\left(0, \frac{5}{2}\right)$이
고 반지름의 길이가 $\frac{\sqrt{85}}{2}$이다.

　따라서 점 $(-a, 2a)$가 원의 내부에 있
으려면 점 $\left(0, \frac{5}{2}\right)$까지의 거리가 $\frac{\sqrt{85}}{2}$보
다 작아야 하므로
$$(-a-0)^2+\left(2a-\frac{5}{2}\right)^2<\frac{85}{4}$$
$$\therefore\ a^2+4a^2-10a-15<0$$
$$\therefore\ a^2-2a-3<0\quad\therefore\ \boldsymbol{-1<a<3}$$

11-9. $y=|x(x-3)|-x+2$에서
$2\le x<3$일 때
$$y=-x(x-3)-x+2$$
$$=-(x-1)^2+3$$
$3\le x\le4$일 때
$$y=x(x-3)-x+2=(x-2)^2-2$$

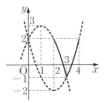

　위의 그래프에서
　$x=2, 4$일 때　최댓값 **2**,
　$x=3$일 때　최솟값 **−1**

11-10. 포물선 $y=x^2-2x-6$을 x축의 방
향으로 m만큼 평행이동하면
$$y=(x-m)^2-2(x-m)-6$$
곧, $y=x^2-2(m+1)x+m^2+2m-6$
　이것과 포물선 $y=-x^2-2x$가 접하면

$x^2-2(m+1)x+m^2+2m-6=-x^2-2x$

곧, $2x^2-2mx+m^2+2m-6=0$

이 중근을 가지므로

$$D/4=m^2-2(m^2+2m-6)=0$$

$\therefore (m+6)(m-2)=0 \quad \therefore m=-6, 2$

$m>0$이므로 $\quad \boldsymbol{m=2}$

11-**11.** $(f \circ g)(x)=f(g(x))$

$$=\{g(x)\}^2-g(x)-6 \geq 0$$

$\therefore \{g(x)+2\}\{g(x)-3\} \geq 0$

$\therefore g(x) \leq -2$ 또는 $g(x) \geq 3$

그런데 $y=g(x)$의 그래프는 아래로 볼록한 포물선이므로 모든 실수 x에 대하여 $g(x) \leq -2$일 수는 없다. 따라서 모든 실수 x에 대하여 $g(x) \geq 3$이어야 하므로

$x^2-ax+4 \geq 3 \quad \therefore x^2-ax+1 \geq 0$

이차방정식 $x^2-ax+1=0$에 대하여

$D=a^2-4 \leq 0$에서 $\quad \boldsymbol{-2 \leq a \leq 2}$

11-**12.** $f(2-x)=f(x)$에 x 대신 $1-x$를 대입하면

$$f(1+x)=f(1-x)$$

따라서 포물선 $y=f(x)$는 직선 $x=1$에 대하여 대칭이다.

곧, 포물선 $y=f(x)$의 축의 방정식은 $x=1$이므로

$$f(x)=a(x-1)^2+b \ (a \neq 0)$$

로 놓을 수 있다.

두 점 $(-1, 0)$, $(2, 3)$을 지나므로

$$f(-1)=4a+b=0,$$
$$f(2)=a+b=3$$

연립하여 풀면 $\quad a=-1, b=4$

$\therefore f(x)=-(x-1)^2+4$

곧, $\boldsymbol{f(x)=-x^2+2x+3}$

****Note*** $f(2-x)=f(x)$에서 $x=-1$을 대입하면

$$f(3)=f(-1)=0$$

따라서 이차함수

$$y=f(x)=ax^2+bx+c$$

의 그래프가 세 점 $(-1, 0)$, $(2, 3)$, $(3, 0)$을 지난다는 것을 이용하여 $f(x)$를 구해도 된다.

11-**13.** x축에 접하므로 구하는 포물선의 방정식을

$$y=a(x-m)^2 \ (a \neq 0)$$

으로 놓을 수 있다.

두 점 $(1, 1)$, $(4, 4)$를 지나므로

$$1=a(1-m)^2 \quad \cdots\cdots ①$$
$$4=a(4-m)^2 \quad \cdots\cdots ②$$

①, ②에서

$$4a(1-m)^2=a(4-m)^2$$

$a \neq 0$이므로 $\quad 4(1-m)^2=(4-m)^2$

$$\therefore m=\pm 2$$

이 값을 ①에 대입하면 $\quad a=1, \dfrac{1}{9}$

따라서 구하는 포물선의 방정식은

$$\boldsymbol{y=(x-2)^2, \ y=\dfrac{1}{9}(x+2)^2}$$

11-**14.** 점 P의 좌표를 (a, b)라고 하면 점 P는 포물선 $y=x^2+1$ 위의 점이므로

$$b=a^2+1 \quad \cdots\cdots ①$$

또, 점 Q의 좌표를 (x, y)라고 하면 점 Q는 선분 AP를 $1:2$로 내분하는 점이므로

$$x=\dfrac{1 \times a+2 \times 2}{1+2}, \ y=\dfrac{1 \times b+2 \times 0}{1+2}$$

$\therefore a=3x-4, \ b=3y$

①에 대입하여 정리하면

$$\boldsymbol{y=3x^2-8x+\dfrac{17}{3}}$$

11-**15.** $f(x^2)+f(2x-3)>0$

$$\iff f(x^2)>-f(2x-3)$$

조건 (개)에서

$-f(2x-3)=f(-2x+3)$이므로

$$f(x^2)>f(-2x+3)$$

조건 (내)에서

$x^2<-2x+3 \quad \therefore x^2+2x-3<0$

$$\therefore \ -3 < x < 1$$

***Note** 주어진 두 조건을 만족시키는 함수는 $y=-x^3$과 같이 그래프가 원점에 대하여 대칭이고 x의 값이 증가하면 y의 값은 감소하는 함수이다.

11-16. (1) $y=\dfrac{(x+2)(x-2)(x-4)}{|(x-4)(x+2)|}$ 에서

$x<-2$일 때 $y=x-2$

$-2<x<4$일 때 $y=-(x-2)$

$x>4$일 때 $y=x-2$

따라서 아래 그래프에서

최솟값은 없다.

(2) $y=\dfrac{|(x+1)(x-1)|}{1+|x|}$ 에서

$x<-1$일 때 $y=-x-1$

$-1\leq x<0$일 때 $y=x+1$

$0\leq x<1$일 때 $y=-x+1$

$x\geq 1$일 때 $y=x-1$

따라서 아래 그래프에서

$x=\pm 1$일 때 최솟값 **0**

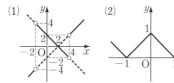

***Note** (2) $x^2=|x|^2$이므로

$$y=\frac{|x^2-1|}{|x|+1}=\frac{||x|^2-1|}{|x|+1}$$
$$=\frac{|(|x|+1)(|x|-1)|}{|x|+1}$$
$$=||x|-1|$$

따라서 주어진 함수의 그래프는 $y=|x|-1$의 그래프에서 x축 윗부분은 그대로 두고, x축 아랫부분을 x축 위로 꺾어 올린 것과 같다.

11-17. 절댓값 기호 안이 0이 되게 하는 x 또는 y의 값에서 그래프가 꺾인다는 성질에 착안한다.

(1) 구하는 식을

$$y=a|x+1|+bx+c$$

라고 하면 그래프가 세 점

$$(-1, 1), \ (-2, -2), \ (0, 0)$$

을 지나므로

$$-b+c=1, \ a-2b+c=-2,$$
$$a+c=0$$

연립하여 풀면

$$a=-2, \ b=1, \ c=2$$
$$\therefore \ \boldsymbol{y=-2|x+1|+x+2}$$

(2) 구하는 식을

$$x=a|y-1|+by+c$$

라고 하면 그래프가 세 점

$$(-2, 1), \ (0, 3), \ (0, -1)$$

을 지나므로

$$b+c=-2, \ 2a+3b+c=0,$$
$$2a-b+c=0$$

연립하여 풀면

$$a=1, \ b=0, \ c=-2$$
$$\therefore \ \boldsymbol{x=|y-1|-2}$$

(3) 구하는 식을

$$y=a|x+1|+b|x-2|+cx+d$$

라고 하면 그래프가 네 점

$$(-2, 4), \ (-1, 2), \ (2, 2), \ (3, 4)$$

를 지나므로

$$a+4b-2c+d=4, \ 3b-c+d=2,$$
$$3a+2c+d=2, \ 4a+b+3c+d=4$$

연립하여 풀면

$$a=1, \ b=1, \ c=0, \ d=-1$$
$$\therefore \ \boldsymbol{y=|x+1|+|x-2|-1}$$

***Note** (2), (3)과 같이 그래프가 대칭형일 때에는 처음부터 일차항을 생략하여

$$x=a|y-1|+c,$$
$$y=a|x+1|+b|x-2|+d$$

로 놓고 구해도 되지만, 일반적으로는 마지막 부분 $bx+c$, $by+c$, $cx+d$를 잊지 말아야 한다.

11-18. $y=f(x)$의 그래프가 다음 각 위치에 있을 때를 생각한다.

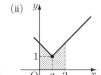

(i) $a<0$일 때
$$g(a)=f(0)=|0-a|+1=-a+1$$

(ii) $0\leq a\leq 2$일 때
$$g(a)=f(a)=1$$

(iii) $a>2$일 때
$$g(a)=f(2)=|2-a|+1$$
$$=-(2-a)+1=a-1$$

(i), (ii), (iii)에서

$$g(a)=\begin{cases} -a+1 & (a<0) \\ 1 & (0\leq a\leq 2) \\ a-1 & (a>2) \end{cases}$$

11-19. $0\leq x<1$일 때
$$f(x)=-(x-1)+kx=(k-1)x+1$$
$1\leq x\leq 2$일 때
$$f(x)=x-1+kx=(k+1)x-1$$

또, $f(0)=1$, $f(1)=k$, $f(2)=2k+1$이고 $k>0$이므로 $y=f(x)$의 그래프의 개형은 다음 그림과 같다.

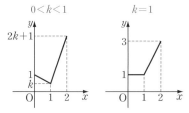

$k>1$

(i) $0<k<1$인 경우

치역은 $\{y\,|\,k\leq y\leq 2k+1\}$

∴ $a=k$, $a+3=2k+1$

∴ $k=2$

이것은 $0<k<1$을 만족시키지 않는다.

(ii) $k=1$인 경우

치역은 $\{y\,|\,1\leq y\leq 3\}$

∴ $a=1$, $a+3=3$

두 식을 동시에 만족시키는 실수 a는 없다.

(iii) $k>1$인 경우

치역은 $\{y\,|\,1\leq y\leq 2k+1\}$

∴ $a=1$, $a+3=2k+1$

∴ $k=\dfrac{3}{2}$

(i), (ii), (iii)에서 $\boldsymbol{k=\dfrac{3}{2}}$

11-20. (1) $y=g(f(x))=-3+|f(x)|$
$$=||x|-3|-3$$
$$=\begin{cases} -|x| & (|x|<3) \\ |x|-6 & (|x|\geq 3) \end{cases}$$

$x\leq -3$일 때 $y=-x-6$,

$-3<x<0$일 때 $y=x$,

$0\leq x<3$일 때 $y=-x$,

$x\geq 3$일 때 $y=x-6$

이므로 그래프는 아래 그림과 같다.

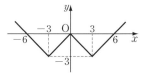

****Note*** 다음 그래프를 차례로 그려도
된다.
$$y=|x|,\qquad y=|x|-3,$$
$$y=||x|-3|,\ y=||x|-3|-3$$

(2) $y=f(g(x))=3-|g(x)|$
$$=3-|-3+|x||=-||x|-3|+3$$
⑴과 같은 방법으로 하면 그래프는
아래 그림과 같다.

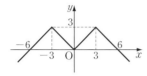

****Note*** $y=||x|-3|-3$의 그래프와
$y=-||x|-3|+3$의 그래프는 x축
에 대하여 대칭이다.

11-21. $y=f_1(x)$의 그래프를 이용하여
$y=f_2(x)$의 그래프를 그리고, $y=f_2(x)$
의 그래프를 이용하여 $y=f_3(x)$의 그래
프를 그린다.

이와 같이 계속해 나가면 아래 그림과
같이 n이 짝수이면 $y=f_n(x)$의 그래프
는 모두 $y=f_2(x)=|x-1|$의 그래프와
같다.

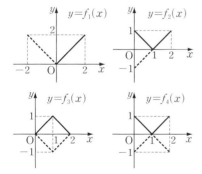

따라서 $y=f_{10}(x)$의 그래프는
$y=f_2(x)$의 그래프와 같다.

****Note*** $f_1(x)=x\,(0\leq x\leq 2)$이므로

$f_n(x)$를 직접 구해 보면
$$f_2(x)=f_4(x)=f_6(x)=\cdots$$
$$=\begin{cases} 1-x & (0\leq x<1) \\ x-1 & (1\leq x\leq 2) \end{cases},$$
$$f_3(x)=f_5(x)=f_7(x)=\cdots$$
$$=\begin{cases} x & (0\leq x<1) \\ 2-x & (1\leq x\leq 2) \end{cases}$$
임을 알 수 있다.

따라서 $y=f_{10}(x)$의 그래프는
$y=f_2(x)$의 그래프와 같다.

11-22. ⑴ $y=|f(x)|$ 꼴의 그래프를 그
리는 방법을 이용한다.

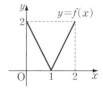

$$y=(f\circ f)(x)=f(f(x))$$
$$=2|f(x)-1|=|2f(x)-2|$$
이므로

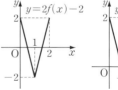

또, $y=(f\circ f\circ f)(x)$
$$=|2(f\circ f)(x)-2|$$
이므로 $y=2(f\circ f)(x)-2$의 그래프를
이용하여 $y=(f\circ f\circ f)(x)$의 그래프를
그리면 아래와 같다.

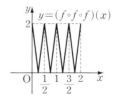

(2) $y=(f \circ f \circ f)(x)$의 그래프와 직선 $y=x$의 교점의 개수와 같으므로 구하는 실근의 개수는 **8**

11-23. $y=|[x]|-[|x|]$에서

(ⅰ) $x \geq 0$일 때

음이 아닌 정수 n에 대하여

$n \leq x < n+1$이면

$$y=|n|-[x]=n-n=0$$

(ⅱ) $x < 0$일 때

음의 정수 m에 대하여 $x=m$이면

$$y=|m|-[-m]$$
$$=-m-(-m)=0$$

$m < x < m+1$이면

$-m-1 < -x < -m$이므로

$$y=|m|-[-x]$$
$$=-m-(-m-1)=1$$

(ⅰ), (ⅱ)에서 $y=|[x]|-[|x|]$의 그래프는 아래 그림과 같다.

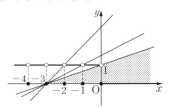

이때, 직선 $y=k(x+3)$은 k의 값에 관계없이 점 $(-3, 0)$을 지나므로 $y=|[x]|-[|x|]$의 그래프와 한 점에서 만나려면 위의 그림과 같이 점 $(-2, 1)$을 지나거나 점 $(-1, 1)$을 지나거나 점 $(0, 1)$을 지나거나 점 찍은 부분(경계선 제외)을 지나야 한다.

$$\therefore \ 0 < k \leq \frac{1}{3} \ \text{또는} \ k=\frac{1}{2} \ \text{또는} \ k=1$$

11-24. (1) (ⅰ) $x \geq 0$일 때

$[x] \geq 0$이므로 $x[x] \geq 0$

$$\therefore \ f(x)=[x[x]] \geq 0$$

(ⅱ) $x < 0$일 때

$[x] < 0$이므로 $x[x] > 0$

$$\therefore \ f(x)=[x[x]] \geq 0$$

(ⅰ), (ⅱ)에서

모든 실수 x에 대하여 $f(x) \geq 0$

(2) $n \leq x < n+1$일 때

$[x]=n$이므로

$$n^2 \leq x[x] < n^2+n$$

$$\therefore \ f(x)=n^2, \ n^2+1, \ \cdots, \ n^2+n-1$$

따라서 원소의 개수는 **n**

(3) $-n \leq x < -n+1$일 때

$[x]=-n$이므로

$$n^2 \geq x[x] > n^2-n$$

$$\therefore \ f(x)=n^2-n, \ n^2-n+1,$$
$$\cdots, \ n^2-1, \ n^2$$

따라서 원소의 개수는 **$n+1$**

11-25. $f(x)+g(x)=x^2-3x+6,$
$f(x)-g(x)=x^2-5x+4$

$$\therefore \ h(x)=\frac{1}{2}(x^2-3x+6-|x^2-5x+4|)$$

(ⅰ) $x^2-5x+4 \geq 0$일 때, 곧

$x \leq 1, \ x \geq 4$일 때

$$h(x)=\frac{1}{2}(x^2-3x+6-x^2+5x-4)$$
$$=x+1$$

(ⅱ) $x^2-5x+4 < 0$일 때, 곧

$1 < x < 4$일 때

$$h(x)=\frac{1}{2}(x^2-3x+6+x^2-5x+4)$$
$$=(x-2)^2+1$$

따라서 $y=h(x)$의 그래프는 아래 그림의 실선과 같다.

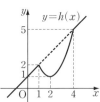

*__Note__ $f(x) \geq g(x)$일 때

$$h(x) = \frac{1}{2}[f(x) + g(x) - \{f(x) - g(x)\}]$$
$$= g(x)$$

$f(x) < g(x)$일 때

$$h(x) = \frac{1}{2}[f(x) + g(x) + \{f(x) - g(x)\}]$$
$$= f(x)$$

따라서 $h(x)$는 $f(x)$와 $g(x)$ 중 크지 않은 값을 나타내므로 $y = h(x)$의 그래프는 $y = f(x)$와 $y = g(x)$의 그래프 중 아랫부분만 생각한 그래프이다.

11-26. 주어진 그래프로부터 $f(x)$는 다음과 같다.

$$f(x) = \begin{cases} 2 & (-2 \le x < 2) \\ -x + 4 & (2 \le x < 6) \\ x - 8 & (6 \le x \le 10) \end{cases}$$

(1) 위의 식의 x에 $2x - 8$을 대입하면

$$y = f(2x - 8)$$

$$= \begin{cases} 2 & (-2 \le 2x - 8 < 2) \\ -(2x - 8) + 4 & (2 \le 2x - 8 < 6) \\ (2x - 8) - 8 & (6 \le 2x - 8 \le 10) \end{cases}$$

$$= \begin{cases} 2 & (3 \le x < 5) \\ -2x + 12 & (5 \le x < 7) \\ 2x - 16 & (7 \le x \le 9) \end{cases}$$

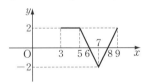

(2) $y = \{f(x)\}^2$

$$= \begin{cases} 4 & (-2 \le x < 2) \\ (-x + 4)^2 & (2 \le x < 6) \\ (x - 8)^2 & (6 \le x \le 10) \end{cases}$$

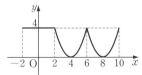

11-27. $y = mx^2 - (2m + a)x - b(m - 1)$
을 m에 관하여 정리하면

$$(x^2 - 2x - b)m - ax - y + b = 0$$

m의 값에 관계없이 위의 곡선은

$$x^2 - 2x - b = 0 \qquad \cdots\cdots ①$$
$$-ax - y + b = 0 \qquad \cdots\cdots ②$$

의 교점을 지난다.

그런데 $x = 3,\ y = 0$이 ①, ②를 만족시키므로

$$9 - 6 - b = 0,\ -3a + b = 0$$
$$\therefore\ \boldsymbol{b = 3,\ a = 1}$$

①, ②에 대입하면

$$x = 3,\ y = 0 \text{ 또는 } x = -1,\ y = 4$$
$$\therefore\ \boldsymbol{\alpha = -1,\ \beta = 4}$$

11-28.

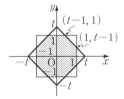

위의 그림에서

(i) $0 < t \le 1$일 때, Q는 P에 포함되므로

$$S = 4 \times \frac{1}{2} \times t \times t = 2t^2$$

(ii) $1 < t < 2$일 때, P와 Q의 둘레는 $x > 0,\ y > 0$인 범위에서는 두 점 $(t-1, 1),\ (1, t-1)$에서 만난다.

$$\therefore\ S = 4 \times \left[1 \times 1 - \frac{1}{2}\{1 - (t-1)\}^2 \right]$$
$$= -2(t - 2)^2 + 4$$

(iii) $t \ge 2$일 때, P는 Q에 포함되므로

$$S = 2^2 = 4$$

(i), (ii), (iii)에서

$$S = \begin{cases} 2t^2 & (0 < t \le 1) \\ -2(t-2)^2 + 4 & (1 < t < 2) \\ 4 & (t \ge 2) \end{cases}$$

이고, 그 그래프는 다음 그림의 실선과 같다.

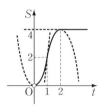

11-29. 근과 계수의 관계로부터

$$\alpha+\beta=5, \quad \alpha\beta=5 \qquad \cdots\cdots①$$

구하는 포물선의 방정식을

$$y=ax^2+bx+c \ (a\neq0) \qquad \cdots\cdots②$$

라고 하면 세 점 (α, β), (β, α), $(1, 5)$ 를 지나므로

$$\beta=a\alpha^2+b\alpha+c \qquad \cdots\cdots③$$
$$\alpha=a\beta^2+b\beta+c \qquad \cdots\cdots④$$
$$5=a+b+c \qquad \cdots\cdots⑤$$

③+④하면

$$\alpha+\beta=a(\alpha^2+\beta^2)+b(\alpha+\beta)+2c \ \cdots⑥$$

③-④하면

$$\beta-\alpha=a(\alpha^2-\beta^2)+b(\alpha-\beta)$$

$\alpha\neq\beta$이므로

$$-1=a(\alpha+\beta)+b \qquad \cdots\cdots⑦$$

①을 ⑥, ⑦에 대입하면

$$5=15a+5b+2c \qquad \cdots\cdots⑧$$
$$-1=5a+b \qquad \cdots\cdots⑨$$

⑤, ⑧, ⑨를 연립하여 풀면

$$a=1, \ b=-6, \ c=10$$

②에 대입하면 $y=x^2-6x+10$

*__Note__ $\alpha+\beta=5$이므로 두 점 (α, β), (β, α)를 지나는 직선의 방정식은 $y=-x+5$이다.

따라서 구하는 포물선의 방정식을 $y=f(x)$로 놓은 다음

$$f(x)-(-x+5)=a(x-\alpha)(x-\beta)$$
$$=a(x^2-5x+5)$$

로 놓고 $f(x)$를 구할 수도 있다.

11-30. $y=x^2+bx+c \qquad \cdots\cdots①$

포물선 ①의 꼭짓점이 점

$(a+2, 2a-1)$이므로 ①은

$$y=\{x-(a+2)\}^2+2a-1$$
$$=x^2-2(a+2)x+a^2+6a+3 \ \cdots②$$

구하는 직선의 방정식을

$$y=mx+n \qquad \cdots\cdots③$$

이라고 하면 ②, ③이 접하므로

$$x^2-2(a+2)x+a^2+6a+3=mx+n$$

곧,

$$x^2-(2a+4+m)x+a^2+6a+3-n=0$$

에서

$$D=(2a+4+m)^2-4(a^2+6a+3-n)$$
$$=0$$

a에 관하여 정리하면

$$4(m-2)a+m^2+8m+4+4n=0$$

이 식이 a의 값에 관계없이 성립해야 하므로

$$m-2=0, \quad m^2+8m+4+4n=0$$
$$\therefore \ m=2, \ n=-6$$

이 값을 ③에 대입하면 $y=2x-6$

11-31. $x^2+2|x-a|-a^2\geq0$에서

$$x^2\geq-2|x-a|+a^2$$

따라서

$$y=x^2 \qquad \cdots\cdots①$$
$$y=-2|x-a|+a^2 \qquad \cdots\cdots②$$

로 놓을 때, ①, ②의 그래프가 모두 점 (a, a^2)을 지나므로 점 (a, a^2)을 제외한 ①의 그래프 위의 모든 점이 ②의 그래프 의 위쪽에 있을 조건을 찾으면 된다.

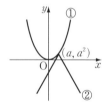

$a>0$이고 $x\leq a$일 때 ②는 $y=2x-2a+a^2$이고, 이 직선이 포물선 ①과 접할 조건은

$$x^2 = 2x - 2a + a^2$$

곧, $x^2 - 2x + 2a - a^2 = 0$에서

$$D/4 = 1 - (2a - a^2) = 0 \quad \therefore a = 1$$

따라서 $a > 0$일 때 주어진 조건을 만족시키는 a의 값의 범위는

$$0 < a \leq 1$$

$a < 0$일 때도 같은 방법으로 생각하면

$$-1 \leq a < 0$$

$a = 0$일 때, $x^2 \geq 0$이고 $-2|x| \leq 0$이므로 주어진 조건을 만족시킨다.

따라서 구하는 a의 값의 범위는

$$\boldsymbol{-1 \leq a \leq 1}$$

12-1. $\dfrac{803}{371} = 2 + \dfrac{61}{371} = 2 + \dfrac{1}{\dfrac{371}{61}}$

$$= 2 + \dfrac{1}{6 + \dfrac{5}{61}} = 2 + \dfrac{1}{6 + \dfrac{1}{\dfrac{61}{5}}}$$

$$= 2 + \dfrac{1}{6 + \dfrac{1}{12 + \dfrac{1}{5}}}$$

$$\therefore \boldsymbol{k = 6, \ m = 12}$$

Note $\dfrac{1}{k + \dfrac{1}{m + \dfrac{1}{5}}} = \dfrac{803}{371} - 2 = \dfrac{61}{371}$

$$\therefore k + \dfrac{1}{m + \dfrac{1}{5}} = \dfrac{371}{61} = 6 + \dfrac{5}{61}$$

그런데 k는 자연수이고,

$$\dfrac{1}{m + \dfrac{1}{5}} < 1 \, (m \geq 1)$$이므로

$$\boldsymbol{k = 6, \ m + \dfrac{1}{5} = \dfrac{61}{5}}$$

$$\therefore \boldsymbol{m = 12}$$

12-2. 양변에

$$(x-1)(x-2) \times \cdots \times (x-10)$$

을 곱하면

$$1 = a_1(x-2)(x-3) \times \cdots \times (x-10)$$

$$+ a_2(x-1)(x-3) \times \cdots \times (x-10)$$

$$+ \cdots$$

$$+ a_{10}(x-1)(x-2) \times \cdots \times (x-9)$$

우변을 x에 관하여 정리하면

$$1 = (a_1 + a_2 + \cdots + a_{10})x^9 + \cdots$$

이 식이 x에 관한 항등식이므로

$$\boldsymbol{a_1 + a_2 + \cdots + a_{10} = 0}$$

12-3. $y + \dfrac{1}{z} = 1$에서 $y = 1 - \dfrac{1}{z}$

$$\therefore y = \dfrac{z-1}{z}$$

$z + \dfrac{1}{x} = 1$에서 $\dfrac{1}{x} = 1 - z$

$$\therefore x = \dfrac{1}{1-z}$$

$$\therefore x + \dfrac{1}{y} = \dfrac{1}{1-z} + \dfrac{z}{z-1} = \boldsymbol{1},$$

$$xyz + 1 = \dfrac{1}{1-z} \times \dfrac{z-1}{z} \times z + 1 = \boldsymbol{0}$$

Note $z = 1$이면 $z + \dfrac{1}{x} = 1$을 만족시키는 x가 존재하지 않으므로 $z \neq 1$

12-4. 조건식에서

$$\dfrac{1}{a^2} + \dfrac{1}{b^2} + \dfrac{1}{c^2} = \dfrac{1}{a^2} + \dfrac{1}{b^2} + \dfrac{1}{c^2}$$

$$+ 2\left(\dfrac{1}{ab} + \dfrac{1}{bc} + \dfrac{1}{ca}\right)$$

$$\therefore \dfrac{1}{ab} + \dfrac{1}{bc} + \dfrac{1}{ca} = 0$$

$$\therefore \dfrac{a+b+c}{abc} = 0 \quad \therefore a+b+c = 0$$

$$\therefore P = \dfrac{a}{b} + \dfrac{a}{c} + \dfrac{b}{c} + \dfrac{b}{a} + \dfrac{c}{a} + \dfrac{c}{b}$$

$$= \dfrac{b+c}{a} + \dfrac{c+a}{b} + \dfrac{a+b}{c}$$

$$= \dfrac{-a}{a} + \dfrac{-b}{b} + \dfrac{-c}{c}$$

$$= -1 -1 -1 = \boldsymbol{-3}$$

12-5. $\dfrac{a}{x} = p, \ \dfrac{b}{y} = q, \ \dfrac{c}{z} = r$이라고 하면 주어진 조건식은

$$p + q + r = 1, \ \dfrac{1}{p} + \dfrac{1}{q} + \dfrac{1}{r} = 0 \quad \cdots ①$$

①에서 $\dfrac{qr+rp+pq}{pqr}=0$

$\therefore\ pq+qr+rp=0$

$\therefore\ \dfrac{a^2}{x^2}+\dfrac{b^2}{y^2}+\dfrac{c^2}{z^2}=p^2+q^2+r^2$

$\qquad\qquad\quad =(p+q+r)^2$

$\qquad\qquad\qquad -2(pq+qr+rp)$

$\qquad\qquad\quad =1^2-2\times0=\mathbf{1}$

12-6. $2x^2-3xy+y^2=0$에서

$\qquad (2x-y)(x-y)=0$

$\qquad \therefore\ y=2x$ 또는 $y=x$

이것을 각 식에 대입하면

(1) $\mathbf{1:2}$ 또는 $\mathbf{1:1}$

(2) $\dfrac{\mathbf{3}}{\mathbf{7}}$ 또는 $\dfrac{\mathbf{1}}{\mathbf{3}}$　　(3) $\dfrac{\mathbf{6}}{\mathbf{5}}$ 또는 $\mathbf{2}$

12-7. (1) $y=x+\dfrac{1}{x}$의 그래프에서 $x>0$

인 부분은 그대로 두고, $x<0$인 부분은

$x>0$인 부분을 y축에 대하여 대칭이동

한다.

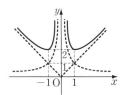

(2) $x<-1$일 때

$\qquad y=\dfrac{-x-1}{-(x+1)}=1$

$-1<x<0$일 때

$\qquad y=\dfrac{-x-1}{x+1}=-1$

$x\geq0$일 때

$\qquad y=\dfrac{x-1}{x+1}=-\dfrac{2}{x+1}+1$

Note (1) $y=|x|+\dfrac{1}{|x|}$

$\qquad\quad \geq2\sqrt{|x|\times\dfrac{1}{|x|}}=2$

$\qquad$(등호는 $|x|=\dfrac{1}{|x|}$, 곧

$\qquad\qquad x=\pm1$일 때 성립)

12-8. $y=\dfrac{3x-5}{x-2}=\dfrac{1}{x-2}+3$

$\qquad y=2$일 때 $x=1$, $y=4$일 때 $x=3$

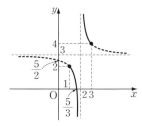

위의 그래프에서 이 함수의 정의역은

$\qquad \{x\,|\,1\leq x<2,\,2<x\leq3\}$

12-9. 점 $(-3,1)$에 대하여 대칭이므로

점근선이 직선 $x=-3,\,y=1$이다. 따라

서 $y=\dfrac{k}{x+3}+1$로 놓을 수 있다.

$\qquad$점 $(1,0)$을 지나므로

$\qquad\quad 0=\dfrac{k}{1+3}+1$　$\therefore\ k=-4$

따라서 $y=\dfrac{-4}{x+3}+1$이므로 그래프를

그리면 아래와 같다.

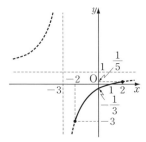

$x=-2$일 때 최솟값 $-\mathbf{3}$,

$x=2$일 때 최댓값 $\dfrac{\mathbf{1}}{\mathbf{5}}$

12-10. $f(x)=\dfrac{ax+b}{x+c}=\dfrac{b-ac}{x+c}+a$

에서 점근선 중 하나가 직선 $y=1$이므로
$$a=1$$

또, $f^{-1}(-1)=0$에서 $f(0)=-1$이고,

이때 $f(f(0))=0$은　$f(-1)=0$

곧, $f(x)=\dfrac{x+b}{x+c}$에서 $f(0)=-1$,

$f(-1)=0$이므로
$$\dfrac{b}{c}=-1,\quad \dfrac{-1+b}{-1+c}=0$$

연립하여 풀면　$b=1,\ c=-1$

12-11. 문제의 조건으로부터
$$f(1)=3,\ g(1)=3$$

그런데 g는 f의 역함수이므로

$g(1)=3$에서　$f(3)=1$

따라서 $f(x)=\dfrac{ax-1}{bx+1}$에서
$$\dfrac{a-1}{b+1}=3,\quad \dfrac{3a-1}{3b+1}=1$$

연립하여 풀면
$$a=-1,\ b=-\dfrac{5}{3}$$

12-12. 통분하면
$$P=-\dfrac{a^n(b-c)+b^n(c-a)+c^n(a-b)}{(a-b)(b-c)(c-a)}$$

여기에서
$$Q=a^n(b-c)+b^n(c-a)+c^n(a-b)$$
라고 하자.

(i) $n=1$일 때

$Q=ab-ac+bc-ba+ca-cb=0$
$$\therefore\ \boldsymbol{P=0}$$

(ii) $n=2$일 때
$$\begin{aligned}
Q&=a^2(b-c)+b^2(c-a)+c^2(a-b)\\
&=(b-c)a^2-(b^2-c^2)a+bc(b-c)\\
&=(b-c)(a-b)(a-c)\\
&=-(a-b)(b-c)(c-a)
\end{aligned}$$
$$\therefore\ \boldsymbol{P=1}$$

(iii) $n=3$일 때, Q를 a에 관하여 정리한
다음 인수분해하면

$$\begin{aligned}
Q&=a^3(b-c)+b^3(c-a)+c^3(a-b)\\
&=(b-c)a^3-(b^3-c^3)a+bc(b^2-c^2)\\
&=(b-c)\{a^3-(b^2+bc+c^2)a\\
&\qquad\qquad +bc(b+c)\}\\
&=(b-c)\{(c-a)b^2+c(c-a)b\\
&\qquad\qquad -(c^2-a^2)a\}\\
&=(b-c)(c-a)\{b^2+bc-(c+a)a\}\\
&=(b-c)(c-a)(b-a)(a+b+c)\\
&=-(a-b)(b-c)(c-a)(a+b+c)
\end{aligned}$$
$$\therefore\ \boldsymbol{P=a+b+c}$$

12-13. $(a+b+c)^2=a^2+b^2+c^2$
$$\qquad\qquad +2(ab+bc+ca)$$

에서 $a+b+c=0$이므로
$$a^2+b^2+c^2=-2(ab+bc+ca)$$

또,
$$\begin{aligned}
&a^3+b^3+c^3-3abc\\
&=(a+b+c)(a^2+b^2+c^2-ab-bc-ca)
\end{aligned}$$

에서 $a+b+c=0$이므로
$$a^3+b^3+c^3=3abc$$
$$\begin{aligned}
\therefore\ (준\ 식)&=\dfrac{-2(ab+bc+ca)}{3abc}\\
&\quad +\dfrac{a+b+c}{abc}\\
&\quad +\dfrac{2}{3}\times\dfrac{bc+ca+ab}{abc}\\
&=0
\end{aligned}$$

12-14. 주어진 식에서
$$\begin{aligned}
a^3+2a&=(a+1)k &\cdots\cdots① \\
b^3+2b&=(b+1)k &\cdots\cdots② \\
c^3+2c&=(c+1)k &\cdots\cdots③
\end{aligned}$$

(1) ①$-$②, ②$-$③하면
$$\begin{aligned}
a^3-b^3+2(a-b)&=k(a-b),\\
b^3-c^3+2(b-c)&=k(b-c)
\end{aligned}$$

$a\neq b,\ b\neq c$이므로
$$\begin{aligned}
a^2+ab+b^2+2&=k &\cdots\cdots④ \\
b^2+bc+c^2+2&=k &\cdots\cdots⑤
\end{aligned}$$

④$-$⑤하면　$a^2-c^2+b(a-c)=0$

$a\neq c$이므로　$a+c+b=0$

곧, $a+b+c=0$ ......⑥

(2) ①+②+③하면

$$a^3+b^3+c^3+2(a+b+c)$$
$$=k(a+b+c+3)$$

⑥을 대입하면

$$a^3+b^3+c^3=3k \qquad ......⑦$$

한편

$$a^3+b^3+c^3=(a+b+c)$$
$$\times(a^2+b^2+c^2-ab-bc-ca)$$
$$+3abc$$

이므로 여기에 ⑥을 대입하면

$$a^3+b^3+c^3=3abc \qquad ......⑧$$

⑦, ⑧에서 $3k=3abc$

$$\therefore \ k=abc$$

****Note*** $1°$ ①, ②, ③에서 삼차방정식

$$x^3+2x=(x+1)k$$

곧, $x^3+(2-k)x-k=0$

의 세 근이 a, b, c 임을 알 수 있다.
따라서 근과 계수의 관계로부터

$$a+b+c=0,$$
$$abc=-(-k)=k$$

$2°$ (2)는 다음과 같이 보일 수도 있다.

$$k=\frac{a^3+b^3+c^3+2(a+b+c)}{a+b+c+3}$$
$$=\frac{a^3+b^3+c^3}{3}=\frac{3abc}{3}=abc$$

12-15. 그래프가 점 $(3, 2)$에 대하여 대칭
이므로

$$y=\frac{k}{x-3}+2$$

로 놓을 수 있다. 따라서

$$y=\frac{2x+k-6}{x-3}=\frac{bx}{x+a}$$

이므로 $a=-3, \ b=2, \ k=6$

곧, 주어진 함수는 $y=\dfrac{2x}{x-3}$

점 P의 좌표를 $P\left(t, \dfrac{2t}{t-3}\right)$라고 하면

점 P가 제1사분면에 있으므로 $t>3$

이때,

$$\triangle PQR=\frac{1}{2}\times t \times \frac{2t}{t-3}$$
$$=\frac{t^2}{t-3}=t+3+\frac{9}{t-3}$$
$$=t-3+\frac{9}{t-3}+6$$
$$\geq 2\sqrt{(t-3)\times\frac{9}{t-3}}+6=12$$

(등호는 $t=6$일 때 성립)

따라서 구하는 넓이의 최솟값은 **12**

12-16. $f^2(x)=(f\circ f)(x)=f(f(x))$

$$=\frac{2\times\dfrac{2x-1}{3x-1}-1}{3\times\dfrac{2x-1}{3x-1}-1}$$
$$=\frac{2(2x-1)-(3x-1)}{3(2x-1)-(3x-1)}$$
$$=\frac{x-1}{3x-2}$$

$$f^3(x)=f^2(f(x))=\frac{\dfrac{2x-1}{3x-1}-1}{3\times\dfrac{2x-1}{3x-1}-2}$$
$$=\frac{(2x-1)-(3x-1)}{3(2x-1)-2(3x-1)}=x$$

곧, $f^3=I$이므로

$$f^{2030}=f^{2027}\circ f^3=f^{2027}\circ I=f^{2027}$$
$$=f^{2024}=\cdots=f^2$$

$$\therefore \ f^{2030}(4)=f^2(4)=\frac{4-1}{3\times4-2}=\frac{3}{10}$$

12-17. $y=\dfrac{x-6}{x-2}=-\dfrac{4}{x-2}+1 \quad \cdots①$

$$y=-2x+3 \qquad ......②$$

①, ②의 그래프는 아래 그림과 같고,
두 교점의 좌표는 $(0, 3), (3, -3)$이다.

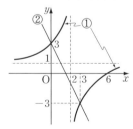

이때, ①≥②인 x의 값의 범위는
$$0 \leq x < 2, \ x \geq 3$$

12-18.

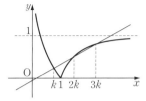

$x > 0$일 때, $y = \left| 1 - \dfrac{1}{x} \right|$ 의 그래프는 위의 그림의 굵은 곡선과 같다.

세 양의 실근을 $k, \ 2k, \ 3k$라고 하면 $0 < k < 1$이고, 점 $(2k, \ 0)$은 두 점 $(k, \ 0)$과 $(3k, \ 0)$을 잇는 선분의 중점이다.

그런데 세 교점이 일직선 위에 있으므로 $\left| 1 - \dfrac{1}{x} \right| = f(x)$라고 하면

$$\frac{f(k) + f(3k)}{2} = f(2k)$$
$$\therefore \ f(k) + f(3k) = 2f(2k)$$
$$\therefore \ \left(-1 + \frac{1}{k} \right) + \left(1 - \frac{1}{3k} \right) = 2\left(1 - \frac{1}{2k} \right)$$
$$\therefore \ \frac{5}{3k} = 2 \quad \therefore \ k = \frac{5}{6}$$

따라서 세 근의 합은
$$k + 2k + 3k = 6k = \mathbf{5}$$

12-19. 조건 ㈎에 의하여 곡선 $y = f(x)$가 두 직선 $y = 3, \ y = -3$ 중에서 하나와는 만나지 않아야 하므로 두 직선 $y = 3$, $y = -3$ 중에서 하나는 곡선 $y = f(x)$의 점근선이다.

그런데 조건 ㈏에서 $f^{-1}(3)$의 값이 존재하므로 곡선 $y = f(x)$의 점근선은 직선 $y = -3$이다.
$$\therefore \ a = -3$$
따라서 $f(x) = \dfrac{-3x + b}{x - 1}$이고, 조건 ㈏에서 $f(2) = 3$이므로
$$\frac{-6 + b}{2 - 1} = 3 \quad \therefore \ b = 9$$

$$\therefore \ f(x) = \frac{-3x + 9}{x - 1}$$
$$\therefore \ f(7) = \frac{-21 + 9}{7 - 1} = -2$$

__Note__ $f(x) = \dfrac{ax + b}{x - 1} = \dfrac{a + b}{x - 1} + a$

에서 $a + b = 0$이면 $f(x) = a$가 되어 주어진 조건을 만족시키지 않는다.

따라서 $a + b \neq 0$이므로 $y = f(x)$의 그래프는 점근선이 직선 $x = 1, \ y = a$인 쌍곡선이다.

12-20. $y = \dfrac{(2a - 1)x + 1}{x - a} \quad \cdots\cdots$①

을 조건에 맞게 평행이동하면
$$y - b = \frac{(2a - 1)(x - 5) + 1}{(x - 5) - a}$$
$$\therefore \ y = \frac{(2a + b - 1)x - ab - 10a - 5b + 6}{x - (a + 5)}$$
$$\cdots\cdots ②$$

또, ①의 역함수를 구하면
$$y = \frac{ax + 1}{x - (2a - 1)} \quad \cdots\cdots ③$$
②, ③이 일치하므로
$$2a + b - 1 = a,$$
$$-ab - 10a - 5b + 6 = 1,$$
$$a + 5 = 2a - 1$$
연립하여 풀면 $\boldsymbol{a = 6, \ b = -5}$

__Note__ 원래 함수의 그래프의 점근선의 방정식은
$$x = a, \ y = 2a - 1$$
조건에 맞게 평행이동하면
$$x = a + 5, \ y = 2a - 1 + b \ \cdots\cdots①$$
또, 원래 함수의 역함수의 그래프의 점근선의 방정식은
$$x = 2a - 1, \ y = a \quad \cdots\cdots②$$
①, ②가 일치하므로
$$a + 5 = 2a - 1, \ 2a - 1 + b = a$$
$$\therefore \ \boldsymbol{a = 6, \ b = -5}$$

12-21. 점 $(2, \ 1)$을 지나고 기울기가 t인

직선의 방정식은

$$y=t(x-2)+1 \quad \cdots\cdots ①$$

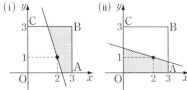

(i) $t<-1$일 때

직선 ①이 두 점 $\left(\dfrac{2t-1}{t},\ 0\right)$,

$\left(\dfrac{2t+2}{t},\ 3\right)$을 지나므로

$$f(t)=\frac{1}{2}\left\{\left(3-\frac{2t-1}{t}\right)\right.$$
$$\left.+\left(3-\frac{2t+2}{t}\right)\right\}\times 3$$

$$=3-\frac{3}{2t}$$

(ii) $-1\leq t<0$일 때

직선 ①이 두 점 $(0,\ -2t+1)$,

$(3,\ t+1)$을 지나므로

$$f(t)=\frac{1}{2}\{(-2t+1)+(t+1)\}\times 3$$

$$=-\frac{3}{2}t+3$$

(i), (ii)에서 $t<0$
일 때 $y=f(t)$의
그래프는 오른쪽
그림과 같다.

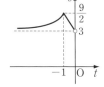

$\therefore\ \boldsymbol{3<f(t)\leq\dfrac{9}{2}}$

13-1. $\sqrt{1\pm x}=\sqrt{1\pm\dfrac{2a}{1+a^2}}$

$$=\sqrt{\frac{1+a^2\pm 2a}{1+a^2}}$$

$$=\frac{\sqrt{(a\pm 1)^2}}{\sqrt{1+a^2}}\ (복부호동순)$$

$\boldsymbol{0<a<1}$일 때

(준 식)$=\dfrac{a+1+(a-1)}{a+1-(a-1)}=\dfrac{2a}{2}=\boldsymbol{a}$

$\boldsymbol{a\geq 1}$일 때

(준 식)$=\dfrac{a+1-(a-1)}{a+1+(a-1)}=\dfrac{2}{2a}=\dfrac{\boldsymbol{1}}{\boldsymbol{a}}$

*__Note__ $\dfrac{\sqrt{1+x}-\sqrt{1-x}}{\sqrt{1+x}+\sqrt{1-x}}=\dfrac{1-\sqrt{1-x^2}}{x}$

임을 이용할 수도 있다.

13-2. (1) (준 식)

$$=\sqrt{(a+b)^2-2\sqrt{2ab(a^2+b^2)}}$$

$$=\sqrt{a^2+b^2}-\sqrt{2ab}$$

*__Note__ $a>b>0$일 때,
$a^2+b^2-2ab=(a-b)^2>0$
이므로 $a^2+b^2>2ab$이다.

(2) (준 식)$=\sqrt{\dfrac{2a-2\sqrt{(a+b)(a-b)}}{2}}$

$$=\frac{\sqrt{(a+b)+(a-b)-2\sqrt{(a+b)(a-b)}}}{\sqrt{2}}$$

$$=\frac{\sqrt{a+b}-\sqrt{a-b}}{\sqrt{2}}$$

$$=\frac{\sqrt{2}(\sqrt{a+b}-\sqrt{a-b})}{2}$$

*__Note__ $a>b>0$일 때, $a+b>a-b$
이다.

13-3. $f(n)=\sqrt{(n+1)+n+2\sqrt{(n+1)n}}$
$$=\sqrt{n+1}+\sqrt{n}$$

이므로

$$\frac{1}{f(n)}=\frac{1}{\sqrt{n+1}+\sqrt{n}}$$

$$=\frac{\sqrt{n+1}-\sqrt{n}}{(\sqrt{n+1}+\sqrt{n})(\sqrt{n+1}-\sqrt{n})}$$

$$=\sqrt{n+1}-\sqrt{n}$$

$$\therefore\ \frac{1}{f(1)}+\frac{1}{f(2)}+\frac{1}{f(3)}+\cdots+\frac{1}{f(99)}$$

$$=(\sqrt{2}-\sqrt{1})+(\sqrt{3}-\sqrt{2})$$
$$+\cdots+(\sqrt{100}-\sqrt{99})$$

$$=\sqrt{100}-\sqrt{1}=\boldsymbol{9}$$

13-4. (1) $(\sqrt{81-x^2}+\sqrt{36-x^2})$
$$\times(\sqrt{81-x^2}-\sqrt{36-x^2})$$

$$=(81-x^2)-(36-x^2)=45$$

이때, $\sqrt{81-x^2}-\sqrt{36-x^2}=5$이므로

$$\sqrt{81-x^2}+\sqrt{36-x^2}=\frac{45}{5}=\mathbf{9}$$

(2) $\sqrt{81-x^2}-\sqrt{36-x^2}=5$ ……①

$\sqrt{81-x^2}+\sqrt{36-x^2}=9$ ……②

①+②하면 $2\sqrt{81-x^2}=14$

$$\therefore \sqrt{81-x^2}=7$$

양변을 제곱하면 $81-x^2=49$

$$\therefore x^2=32 \quad \therefore \boldsymbol{x=\pm4\sqrt{2}}$$

13-5. (1) $x\geq0$일 때

$y=\sqrt{x-x}=0$

$x<0$일 때

$y=\sqrt{-x-x}$

$\quad=\sqrt{-2x}$

(2) $9-|x|\geq0$에서 $-9\leq x\leq9$

$0\leq x\leq9$일 때

$$y=\sqrt{9-x}=\sqrt{-(x-9)}$$

$-9\leq x<0$일 때

$$y=\sqrt{9+x}=\sqrt{x+9}$$

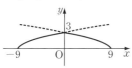

13-6. (1) $y=-\sqrt{ax+b}+c$

$$=-\sqrt{a\left(x+\dfrac{b}{a}\right)}+c$$

이므로 이 함수의 그래프는 $y=-\sqrt{ax}$

의 그래프를 x축의 방향으로 $-\dfrac{b}{a}$만

큼, y축의 방향으로 c만큼 평행이동한

것이다.

따라서 주어진 그래프에서

$-\dfrac{b}{a}=4,\ c=2$

또, 주어진 그래프는 점 $(1, -1)$을

지나므로

$$-\sqrt{a+b}+c=-1$$

세 식을 연립하여 풀면

$$\boldsymbol{a=-3,\ b=12,\ c=2}$$

(2) $y=\sqrt{ax+b}-c$의 그래프는

$y=-\sqrt{ax+b}+c$의 그래프를 x축에

대하여 대칭이동한 것이므로 이 함수의

그래프는 아래 그림의 곡선과 같다.

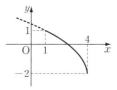

그림에서 치역이 $\{y\,|-2\leq y\leq1\}$일

때, 정의역은 $\{\boldsymbol{x}\,|\,\boldsymbol{1\leq x\leq4}\}$

****Note*** (1) 곡선의 방정식을

$$y=-\sqrt{a(x-4)}+2$$

로 놓을 수 있다.

이 곡선이 점 $(1, -1)$을 지나므로

$-1=-\sqrt{-3a}+2 \quad \therefore \boldsymbol{a=-3}$

$$\therefore y=-\sqrt{-3(x-4)}+2$$

$$=-\sqrt{-3x+12}+2$$

$$\therefore \boldsymbol{b=12,\ c=2}$$

(2) $y=\sqrt{ax+b}-c$에 $a=-3,\ b=12,$

$c=2$를 대입하면

$$y=\sqrt{-3x+12}-2$$

$$=\sqrt{-3(x-4)}-2$$

이므로 이 그래프에서 정의역을 구

해도 된다.

13-7. $g^{-1}(a)=k$라고 하면 $k>0$이고

$$g(k)=a$$

$f(g^{-1}(a))=f(k)=1$에서

$$\frac{2k}{1+k^2}=1 \quad \therefore 2k=1+k^2 \quad \therefore k=1$$

$$\therefore a=g(1)=2$$

$$\therefore g(f(a))=g(f(2))=g\left(\frac{4}{5}\right)$$

$$=\sqrt{4\times\frac{4}{5}}=\frac{\boldsymbol{4\sqrt{5}}}{\boldsymbol{5}}$$

****Note*** $g(x)=\sqrt{4x}\,(x>0)$에서

$$g^{-1}(x)=\frac{1}{4}x^2\,(x>0)$$

$$\therefore \; g^{-1}(a)=\frac{1}{4}a^2 \; (a>0)$$

$$\therefore \; f(g^{-1}(a))=f\left(\frac{1}{4}a^2\right)=\frac{8a^2}{16+a^4}=1$$

$$\therefore \; a^2=4 \quad \therefore \; a=2 \; (\because \; a>0)$$

$$\therefore \; g(f(a))=g(f(2))=g\left(\frac{4}{5}\right)$$

$$=\sqrt{4\times\frac{4}{5}}=\frac{4\sqrt{5}}{5}$$

13-8. (1) $f^{-1}(a)=1 \iff f(1)=a$

$$\therefore \; a=f(1)=-\sqrt{1}+1=\mathbf{0}$$

(2) $(f^{-1}\circ f^{-1})(a)=0$

$$\iff (f\circ f)^{-1}(a)=0$$

$$\iff (f\circ f)(0)=a$$

$$\therefore \; a=(f\circ f)(0)=f(f(0))=f(1)=\mathbf{0}$$

(3) $f^{-1}(1)=a \iff f(a)=1$

$a\geq0$일 때, $f(a)=-\sqrt{a}+1=1$에서

$\quad a=0 \; (a\geq0$에 적합$)$

$a<0$일 때, $f(a)=a^2+1=1$에서

$\quad a=0 \; (a<0$에 부적합$)$

따라서 $f(a)=1$이면 $\quad a=\mathbf{0}$

(4) $a=(f\circ f\circ f)(f(1))$

$$=(f\circ f\circ f)(0)$$

$$=(f\circ f\circ f)(f(0))=(f\circ f\circ f)(1)$$

$$=(f\circ f)(f(1))=(f\circ f)(0)$$

$$=f(f(0))=f(1)=\mathbf{0}$$

13-9. f의 역함수가 존재하려면 f가 일대일대응이어야 한다.

그런데 $x<3$에서 x의 값이 증가하면 $f(x)$의 값도 증가하므로 함수 f가 실수 전체에서 일대일대응이 되려면 $x\geq3$에서도 x의 값이 증가하면 $f(x)$의 값이 증가해야 한다. $\quad \therefore \; a>0$

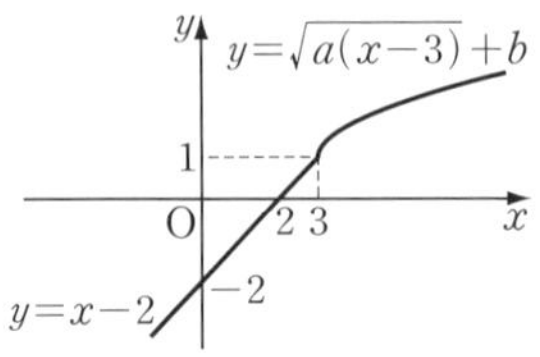

$y=\sqrt{a(x-3)}+b$

$y=x-2$

또한 치역이 실수 전체의 집합이려면 위의 그림과 같이 $x=3$일 때 $y=x-2$의 그래프와 $y=\sqrt{a(x-3)}+b$의 그래프가 만나야 한다.

$$\therefore \; 3-2=\sqrt{a(3-3)}+b \quad \therefore \; b=1$$

답 $a>0, \; b=1$

13-10. $\sqrt{x}=\sqrt{a}+\dfrac{1}{\sqrt{a}}$ 에서

$$x=a+2+\frac{1}{a} \quad \therefore \; x-2=a+\frac{1}{a}$$

양변을 제곱하면

$$x^2-4x+4=a^2+2+\frac{1}{a^2}$$

$$\therefore \; x^2-4x=\left(a-\frac{1}{a}\right)^2$$

$a-\dfrac{1}{a}=\dfrac{a^2-1}{a}\geq0(\because \; a\geq1)$이므로

$$\sqrt{\left(a-\frac{1}{a}\right)^2}=a-\frac{1}{a}$$

$$\therefore \; P=\frac{\left(a+\frac{1}{a}\right)+\left(a-\frac{1}{a}\right)}{\left(a+\frac{1}{a}\right)-\left(a-\frac{1}{a}\right)}=\frac{2a}{\frac{2}{a}}=\mathbf{a^2}$$

13-11. 먼저

$$(x+\sqrt{x^2+1})(y+\sqrt{y^2+1})=1 \;\cdots\text{①}$$

이 성립한다고 하자.

①의 양변에 $-x+\sqrt{x^2+1}$을 곱하면

$$y+\sqrt{y^2+1}=-x+\sqrt{x^2+1} \;\cdots\text{②}$$

①의 양변에 $-y+\sqrt{y^2+1}$을 곱하면

$$x+\sqrt{x^2+1}=-y+\sqrt{y^2+1} \;\cdots\text{③}$$

②+③하면

$$x+y+\sqrt{x^2+1}+\sqrt{y^2+1}$$

$$=-x-y+\sqrt{x^2+1}+\sqrt{y^2+1}$$

$$\therefore \; x+y=0$$

역으로 $x+y=0$이면 $y=-x$이므로

$$(x+\sqrt{x^2+1})(y+\sqrt{y^2+1})$$

$$=(x+\sqrt{x^2+1})\{-x+\sqrt{(-x)^2+1}\}$$

$$=-x^2+(\sqrt{x^2+1})^2=1$$

13-12. $y=\sqrt{2x-3}$ $\quad\cdots\cdots\text{①}$

$$y = x - 3 \qquad \cdots\cdots ②$$

①, ②의 그래프는 아래와 같고, 교점의 좌표는 $(6, 3)$이다.

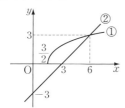

이때, ①>②인 x의 값의 범위는

$$\frac{3}{2} \leq x < 6$$

*Note 이 문제에서는 $2x - 3 \geq 0$인 범위의 해를 구해야 한다.

또, ①, ②에서 y를 소거하면

$$\sqrt{2x - 3} = x - 3$$

양변을 제곱하여 풀면 $x = 2, 6$이지만, 그래프에서 $x = 2$는 해가 되지 않는다는 것을 알 수 있다.

이와 같은 근을 무연근이라고 한다.

13-13. $g(x) = -\frac{1}{2}(x - 2)^2 + \frac{1}{2}$

이므로 두 함수 $y = f(x)$, $y = g(x)$의 그래프는 아래 그림과 같다.

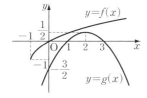

위의 그림에서 $f(x) \geq -1$, $g(x) \leq \frac{1}{2}$

이므로 $f(a) = g(b) = k$라고 하면 두 실수 a, b가 존재하도록 하는 k의 값의 범위는 $-1 \leq k \leq \frac{1}{2}$

$f(a) = -1$일 때 $a = -1$

$f(a) = \frac{1}{2}$일 때 $\sqrt{a + 1} - 1 = \frac{1}{2}$

$$\therefore \sqrt{a + 1} = \frac{3}{2}$$

양변을 제곱하여 풀면 $a = \frac{5}{4}$

따라서 구하는 a의 값의 범위는

$$-1 \leq a \leq \frac{5}{4}$$

*Note $g(b) = -1$에서

$$-\frac{1}{2}b^2 + 2b - \frac{3}{2} = -1$$

$$\therefore b^2 - 4b + 1 = 0 \quad \therefore b = 2 \pm \sqrt{3}$$

따라서 b의 값의 범위는

$$2 - \sqrt{3} \leq b \leq 2 + \sqrt{3}$$

13-14. $\angle \mathrm{BAC} = 90°$이므로 아래 그림과 같이 점 A에서 x축에 내린 수선의 발을 H라고 하면 $\triangle \mathrm{ABC}$의 넓이에서

$$\overline{\mathrm{AB}} \times \overline{\mathrm{AC}} = \overline{\mathrm{AH}} \times \overline{\mathrm{BC}} \qquad \cdots\cdots ①$$

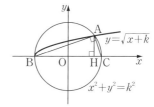

이때, $y = \sqrt{x + k}$를 $x^2 + y^2 = k^2$에 대입하여 정리하면

$$x^2 + x + k - k^2 = 0$$

$$\therefore (x + k)(x + 1 - k) = 0$$

$$\therefore x = -k, \ k - 1$$

따라서 점 A의 좌표가

$$\mathrm{A}(k - 1, \sqrt{2k - 1})$$

이므로 $\overline{\mathrm{AH}} = \sqrt{2k - 1}$

한편 $\overline{\mathrm{BC}} = 2k$이므로 ①에서

$$30 = \sqrt{2k - 1} \times 2k$$

$$\therefore k\sqrt{2k - 1} = 15$$

양변을 제곱하여 정리하면

$$2k^3 - k^2 - 225 = 0$$

$$\therefore (k - 5)(2k^2 + 9k + 45) = 0$$

k는 실수이므로 **$k = 5$**

13-15. $y=\dfrac{\sqrt{4a-x}+\sqrt{4a+x}}{2}$ ......①

에서 $y_1=\sqrt{4a-x}$, $y_2=\sqrt{4a+x}$로 놓으면
$$y=\frac{y_1+y_2}{2}$$

이때, y_1에서 $x\leq 4a$이고, y_2에서
$x\geq -4a$이므로 $-4a\leq x\leq 4a$

또, y는 y_1과 y_2의 평균이므로 곡선 ①
은 아래 그림의 초록 곡선과 같다.

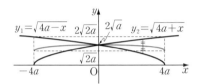

따라서 곡선 ①과 직선 $y=a$가 만나려
면 $\sqrt{2a}\leq a\leq 2\sqrt{a}$

$a>0$이므로 각 변을 제곱하면
$$2a\leq a^2\leq 4a \quad\therefore\ \boldsymbol{2\leq a\leq 4}$$

13-16. $x>0$일 때 $f(x)=-x$
$$\begin{aligned}\therefore\ g(x)&=f(f(x))=f(-x)\\&=(-x)^2=x^2\end{aligned}$$
$x=0$일 때 $f(0)=0$
$$\therefore\ g(0)=f(f(0))=f(0)=0$$
$x<0$일 때 $f(x)=x^2$
$$\therefore\ g(x)=f(f(x))=f(x^2)=-x^2$$
$$\therefore\ g(x)=\begin{cases}x^2 & (x\geq 0)\\-x^2 & (x<0)\end{cases}$$
한편 $y=x^2(x\geq 0,\ y\geq 0)$의 역함수는
$$y=\sqrt{x}\ (x\geq 0)$$
$y=-x^2(x<0,\ y<0)$의 역함수는
$$y=-\sqrt{-x}\ (x<0)$$
$$\therefore\ \boldsymbol{g^{-1}(x)}=\begin{cases}\sqrt{\boldsymbol{x}} & (\boldsymbol{x\geq 0})\\-\sqrt{-\boldsymbol{x}} & (\boldsymbol{x<0})\end{cases}$$

13-17. 곡선 $y=\sqrt{kx}$가 점 $A(3,1)$을 지
날 때
$$1=\sqrt{3k}\quad\therefore\ k=\frac{1}{3}$$

또, 점 $B(12,10)$을 지날 때

$$10=\sqrt{12k}\quad\therefore\ k=\frac{25}{3}$$

따라서 곡선 $y=f(x)$가 선분 AB와 만
나도록 하는 k의 값의 범위는
$$\frac{1}{3}\leq k\leq\frac{25}{3}\qquad\cdots\cdots①$$

$y=\sqrt{kx}\,(x\geq 0,\ y\geq 0)$의 역함수는
$$y=\frac{1}{k}x^2\ (x\geq 0)$$

곧, $g(x)=\dfrac{1}{k}x^2\ (x\geq 0)$

곡선 $y=\dfrac{1}{k}x^2(x\geq 0)$이 점 $A(3,1)$을
지날 때
$$1=\frac{1}{k}\times 3^2\quad\therefore\ k=9$$

또, 점 $B(12,10)$을 지날 때
$$10=\frac{1}{k}\times 12^2\quad\therefore\ k=\frac{72}{5}$$

한편 직선 AB의 방정식은 $y=x-2$이
므로 곡선 $y=\dfrac{1}{k}x^2(x\geq 0)$이 $3\leq x\leq 12$
에서 직선 AB와 접할 조건은
$$\frac{1}{k}x^2=x-2,\ \text{곧}\ x^2-kx+2k=0$$
에서 $D=k^2-8k=0$

$k>0$이므로 $k=8$

이때, 접점의 x좌표는 4이므로 조건을
만족시킨다.

따라서 곡선 $y=g(x)$가 선분 AB와 만
나도록 하는 k의 값의 범위는
$$8\leq k\leq\frac{72}{5}\qquad\cdots\cdots②$$

①, ②의 공통 범위를 구하면
$$\boldsymbol{8\leq k\leq\frac{25}{3}}$$

13-18. $g(x)=\dfrac{\sqrt{x+3}}{2}$이라고 하면
$$g(1)=1,\ g(13)=2,\ g(33)=3,$$
$$g(61)=4,\ \cdots$$
이므로 함수 $y=g(x)$의 그래프는 다음
그림과 같다.

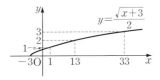

(i) $n=1$일 때 $f(1)=0$

(ii) $2 \leq n \leq 13$일 때 $f(n)=n-1$

이때, 최댓값은 $f(13)=12$

(iii) $14 \leq n \leq 33$일 때

조건을 만족시키는 한 변의 길이가 1인 정사각형의 개수는

$$(n-1)+(n-13)=2n-14$$

조건을 만족시키는 한 변의 길이가 $\sqrt{2}$인 정사각형의 개수는 $n-13$

조건을 만족시키는 한 변의 길이가 2인 정사각형의 개수는 $n-14$

$$\therefore f(n)=(2n-14)+(n-13) \\ +(n-14) \\ =4n-41$$

이때, 최댓값은 $f(33)=91$

(iv) $34 \leq n \leq 61$일 때

조건을 만족시키는 한 변의 길이가 1인 정사각형의 개수는

$$(n-1)+(n-13)+(n-33) \\ =3n-47$$

조건을 만족시키는 한 변의 길이가 $\sqrt{2}$인 정사각형의 개수는

$$(n-13)+(n-33)=2n-46$$

조건을 만족시키는 한 변의 길이가 2인 정사각형의 개수는

$$(n-14)+(n-34)=2n-48$$

$$\therefore f(n)=(3n-47)+(2n-46) \\ +(2n-48) \\ =7n-141$$

이때, $7n-141 \leq 200$에서

$$n \leq \frac{341}{7}=48.7 \times \times \times$$

이므로 $f(n) \leq 200$을 만족시키는 n의 최댓값은 **48**

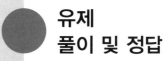

유제
풀이 및 정답

유제 풀이 및 정답

1-1. O$(0, 0)$이라 하고, 구하는 점을
P$(a, 0)$이라고 하면
$$\overline{OP}=\overline{AP}, \ \text{곧} \ \overline{OP}^2=\overline{AP}^2$$
이므로 $a^2=(a-2)^2+(0-4)^2$
$$\therefore \ a=5$$
따라서 구하는 점의 좌표는 **(5, 0)**

1-2. 구하는 점을 P(a, b)라 하고,
A$(0, 6)$, B$(6, -2)$, C$(7, 5)$
라고 하자.
$\overline{AP}^2=\overline{BP}^2$으로부터
$$a^2+(b-6)^2=(a-6)^2+(b+2)^2$$
$$\therefore \ 3a-4b-1=0 \quad \cdots\cdots ①$$
$\overline{AP}^2=\overline{CP}^2$으로부터
$$a^2+(b-6)^2=(a-7)^2+(b-5)^2$$
$$\therefore \ 7a-b-19=0 \quad \cdots\cdots ②$$
①, ②를 연립하여 풀면
$$a=3, \ b=2$$
따라서 구하는 점의 좌표는 **(3, 2)**

1-3. $\overline{AB}^2=(4-0)^2+(3-1)^2=20$
$\overline{BC}^2=(a-4)^2+(0-3)^2$
$$=a^2-8a+25$$
$\overline{CA}^2=(0-a)^2+(1-0)^2=a^2+1$
(1) (i) $\overline{AB}=\overline{BC}$일 때, $\overline{AB}^2=\overline{BC}^2$에서
$$20=a^2-8a+25 \quad \therefore \ a=4\pm\sqrt{11}$$
(ii) $\overline{BC}=\overline{CA}$일 때, $\overline{BC}^2=\overline{CA}^2$에서
$$a^2-8a+25=a^2+1 \quad \therefore \ a=3$$
(iii) $\overline{CA}=\overline{AB}$일 때, $\overline{CA}^2=\overline{AB}^2$에서
$$a^2+1=20 \quad \therefore \ a=\pm\sqrt{19}$$
(i), (ii), (iii)에서
$$\boldsymbol{a=3, \ \pm\sqrt{19}, \ 4\pm\sqrt{11}}$$
(2) (i) $\angle A=90°$일 때,
$$\overline{AB}^2+\overline{CA}^2=\overline{BC}^2$$에서

$$20+a^2+1=a^2-8a+25$$
$$\therefore \ a=\frac{1}{2}$$
(ii) $\angle B=90°$일 때,
$$\overline{AB}^2+\overline{BC}^2=\overline{CA}^2$$에서
$$20+a^2-8a+25=a^2+1$$
$$\therefore \ a=\frac{11}{2}$$
(iii) $\angle C=90°$일 때,
$$\overline{BC}^2+\overline{CA}^2=\overline{AB}^2$$에서
$$a^2-8a+25+a^2+1=20$$
$$\therefore \ a=1, \ 3$$
(i), (ii), (iii)에서 $\boldsymbol{a=1, \ 3, \ \dfrac{1}{2}, \ \dfrac{11}{2}}$

1-4.

A(x_1, y_1), B(x_2, y_2), C(x_3, y_3)이라
고 하면 문제의 조건으로부터
$$\frac{x_1+x_2}{2}=-2 \cdots① \qquad \frac{y_1+y_2}{2}=4 \cdots①'$$
$$\frac{x_2+x_3}{2}=1 \quad \cdots② \qquad \frac{y_2+y_3}{2}=0 \cdots②'$$
$$\frac{x_3+x_1}{2}=3 \quad \cdots③ \qquad \frac{y_3+y_1}{2}=5 \cdots③'$$
①+②+③에서
$$x_1+x_2+x_3=2 \qquad \cdots\cdots④$$
④-②×2에서 $x_1=0$
④-③×2에서 $x_2=-4$
④-①×2에서 $x_3=6$
같은 방법으로 하면 ①$'$, ②$'$, ③$'$에서

$y_1 = 9$, $y_2 = -1$, $y_3 = 1$

$\therefore$ **A(0, 9), B(−4, −1), C(6, 1)**

1-5. D(x, y)라고 하면 대각선 AC의 중점과 대각선 BD의 중점이 일치하므로

$$\frac{0+7}{2} = \frac{6+x}{2}, \quad \frac{6+5}{2} = \frac{-2+y}{2}$$

$\therefore$ $x = 1$, $y = 13$　　$\therefore$ **D(1, 13)**

1-6. 무게중심의 좌표를 (x, y)라고 하면

$$x = \frac{2-4-1}{3} = -1,$$

$$y = \frac{5+7-3}{3} = 3$$

$$\therefore \ (-1, \ 3)$$

1-7. 변 BC의 중점을 M(a, b)라고 하면 점 G는 선분 AM을 2 : 1로 내분하는 점이므로

$$\frac{2a+2}{2+1} = 0, \quad \frac{2b+6}{2+1} = 0$$

$$\therefore \ a = -1, \ b = -3$$

따라서 변 BC의 중점의 좌표는

$$(-1, \ -3)$$

1-8.

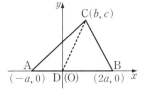

직선 AB를 x축으로, 점 D를 지나고 변 AB에 수직인 직선을 y축으로 잡아

A$(-a, 0)$, B$(2a, 0)$, C(b, c)

라고 하면

$$2\overline{\text{CA}}^2 + \overline{\text{CB}}^2 = 2\{(b+a)^2 + c^2\} \\ + \{(b-2a)^2 + c^2\} \\ = 6a^2 + 3b^2 + 3c^2,$$

$$2\overline{\text{DA}}^2 + \overline{\text{DB}}^2 + 3\overline{\text{DC}}^2 \\ = 2a^2 + (2a)^2 + 3(b^2 + c^2) \\ = 6a^2 + 3b^2 + 3c^2$$

$\therefore \ 2\overline{\text{CA}}^2 + \overline{\text{CB}}^2 = 2\overline{\text{DA}}^2 + \overline{\text{DB}}^2 + 3\overline{\text{DC}}^2$

1-9.

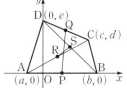

위의 그림과 같이 좌표축을 잡으면

$$\text{P}\left(\frac{a+b}{2}, \ 0\right), \ \text{Q}\left(\frac{c}{2}, \ \frac{d+e}{2}\right)$$

선분 PQ의 중점을 M$_1$이라고 하면

$$\text{M}_1\left(\frac{a+b+c}{4}, \ \frac{d+e}{4}\right)$$

또, R$\left(\dfrac{a+c}{2}, \ \dfrac{d}{2}\right)$, S$\left(\dfrac{b}{2}, \ \dfrac{e}{2}\right)$이므로

선분 RS의 중점을 M$_2$라고 하면

$$\text{M}_2\left(\frac{a+b+c}{4}, \ \frac{d+e}{4}\right)$$

따라서 점 M$_1$과 점 M$_2$는 일치한다.

1-10.

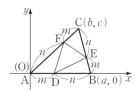

위의 그림과 같이 좌표축을 잡는다.

△ABC의 무게중심을 G$_1$이라고 하면

$$\text{G}_1\left(\frac{a+b}{3}, \ \frac{c}{3}\right)$$

또, 점 D, E, F의 좌표가

$$\text{D}\left(\frac{ma}{m+n}, \ 0\right),$$

$$\text{E}\left(\frac{mb+na}{m+n}, \ \frac{mc}{m+n}\right),$$

$$\text{F}\left(\frac{nb}{m+n}, \ \frac{nc}{m+n}\right)$$

이므로 △DEF의 무게중심을 G$_2(x, y)$라고 하면

$$x = \frac{1}{3}\left(\frac{ma}{m+n} + \frac{mb+na}{m+n} + \frac{nb}{m+n}\right)$$

$$= \frac{a+b}{3},$$

$$y = \frac{1}{3}\left(\frac{mc}{m+n} + \frac{nc}{m+n}\right) = \frac{c}{3}$$

따라서 $G_2\left(\dfrac{a+b}{3}, \dfrac{c}{3}\right)$ 이므로 $\triangle ABC$ 와 $\triangle DEF$의 무게중심은 일치한다.

*Note $A(x_1, y_1)$, $B(x_2, y_2)$, $C(x_3, y_3)$ 이라고 하여 증명해도 된다.

1-11. 두 점 A, B를 지나는 직선을 x축으로, 점 A를 지나고 직선 AB에 수직인 직선을 y축으로 잡아 $A(0, 0)$, $B(5, 0)$ 이라고 하자.

점 P의 좌표를 $P(x, y)$라고 하면 $\overline{PA}^2 - \overline{PB}^2 = 15$에서

$$x^2 + y^2 - \{(x-5)^2 + y^2\} = 15$$
$$\therefore \quad x = 4$$

따라서 점 P의 자취는

선분 **AB**를 **4 : 1**로 내분하는 점을 지나고 선분 **AB**에 수직인 직선

2-1. $l : ax + by + c = 0$

(1) 직선 l이 제 1, 3, 4 사분면을 지나면 $a \neq 0$, $b \neq 0$이므로 l에서

$$y = -\frac{a}{b}x - \frac{c}{b}$$

기울기 : $-\dfrac{a}{b} > 0$, y절편 : $-\dfrac{c}{b} < 0$,

x절편 : $-\dfrac{c}{a} > 0$

$$\therefore \quad ab < 0, \ bc > 0, \ ca < 0$$

(2) ① $bc > 0$에서 $b \neq 0$이므로

$ab = 0$에서 $a = 0$

이때, l은 $y = -\dfrac{c}{b}$

그런데 $-\dfrac{c}{b} < 0$이므로 그래프는 제 3, 4 사분면을 지난다.

② $ac < 0$이면 x절편 : $-\dfrac{c}{a} > 0$,

$bc < 0$이면 y절편 : $-\dfrac{c}{b} > 0$

이므로 그래프는 제 **1, 2, 4** 사분면을 지난다.

③ $ab > 0$이면 기울기 : $-\dfrac{a}{b} < 0$,

$ac > 0$이면 x절편 : $-\dfrac{c}{a} < 0$

이므로 그래프는 제 **2, 3, 4** 사분면을 지난다.

2-2. 직선 ①~④ 중 x축에 수직인 직선이 없으므로 $b \neq 0$, $d \neq 0$

각 방정식을 변형하면

(1) $y = -\dfrac{a}{b}x - \dfrac{c}{b}$

(2) $y = -\dfrac{a}{b}x - \dfrac{d}{b}$

(3) $y = -\dfrac{p}{2}x - \dfrac{b}{2}$

(4) $y = \dfrac{p}{d}x + \dfrac{c}{d}$

여기에서 (1), (2)의 기울기가 $-\dfrac{a}{b}$로 같으므로 ②, ③ 중의 어느 것이다.

따라서 (1), (2)의 기울기는 양수이고, y절편의 부호가 다르므로 c와 d는 부호가 다르다.

(4)는 y절편이 음수이므로 ④이고, (3)은 ①이다.

(3)에서 $p > 0$, $b < 0$이고, (4)에서 $d < 0$, $c > 0$이므로 (2)는 ③이고, (1)은 ②이다.

答 (1) ② 　(2) ③ 　(3) ① 　(4) ④

2-3. $x + ay + 1 = 0$ 　　　　……①

$2x - by + 1 = 0$ 　　　　……②

$x - (b-3)y - 1 = 0$ 　　……③

①, ②가 수직일 조건은

$$1 \times 2 + a \times (-b) = 0$$
$$\therefore \quad ab = 2 \qquad \cdots\cdots ④$$

이때, $a \neq 0$이므로 ①, ③이 평행할 조건은

$$\frac{1}{1} = \frac{-(b-3)}{a} \neq \frac{-1}{1}$$
$$\therefore \quad a + b = 3 \qquad \cdots\cdots ⑤$$

④, ⑤를 연립하여 풀면

$$a = 1, \ b = 2 \ \text{또는} \ a = 2, \ b = 1$$

*__Note__ ①, ②가 수직이고 ①, ③이 평행하므로 ②, ③은 수직이다. 이를 이용해도 된다.

2-4. (1) 기울기가 음수이고 x축과 이루는 예각의 크기가 $45°$이므로 기울기는
$$-\tan 45° = -1$$
점 $(2, 0)$을 지나므로
$$y - 0 = -1 \times (x - 2)$$
$$\therefore \boldsymbol{y = -x + 2}$$

(2)

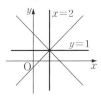

점 $(2, 1)$을 지나고, 기울기가 1 또는 -1이므로
$$y - 1 = 1 \times (x - 2),$$
$$y - 1 = -1 \times (x - 2)$$
$$\therefore \boldsymbol{y = x - 1,\ y = -x + 3}$$

(3) $3x + \sqrt{3}y - 3 = 0$에서
$$y = -\sqrt{3}x + \sqrt{3} \qquad \cdots\cdots ①$$
$\sqrt{3}x - y - \sqrt{3} = 0$에서
$$y = \sqrt{3}x - \sqrt{3} \qquad \cdots\cdots ②$$
두 직선이 이루는 각 중에서 둔각을 사등분하는 직선은 아래 그림에서 직선 l, m, n이다.

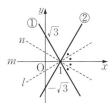

$\tan 60° = \sqrt{3}$이므로 기울기가 음수인 직선 ①과 기울기가 양수인 직선 ②가 x축과 이루는 예각의 크기는 모두 $60°$이다.

이때, 직선 l은 기울기가 양수이고 x축과 이루는 예각의 크기가 $30°$이므로 l의 방정식은
$$y - 0 = \tan 30° \times (x - 1)$$
$$\therefore x - \sqrt{3}y - 1 = 0$$
직선 m은 x축이므로 m의 방정식은 $y = 0$
직선 n은 기울기가 음수이고 x축과 이루는 예각의 크기가 $30°$이므로 n의 방정식은
$$y - 0 = -\tan 30° \times (x - 1)$$
$$\therefore x + \sqrt{3}y - 1 = 0$$
따라서 구하는 직선의 방정식은
$$\boldsymbol{x - \sqrt{3}y - 1 = 0,\ y = 0,}$$
$$\boldsymbol{x + \sqrt{3}y - 1 = 0}$$

2-5. (1) 기울기가 $-\dfrac{3}{2}$이고 점 $(3, -2)$를 지나는 직선이므로
$$y + 2 = -\frac{3}{2}(x - 3)$$
$$\therefore \boldsymbol{y = -\frac{3}{2}x + \frac{5}{2}}$$

(2) 기울기가 $-\dfrac{3}{2}$이고 점 $(2, 3)$을 지나는 직선이므로
$$y - 3 = -\frac{3}{2}(x - 2)$$
$$\therefore \boldsymbol{y = -\frac{3}{2}x + 6}$$

(3) 직선 AB의 기울기는
$$\frac{2 - (-1)}{1 - (-2)} = 1$$
따라서 기울기는 -1이고 점 B$(1, 2)$를 지나는 직선이므로
$$y - 2 = -1 \times (x - 1)$$
$$\therefore \boldsymbol{y = -x + 3}$$

(4) 직선 AB의 기울기는 $\dfrac{0 - 3}{5 - 2} = -1$이고, 선분 AB의 중점의 좌표는 $\left(\dfrac{7}{2},\ \dfrac{3}{2}\right)$이다.

따라서 구하는 직선은 기울기가 1이

고 점 $\left(\dfrac{7}{2}, \dfrac{3}{2}\right)$을 지나므로

$$y - \dfrac{3}{2} = 1 \times \left(x - \dfrac{7}{2}\right) \quad \therefore \boldsymbol{y = x - 2}$$

2-6. (i) $k=1$일 때,

　　$A(1, -1), B(1, 1), C(2, -4)$

이므로 이 세 점을 지나는 직선은 없다.

(ii) $k \neq 1$일 때, 두 점 A, B를 지나는 직

선의 방정식은

$$y - k = \dfrac{(k-2)-k}{k-1}(x-1)$$

점 $C(2k, -4)$가 이 직선 위에 있으

므로 점의 좌표를 대입하면

$$-4 - k = \dfrac{-2}{k-1}(2k-1)$$

양변에 $k-1$을 곱하고 정리하면

$$k^2 - k - 2 = 0 \quad \therefore \boldsymbol{k = -1, 2}$$

2-7.

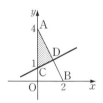

점 $C(0, 1)$을 지나는 직선의 방정식을

$$y = mx + 1 \qquad \cdots\cdots\text{①}$$

이라고 하자. 직선 AB의 방정식은

$$\dfrac{x}{2} + \dfrac{y}{4} = 1, \text{ 곧 } y = -2x + 4 \cdots\text{②}$$

①, ②의 교점을 D라고 하면 점 D의

x좌표는 $mx + 1 = -2x + 4$에서

$$(m+2)x = 3 \quad \therefore x = \dfrac{3}{m+2}$$

$\triangle ACD = \dfrac{1}{2}\triangle OAB$이므로

$$\dfrac{1}{2} \times (4-1) \times \dfrac{3}{m+2} = \dfrac{1}{2}\left(\dfrac{1}{2} \times 4 \times 2\right)$$

$$\therefore \dfrac{9}{m+2} = 4 \quad \therefore m = \dfrac{1}{4}$$

①에 대입하면 $\boldsymbol{y = \dfrac{1}{4}x + 1}$

2-8. m에 관하여 정리하면

$$(2x+3y-1)m + (3x+4y-2) = 0$$

이 직선은 m의 값에 관계없이 두 직선

$$2x+3y-1 = 0, \ 3x+4y-2 = 0$$

의 교점을 지난다.

　연립하여 풀면 $x = 2, \ y = -1$

따라서 구하는 점의 좌표는

$$\boldsymbol{(2, -1)}$$

2-9. $\dfrac{1}{a} + \dfrac{1}{2b} = \dfrac{1}{5}$에서 $\dfrac{1}{a} = \dfrac{1}{5} - \dfrac{1}{2b}$이므

로 $\dfrac{x}{a} + \dfrac{y}{b} = 1$에 대입하면

$$\left(\dfrac{1}{5} - \dfrac{1}{2b}\right)x + \dfrac{1}{b}y = 1$$

$$\therefore \left(\dfrac{1}{2}x - y\right)\dfrac{1}{b} - \left(\dfrac{1}{5}x - 1\right) = 0$$

이 직선은 b의 값에 관계없이 두 직선

$$\dfrac{1}{2}x - y = 0, \ \dfrac{1}{5}x - 1 = 0$$

의 교점을 지난다.

　연립하여 풀면 $x = 5, \ y = \dfrac{5}{2}$

따라서 구하는 점의 좌표는 $\left(5, \dfrac{5}{2}\right)$

2-10. $y = x + 2 \qquad \cdots\cdots\text{①}$

　　$y = mx - m + 1 \qquad \cdots\cdots\text{②}$

②를 m에 관하여 정리하면

$$(x-1)m + 1 - y = 0$$

이므로 ②는 m의 값에 관계없이 두 직선

$$x - 1 = 0, \ 1 - y = 0$$

의 교점인 점 $(1, 1)$을 지난다.

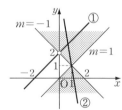

따라서 ①과 ②가 제1사분면에서 만

나려면 ②가 그림의 점 찍은 부분에 존

재해야 한다.

$$\therefore \ m<-1, \ m>1$$

2-11. (1) 직선 l의 방정식을 a에 관하여 정리하면

$$(x-3)a-2y+4=0$$

이므로 a의 값에 관계없이 두 직선

$$x-3=0, \ -2y+4=0$$

의 교점을 지난다.

따라서 구하는 점의 좌표는 **(3, 2)**

(2)

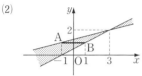

직선 l이 선분 AB와 만나기 위해서는 그림의 점 찍은 부분을 지나야 한다.

그런데 직선 l의 기울기가 $\dfrac{a}{2}$이므로

$$\frac{1}{4}\leq\frac{a}{2}\leq\frac{1}{2} \quad \therefore \ \mathbf{\frac{1}{2}\leq a\leq 1}$$

2-12. 점 $(1, 2)$를 지나는 직선의 방정식은

$$y-2=m(x-1) \qquad \cdots\cdots ①$$

또는 $x=1 \qquad \cdots\cdots ②$

①에서 $mx-y-m+2=0$이고, 점 $(0, 0)$과 이 직선 사이의 거리가 1이므로

$$\frac{|-m+2|}{\sqrt{m^2+(-1)^2}}=1$$

$$\therefore \ |m-2|=\sqrt{m^2+1}$$

양변을 제곱하면

$$(m-2)^2=m^2+1 \quad \therefore \ m=\frac{3}{4}$$

①에 대입하여 정리하면

$$3x-4y+5=0$$

또, 직선 ②도 조건을 만족시킨다.

$$\therefore \ \mathbf{3x-4y+5=0, \ x=1}$$

Note 직선 $y=2$가 주어진 조건을 만족시키지 않으므로 구하는 직선의 방정식을

$$m(y-2)=x-1$$

로 놓고 풀어도 된다.

2-13. 직선 $3x+4y+1=0$에 수직인 직선의 방정식을

$$4x-3y+k=0 \qquad \cdots\cdots ①$$

로 놓으면 원점에서 거리가 1이므로

$$\frac{|k|}{\sqrt{4^2+(-3)^2}}=1 \quad \therefore \ k=\pm 5$$

①에 대입하면

$$\mathbf{4x-3y+5=0, \ 4x-3y-5=0}$$

Note 구하는 직선의 기울기가 $\dfrac{4}{3}$이므로 직선의 방정식을 $y=\dfrac{4}{3}x+b$로 놓고 풀어도 된다.

2-14. (1) $S=\dfrac{1}{2}|(0-2)\times 3+(2-6)\times 0$
$$\qquad\qquad +(6-0)\times 6|$$
$$=\mathbf{15}$$

(2) $S=\dfrac{1}{2}|(9-1)\times 3+(1-7)\times 8$
$$\qquad\qquad +(7-9)\times 2|$$
$$=\mathbf{14}$$

2-15. $x+2y-6=0 \qquad\qquad \cdots\cdots ①$
$$2x-y-2=0 \qquad\qquad \cdots\cdots ②$$
$$3x+y-3=0 \qquad\qquad \cdots\cdots ③$$

①, ②에서 $x=2, \ y=2$

곧, ①, ②의 교점은 A$(2, 2)$

②, ③에서 $x=1, \ y=0$

곧, ②, ③의 교점은 B$(1, 0)$

①, ③에서 $x=0, \ y=3$

곧, ①, ③의 교점은 C$(0, 3)$

따라서 세 직선으로 둘러싸인 $\triangle ABC$의 넓이 S는

$$S=\frac{1}{2}|(2-1)\times 3+(1-0)\times 2$$
$$\qquad\qquad +(0-2)\times 0|$$
$$=\mathbf{\frac{5}{2}}$$

2-16.

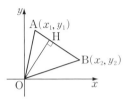

$\overline{\text{AB}}=\sqrt{(x_2-x_1)^2+(y_2-y_1)^2}$

또, 직선 AB의 방정식은

$(x_2-x_1)(y-y_1)=(y_2-y_1)(x-x_1)$

$\therefore (y_2-y_1)x-(x_2-x_1)y$
$\qquad\qquad -(x_1y_2-x_2y_1)=0$

따라서 점 O에서 직선 AB에 내린 수선의 발을 H라고 하면

$\overline{\text{OH}}=\dfrac{|-(x_1y_2-x_2y_1)|}{\sqrt{(y_2-y_1)^2+(x_2-x_1)^2}}$

따라서 △OAB의 넓이 S는

$S=\dfrac{1}{2}\times\overline{\text{AB}}\times\overline{\text{OH}}$

$\quad=\dfrac{1}{2}\sqrt{(x_2-x_1)^2+(y_2-y_1)^2}$
$\qquad\times\dfrac{|-(x_1y_2-x_2y_1)|}{\sqrt{(y_2-y_1)^2+(x_2-x_1)^2}}$

$\quad=\dfrac{1}{2}|x_1y_2-x_2y_1|$

2-17. A$(0, 2)$, B$(3, -4)$로 놓고, 조건을 만족시키는 임의의 점을 P(x, y)라 하면

$\overline{\text{PA}}=\overline{\text{PB}}$ 곧, $\overline{\text{PA}}^2=\overline{\text{PB}}^2$

이므로

$x^2+(y-2)^2=(x-3)^2+(y+4)^2$

$\therefore 2x-4y-7=0$

2-18.

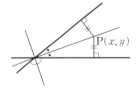

두 직선이 이루는 각의 이등분선 위의 임의의 점을 P(x, y)라고 하면, 점 P에서 두 직선에 이르는 거리가 같으므로

$\dfrac{|3x-y-1|}{\sqrt{3^2+(-1)^2}}=\dfrac{|x+3y+1|}{\sqrt{1^2+3^2}}$

$\therefore 3x-y-1=\pm(x+3y+1)$

따라서 구하는 방정식은

$x-2y-1=0,\ 2x+y=0$

3-1. (1) 원의 중심을 M이라고 하면 점 M은 선분 PQ의 중점이므로

$\qquad \text{M}(2, -1)$

또, 원의 반지름의 길이는

$\overline{\text{MP}}=\sqrt{(-1-2)^2+(-3+1)^2}$
$\qquad=\sqrt{13}$

따라서 구하는 원의 방정식은

$(x-2)^2+(y+1)^2=13$

(2) 원의 방정식을

$\qquad x^2+y^2+ax+by+c=0$

이라고 하면 이 원이 세 점 $(0, 0)$, $(2, 2)$, $(0, 4)$를 지나므로

$c=0,\ 4+4+2a+2b+c=0,$
$16+4b+c=0$

연립하여 풀면

$\qquad a=0,\ b=-4,\ c=0$

따라서 구하는 원의 방정식은

$x^2+y^2-4y=0$

***Note** 주어진 세 점을 꼭짓점으로 하는 삼각형이 직각삼각형이므로 빗변이 외접원의 지름임을 이용하여 풀수도 있다.

3-2. 원의 중심을 점 (a, b)라고 하면 $a>0$이고, 반지름의 길이는 a이므로 원의 방정식

$\qquad (x-a)^2+(y-b)^2=a^2 \ \cdots\cdots\text{①}$

두 점 $(1, 0)$, $(4, 0)$을 지나므로

$\qquad (1-a)^2+b^2=a^2 \qquad \cdots\cdots\text{②}$
$\qquad (4-a)^2+b^2=a^2 \qquad \cdots\cdots\text{③}$

②$-$③하면 $a=\dfrac{5}{2}$

②에 대입하면 $b=\pm 2$

①에 대입하면
$$\left(x-\frac{5}{2}\right)^2+(y-2)^2=\frac{25}{4},$$
$$\left(x-\frac{5}{2}\right)^2+(y+2)^2=\frac{25}{4}$$

3-3. 원의 중심을 점 $(0,\,b)$, 반지름의 길이를 r이라고 하면 원의 방정식은
$$x^2+(y-b)^2=r^2 \qquad\cdots\cdots ①$$
두 점 $(-3,\,-3)$, $(3,\,5)$를 지나므로
$$(-3)^2+(-3-b)^2=r^2 \cdots\cdots ②$$
$$3^2+(5-b)^2=r^2 \qquad\cdots\cdots ③$$
②$-$③하면 $b=1$
②에 대입하면 $r^2=25$
①에 대입하면
$$\boldsymbol{x^2+(y-1)^2=25}$$

3-4. 원의 중심을 점 $(a,\,b)$라고 하면 반지름의 길이는 $|b|$이므로 원의 방정식은
$$(x-a)^2+(y-b)^2=b^2 \cdots\cdots ①$$
점 $(6,\,2)$를 지나므로
$$(6-a)^2+(2-b)^2=b^2 \cdots\cdots ②$$
또, 중심이 직선 $y=x+3$ 위에 있으므로
$$b=a+3 \qquad\cdots\cdots ③$$
③을 ②에 대입하여 정리하면
$$a^2-16a+28=0 \quad\therefore\ a=2,\,14$$
③에 대입하면 $b=5,\,17$
①에 대입하면
$$\boldsymbol{(x-2)^2+(y-5)^2=25,}$$
$$\boldsymbol{(x-14)^2+(y-17)^2=289}$$

***Note** 주어진 조건을 만족시키는 원의 중심의 y좌표는 항상 양수이다. 따라서 원의 반지름의 길이를 b라고 해도 된다.

3-5. 원의 방정식은
$$(x+1)^2+(y-2)^2=5$$
이므로 중심이 $C(-1,\,2)$, 반지름의 길이가 $\sqrt{5}$이다.

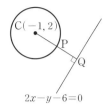

$$2x-y-6=0$$

원의 중심 C에서 직선에 내린 수선의 발을 Q라 하고, 선분 CQ가 원과 만나는 점을 P라고 할 때, 선분 PQ의 길이가 최소이다.
이때,
$$\overline{\mathrm{CQ}}=\frac{|2\times(-1)-2-6|}{\sqrt{2^2+(-1)^2}}=2\sqrt{5}$$
이므로 선분 PQ의 길이의 최솟값은
$$\overline{\mathrm{PQ}}=\overline{\mathrm{CQ}}-\overline{\mathrm{CP}}=2\sqrt{5}-\sqrt{5}=\boldsymbol{\sqrt{5}}$$

3-6. (1)

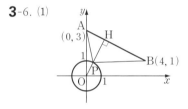

원점 O에서 선분 AB에 내린 수선의 발을 H라 하고, 선분 OH가 원과 만나는 점을 P라고 할 때, $\triangle$PAB의 넓이가 최소이다.
직선 AB의 방정식은
$$y=-\frac{1}{2}x+3,\ 곧\ x+2y-6=0$$
이므로 원점과 이 직선 사이의 거리는
$$\overline{\mathrm{OH}}=\frac{|-6|}{\sqrt{1^2+2^2}}=\frac{6}{\sqrt{5}}$$
$$\therefore\ \overline{\mathrm{PH}}=\frac{6}{\sqrt{5}}-1$$
또,
$$\overline{\mathrm{AB}}=\sqrt{(4-0)^2+(1-3)^2}=2\sqrt{5}$$
이므로 $\triangle$PAB의 넓이의 최솟값은
$$\frac{1}{2}\times2\sqrt{5}\times\left(\frac{6}{\sqrt{5}}-1\right)=\boldsymbol{6-\sqrt{5}}$$

(2)

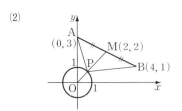

선분 AB의 중점을 M이라고 하면 중선 정리에 의하여

$$\overline{PA}^2 + \overline{PB}^2 = 2(\overline{PM}^2 + \overline{AM}^2) \cdots ①$$

여기에서 선분 AM의 길이가 일정하므로 $\overline{PM}$이 최소일 때 $\overline{PA}^2 + \overline{PB}^2$이 최소이고, 이때 점 P는 선분 OM이 원과 만나는 점이다.

그런데 M(2, 2)이므로 $\overline{PM}$의 최솟값은

$$\overline{OM} - \overline{OP} = \sqrt{2^2 + 2^2} - 1 = 2\sqrt{2} - 1$$

또, $\overline{AM} = \sqrt{(2-0)^2 + (2-3)^2} = \sqrt{5}$

①에 대입하면 구하는 최솟값은

$$\overline{PA}^2 + \overline{PB}^2 = 2\{(2\sqrt{2}-1)^2 + (\sqrt{5})^2\}$$
$$= 28 - 8\sqrt{2}$$

*__Note__ (2)는 다음과 같이 풀 수도 있다.

점 $P(x, y)$는 원 $x^2 + y^2 = 1$ 위의 점이므로

$$\overline{PA}^2 + \overline{PB}^2 = \{(x-0)^2 + (y-3)^2\}$$
$$+ \{(x-4)^2 + (y-1)^2\}$$
$$= 2(x^2 + y^2) - 8(x+y) + 26$$
$$= 28 - 8(x+y) \quad \cdots\cdots ①$$

따라서 $x + y$가 최대일 때 $\overline{PA}^2 + \overline{PB}^2$이 최소이다.

$x + y = k$로 놓고 $x^2 + y^2 = 1$에서 y를 소거하면

$$2x^2 - 2kx + k^2 - 1 = 0$$
$$\therefore D/4 = k^2 - 2(k^2 - 1) \geq 0$$
$$\therefore -\sqrt{2} \leq k \leq \sqrt{2}$$

따라서 k의 최댓값은 $\sqrt{2}$이고, ①에 대입하면 $\overline{PA}^2 + \overline{PB}^2$의 최솟값은

$$28 - 8\sqrt{2}$$

3-7. 점 (3, 2)를 지나는 직선의 기울기를 m이라고 하면

$$y - 2 = m(x-3)$$
곧, $mx - y - 3m + 2 = 0$ $\quad\cdots\cdots①$

①이 원 $x^2 + y^2 = 4$에 접하면 원의 중심 (0, 0)과 ① 사이의 거리가 원의 반지름의 길이인 2와 같으므로

$$\frac{|-3m+2|}{\sqrt{m^2 + (-1)^2}} = 2$$
$$\therefore (-3m+2)^2 = 4(m^2 + 1)$$
$$\therefore 5m^2 - 12m = 0 \quad \therefore m = 0, \frac{12}{5}$$

①에 대입하면 $y = 2$, $12x - 5y = 26$

*__Note__ 1° 접선의 기울기를 m으로 놓고 풀 때는 x축에 수직인 접선이 있는지 먼저 확인한다.

2° ①을 $x^2 + y^2 = 4$에 대입하여 판별식을 이용할 수 있다.

또, **필수 예제 3-4**의 **모범답안**의 (**방법** 2)와 같이 공식을 이용하여 해결할 수도 있다.

3-8. 원의 중심 C(2, 3)과 접선 $x + y + c = 0$ 사이의 거리는 원의 반지름의 길이인 4와 같으므로

$$\frac{|2+3+c|}{\sqrt{1^2 + 1^2}} = 4 \quad \therefore c = -5 \pm 4\sqrt{2}$$

3-9. 원의 중심은 점 C(1, -3)이고, 선분 CP는 접선과 수직이므로 접선의 기울기를 m이라고 하면

$$\frac{-2-(-3)}{2-1} \times m = -1 \quad \therefore m = -1$$

따라서 구하는 접선의 방정식은

$$y + 2 = -1 \times (x - 2) \quad \therefore y = -x$$

3-10. 원과 직선의 교점 P, Q의 x좌표를 각각 α, β라고 하면

$$P(\alpha, \alpha+1), Q(\beta, \beta+1)$$

이므로

$\overline{\mathrm{PQ}}=\sqrt{(\alpha-\beta)^2+\{(\alpha+1)-(\beta+1)\}^2}$
$\qquad=\sqrt{2(\alpha-\beta)^2}$
$\qquad=\sqrt{2\{(\alpha+\beta)^2-4\alpha\beta\}}$　　$\cdots\cdots$①

또, $\alpha,\ \beta$는 $y=x+1$과 $x^2+y^2=4$에서 y를 소거한 이차방정식

$$2x^2+2x-3=0$$

의 두 근이므로 근과 계수의 관계로부터

$$\alpha+\beta=-1,\ \alpha\beta=-\frac{3}{2}$$

이 값을 ①에 대입하면

$$\overline{\mathrm{PQ}}=\sqrt{2\left\{(-1)^2-4\times\left(-\frac{3}{2}\right)\right\}}=\sqrt{14}$$

*__Note__ 위에서는 일반적인 방법으로 풀었으나 곡선이 원인 경우에는 원의 성질을 이용하여 다음과 같이 풀 수도 있다.

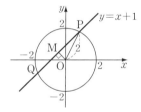

원의 중심 O와 직선 $y=x+1$ 사이의 거리는

$$\overline{\mathrm{OM}}=\frac{1}{\sqrt{1^2+(-1)^2}}=\frac{1}{\sqrt{2}}$$
$$\therefore\ \overline{\mathrm{PM}}^2=\overline{\mathrm{OP}}^2-\overline{\mathrm{OM}}^2$$
$$=2^2-\left(\frac{1}{\sqrt{2}}\right)^2=\frac{7}{2}$$

따라서 $\overline{\mathrm{PM}}=\sqrt{\dfrac{7}{2}}=\dfrac{\sqrt{14}}{2}$ 이고,

$\overline{\mathrm{PQ}}=2\overline{\mathrm{PM}}$이므로　$\overline{\mathrm{PQ}}=\sqrt{14}$

3-11. $y=x+5$를 원의 방정식에 대입하여 정리하면

$$x^2+5x+10-2a=0\qquad\cdots\cdots①$$

①의 두 근을 $\alpha,\ \beta$라고 하면 교점의 좌표는

$$(\alpha,\ \alpha+5),\ (\beta,\ \beta+5)$$

이므로 선분의 길이를 l 이라고 하면

$l^2=(\alpha-\beta)^2+\{(\alpha+5)-(\beta+5)\}^2$
$\quad=2(\alpha-\beta)^2=2\{(\alpha+\beta)^2-4\alpha\beta\}$

①에서 $\alpha+\beta=-5,\ \alpha\beta=10-2a$ 이고,
$l=\sqrt{10}$ 이므로

$$(\sqrt{10})^2=2\{(-5)^2-4(10-2a)\}$$
$$\therefore\ \boldsymbol{a=\dfrac{5}{2}}$$

3-12. 두 원의 중심 사이의 거리 d 는

$$d=\sqrt{2^2+2^2}=2\sqrt{2}$$

(1) 두 원이 외접하므로　$d=r+1$

$$\therefore\ 2\sqrt{2}=r+1\quad\therefore\ \boldsymbol{r=2\sqrt{2}-1}$$

(2) 두 원이 서로 다른 두 점에서 만나므로

$$|r-1|<d<r+1$$
$$\therefore\ |r-1|<2\sqrt{2}<r+1$$

(ⅰ) $|r-1|<2\sqrt{2}$ 에서

$$1-2\sqrt{2}<r<1+2\sqrt{2}$$

$r>0$이므로　$0<r<1+2\sqrt{2}$

(ⅱ) $2\sqrt{2}<r+1$에서　$r>2\sqrt{2}-1$

(ⅰ), (ⅱ)에서 공통 범위를 구하면

$$\boldsymbol{2\sqrt{2}-1<r<2\sqrt{2}+1}$$

3-13. $(x-a)^2+y^2=r^2$　　　$\cdots\cdots①$

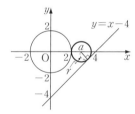

원 ①이 원 $x^2+y^2=4$와 외접하고, $a>0,\ r>0$이므로

$$a=r+2\qquad\cdots\cdots②$$

원 ①이 직선 $y=x-4$에 접하므로

$$\frac{|a-0-4|}{\sqrt{1^2+(-1)^2}}=r\quad\therefore\ |a-4|=\sqrt{2}\,r$$

그런데 $a\geq4$이면 주어진 조건을 만족시킬 수 없으므로 $a<4$이다.

$$\therefore\ -a+4=\sqrt{2}\,r\qquad\cdots\cdots③$$

②, ③에서　$\boldsymbol{a=2\sqrt{2},\ r=2(\sqrt{2}-1)}$

3-14. 원 $x^2+y^2+2x-3y-9=0$이 x축에 접하지 않으므로 구하는 원의 방정식을

$$(x^2+y^2+2x-3y-9)m$$
$$+(x^2+y^2-2x+5y)=0 \ (m \neq -1)$$
$$\cdots\cdots①$$

로 놓을 수 있다.

$y=0$을 대입하여 정리하면

$$(m+1)x^2+2(m-1)x-9m=0 \cdots②$$

①이 x축에 접하기 위해서는 ②가 중근을 가져야 하므로

$$D/4=(m-1)^2+9m(m+1)=0$$
$$\therefore \ m=-\frac{1}{2}, \ -\frac{1}{5}$$

①에 대입하여 정리하면

$$x^2+y^2-6x+13y+9=0,$$
$$4x^2+4y^2-12x+28y+9=0$$

3-15. $x^2+y^2=r^2$ $\cdots\cdots①$
$(x-2)^2+(y-1)^2=4$ $\cdots\cdots②$

중심 사이의 거리가 $\sqrt{2^2+1^2}=\sqrt{5}$ 이므로 ①, ②가 두 점에서 만나는 경우는

$$\sqrt{5}-2<r<\sqrt{5}+2 \quad \cdots\cdots③$$

①이 ②의 둘레를 이등분하려면 두 원의 교점 P, Q가 원 ②의 지름의 양 끝점이어야 한다.

두 점 P, Q를 지나는 직선의 방정식은 ①−②에서 $\quad 4x+2y=r^2+1$

이 직선이 원 ②의 중심 $(2, 1)$을 지나므로

$$4 \times 2+2 \times 1=r^2+1 \quad \therefore \ r^2=9$$

③을 만족시키는 r의 값은 $\quad \boldsymbol{r=3}$

3-16. 원 위를 움직이는 점 P의 좌표를 $P(a, b)$라고 하면

$$a^2+b^2+4a+2b+1=0 \ \cdots\cdots①$$

또, 점 $(2, 1)$과 점 P를 잇는 선분의 중점 Q의 좌표를 $Q(x, y)$라고 하면

$$x=\frac{a+2}{2}, \ y=\frac{b+1}{2}$$

$$\therefore \ a=2x-2, \ b=2y-1 \quad \cdots\cdots②$$

②를 ①에 대입하여 정리하면

$$x^2+y^2=1$$

3-17. 점 $(1, 0)$과 원점 사이의 거리가 1이므로 중심이 점 $(1, 0)$이고 원점을 지나는 원의 방정식은

$$(x-1)^2+y^2=1$$

따라서 점 P의 좌표를 $P(a, b)$라 하면

$$(a-1)^2+b^2=1 \quad \cdots\cdots①$$

또, 선분 OP의 중점의 좌표를 (x, y)라고 하면

$$x=\frac{a}{2}, \ y=\frac{b}{2}$$

$$\therefore \ a=2x, \ b=2y \quad \cdots\cdots②$$

②를 ①에 대입하면

$$(2x-1)^2+(2y)^2=1$$

한편 점 P는 원점이 아니므로

$$a \neq 0 \ \text{또는} \ b \neq 0$$
$$\therefore \ x \neq 0 \ \text{또는} \ y \neq 0$$

따라서 구하는 자취의 방정식은

$$\left(x-\frac{1}{2}\right)^2+y^2=\frac{1}{4} \ (\text{단, 원점은 제외})$$

3-18. $y+k(x-2)=0$ $\cdots\cdots①$
$ky-(x+2)=0$ $\cdots\cdots②$

k의 값에 관계없이 ①은 점 $A(2, 0)$을 지나고, ②는 점 $B(-2, 0)$을 지난다.

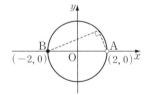

한편 ①, ②에서

$$k \times (-1)+1 \times k=0$$

이므로 k의 값에 관계없이 ①, ②는 수직이다.

따라서 ①, ②의 교점은 지름이 $\overline{AB}$인 원 위에 있다.

이때, $\overline{\mathrm{AB}}$의 중점은 원점이고, $\overline{\mathrm{AB}}=4$ 이므로 자취의 방정식은
$$x^2+y^2=4$$
한편 ①은 직선 $x=2$를, ②는 직선 $y=0$을 나타낼 수 없으므로 점 $(2, 0)$은 제외한다.

따라서 구하는 자취의 방정식은
$$\boldsymbol{x^2+y^2=4} \text{ (단, 점 } \boldsymbol{(2, 0)}\text{은 제외)}$$

3-19. $\overline{\mathrm{PA}} : \overline{\mathrm{PB}}=2 : 1$에서 $\overline{\mathrm{PA}}^2=4\overline{\mathrm{PB}}^2$ 이므로 $\mathrm{P}(x, y)$라고 하면
$$(x+2)^2+y^2=4\{(x-1)^2+y^2\}$$
$$\therefore (x-2)^2+y^2=4 \quad \cdots\cdots①$$

(1) $3x+4y+c=0 \quad \cdots\cdots②$

직선 ②가 원 ①에 접하면 ①의 중심 $(2, 0)$과 ② 사이의 거리가 반지름의 길이인 2와 같으므로
$$\frac{|3\times2+4\times0+c|}{\sqrt{3^2+4^2}}=2$$
$$\therefore |c+6|=10 \quad \therefore c=4, -16$$

(2)

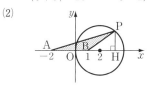

점 P에서 x축에 내린 수선의 발을 H라고 하면
$$\triangle\mathrm{PAB}=\frac{1}{2}\times\overline{\mathrm{AB}}\times\overline{\mathrm{PH}}=\frac{3}{2}\overline{\mathrm{PH}}$$
이므로 $\overline{\mathrm{PH}}$가 최대일 때 $\triangle\mathrm{PAB}$의 넓이는 최대이다.

이때, $\overline{\mathrm{PH}}\leq2$(반지름의 길이)이므로 $\triangle\mathrm{PAB}$의 넓이의 최댓값은
$$\frac{3}{2}\overline{\mathrm{PH}}=\frac{3}{2}\times2=\boldsymbol{3}$$

4-1. 점 $(3, 1)$을 점 $(1, 3)$으로 이동하는 평행이동 T는
$$T : (x, y) \longrightarrow (x-2, y+2)$$
따라서 $(a, b) \longrightarrow (4, 5)$라고 하면

$$a-2=4, \ b+2=5$$
$$\therefore a=6, \ b=3$$
따라서 구하는 점의 좌표는 $\boldsymbol{(6, 3)}$

4-2. 원점을 점 $(3, 2)$로 이동하는 평행이동 T는
$$T : (x, y) \longrightarrow (x+3, y+2)$$
따라서 직선 $x+3y+5=0$을 평행이동 T에 의하여 이동한 직선의 방정식은
$$(x-3)+3(y-2)+5=0$$
$$\therefore \boldsymbol{x+3y-4=0}$$

4-3. (1) $y=f(x)$의 그래프를 x축의 방향으로 -1만큼 평행이동한 것이다.

(2) $y=\dfrac{1}{2}f(x)$이므로 $y=f(x)$의 그래프를 y축의 방향으로 $\dfrac{1}{2}$배 한 것이다.

(3) $y=f(x)$의 그래프를 y축에 대하여 대칭이동한 것이다.

(4) $-y=f(x)$이므로 $y=f(x)$의 그래프를 x축에 대하여 대칭이동한 것이다.

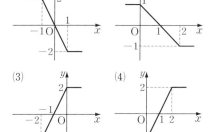

4-4. $x^2+y^2-10x-4y+28=0$에서
$$(x-5)^2+(y-2)^2=1$$
이므로 중심이 $\mathrm{P}(5, 2)$이고 반지름의 길이가 1인 원이다.

따라서 직선 $x-y-1=0 \quad \cdots\cdots①$ 에 대하여 점 P와 대칭인 점을 $\mathrm{Q}(a, b)$ 라고 하면 구하는 도형은 중심이 점 Q이

고 반지름의 길이가 1인 원이다.

선분 PQ의 중점이 직선 ① 위에 있으므로

$$\frac{5+a}{2}-\frac{2+b}{2}-1=0$$

$$\therefore a-b+1=0 \qquad \cdots\cdots②$$

또, 직선 PQ가 직선 ①과 수직이므로

$$\frac{b-2}{a-5}=-1$$

$$\therefore a+b-7=0 \qquad \cdots\cdots③$$

②, ③을 연립하여 풀면 $a=3$, $b=4$

$$\therefore (x-3)^2+(y-4)^2=1$$

4-5.

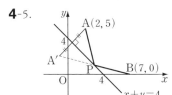

직선 $x+y=4$ $\qquad \cdots\cdots①$

에 대하여 점 A와 대칭인 점을 A′(a, b)라고 할 때, 선분 A′B가 직선 ①과 만나는 점을 P라고 하면 이때 $\overline{AP}+\overline{PB}$의 값이 최소이고 이 값은 $\overline{A'B}$와 같다.

(ⅰ) 점 A′과 점 A는 직선 ①에 대하여 대칭이므로

$$\frac{a+2}{2}+\frac{b+5}{2}=4, \quad \frac{b-5}{a-2}=1$$

$$\therefore a=-1, b=2 \quad \therefore A'(-1, 2)$$

따라서 구하는 최솟값은

$$\overline{A'B}=\sqrt{(7+1)^2+(0-2)^2}=2\sqrt{17}$$

(ⅱ) 직선 A′B의 방정식은

$$y=-\frac{1}{4}(x-7)$$

이므로 ①과 연립하여 풀면

$$x=3, y=1 \quad \therefore \mathbf{P(3, 1)}$$

4-6. $l : x+ay+b=0$

(1) O$(0, 0)$, A$(-1, -1)$이라고 하자.

선분 OA의 중점 $\left(-\dfrac{1}{2}, -\dfrac{1}{2}\right)$이 직

선 l 위에 있으므로

$$-\frac{1}{2}+a\times\left(-\frac{1}{2}\right)+b=0$$

$$\therefore a-2b+1=0 \qquad \cdots\cdots①$$

또, 직선 OA가 직선 l과 수직이고, 직선 OA의 기울기가 1이므로 $\boldsymbol{a=1}$

①에 대입하면 $\boldsymbol{b=1}$

***Note** 직선 l이 선분 OA의 수직이 등분선임을 이용해도 된다.*

(2) $a=1$, $b=1$이므로 직선 l의 방정식은

$$x+y+1=0$$

직선 $x-2y+2=0$ $\qquad \cdots\cdots②$

위의 점 P(x, y)가 점 P′(x', y')으로 이동된다고 하면 두 점 P, P′은 직선 l에 대하여 대칭이다.

선분 PP′의 중점이 직선 l 위에 있으므로

$$\frac{x+x'}{2}+\frac{y+y'}{2}+1=0$$

$$\therefore x+y+x'+y'+2=0 \quad \cdots③$$

또, 직선 PP′이 직선 l과 수직이므로

$$\frac{y-y'}{x-x'}=1$$

$$\therefore x-y-x'+y'=0 \qquad \cdots\cdots④$$

③, ④를 x, y에 관하여 연립하여 풀면 $x=-y'-1$, $y=-x'-1$

그런데 점 P(x, y)는 직선 ② 위의 점이므로

$$(-y'-1)-2(-x'-1)+2=0$$

$$\therefore 2x'-y'+3=0$$

x', y'을 x, y로 바꾸면

$$\boldsymbol{2x-y+3=0}$$

4-7. 도형 $f(x, y)=0$을 직선 $y=x$에 대하여 대칭이동한 도형의 방정식은

$$f(y, x)=0$$

이 도형을 x축의 방향으로 3만큼, y축의 방향으로 -1만큼 평행이동한 도형의 방정식은 $\boldsymbol{f(y+1, x-3)=0}$

4-8. (1)

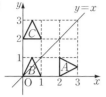

　　도형 A를 직선 $y=x$에 대하여 대칭이동한 도형은 C이고, 방정식은 $f(y, x)=0$이다.

　　도형 C를 y축의 방향으로 -2만큼 평행이동하면 도형 B이므로 구하는 방정식은 **$f(y+2, x)=0$**

***Note** 1°

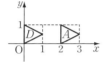

　　도형 A를 x축의 방향으로 -2만큼 평행이동한 도형은 D이고, 방정식은 $f(x+2, y)=0$이다.

　　도형 D를 직선 $y=x$에 대하여 대칭이동하면 도형 B이므로 구하는 방정식은 **$f(y+2, x)=0$**

2° 도형 B의 방정식은 여러 가지가 될 수 있다. 이를테면

　　$f(y+2, -x+1)=0$도 답이 될 수 있다.

　　마찬가지로 **필수 예제 4-6**의 (1)의 답도 여러 가지가 될 수 있다.

(2) 도형 $f(-(x-2), y+1)=0$은 도형 $f(-x, y)=0$을 x축의 방향으로 2만큼, y축의 방향으로 -1만큼 평행이동한 것이다.

　　또, 도형 $f(-x, y)=0$은 도형 $f(x, y)=0$을 y축에 대하여 대칭이동한 것이다.

　　따라서 도형 $f(-x+2, y+1)=0$은 도형 $f(x, y)=0$을 y축에 대하여 대칭

이동한 다음, x축의 방향으로 2만큼, y축의 방향으로 -1만큼 평행이동한 것으로 아래 그림의 도형 E이다.

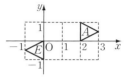

5-1. (1) $A \oplus B$는

　　$0+1, \ 0+2, \ 0+3,$
　　$1+1, \ 1+2, \ 1+3$

을 원소로 하는 집합이므로
　　$A \oplus B = \{1, 2, 3, 4\}$

(2) $A \oplus A$는

　　$0+0, \ 0+1, \ 1+0, \ 1+1$

을 원소로 하는 집합이므로
　　$A \oplus A = \{0, 1, 2\}$

(3) $B = \{1, 2, 3\}, \ A \oplus B = \{1, 2, 3, 4\}$
이므로 $B \oplus (A \oplus B)$는

　　$1+1, \ 1+2, \ 1+3, \ 1+4,$
　　$2+1, \ 2+2, \ 2+3, \ 2+4,$
　　$3+1, \ 3+2, \ 3+3, \ 3+4$

를 원소로 하는 집합이다.
　　$\therefore \ B \oplus (A \oplus B) = \{2, 3, 4, 5, 6, 7\}$

5-2. $M = \{3, 6, 9, 12, 15, 18\}$이고, M에서 3을 제외한 집합

　　　　$\{6, 9, 12, 15, 18\}$

의 부분집합에 각각 3을 추가하면 되므로 구하는 부분집합의 개수는 $2^5 = 32$

5-3. $M = \{4, 8, 12, 16, 20, 24, 28\}$

(1) 집합 $\{12, 16, 20, 24, 28\}$의 부분집합의 개수와 같으므로 $2^5 = 32$

(2) 8은 속하고 16, 24는 속하지 않는 부분집합은 집합 $\{4, 12, 20, 28\}$의 부분집합에 8을 추가한 집합이므로 부분집합의 개수는 $2^4 = 16$

　　마찬가지로 16은 속하고 8, 24는 속

하지 않는 부분집합의 개수는 $2^4=16$ 이고, 24는 속하고 8, 16은 속하지 않는 부분집합의 개수도 $2^4=16$이다.

따라서 구하는 부분집합의 개수는
$$16\times3=\textbf{48}$$

5-4. (1) 필수 예제 **5**-**3**의 (1)의 결과에 의하여 $A\subset B$이고 $B\subset C$이면 $A\subset C$
그런데 $C\subset D$이므로 $A\subset D$

(2) $A\subset B$, $B\subset C$, $C\subset D$이면 $A\subset D$
그런데 $D\subset A$이므로 $A=D$
따라서 $(A\subset B,\ B\subset C,\ C\subset D)$이면
$$(A\subset B,\ B\subset C,\ C\subset A)$$
$$\therefore\ A=C$$
따라서 $(A\subset B,\ B\subset C)$이면
$$(A\subset B,\ B\subset A)$$
$$\therefore\ A=B$$
이상에서 $A=B=C=D$이다.

5-5. 주어진 조건을 벤 다이어그램으로 나타내면 아래와 같다.

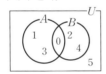

$$\therefore\ \boldsymbol{A=\{0,\ 1,\ 3\}},$$
$$\boldsymbol{A\cup B=\{0,\ 1,\ 2,\ 3,\ 4\}},$$
$$\boldsymbol{B-A=\{2,\ 4\}}$$

5-6. $A=\{1,\ 2,\ 3,\ 6,\ 9,\ 18\}$,
$B=\{1,\ 2,\ 4,\ 5,\ 10,\ 20\}$,
$C=\{1,\ 2,\ 3,\ 4,\ 6,\ 12\}$
이므로 벤 다이어그램으로 나타내면 아래와 같다.

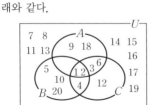

(1) $A\cap(B\cap C)=\textbf{\{1, 2\}}$

(2) $(A\cup B)\cap C=\textbf{\{1, 2, 3, 4, 6\}}$

(3) $A-B=\{3,\ 6,\ 9,\ 18\}$,
$C-B=\{3,\ 6,\ 12\}$
이므로
$$(A-B)\cup(C-B)=\textbf{\{3, 6, 9, 12, 18\}}$$

(4) $(A\cup B)^C=\{7,\ 8,\ 11,\ 12,\ 13,\ 14,$
$$15,\ 16,\ 17,\ 19\},$$
$(B\cup C)^C=\{7,\ 8,\ 9,\ 11,\ 13,\ 14,$
$$15,\ 16,\ 17,\ 18,\ 19\}$$
이므로
$$(A\cup B)^C\cap(B\cup C)^C$$
$$=\textbf{\{7, 8, 11, 13, 14, 15, 16, 17, 19\}}$$

***Note** (4) 벤 다이어그램을 그려 보면
$$(A\cup B)^C\cap(B\cup C)^C=(A\cup B\cup C)^C$$
임을 알 수 있다.

5-7. $A=\{2,\ 4,\ a^3-2a^2-a+7\}$,
$B=\{-4,\ a+3,\ a^2-2a+2,$
$$a^3+a^2+3a+7\}$$

(1) $A\cap B=\{2,\ 5\}$이면 $5\in A$이므로
$$a^3-2a^2-a+7=5$$
$$\therefore\ (a+1)(a-1)(a-2)=0$$
$$\therefore\ a=-1,\ 1,\ 2$$

(i) $a=-1$일 때 $B=\{-4,\ 2,\ 5,\ 4\}$
이때, $A\cap B=\{2,\ 4,\ 5\}$이므로
$a=-1$은 적합하지 않다.

(ii) $a=1$일 때 $B=\{-4,\ 4,\ 1,\ 12\}$
이때, $A\cap B=\{4\}$이므로 $a=1$은 적합하지 않다.

(iii) $a=2$일 때 $B=\{-4,\ 5,\ 2,\ 25\}$
이때, $A\cap B=\{2,\ 5\}$이므로 $a=2$는 적합하다.

(i), (ii), (iii)에서 $\boldsymbol{a=2}$

(2) $A-B=\{2,\ 5\}$이면 $5\in A$이므로
$$a=-1,\ 1,\ 2 \qquad\qquad \Leftarrow (1)$$
이때, $2\notin B$, $5\notin B$, $4\in B$이어야 하므로 (1)의 (i), (ii), (iii)에서

$a=1,\ B=\{-4,\ 4,\ 1,\ 12\}$

따라서 집합 B의 모든 원소의 합은

$$-4+4+1+12=\mathbf{13}$$

5-8. $A=\{x\,|\,(x+2)(x-3)\geq0\}$

$=\{x\,|\,x\leq-2\ \text{또는}\ x\geq3\}$

$B=\{x\,|\,(x+2)(x-3)>0\}$

$=\{x\,|\,x<-2\ \text{또는}\ x>3\}$

$C=\{x\,|\,(x+4)(x-3)\leq0\}$

$=\{x\,|\,-4\leq x\leq3\}$

$D=\{x\,|\,(x+4)(x-3)=0\}$

$=\{-4,\ 3\}$

(1)

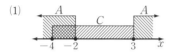

위의 수직선에서 공통부분을 찾으면

$A\cap C=\{\boldsymbol{x}\,|\,\boldsymbol{-4\leq x\leq-2}\ \text{또는}\ \boldsymbol{x=3}\}$

(2) 위의 수직선에서　$A\cup C=\boldsymbol{R}$

(3) $B^C=\{x\,|\,-2\leq x\leq3\}$

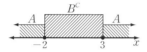

$\therefore\ A\cap B^C=\{-2,\ 3\}$

$\therefore\ (A\cap B^C)\cup D=\{\boldsymbol{-4,\ -2,\ 3}\}$

5-9. $A=\{x\,|\,(x-1)(x-5)\leq0\}$

$=\{x\,|\,1\leq x\leq5\}$

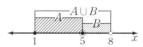

따라서 문제의 조건에 맞도록 집합 A, $A\cup B,\ A\cap B$를 수직선 위에 나타내어 보면 위의 그림과 같으므로

$$B=\{x\,|\,5<x<8\}$$

$\therefore\ x^2+ax+b<0 \iff 5<x<8$

$\qquad\qquad\iff (x-5)(x-8)<0$

$\qquad\qquad\iff x^2-13x+40<0$

$\therefore\ \boldsymbol{a=-13,\ b=40}$

6-1.

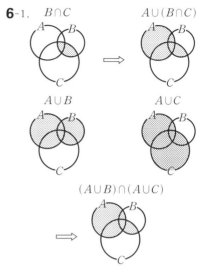

$\therefore\ A\cup(B\cap C)=(A\cup B)\cap(A\cup C)$

6-2. (1)

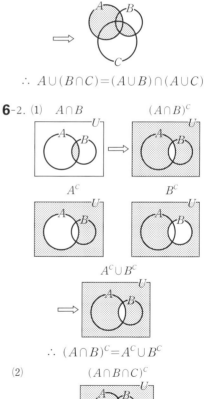

$\therefore\ (A\cap B)^C=A^C\cup B^C$

(2)

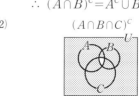

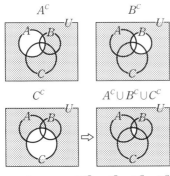

$$\therefore \ (A \cap B \cap C)^C = A^C \cup B^C \cup C^C$$

6-3.

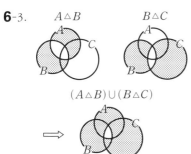

$$(A \triangle B) \cup (B \triangle C)$$

$$33 = n(A) + n(B) - 8$$
$$\therefore \ n(A) + n(B) = \mathbf{41}$$

6-6. $n(A) = n(A \cup B) - n(A^C \cap B)$
$$= 42 - 15 = \mathbf{27}$$
$n(B) = n(A \cap B) + n(A^C \cap B)$
$$= 3 + 15 = \mathbf{18}$$
$n(A^C \cap B^C) = n((A \cup B)^C)$
$$= n(U) - n(A \cup B)$$
$$= 50 - 42 = \mathbf{8}$$

6-7. 지난 토요일 또는 일요일에 봉사 활동
을 한 50명의 학생 중 토요일에 봉사 활
동을 한 학생의 집합을 A, 일요일에 봉사
활동을 한 학생의 집합을 B라고 하면
$$n(A \cup B) = 50,$$
$$n(A) = 40, \ n(B) = 30$$
(1) 토요일과 일요일에 모두 봉사 활동을
한 학생 수 $n(A \cap B)$는
$$n(A \cup B) = n(A) + n(B) - n(A \cap B)$$
에서
$$50 = 40 + 30 - n(A \cap B)$$
$$\therefore \ n(A \cap B) = \mathbf{20}$$
(2) 토요일에만 봉사 활동을 한 학생 수
$n(A - B)$는
$$n(A - B) = n(A) - n(A \cap B)$$
$$= 40 - 20 = \mathbf{20}$$
****Note*** $n(A - B) = n(A \cup B) - n(B)$
$$= 50 - 30 = \mathbf{20}$$

6-8. 80명의 학생 중 수학, 영어를 신청한
학생의 집합을 각각 A, B라고 하면
$$n(A \cup B) = 80,$$
$$n(A) = 52, \ n(B) = 45$$
이때, 수학만을 신청한 학생 수
$n(A - B)$는
$$n(A - B) = n(A \cup B) - n(B)$$
$$= 80 - 45 = \mathbf{35}$$
또, 영어만을 신청한 학생 수
$n(B - A)$는

6-4. (1) (좌변) $= (A \cup A^C) \cap (A \cup B)$
$$= U \cap (A \cup B)$$
$$= A \cup B = (우변)$$
(2) (좌변) $= (A \cap B^C) \cap (A \cap C^C)$
$$= A \cap A \cap (B^C \cap C^C)$$
$$= A \cap (B \cup C)^C$$
$$= A - (B \cup C) = (우변)$$
(3) (좌변) $= [A \cap (B \cup B^C)]$
$$\cup [A^C \cap (B \cup B^C)]$$
$$= (A \cap U) \cup (A^C \cap U)$$
$$= A \cup A^C = U = (우변)$$

6-5. $n(A \cup B) = n(U) - n((A \cup B)^C)$
$$= n(U) - n(A^C \cap B^C)$$
$$= 50 - 17 = 33$$
$n(A \cup B) = n(A) + n(B) - n(A \cap B)$
에서

$$n(B-A)=n(A\cup B)-n(A)$$
$$=80-52=28$$
따라서 한 과목만을 신청한 학생 수는
$$n(A-B)+n(B-A)=35+28$$
$$=\textbf{63}$$

6-9. 50명의 학생 전체의 집합을 U 라고
하면
$$n(U)=n(A\cup B\cup C)=50$$

(1) $n(A\cup B)=n(A)+n(B)-n(A\cap B)$
에서　$45=30+25-n(A\cap B)$
$$\therefore\ n(A\cap B)=\textbf{10}$$

(2) $n(B\cup C)=n(B)+n(C)-n(B\cap C)$
에서　$40=25+n(C)-15$
$$\therefore\ n(C)=\textbf{30}$$

(3) $n(C\cup A)=n(C)+n(A)-n(C\cap A)$
$$=30+30-15=\textbf{45}$$

(4) 오른쪽 벤 다이어
그램에서 점 찍은
부분의 원소의 개수
이므로
$$n(B\cup C^{C})$$

$$=n(A\cup B\cup C)-[n(B\cup C)-n(B)]$$
$$=50-(40-25)=\textbf{35}$$

(5) $n(A\cup B\cup C)=n(A)+n(B)+n(C)$
$$-n(A\cap B)-n(B\cap C)$$
$$-n(C\cap A)+n(A\cap B\cap C)$$
에서
$$50=30+25+30-10-15-15$$
$$+n(A\cap B\cap C)$$
$$\therefore\ n(A\cap B\cap C)=\textbf{5}$$

(6) 오른쪽 벤 다이어
그램에서 점 찍은
부분의 원소의 개수
이므로
$$n(A\cap B^{C}\cap C^{C})$$

$$=n(A\cup B\cup C)-n(B\cup C)$$
$$=50-40=\textbf{10}$$

(7) 오른쪽 벤 다이어
그램에서 점 찍은
부분의 원소의 개수
이므로
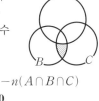
$$n(A^{C}\cap B\cap C)$$
$$=n(B\cap C)-n(A\cap B\cap C)$$
$$=15-5=\textbf{10}$$

7-1. (1) $p:x^{2}=1,\ q:x^{3}=x$
라 하고, 조건 p,q 의 진리집합을 각각
P,Q 라고 하면
$$P=\{-1,\ 1\},\ Q=\{-1,\ 0,\ 1\}$$
$P\subset Q$ 이므로　$p\Longrightarrow q$　$\therefore$ 참

(2) $p:x^{2}-6x+8\leq 0,\ q:x^{2}-x>0$
이라 하고, 조건 p,q 의 진리집합을 각
각 P,Q 라고 하면
$$P=\{x\,|\,2\leq x\leq 4\},$$
$$Q=\{x\,|\,x<0\ 또는\ x>1\}$$
$P\subset Q$ 이므로　$p\Longrightarrow q$　$\therefore$ 참

(3) (반례) $x=-1$ 일 때, $x^{2}-1\leq 0$ 이지
만 $x^{2}-3x\leq 0$ 을 만족시키지 않는다.
$$\therefore\ 거짓$$

7-2. 조건 p,q 의 진리집합을 각각 P,Q 라
고 하면
$$P=\{0,\ 1\},\ Q=\{-1,\ 1\}$$
(1) $P\cup Q=\{\textbf{-1, 0, 1}\}$
(2) $P\cap Q=\{\textbf{1}\}$
(3) $P^{C}\cup Q=\{\textbf{-2, -1, 1, 2}\}$
(4) $P\cap Q^{C}=\{\textbf{0}\}$

7-3. (1) $x\geq 1$ 이고 $y\geq 1$ 이면 $xy\geq 1$ 이다.
(2) $x\neq 0$ 이고 $y\neq 0$ 이면 $xy\neq 0$ 이다.
(3) $x\neq y$ 또는 $y\neq z$ 또는 $z\neq x$ 이면
$$x^{2}+y^{2}+z^{2}-xy-yz-zx\neq 0$$ 이다.
Note (3)에서 「$x=y=z$」를
「$x=y$ 이고 $y=z$」
로 생각하면 그 부정은
「$x\neq y$ 또는 $y\neq z$」

이므로 주어진 명제의 대우를 다음과
같이 써도 된다.

「$x \neq y$ 또는 $y \neq z$이면
　　$x^2+y^2+z^2-xy-yz-zx \neq 0$이다.」

7-4. (1) U가 전체집합일 때, $X \neq U$이면
어떤 집합 A에 대하여 $A \cap X \neq A$
이다.

(2) 어떤 실수 x에 대하여
$ax^2+bx+c \leq 0$이면 $a \leq 0$ 또는
$b^2-4ac \geq 0$이다.

(3) $a=0$ 또는 $b=0$이면 모든 실수 x에
대하여 $ax+b \neq 0$이다.

(4) 모든 실수 x에 대하여 $ax+b \leq 0$이면
$a \neq 0$ 또는 $b \leq 0$이다.

7-5. ① $p \Longrightarrow \sim q$이고 $\sim q \Longrightarrow r$이므로
$p \Longrightarrow r$이다.
　　$p \Longrightarrow r$이라고 해서 반드시
　　$p \Longrightarrow \sim r$인 것은 아니다.

② $p \Longrightarrow \sim q$이고 $\sim q \Longrightarrow \sim r$이므로
$p \Longrightarrow \sim r$이다.

③ $p \Longrightarrow \sim q$이고 $\sim q \Longrightarrow r$이므로
$p \Longrightarrow r$이다.
　　$p \Longrightarrow r$이라고 해서 반드시
　　$\sim p \Longrightarrow r$인 것은 아니다.

④ $p \Longrightarrow q$이고 $q \Longrightarrow r$이므로 $p \Longrightarrow r$
이다.
　　$p \Longrightarrow r$이라고 해서 반드시
　　$\sim p \Longrightarrow r$인 것은 아니다.

⑤ 조건 p, q, r의 진리집합을 각각 P, Q,
R이라고 할 때,
　　$p \Longrightarrow q$, $p \Longrightarrow r$이면 $P \subset Q$, $P \subset R$
이다.
　　이때, $Q \subset R$이 반드시 성립하는 것
은 아니다.
　　따라서 $p \Longrightarrow q$, $p \Longrightarrow r$이라고 해
서 반드시 $q \Longrightarrow r$인 것은 아니다.

답 ②

7-6. a : A가 범인이다.
　　b : B가 범인이다.
　　c : C가 범인이다.
　　d : D가 범인이다.
라고 하면 조사한 결론은 다음과 같다.
(개) $a \Longrightarrow b$
(내) $b \Longrightarrow (c$ 또는 $\sim a)$
(대) $\sim a \Longrightarrow \sim d$　∴ $d \Longrightarrow a$
(래) $\sim d \Longrightarrow (a$이고 $\sim c)$

(i) D가 범인이 아닌 경우
(래)에서　a이고 $\sim c$　　　……①
(개)에서　b
(내)에서
　　$(c$ 또는 $\sim a) = \sim (\sim c$이고 $a)$
이것은 ①과 모순이다.

(ii) D가 범인인 경우
(대)에서　a　　　　　……②
(개)에서　b
(내)와 ②에서　c
따라서 a, b, c, d가 모두 참이다.
곧, A, B, C, D가 모두 범인이다.

답 A, B, C, D

__Note__ (대), (래)에서
　　　$\sim a \Longrightarrow \sim d \Longrightarrow a$
　　곧, 'A가 범인이 아니라면 A는 범
　　인이다'가 되어 모순이다.
　　따라서 A는 범인이다.

7-7. 문제의 조건에 의하여
$p \Longrightarrow q$,
$r \Longrightarrow q$,
$s \Longrightarrow r$,
$q \Longrightarrow s$

$$p \Longrightarrow q \Longleftarrow r$$
$$\Downarrow \nearrow$$
$$s$$

이고, 이것을 정리하면 위와 같다.
　　이로부터　$p \Longrightarrow s$, $q \Longleftrightarrow s$
(1) 충분조건　　　(2) 필요충분조건

7-8. (1) $P=\{x \mid x<0\}$,
$Q=\{x \mid x^2-x>0\}$으로 놓으면

$P=\{x\,|\,x<0\}$,

$Q=\{x\,|\,x<0$ 또는 $x>1\}$

$P\subset Q$, $Q\not\subset P$이므로

$x<0\Longrightarrow x^2-x>0$ ∴ 충분

(2) $P=\{x\,|\,-1\leq x\leq 2\}$,

$Q=\{x\,|\,x^2-x-2<0\}$으로 놓으면

$P=\{x\,|\,-1\leq x\leq 2\}$,

$Q=\{x\,|\,-1<x<2\}$

$Q\subset P$, $P\not\subset Q$이므로

$x^2-x-2<0\Longrightarrow -1\leq x\leq 2$

∴ 필요

(3) $P=\{x\,|\,x<-3$ 또는 $x>2\}$,

$Q=\{x\,|\,x^2+x-6>0\}$으로 놓으면

$P=\{x\,|\,x<-3$ 또는 $x>2\}$,

$Q=\{x\,|\,x<-3$ 또는 $x>2\}$

$P=Q$이므로

$(x<-3$ 또는 $x>2)\Longleftrightarrow x^2+x-6>0$

∴ 필요충분

7-9. 조건 $p,\,q$의 진리집합을 각각 P, Q라고 하자.

조건 p에서 $x^2+2(a+1)x+a^2+2=0$의 판별식을 D_1이라고 하면

$D_1/4=(a+1)^2-(a^2+2)=2a-1<0$

곧, $p:a<\dfrac{1}{2}$ ∴ $P=\left\{a\,\Big|\,a<\dfrac{1}{2}\right\}$

조건 q에서 $ax^2-ax+k=0$의 판별식을 D_2라고 하면

$D_2=a^2-4ak=a(a-4k)<0$

곧, $q:0<a<4k$

∴ $Q=\{a\,|\,0<a<4k\}$

이때, p가 q이기 위한 필요조건이므로 $Q\subset P$이다.

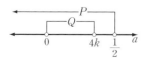

곧, $0<4k\leq\dfrac{1}{2}$이므로 $0<k\leq\dfrac{1}{8}$

따라서 k의 최댓값은 $\dfrac{1}{8}$

7-10. 조건 $p,\,q$의 진리집합을 각각 P, Q라고 하면

$P=\{x\,|\,|x-a|\leq 2\}$

$=\{x\,|\,a-2\leq x\leq a+2\}$,

$Q=\{x\,|\,x^2\leq 16\}=\{x\,|\,-4\leq x\leq 4\}$

이때, p가 q이기 위한 충분조건이므로 $P\subset Q$이다.

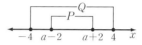

따라서 $-4\leq a-2$이고 $a+2\leq 4$이므로 $-2\leq a\leq 2$

8-1. (1) $a,\,b$가 자연수일 때, $a,\,b$가 모두 홀수이면

$a=2m-1$, $b=2n-1$ ($m,\,n$은 자연수)

로 나타낼 수 있으므로

$ab=(2m-1)(2n-1)$

$=2(2mn-m-n)+1$

여기에서 $2mn-m-n$은 음이 아닌 정수이므로 ab는 홀수이다.

곧, 대우가 참이므로 명제 '$a,\,b$가 자연수일 때, ab가 짝수이면 $a,\,b$ 중 적어도 하나는 짝수이다.'도 참이다.

(2) n이 정수일 때, n이 3의 배수가 아니면

$n=3k\pm 1$ (k는 정수)

로 나타낼 수 있다. 이때,

$n^2=(3k\pm 1)^2=9k^2\pm 6k+1$

$=3(3k^2\pm 2k)+1$

이므로 n^2은 3의 배수가 아니다.

곧, 대우가 참이므로 명제 'n이 정수일 때, n^2이 3의 배수이면 n은 3의 배수이다.'도 참이다.

8-2. (i) $\sqrt{3}$이 유리수라고 가정하면

$\sqrt{3}=\dfrac{b}{a}$를 만족시키는 서로소인 자연수 a, b가 존재한다.

곧, $b=\sqrt{3}\,a$에서

$$b^2=3a^2 \qquad \cdots\cdots ①$$

여기에서 b^2이 3의 배수이고 3은 소수이므로 b는 3의 배수이다.

$b=3k\,(k$는 자연수$)$라고 하면 ①에서 $(3k)^2=3a^2$ $\quad\therefore\ a^2=3k^2$

여기에서 a^2이 3의 배수이고 3은 소수이므로 a는 3의 배수이다.

따라서 a, b는 모두 3의 배수가 되어 a, b가 서로소인 자연수라는 가정에 모순이다.

그러므로 $\sqrt{3}$은 유리수가 아니다.

(ii) $\sqrt{2}+\sqrt{3}$이 유리수라고 가정하면

$$\sqrt{2}+\sqrt{3}=c\ (c\text{는 }0\text{이 아닌 유리수})$$

로 놓을 수 있고, 이로부터

$$\sqrt{2}=c-\sqrt{3}$$

양변을 제곱하여 정리하면

$$\sqrt{3}=\frac{c^2+1}{2c}$$

그런데 유리수에 유리수를 더하거나 빼거나 곱하거나 나누어도 유리수이므로 우변은 유리수이고, 좌변은 유리수가 아니다.

이는 모순이므로 $\sqrt{2}+\sqrt{3}$은 유리수가 아니다.

8-3. (1) $(\sqrt{2}+\sqrt{3})^2=a\,(a$는 유리수$)$라고 가정하면

$$5+2\sqrt{6}=a\text{에서}\quad \sqrt{6}=\frac{a-5}{2}$$

이 식의 우변은 유리수이고, 좌변은 유리수가 아니므로 모순이다.

그러므로 $(\sqrt{2}+\sqrt{3})^2$은 유리수가 아니다.

(2) $\sqrt{2}+\sqrt{3}=b\,(b$는 유리수$)$라고 가정하고, 양변을 제곱하면

$$5+2\sqrt{6}=b^2\text{에서}\quad \sqrt{6}=\frac{b^2-5}{2}$$

이 식의 우변은 유리수이고, 좌변은

유리수가 아니므로 모순이다.

그러므로 $\sqrt{2}+\sqrt{3}$은 유리수가 아니다.

(3) $\dfrac{1}{\sqrt{2}}-\dfrac{1}{\sqrt{3}}=c\,(c$는 유리수$)$라고 가정하고, 양변을 제곱하면

$$\left(\frac{\sqrt{3}-\sqrt{2}}{\sqrt{6}}\right)^2=c^2\text{에서}\quad \frac{5-2\sqrt{6}}{6}=c^2$$

$$\therefore\ \sqrt{6}=\frac{5-6c^2}{2}$$

이 식의 우변은 유리수이고, 좌변은 유리수가 아니므로 모순이다.

그러므로 $\dfrac{1}{\sqrt{2}}-\dfrac{1}{\sqrt{3}}$은 유리수가 아니다.

8-4. 오른쪽 그림과 같이 주어진 정삼각형의 각 변의 중점을 이으면 한 변의 길이가 1인 정삼각형 4개가 된다.

따라서 5개의 점 중 적어도 두 점이 한 개의 작은 정삼각형의 둘레 또는 내부에 있다. 그러므로 거리가 1 이하인 두 점이 반드시 있다.

8-5. 오른쪽 그림과 같이 주어진 정사각형의 각 변의 중점을 이으면 한 변의 길이가 $\dfrac{a}{2}$인 정사각형 4개가 생기고, 대각선의 길이는 $\dfrac{1}{\sqrt{2}}a$이다.

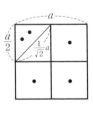

따라서 5개의 점 중 적어도 두 점이 한 개의 작은 정사각형의 둘레 또는 내부에 있어 거리가 $\dfrac{1}{\sqrt{2}}a$ 이하인 두 점이 반드시 존재한다.

$$\therefore \ \frac{1}{\sqrt{2}}a \leq 2\sqrt{2} \qquad \therefore \ a \leq 4$$

따라서 a의 최댓값은 **4**이다.

8-6. 오른쪽 그림과 같
이 반지름의 길이가
90 cm인 원의 둘레
를 6등분하면 어느
한 호에는 적어도 두
사람이 앉게 된다.

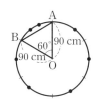

그런데 $\triangle ABO$는 정삼각형이므로
$\overline{AB} = 90$ cm이다.

따라서 같은 호에 있는 두 사람의 직선
거리는 90 cm를 넘을 수 없다.

그러므로 직선거리가 90 cm 이하인 두
사람이 반드시 있다.

8-7. $(A^2+B^2)-(x^2+y^2)$
$= (ax+by)^2+(bx+ay)^2-(x^2+y^2)$
$= (a^2+b^2-1)x^2+4abxy+(a^2+b^2-1)y^2$
$= \{(a+b)^2-2ab-1\}x^2+4abxy$
$\qquad\qquad +\{(a+b)^2-2ab-1\}y^2$
$= -2abx^2+4abxy-2aby^2$
$= -2ab(x-y)^2 \leq 0$
$\qquad \therefore \ \boldsymbol{A^2+B^2 \leq x^2+y^2}$
$\qquad$ (등호는 $\boldsymbol{x=y}$일 때 성립)

8-8. $A-B = -px^2-qy^2+(px+qy)^2$
$= (-p+p^2)x^2+2pqxy+(-q+q^2)y^2$
$= p(p-1)x^2+2pqxy+q(q-1)y^2$
$= -pqx^2+2pqxy-pqy^2 \quad \Leftarrow p+q=1$
$= -pq(x-y)^2 \leq 0$
$\qquad \therefore \ \boldsymbol{A \leq B}$ (등호는 $\boldsymbol{x=y}$일 때 성립)

8-9. (1) $(\sqrt{2a^2+2b^2})^2-(|a|+|b|)^2$
$\quad = 2a^2+2b^2-(|a|^2+2|a||b|+|b|^2)$
$\quad = a^2-2|a||b|+b^2$
$\quad = |a|^2-2|a||b|+|b|^2$
$\quad = (|a|-|b|)^2 \geq 0$
$\qquad \therefore \ (|a|+|b|)^2 \leq (\sqrt{2a^2+2b^2})^2$

그런데 $|a|+|b| \geq 0$, $\sqrt{2a^2+2b^2} \geq 0$
이므로
$\qquad |a|+|b| \leq \sqrt{2a^2+2b^2}$
$\qquad\qquad$ (등호는 $|a|=|b|$일 때 성립)

(2) $(\sqrt{a-b})^2-(\sqrt{a}-\sqrt{b})^2$
$\quad = a-b-(a-2\sqrt{ab}+b)$
$\quad = 2\sqrt{ab}-2b$
$\quad = 2\sqrt{b}(\sqrt{a}-\sqrt{b}) > 0$
$\qquad \therefore \ (\sqrt{a}-\sqrt{b})^2 < (\sqrt{a-b})^2$

그런데 $\sqrt{a}-\sqrt{b} > 0$, $\sqrt{a-b} > 0$이므
로 $\sqrt{a}-\sqrt{b} < \sqrt{a-b}$

(3) $\left|a+\dfrac{1}{a}\right|^2-2^2 = a^2+2+\dfrac{1}{a^2}-4$
$\qquad\qquad = a^2-2+\dfrac{1}{a^2}$
$\qquad\qquad = \left(a-\dfrac{1}{a}\right)^2 \geq 0$
$\qquad \therefore \ \left|a+\dfrac{1}{a}\right|^2 \geq 2^2$

그런데 $\left|a+\dfrac{1}{a}\right| > 0$이므로
$\qquad \left|a+\dfrac{1}{a}\right| \geq 2$

$\qquad$ (등호는 $a=\dfrac{1}{a}$일 때, 곧

$\qquad\qquad a=\pm 1$일 때 성립)

(4) $\left|\dfrac{a+b}{1+ab}\right|^2-1^2 = \dfrac{(a+b)^2-(1+ab)^2}{(1+ab)^2}$
$\qquad\qquad = \dfrac{a^2+b^2-1-a^2b^2}{(1+ab)^2}$
$\qquad\qquad = \dfrac{-(1-a^2)(1-b^2)}{(1+ab)^2} < 0$
$\qquad \therefore \ \left|\dfrac{a+b}{1+ab}\right|^2 < 1^2$

그런데 $\left|\dfrac{a+b}{1+ab}\right| \geq 0$이므로
$\qquad \left|\dfrac{a+b}{1+ab}\right| < 1$

8-10. (1) $\dfrac{a}{b}+\dfrac{b}{c} \geq 2\sqrt{\dfrac{ab}{bc}} = 2\sqrt{\dfrac{a}{c}}$,
$\qquad\quad \dfrac{b}{c}+\dfrac{c}{a} \geq 2\sqrt{\dfrac{bc}{ca}} = 2\sqrt{\dfrac{b}{a}}$,

$$\frac{c}{a}+\frac{a}{b}\geq 2\sqrt{\frac{ca}{ab}}=2\sqrt{\frac{c}{b}}$$

이므로

$$\left(\frac{a}{b}+\frac{b}{c}\right)\left(\frac{b}{c}+\frac{c}{a}\right)\left(\frac{c}{a}+\frac{a}{b}\right)$$
$$\geq 2\sqrt{\frac{a}{c}}\times 2\sqrt{\frac{b}{a}}\times 2\sqrt{\frac{c}{b}}=8$$

$$\therefore\ \left(\frac{a}{b}+\frac{b}{c}\right)\left(\frac{b}{c}+\frac{c}{a}\right)\left(\frac{c}{a}+\frac{a}{b}\right)\geq 8$$

(등호는 $a=b=c$일 때 성립)

(2) $a+b+c\geq 3\sqrt[3]{abc}$,

$$\frac{1}{a}+\frac{1}{b}+\frac{1}{c}\geq 3\sqrt[3]{\frac{1}{abc}}$$

이므로

$$(a+b+c)\left(\frac{1}{a}+\frac{1}{b}+\frac{1}{c}\right)$$
$$\geq 3\sqrt[3]{abc}\times 3\sqrt[3]{\frac{1}{abc}}=9$$

$$\therefore\ (a+b+c)\left(\frac{1}{a}+\frac{1}{b}+\frac{1}{c}\right)\geq 9$$

(등호는 $a=b=c$일 때 성립)

(3) $a+b+c\geq 3\sqrt[3]{abc}$,

$$ab+bc+ca\geq 3\sqrt[3]{ab\times bc\times ca}$$
$$=3\sqrt[3]{(abc)^2}$$

이므로

$$(a+b+c)(ab+bc+ca)$$
$$\geq 3\sqrt[3]{abc}\times 3\sqrt[3]{(abc)^2}$$
$$=9\sqrt[3]{(abc)^3}=9abc$$

$$\therefore\ (a+b+c)(ab+bc+ca)\geq 9abc$$

(등호는 $a=b=c$일 때 성립)

(4) $\dfrac{a}{b}+\dfrac{b}{c}\geq 2\sqrt{\dfrac{ab}{bc}}=2\sqrt{\dfrac{a}{c}}$,

$$\frac{c}{d}+\frac{d}{a}\geq 2\sqrt{\frac{cd}{da}}=2\sqrt{\frac{c}{a}}$$

이므로

$$\frac{a}{b}+\frac{b}{c}+\frac{c}{d}+\frac{d}{a}\geq 2\sqrt{\frac{a}{c}}+2\sqrt{\frac{c}{a}}$$
$$\geq 2\sqrt{2\sqrt{\frac{a}{c}}\times 2\sqrt{\frac{c}{a}}}=4$$

$$\therefore\ \frac{a}{b}+\frac{b}{c}+\frac{c}{d}+\frac{d}{a}\geq 4$$

(등호는 $a=b=c=d$일 때 성립)

8-11. (1) $(a^2+b^2)(c^2+d^2)-(ac+bd)^2$
$$=a^2d^2-2abcd+b^2c^2$$
$$=(ad-bc)^2\geq 0$$

$$\therefore\ (a^2+b^2)(c^2+d^2)\geq(ac+bd)^2$$

(등호는 $ad=bc$일 때 성립)

(2) 코시-슈바르츠 부등식에서

$$(a^2+b^2)(x^2+y^2)\geq(ax+by)^2$$
$$a^2+b^2=1,\ x^2+y^2=1$$이므로
$$(ax+by)^2\leq 1$$

$$\therefore\ -1\leq ax+by\leq 1$$

(등호는 $bx=ay$일 때 성립)

(3) 코시-슈바르츠 부등식에서

$$(a^2+b^2+c^2)(x^2+y^2+z^2)$$
$$\geq(ax+by+cz)^2$$
$$a^2+b^2+c^2=1,\ x^2+y^2+z^2=1$$이므로
$$(ax+by+cz)^2\leq 1$$

$$\therefore\ -1\leq ax+by+cz\leq 1$$

(등호는 $a:b:c=x:y:z$일 때 성립)

8-12. (1) $\dfrac{x+4y}{2}\geq\sqrt{x\times 4y}$ 이므로

$$\frac{x+4y}{2}\geq\sqrt{4\times 9}\quad\therefore\ x+4y\geq 12$$

등호는 $x=4y$, 곧 $x=6$, $y=\dfrac{3}{2}$일 때

성립하고, 최솟값은 **12**

(2) $(\sqrt{x}+\sqrt{y})^2=x+y+2\sqrt{xy}$
$$=4+2\sqrt{xy}$$

그런데 $2\sqrt{xy}\leq x+y=4$이므로

$$(\sqrt{x}+\sqrt{y})^2\leq 4+4$$

$\sqrt{x}>0$, $\sqrt{y}>0$이므로

$$0<\sqrt{x}+\sqrt{y}\leq 2\sqrt{2}$$

등호는 $x=y=2$일 때 성립하고, 최

댓값은 **$2\sqrt{2}$**

(3) $(2x+y)\left(\dfrac{8}{x}+\dfrac{1}{y}\right)=16+\dfrac{2x}{y}+\dfrac{8y}{x}+1$

에서

$$\frac{2x}{y}+\frac{8y}{x}\geq 2\sqrt{\frac{2x}{y}\times\frac{8y}{x}}=8$$

$$\therefore\ (2x+y)\left(\frac{8}{x}+\frac{1}{y}\right)\geq 16+8+1=25$$

등호는 $\dfrac{2x}{y}=\dfrac{8y}{x}$, 곧 $x=2y$일 때 성

립하고, 최솟값은 **25**

*$\bm{Note}$ (3)에서

$\ulcorner 2x+y\geq 2\sqrt{2x\times y}$ ……①

$\dfrac{8}{x}+\dfrac{1}{y}\geq 2\sqrt{\dfrac{8}{x}\times\dfrac{1}{y}}$ ……②

이므로

$(2x+y)\Big(\dfrac{8}{x}+\dfrac{1}{y}\Big)$

$\geq\Big(2\sqrt{2x\times y}\Big)\Big(2\sqrt{\dfrac{8}{x}\times\dfrac{1}{y}}\Big)=16\lrcorner$

이라고 답해서는 안 된다.

왜냐하면 ①에서 등호는 $2x=y$일 때

성립하고, ②에서 등호는 $\dfrac{8}{x}=\dfrac{1}{y}$, 곧

$x=8y$일 때 성립하기 때문이다.

8-13. (1) $\dfrac{x+3y+3z}{3}\geq\sqrt[3]{x\times 3y\times 3z}$

　　　$\therefore\ x+3y+3z\geq 9$

등호는 $x=3y=3z$, 곧 $x=3$, $y=1$,

$z=1$일 때 성립하고, 최솟값은　**9**

(2) $\dfrac{x+2y+4z}{3}\geq\sqrt[3]{x\times 2y\times 4z}$

　$\therefore\ \dfrac{2}{3}\geq 2\sqrt[3]{xyz}$ 　$\therefore\ xyz\leq\dfrac{1}{27}$

등호는 $x=2y=4z$, 곧 $x=\dfrac{2}{3}$,

$y=\dfrac{1}{3}$, $z=\dfrac{1}{6}$일 때 성립하고, 최댓값은

$$\dfrac{1}{27}$$

8-14. $x>-2$이므로　$x+2>0$

$\dfrac{2}{x+2}+\dfrac{x}{2}=\dfrac{2}{x+2}+\dfrac{x+2}{2}-1$

　　$\geq 2\sqrt{\dfrac{2}{x+2}\times\dfrac{x+2}{2}}-1=1$

등호는 $\dfrac{2}{x+2}=\dfrac{x+2}{2}$, 곧 $(x+2)^2=4$

일 때 성립한다.

그런데 $x>-2$이므로　$x=0$

　$\therefore$ 최솟값 **1**, $\bm{x=0}$

8-15. 오른쪽 그림과
같이 정사각기둥의 밑
면의 한 모서리의 길
이를 x cm, 높이를
y cm라고 하자.

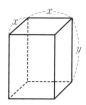

모든 모서리의 길이
의 합이 96 cm이므로

　$8x+4y=96$ 　$\therefore\ 2x+y=24$

한편 $x>0$, $y>0$이고 부피는 x^2y이므

로 　$2x+y=x+x+y\geq 3\sqrt[3]{x\times x\times y}$

　$\therefore\ 24\geq 3\sqrt[3]{x^2y}$ 　$\therefore\ x^2y\leq 8^3=512$

따라서 $x=y=8$일 때 부피의 최댓값은

512 cm³

8-16. $\triangle$ABC$=\triangle$PAB$+\triangle$PBC$+\triangle$PCA

이므로

　　　　$S_1+S_2+S_3=9$

코시-슈바르츠 부등식에서

$(S_1{}^2+S_2{}^2+S_3{}^2)(1^2+1^2+1^2)\geq(S_1+S_2+S_3)^2$

　　$\therefore\ S_1{}^2+S_2{}^2+S_3{}^2\geq 27$

등호는 $S_1:S_2:S_3=1:1:1$, 곧

$S_1=S_2=S_3=3$일 때 성립하고, 최솟값은

27

8-17. 정삼각형의 세 꼭짓점을 A, B, C라

하고, 점 P와 세 변 AB, BC, CA 사이의

거리를 각각 a, b, c라고 하자.

　$\triangle$ABC$=\triangle$PAB$+\triangle$PBC$+\triangle$PCA

이므로

$\dfrac{\sqrt{3}}{4}\times 6^2=\dfrac{1}{2}\times 6a+\dfrac{1}{2}\times 6b+\dfrac{1}{2}\times 6c$

　　$\therefore\ a+b+c=3\sqrt{3}$

코시-슈바르츠 부등식에서

$(a^2+b^2+c^2)(1^2+1^2+1^2)\geq(a+b+c)^2$

　　$\therefore\ a^2+b^2+c^2\geq 9$

등호는 $a:b:c=1:1:1$, 곧

$a=b=c=\sqrt{3}$일 때 성립하고, 최솟값은

9

*$\bm{Note}$ $a=b=c$이므로 점 P는 $\triangle$ABC

의 내심이다. 또, △ABC가 정삼각형이므로 점 P는 외심, 무게중심, 수심도 된다.

9-1. 대응 관계를 그림으로 나타내면 각각 다음과 같다.

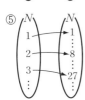

②는 집합 N의 원소 1에 대응하는 원소가 집합 N에 없으므로 N에서 N으로의 함수가 아니다. ［답］②

9-2. $f(xy)=f(x)+f(y)$ ……①

(1) $x=1$, $y=1$을 ①에 대입하면

$$f(1\times1)=f(1)+f(1)$$
$$\therefore f(1)=0$$

(2) $y=x$로 놓으면 ①은

$$f(x^2)=f(x)+f(x)$$
$$\therefore f(x^2)=2f(x) \quad\cdots\cdots②$$

또, $y=x^2$으로 놓으면 ①은

$$f(x^3)=f(x)+f(x^2)$$

②를 대입하면

$$f(x^3)=f(x)+2f(x)$$
$$\therefore f(x^3)=3f(x)$$

(3) $y=\dfrac{1}{x}$로 놓으면 ①은

$$f\left(x\times\dfrac{1}{x}\right)=f(x)+f\left(\dfrac{1}{x}\right)$$

그런데 $f(1)=0$이므로

$$0=f(x)+f\left(\dfrac{1}{x}\right)$$
$$\therefore f\left(\dfrac{1}{x}\right)=-f(x)$$

9-3. $2f(x+y)=f(x)f(y)$ ……①

$x=y=1$을 ①에 대입하면

$$2f(1+1)=f(1)f(1)$$

$f(2)=1$이므로 $\{f(1)\}^2=2$

$f(x)>0$이므로 $f(1)=\sqrt{2}$

또, $x=y=\dfrac{1}{2}$을 ①에 대입하면

$$2f\left(\dfrac{1}{2}+\dfrac{1}{2}\right)=f\left(\dfrac{1}{2}\right)f\left(\dfrac{1}{2}\right)$$

$f(1)=\sqrt{2}$이므로 $\left\{f\left(\dfrac{1}{2}\right)\right\}^2=2\sqrt{2}$

$f(x)>0$이므로 $f\left(\dfrac{1}{2}\right)=\sqrt{2\sqrt{2}}$

9-4. $f\left(\dfrac{a+b}{2}\right)=\dfrac{f(a)+f(b)}{2}$ ……①

(i) $a=0$, $b=4$를 ①에 대입하면

$$f\left(\dfrac{0+4}{2}\right)=\dfrac{f(0)+f(4)}{2}$$

그런데 $f(0)=1$, $f(4)=3$이므로

$$f(2)=2$$

(ii) $a=2$, $b=-2$를 ①에 대입하면

$$f\left(\dfrac{2+(-2)}{2}\right)=\dfrac{f(2)+f(-2)}{2}$$

그런데 $f(0)=1$, $f(2)=2$이므로

$$1=\dfrac{2+f(-2)}{2} \quad \therefore \boldsymbol{f(-2)=0}$$

9-5. X에서 Y로의 함수이면 X의 각 원소에 대응하는 Y의 원소가 반드시 있어야 하고 오직 하나뿐이어야 한다.

① X의 원소 2에 대응하는 Y의 원소가 1, 3의 두 개이므로 함수가 아니다.

② X의 각 원소에 Y의 원소가 하나씩

대응하므로 함수이다.

③ X의 원소 1에 대응하는 Y의 원소는 1, 3의 두 개이고, X의 원소 2에 대응하는 Y의 원소는 0, 2의 두 개이므로 함수가 아니다.

④ X의 원소 2에 대응하는 Y의 원소가 없으므로 함수가 아니다.　　답 ②

9-6. $X=\{1, 2, 3, 4\}$이고, $f(x)=x+2$이므로

$$f(1)=3,\ f(2)=4,\ f(3)=5,\ f(4)=6$$

따라서

그래프 : $\{(1, 3),\ (2, 4),\ (3, 5),\ (4, 6)\}$,

치역 : $\{3, 4, 5, 6\}$

9-7. $a \rightarrow \boxed{},\ b \rightarrow \boxed{},$

$c \rightarrow \boxed{},\ d \rightarrow \boxed{}$

Y의 원소 p, q, r, s에서 네 개를 뽑아 $\boxed{}$ 안에 나열하는 경우의 수를 구하는 것과 같다.

(1) 같은 것이 와도 되므로 각각 네 가지가 가능하다.

$$\therefore\ 4 \times 4 \times 4 \times 4 = 4^4 = 256$$

(2) a에 온 것이 b에 올 수 없고, a, b에 온 것이 c에 올 수 없으며, a, b, c에 온 것이 d에 올 수 없다.

$$\therefore\ 4 \times 3 \times 2 \times 1 = 24$$

9-8. (1) (i) $x \in R$이면　$(2x+3) \in R$

역으로 임의의 $y \in R$에 대하여

$$x = \frac{y-3}{2} \in R$$은 $y = f(x)$를 만족시킨다.

$$\therefore\ \{f(x) \mid x \in R\} = R$$

(ii) R의 임의의 두 원소 x_1, x_2에 대하여 $f(x_1) = f(x_2)$이면

$$2x_1 + 3 = 2x_2 + 3 \quad \therefore\ x_1 = x_2$$

(i), (ii)에서 f는 R에서 R로의 일대일대응이다.

(2) (i) $x \in R$이면　$x^3 \in R$

역으로 임의의 $y \in R$에 대하여 $x = \sqrt[3]{y} \in R$은 $y = f(x)$를 만족시킨다.　$\therefore\ \{f(x) \mid x \in R\} = R$

(ii) R의 임의의 두 원소 x_1, x_2에 대하여 $f(x_1) = f(x_2)$이면

$$x_1^3 = x_2^3$$

$$\therefore\ (x_1 - x_2)(x_1^2 + x_1 x_2 + x_2^2) = 0$$

그런데

$$x_1^2 + x_1 x_2 + x_2^2$$
$$= \left(x_1 + \frac{1}{2}x_2\right)^2 + \frac{3}{4}x_2^2 \geq 0$$

이므로　$x_1 = x_2$

($x_1^2 + x_1 x_2 + x_2^2 = 0$일 때는 $x_1 = x_2 = 0$)

(i), (ii)에서 f는 R에서 R로의 일대일대응이다.

10-1. (1) $(g \circ f)(x) = g(f(x)) = g(x-1)$
$$= -2(x-1)$$
$$= -2x + 2$$

(2) $(f \circ g)(x) = f(g(x)) = f(-2x)$
$$= -2x - 1$$

(3) $(g \circ f)(x) = -2x + 2$이므로
$$(h \circ (g \circ f))(x) = h((g \circ f)(x))$$
$$= h(-2x + 2)$$
$$= (-2x + 2)^2$$
$$= 4(x-1)^2$$

(4) $(h \circ g)(x) = h(g(x)) = h(-2x)$
$$= (-2x)^2 = 4x^2$$

이므로

$$((h \circ g) \circ f)(x) = (h \circ g)(f(x))$$
$$= (h \circ g)(x-1)$$
$$= 4(x-1)^2$$

10-2. $f(f(x)) = -f(x) + 6$
$$= -(-x+6) + 6 = x$$

따라서 $f(f(x)) = \frac{1}{x}$에서　$x = \frac{1}{x}$

$$\therefore\ x^2 = 1 \quad \therefore\ x = \pm 1$$

그런데 함수 f의 정의역이

$X=\{1, 2, 3, 4, 5\}$이므로 $x=1$

*__Note__ 구한 x의 값이 함수의 정의역에
속하는지 확인해야 한다.

10-3. $(f\circ g)(x)=f(g(x))=3g(x)-4$
$$=3(-x^2+x-3)-4$$
$$=-3x^2+3x-13$$
$(g\circ f)(x)=g(f(x))$
$$=-\{f(x)\}^2+f(x)-3$$
$$=-(3x-4)^2+(3x-4)-3$$
$$=-9x^2+27x-23$$
따라서 $(f\circ g)(x)=(g\circ f)(x)$에서
$-3x^2+3x-13=-9x^2+27x-23$
$$\therefore \ 3x^2-12x+5=0$$
$$\therefore \ x=\frac{6\pm\sqrt{21}}{3}$$

10-4. (1) $f(h(x))=g(x)$에서
$$2h(x)+3=4x-5$$
$$\therefore \ \boldsymbol{h(x)=2x-4}$$
(2) $k(f(x))=g(x)$에서
$$k(2x+3)=4x-5 \qquad \cdots\cdots①$$
$2x+3=t$로 놓으면 $x=\dfrac{t-3}{2}$
①에 대입하면
$$k(t)=4\times\frac{t-3}{2}-5=2t-11$$
$$\therefore \ \boldsymbol{k(x)=2x-11}$$

10-5. (1) $(f\circ f\circ f)(a)=(f\circ f)(f(a))$
$$=(f\circ f)(b)$$
$$=f(f(b))=f(c)$$
$$=\boldsymbol{d}$$
(2) $(f\circ f)(x)=c$에서 $f(f(x))=c$
주어진 그림에서 $f(b)=c$이고,
$f(x)$는 일대일함수이므로 $f(x)=b$
또한 그림에서 $f(a)=b$이고,
$f(x)$는 일대일함수이므로 $x=\boldsymbol{a}$

10-6. $f(x)=3x$에서 $y=3x$로 놓으면
$$x=\frac{1}{3}y$$

x와 y를 바꾸면 $y=\dfrac{1}{3}x$
$$\therefore \ f^{-1}(x)=\frac{1}{3}x$$
같은 방법으로 하면 $g^{-1}(x)=x+2$
$\therefore \ (f^{-1}\circ g^{-1}\circ h)(x)=(f^{-1}\circ g^{-1})(h(x))$
$$=(f^{-1}\circ g^{-1})(ax+b)$$
$$=f^{-1}(g^{-1}(ax+b))$$
$$=f^{-1}(ax+b+2)$$
$$=\frac{1}{3}(ax+b+2)$$
$f^{-1}\circ g^{-1}\circ h=f$이므로
$$\frac{1}{3}(ax+b+2)=3x$$
$$\therefore \ ax+b+2=9x$$
x에 관한 항등식이므로
$$\boldsymbol{a=9, \ b=-2}$$

10-7. $g(3)=f^{-1}(3)=k$로 놓으면
$$f(k)=3 \quad \therefore \ k^2+2k=3$$
$k>0$이므로 $k=1$ $\therefore \ g(3)=1$
$$\therefore \ h(g(3))=h(1)=\frac{1+1}{f(1)}=\frac{2}{3}$$

10-8. (1) $(f\circ f)(x)=f(f(x))$
$$=f(2x-3)$$
$$=2(2x-3)-3$$
$$=\boldsymbol{4x-9}$$
(2) $y=2x-3$으로 놓으면
$$x=\frac{1}{2}(y+3)$$
x와 y를 바꾸면 $y=\dfrac{1}{2}(x+3)$
$$\therefore \ \boldsymbol{f^{-1}(x)=\frac{1}{2}(x+3)}$$
(3) $g(f(x))=x$에서 $g(x)=f^{-1}(x)$
$$\therefore \ \boldsymbol{g(x)=\frac{1}{2}(x+3)}$$
(4) $f(h(x))=x+1$에서
$$h(x)=f^{-1}(x+1)=\frac{1}{2}\{(x+1)+3\}$$
$$=\boldsymbol{\frac{1}{2}(x+4)}$$

11-1. $y=ax+2a+1$에서
$$(x+2)a+1-y=0$$
이 직선은 a의 값에 관계없이 점 $(-2, 1)$을 지난다.

(1) $-1 \leq x \leq 1$일 때 항상 $y>0$이려면
$x=-1$일 때　$y=-a+2a+1>0$
$x=1$일 때　$y=a+2a+1>0$
두 부등식을 동시에 만족시키는 a의 값의 범위는　$\boldsymbol{a>-\dfrac{1}{3}}$

(2) $x=-1$일 때　$y=-a+2a+1>0$
$x=1$일 때　$y=a+2a+1<0$
두 부등식을 동시에 만족시키는 a의 값의 범위는　$\boldsymbol{-1<a<-\dfrac{1}{3}}$

*Note　$-1<x<1$일 때 y가 양수인 값과 음수인 값을 모두 가지려면 $x=-1$일 때의 y의 값과 $x=1$일 때의 y의 값이 서로 다른 부호이어야 하므로
$$(-a+2a+1)(a+2a+1)<0$$
$$\therefore \ \boldsymbol{-1<a<-\dfrac{1}{3}}$$

11-2. $|p|<2 \iff -2<p<2$ ……①
$f(p)=x^2+px+1-(2x+p)$
$\qquad =(x-1)p+x^2-2x+1$
이라고 하자.

(i) $x=1$일 때 $f(p)=0$이므로 성립하지 않는다.

(ii) $x \neq 1$일 때 $f(p)$는 p의 일차함수이므로 ①의 범위에서 $f(p)>0$일 조건은
$f(-2)=(x-1)\times(-2)+x^2-2x+1 \geq 0$
$\qquad \therefore \ x^2-4x+3 \geq 0$
$\qquad \therefore \ x \leq 1, \ x \geq 3$　……②
$f(2)=(x-1)\times 2+x^2-2x+1 \geq 0$
$\qquad \therefore \ x^2-1 \geq 0$
$\qquad \therefore \ x \leq -1, \ x \geq 1$　……③
$x \neq 1$과 ②, ③의 공통 범위는
$$\boldsymbol{x \leq -1, \ x \geq 3}$$

11-3. $f(x)= \begin{cases} 2x & \left(0 \leq x \leq \dfrac{3}{2}\right) \\ 6-2x & \left(\dfrac{3}{2}<x \leq 3\right) \end{cases}$,

$\qquad g(x)= \begin{cases} 2x & (0 \leq x \leq 1) \\ \dfrac{1}{2}x+\dfrac{3}{2} & (1<x \leq 3) \end{cases}$

이므로
$(g \circ f)(x)=g(f(x))$

$= \begin{cases} 2f(x) & (0 \leq f(x) \leq 1) \\ \dfrac{1}{2}f(x)+\dfrac{3}{2} & (1<f(x) \leq 3) \end{cases}$

$= \begin{cases} 2(2x) & \left(0 \leq x \leq \dfrac{1}{2}\right) \\ \dfrac{1}{2}(2x)+\dfrac{3}{2} & \left(\dfrac{1}{2}<x \leq \dfrac{3}{2}\right) \\ \dfrac{1}{2}(6-2x)+\dfrac{3}{2} & \left(\dfrac{3}{2}<x<\dfrac{5}{2}\right) \\ 2(6-2x) & \left(\dfrac{5}{2} \leq x \leq 3\right) \end{cases}$

$= \begin{cases} 4x & \left(0 \leq x \leq \dfrac{1}{2}\right) \\ x+\dfrac{3}{2} & \left(\dfrac{1}{2}<x \leq \dfrac{3}{2}\right) \\ -x+\dfrac{9}{2} & \left(\dfrac{3}{2}<x<\dfrac{5}{2}\right) \\ -4x+12 & \left(\dfrac{5}{2} \leq x \leq 3\right) \end{cases}$

따라서 $y=(g \circ f)(x)$의 그래프는 아래 그림과 같다.

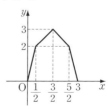

11-4. (1) $y=|x+2|-3$에서
$x+2 \geq 0$일 때　$y=(x+2)-3$
곧, $x \geq -2$일 때　$y=x-1$
$x+2<0$일 때　$y=-(x+2)-3$
곧, $x<-2$일 때　$y=-x-5$

(2) $y=x+|x-1|$에서

$x-1\geq0$일 때 $y=x+(x-1)$

곧, $x\geq1$일 때 $y=2x-1$

$x-1<0$일 때 $y=x-(x-1)$

곧, $x<1$일 때 $y=1$

(1)   (2)

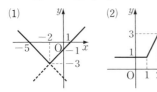

(3) $x+|y|=1$에서

  $y\geq0$일 때 $x+y=1$ $\therefore y=-x+1$

  $y<0$일 때 $x-y=1$ $\therefore y=x-1$

(4) $|y-3|=\dfrac{1}{2}x+1$에서

  $y\geq3$일 때 $y-3=\dfrac{1}{2}x+1$

    $\therefore y=\dfrac{1}{2}x+4$

  $y<3$일 때 $-(y-3)=\dfrac{1}{2}x+1$

    $\therefore y=-\dfrac{1}{2}x+2$

(3)   (4)

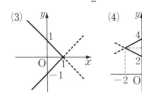

11-5. (1) $y=\dfrac{\sqrt{x^2}}{x}=\dfrac{|x|}{x}$에서

  $x>0$일 때 $y=\dfrac{x}{x}=1$

  $x<0$일 때 $y=\dfrac{-x}{x}=-1$

 (2) $y=|x+2|+|x-3|$에서

  $x<-2$일 때

    $y=-(x+2)-(x-3)=-2x+1$

  $-2\leq x<3$일 때

    $y=(x+2)-(x-3)=5$

  $x\geq3$일 때

    $y=(x+2)+(x-3)=2x-1$

(1)   (2)

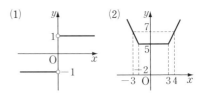

11-6. (1) $y=\sqrt{x^2-6x+9}=\sqrt{(x-3)^2}$

  곧, $y=|x-3|$이므로 $y=x-3$의 그래프를 그린 다음, x축 윗부분은 그대로 두고 x축 아랫부분을 x축 위로 꺾어 올린다.

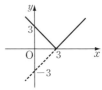

 (2) $f(x)=|x+2|-|x-3|$으로 놓으면

  (i) $x<-2$일 때

    $f(x)=-(x+2)+(x-3)=-5$

  (ii) $-2\leq x<3$일 때

    $f(x)=(x+2)+(x-3)=2x-1$

  (iii) $x\geq3$일 때

    $f(x)=(x+2)-(x-3)=5$

  따라서 $y=|f(x)|$의 그래프는 아래 오른쪽 그림과 같다.

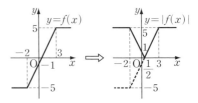

11-7. $2|x|+|y|=4$ $\cdots\cdots$①

  ①에서 x 대신 $-x$를, y 대신 $-y$를 대입해도 같은 식이 되므로 ①의 그래프는 x축, y축, 원점에 대하여 대칭인 도형이다.

  $x\geq0$, $y\geq0$일 때 ①은

$2x+y=4$

$\therefore y=-2x+4$

따라서 ①의 그래프
는 오른쪽과 같은 마
름모이므로 그 넓이는

$\dfrac{1}{2}\times4\times8=$**16**

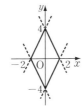

11-8. (1) $[x]=n\,(n$은 정수$)$일 때

$n\leq x<n+1$이므로

$-n-1<-x\leq-n$

(ⅰ) $-n-1<-x<-n$, 곧

$n<x<n+1$일 때

$[-x]=-n-1$

$\therefore y=[x]+[-x]=-1$

(ⅱ) $-x=-n$, 곧 $x=n$일 때

$[-x]=-n$

$\therefore y=[x]+[-x]=0$

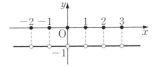

(2) $-1\leq x<0$일 때　$y=|-3x|=-3x$

$0\leq x<1$일 때　$y=|-2x|=2x$

$1\leq x<2$일 때　$y=|-x|=x$

$2\leq x<3$일 때　$y=0$

$x=3$일 때　$y=|3\times1|=3$

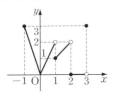

11-9. (1) 아래로 볼록한 포물선이므로

$-a>0$　$\therefore$ **$a<0$**

(2) 꼭짓점의 x좌표가 양수이므로

$-\dfrac{b}{2(-a)}>0$　곧, $\dfrac{b}{2a}>0$

여기에서 $a<0$이므로　**$b<0$**

(3) $x=0$일 때 y의 값이 음수이므로

$-c<0$　$\therefore$ **$c>0$**

(4) $x=2$일 때 $y=0$이므로

$-4a+2b-c=0$

$\therefore$ **$4a-2b+c=0$**

(5) $f(x)=-ax^2+bx-c$ 라고 하면

$f(2)-f(-2)=(-4a+2b-c)$

$-(-4a-2b-c)$

$=4b<0$

$\therefore f(-2)>f(2)$　곧, $f(-2)>0$

$\therefore f(-2)=-4a-2b-c>0$

$\therefore$ **$4a+2b+c<0$**

11-10. $y=f(x)=x^2-2x-3$

$=(x-1)^2-4$

(1) $y=|f(x)|$ 꼴의 그래프를 그리는 방
법을 따른다.　⇦ p. 196 참조

(2) x 대신 $-x$를 대입해도 같은 식이므
로 그래프는 y축에 대하여 대칭이다.

따라서 y축의 오른쪽은 그대로 두고,
y축의 왼쪽은 $y=f(x)\,(x\geq0)$의 그래
프를 y축에 대하여 대칭이동한다.

(3) y 대신 $-y$를 대입해도 같은 식이므
로 그래프는 x축에 대하여 대칭이다.

따라서 x축 윗부분은 그대로 두고,
x축 아랫부분은 $y=f(x)\,(y\geq0)$의 그
래프를 x축에 대하여 대칭이동한다.

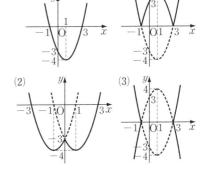

11-11. $y=f(x)$의 그래프는 꼭짓점이 점 $\left(0, \dfrac{3}{4}\right)$이고, $x>0$일 때 x의 값이 증가하면 y의 값도 증가한다.

$$\therefore f(a)=\dfrac{1}{4}(a^2+3)=a \qquad \cdots\cdots①$$
$$f(b)=\dfrac{1}{4}(b^2+3)=b \qquad \cdots\cdots②$$

①에서 $a=1, 3$
②에서 $b=1, 3$
그런데 $0<a<b$이므로
$$\boldsymbol{a=1, \ b=3}$$

11-12. $x^2-2x+3=t$로 놓으면
$$t=(x-1)^2+2$$
$$y=t^2-4t+1=(t-2)^2-3 \ \cdots①$$
한편 $-1\le x\le2$일 때 $2\le t\le6$
이므로 이 범위에서 ①의 최댓값, 최솟값을 구하면
$$t=6일 때 \ 최댓값 \ \boldsymbol{13},$$
$$t=2일 때 \ 최솟값 \ \boldsymbol{-3}$$

11-13. $g(x)=2x^2-8x+5=t$로 놓으면
$$t=2(x-2)^2-3$$
$$y=(f\circ g)(x)=f(g(x))=f(t)$$
$$=t^2+2t-1=(t+1)^2-2 \ \cdots①$$
한편 $0\le x\le3$일 때 $-3\le t\le5$
이므로 이 범위에서 ①의 최댓값, 최솟값을 구하면
$$t=5일 때 \ 최댓값 \ \boldsymbol{34},$$
$$t=-1일 때 \ 최솟값 \ \boldsymbol{-2}$$

11-14. $3-4f(x)=t$로 놓으면
$$t=3-4(x^2+x+1)=-4\left(x+\dfrac{1}{2}\right)^2$$
$$y=f(3-4f(x))=f(t)$$
$$=t^2+t+1=\left(t+\dfrac{1}{2}\right)^2+\dfrac{3}{4} \ \cdots①$$
한편 $-1\le x\le1$일 때 $-9\le t\le0$
이므로 이 범위에서 ①의 최댓값, 최솟값을 구하면
$$t=-9일 때 \ 최댓값 \ \boldsymbol{73},$$

$$t=-\dfrac{1}{2}일 때 \ 최솟값 \ \dfrac{3}{4}$$

11-15. $y=x^2+2ax+b \qquad \cdots\cdots①$
①이 점 $(2, 4)$를 지나므로
$$4=4+4a+b \quad \therefore b=-4a \qquad \cdots\cdots②$$
②를 ①에 대입하면
$$y=x^2+2ax-4a$$
$$=(x+a)^2-a^2-4a$$
따라서 ①의 꼭짓점은 점 $(-a, -a^2-4a)$이고, 이 꼭짓점이 직선 $y-2x-1=0$ 위에 있으므로
$$-a^2-4a-2\times(-a)-1=0$$
$$\therefore a^2+2a+1=0 \quad \therefore \boldsymbol{a=-1}$$
②에 대입하면 $\boldsymbol{b=4}$

11-16. 포물선과 직선의 두 교점의 좌표가 $(-1, 2), (2, 5)$이므로 $y=ax^2+bx+c$에 대입하면
$$2=a-b+c \qquad \cdots\cdots①$$
$$5=4a+2b+c \qquad \cdots\cdots②$$
포물선의 꼭짓점의 y좌표가 1이므로
$$-\dfrac{b^2-4ac}{4a}=1$$
$$\therefore b^2-4ac+4a=0 \qquad \cdots\cdots③$$
①, ②를 b, c에 관하여 연립하여 풀면
$$b=-a+1, \ c=-2a+3$$
이 식을 ③에 대입하면
$$9a^2-10a+1=0$$
$$\therefore (9a-1)(a-1)=0$$
a는 정수이므로 $\boldsymbol{a=1}$
$$\therefore \boldsymbol{b=0, \ c=1}$$

11-17. (1) $y=x^2+px=\left(x+\dfrac{p}{2}\right)^2-\dfrac{p^2}{4}$
에서 꼭짓점의 좌표는 $\left(-\dfrac{p}{2}, -\dfrac{p^2}{4}\right)$
이다.
$$x=-\dfrac{p}{2} \ \cdots① \qquad y=-\dfrac{p^2}{4} \ \cdots②$$
①에서의 $p=-2x$를 ②에 대입하면
$$\boldsymbol{y=-x^2}$$

(2) $y=x^2-px+p=\left(x-\dfrac{p}{2}\right)^2-\dfrac{p^2}{4}+p$

에서 꼭짓점의 좌표는 $\left(\dfrac{p}{2},\ -\dfrac{p^2}{4}+p\right)$

이다.

$x=\dfrac{p}{2}$ $\cdots$① $\quad y=-\dfrac{p^2}{4}+p$ $\cdots$②

①에서의 $p=2x$를 ②에 대입하면
$$y=-x^2+2x$$

11-18.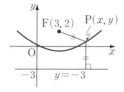

조건을 만족시키는 점을 $P(x,\,y)$라고
하면
$$\overline{\mathrm{PF}}=\sqrt{(x-3)^2+(y-2)^2}$$

또, 점 $P(x,\,y)$와 직선 $y=-3$ 사이의
거리는 $|y+3|$이므로
$$\sqrt{(x-3)^2+(y-2)^2}=|y+3|$$

양변을 제곱하면
$$(x-3)^2+(y-2)^2=(y+3)^2$$
$$\therefore\ y=\dfrac{1}{10}(x-3)^2-\dfrac{1}{2}$$

11-19.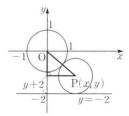

조건을 만족시키는 점을 $P(x,\,y)$라고
하면 $y-(-2)=y+2$는 중심이 점 P인
원의 반지름의 길이이다.

이 원이 원 $x^2+y^2=1$에 외접하므로
$$\sqrt{x^2+y^2}=1+(y+2)$$

제곱하여 정리하면 $\quad y=\dfrac{1}{6}x^2-\dfrac{3}{2}$

11-20. (1) $F(x)=f(x)+f(-x)$로 놓
으면
$$F(-x)=f(-x)+f(-(-x))$$
$$=f(-x)+f(x)=F(x)$$
곧, $F(-x)=F(x)$이므로
$F(x)=f(x)+f(-x)$는 우함수이다.

(2) $F(x)=f(x)-f(-x)$로 놓으면
$$F(-x)=f(-x)-f(-(-x))$$
$$=f(-x)-f(x)=-F(x)$$
곧, $F(-x)=-F(x)$이므로
$F(x)=f(x)-f(-x)$는 기함수이다.

(3) $F(x)=f(x)f(-x)$로 놓으면
$$F(-x)=f(-x)f(-(-x))$$
$$=f(-x)f(x)=F(x)$$
곧, $F(-x)=F(x)$이므로
$F(x)=f(x)f(-x)$는 우함수이다.

***Note** 함수 $f(x)$를
$$f(x)=\dfrac{f(x)+f(-x)}{2}+\dfrac{f(x)-f(-x)}{2}$$
로 나타낼 수 있다. 따라서 모든 함수
는 우함수와 기함수의 합으로 나타낼
수 있다.

11-21. (1) $y=f(x)$와 $y=g(x)$의 그래프
가 모두 원점에 대하여 대칭이므로 각
각 기함수이고
$$f(-x)=-f(x),\ g(-x)=-g(x)$$
$$\therefore\ h(-x)=pf(-x)+qg(-x)$$
$$=-\{pf(x)+qg(x)\}$$
$$=-h(x)$$
따라서 $h(x)$는 기함수이고, 그 그래
프는 원점에 대하여 대칭이다.

(2) $p-1=-q,\ q-1=-p$이므로
$$\{h(x)-f(x)\}\{h(x)-g(x)\}$$
$$=\{(p-1)f(x)+qg(x)\}$$
$$\times\{pf(x)+(q-1)g(x)\}$$
$$=q\{-f(x)+g(x)\}\times p\{f(x)-g(x)\}$$
$$=-pq\{f(x)-g(x)\}^2$$

$p>0$, $q>0$, $\{f(x)-g(x)\}^2 \geq 0$이므로
$$\{h(x)-f(x)\}\{h(x)-g(x)\} \leq 0$$

12-1. (1) (준 식)
$$=\left(3+\frac{1}{x-5}\right)-\left(5-\frac{1}{x-2}\right)$$
$$+\left(1-\frac{1}{x-3}\right)+\left(1-\frac{1}{x-4}\right)$$
$$=\left(\frac{1}{x-2}-\frac{1}{x-3}\right)+\left(\frac{1}{x-5}-\frac{1}{x-4}\right)$$
$$=\frac{-1}{(x-2)(x-3)}+\frac{1}{(x-4)(x-5)}$$
$$=\frac{2(2x-7)}{(x-2)(x-3)(x-4)(x-5)}$$

(2) (준 식)
$$=\left(\frac{1}{x-2}-\frac{1}{x-1}\right)+\left(\frac{1}{x-1}-\frac{1}{x}\right)$$
$$+\left(\frac{1}{x}-\frac{1}{x+1}\right)+\left(\frac{1}{x+1}-\frac{1}{x+2}\right)$$
$$=\frac{1}{x-2}-\frac{1}{x+2}=\frac{4}{(x-2)(x+2)}$$

12-2. (1) $\dfrac{3x+1}{(x-1)(x^2+1)}$
$$=\frac{a(x^2+1)+(x-1)(bx+c)}{(x-1)(x^2+1)}$$
$$\therefore \frac{3x+1}{(x-1)(x^2+1)}$$
$$=\frac{(a+b)x^2+(-b+c)x+a-c}{(x-1)(x^2+1)}$$
$$\therefore 3x+1=(a+b)x^2+(-b+c)x$$
$$+a-c$$
이 등식이 x에 관한 항등식이려면
$$a+b=0,\ -b+c=3,\ a-c=1$$
$$\therefore a=2,\ b=-2,\ c=1$$

(2) $\dfrac{1}{x^2(x+1)}=\dfrac{ax(x+1)+b(x+1)+cx^2}{x^2(x+1)}$
$$\therefore \frac{1}{x^2(x+1)}$$
$$=\frac{(a+c)x^2+(a+b)x+b}{x^2(x+1)}$$
$$\therefore 1=(a+c)x^2+(a+b)x+b$$

이 등식이 x에 관한 항등식이려면
$$a+c=0,\ a+b=0,\ b=1$$
$$\therefore a=-1,\ b=1,\ c=1$$

12-3. (1) (준 식)$=\dfrac{b+1+a+1}{(a+1)(b+1)}$
$$=\frac{a+b+2}{ab+a+b+1}$$
$$=\frac{a+b+2}{1+a+b+1}=1$$

(2) $ab=1$에서 $b\neq 0$이므로
$$(준\ 식)=\frac{a}{a+1}+\frac{b}{b+ab}$$
$$=\frac{a}{a+1}+\frac{1}{1+a}$$
$$=\frac{a+1}{a+1}=1$$

Note (1) $ab=1$에서 $b=\dfrac{1}{a}$이므로
$$(준\ 식)=\frac{1}{a+1}+\frac{1}{\dfrac{1}{a}+1}$$
$$=\frac{1}{a+1}+\frac{a}{1+a}$$
$$=\frac{a+1}{a+1}=1$$

(2) (1)에서 $\dfrac{1}{a+1}+\dfrac{1}{b+1}=1$이므로
$$(준\ 식)=\frac{a+1-1}{a+1}+\frac{b+1-1}{b+1}$$
$$=1-\frac{1}{a+1}+1-\frac{1}{b+1}$$
$$=2-\left(\frac{1}{a+1}+\frac{1}{b+1}\right)$$
$$=2-1=1$$

12-4. $x\neq 0$이므로 주어진 식의 양변을 x로 나누면 $x-\dfrac{1}{x}=1$

(1) $x^2+\dfrac{1}{x^2}=\left(x-\dfrac{1}{x}\right)^2+2x\times\dfrac{1}{x}$
$$=1^2+2=3$$

(2) $\left(x+\dfrac{1}{x}\right)^2=\left(x-\dfrac{1}{x}\right)^2+4x\times\dfrac{1}{x}$
$$=1^2+4=5$$

$$\therefore \ x+\frac{1}{x}=\pm\sqrt{5}$$

$$\therefore \ x^3+\frac{1}{x^3}=\left(x+\frac{1}{x}\right)^3$$
$$-3x\times\frac{1}{x}\left(x+\frac{1}{x}\right)$$
$$=(\pm\sqrt{5})^3-3\times(\pm\sqrt{5})$$
$$=(\pm5\sqrt{5})+(\mp3\sqrt{5}) \ (복부호동순)$$
$$=\pm2\sqrt{5}$$

(3) $x^3-\dfrac{1}{x^3}=\left(x-\dfrac{1}{x}\right)^3+3x\times\dfrac{1}{x}\left(x-\dfrac{1}{x}\right)$
$$=1^3+3\times1=\mathbf{4}$$

Note $\quad x^3-\dfrac{1}{x^3}$
$$=\left(x-\frac{1}{x}\right)\left(x^2+x\times\frac{1}{x}+\frac{1}{x^2}\right)$$
$$=1\times(3+1)=\mathbf{4}$$

(4) $x^4-\dfrac{1}{x^4}=\left(x^2+\dfrac{1}{x^2}\right)\left(x^2-\dfrac{1}{x^2}\right)$
$$=\left(x^2+\frac{1}{x^2}\right)\left(x+\frac{1}{x}\right)\left(x-\frac{1}{x}\right)$$
$$=3\times(\pm\sqrt{5})\times1=\pm3\sqrt{5}$$

12-5. (1) $\dfrac{x+2y}{2}=\dfrac{y+3z}{3}=\dfrac{z+4x}{4}=k$

로 놓으면 $k\neq0$이고,
$$x+2y=2k, \ y+3z=3k, \ z+4x=4k$$
$$\therefore \ x=\frac{4}{5}k, \ y=\frac{3}{5}k, \ z=\frac{4}{5}k$$
$$\therefore \ x:y:z=\mathbf{4:3:4}$$

(2) $y+z=ak, \ z+x=bk, \ x+y=ck$

로 놓고 세 식을 연립하여 풀면
$$x=\frac{1}{2}(b+c-a)k,$$
$$y=\frac{1}{2}(c+a-b)k,$$
$$z=\frac{1}{2}(a+b-c)k$$
$$\therefore \ x:y:z$$
$$=\mathbf{(b+c-a):(c+a-b):(a+b-c)}$$

12-6. (1) $\dfrac{2b+c}{3a}=\dfrac{c+3a}{2b}=\dfrac{3a+2b}{c}$
$$=k \qquad\qquad \cdots\cdots①$$

로 놓으면
$$2b+c=3ak, \ c+3a=2bk,$$
$$3a+2b=ck$$

이 세 식을 변끼리 더하면
$$2(3a+2b+c)=(3a+2b+c)k$$

(i) $3a+2b+c\neq0$일 때 $\quad k=2$

(ii) $3a+2b+c=0$일 때
$$2b+c=-3a, \ c+3a=-2b,$$
$$3a+2b=-c$$

이므로 ①에 대입하면
$$k=\frac{-3a}{3a}=\frac{-2b}{2b}=\frac{-c}{c}=-1$$

따라서 구하는 값은 **2, −1**

(2) $\dfrac{ca+ab}{bc}=\dfrac{ab+bc}{ca}=\dfrac{bc+ca}{ab}$
$$=k \qquad\qquad \cdots\cdots②$$

로 놓으면
$$ca+ab=bck, \ ab+bc=cak,$$
$$bc+ca=abk$$

이 세 식을 변끼리 더하면
$$2(ab+bc+ca)=(ab+bc+ca)k$$

(i) $ab+bc+ca\neq0$일 때 $\quad k=2$

(ii) $ab+bc+ca=0$일 때
$$ca+ab=-bc, \ ab+bc=-ca,$$
$$bc+ca=-ab$$

이므로 ②에 대입하면
$$k=\frac{-bc}{bc}=\frac{-ca}{ca}=\frac{-ab}{ab}=-1$$

따라서 구하는 값은 **2, −1**

12-7. (1) $y=\dfrac{x+2}{x-2}=\dfrac{4}{x-2}+1$

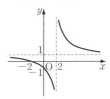

(2) $\dfrac{1}{x}+\dfrac{1}{y}=1$에서

$$\frac{1}{y}=1-\frac{1}{x}=\frac{x-1}{x} \ (xy \neq 0)$$

$$\therefore y=\frac{x}{x-1}=\frac{1}{x-1}+1 \ (xy \neq 0)$$

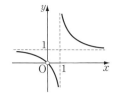

(3) $2xy-3x+2y+3=0$에서

$$2(x+1)y=3x-3$$

$x \neq -1$이므로

$$y=\frac{3}{2} \times \frac{x-1}{x+1}=\frac{-3}{x+1}+\frac{3}{2}$$

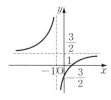

12-8. (1) $y=\frac{x^2+3x+3}{x+1}=x+2+\frac{1}{x+1}$

　점근선 : 직선 $x=-1$, $y=x+2$

　y절편 : $y=3$ 　　　　　 ⇦ $x=0$

(2) $y_1=-x+2$, $y_2=\frac{1}{x-1}$로 놓으면

$$y=y_1+y_2$$

　점근선 : 직선 $x=1$, $y=-x+2$

　x절편 : $x=\frac{3 \pm \sqrt{5}}{2}$ 　　 ⇦ $y=0$

　y절편 : $y=1$ 　　　　　 ⇦ $x=0$

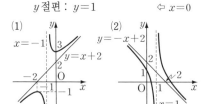

(3) $y_1=x$, $y_2=\frac{1}{|x|}$로 놓으면

$$y=y_1+y_2$$

　점근선 : 직선 $x=0$, $y=x$

　x절편 : $x=-1$ 　　　　 ⇦ $y=0$

12-9. (1) $y=\frac{1}{x}$로 놓으면 $x=\frac{1}{y}$

　x와 y를 바꾸면 $y=\frac{1}{x}$

$$\therefore f^{-1} : x \longrightarrow \frac{1}{x}$$

(2) $y=\frac{x+1}{2x-3}$로 놓으면

$$2xy-3y=x+1$$

$$\therefore (2y-1)x=3y+1$$

$$\therefore x=\frac{3y+1}{2y-1}$$

　x와 y를 바꾸면 $y=\frac{3x+1}{2x-1}$

$$\therefore f^{-1}(x)=\frac{3x+1}{2x-1}$$

12-10. $f(x)=\frac{ax+2}{x+1}=y$로 놓으면

$$xy+y=ax+2$$

$$\therefore (y-a)x=-y+2 \quad \therefore x=\frac{-y+2}{y-a}$$

　x와 y를 바꾸면 $y=\frac{-x+2}{x-a}$

$$\therefore f^{-1}(x)=\frac{-x+2}{x-a}$$

　이것이 $f(x)$와 일치하므로 $a=-1$

12-11. $f(x)=\frac{ax-4}{x+b}=y$로 놓으면

$$xy+by=ax-4$$

$$\therefore (y-a)x=-by-4 \quad \therefore x=\frac{by+4}{-y+a}$$

　x와 y를 바꾸면 $y=\frac{bx+4}{-x+a}$

$$\therefore f^{-1}(x)=\dfrac{bx+4}{-x+a}$$

문제에서 주어진 $f^{-1}(x)$와 비교하면

$$\boldsymbol{a=2,\ b=3,\ c=4}$$

12-12. $g(f(x))=x$에서 $g\circ f=I$

$$\therefore g=I\circ f^{-1}=f^{-1}$$

$f(x)=\dfrac{2x-1}{x+3}=y$ 로 놓으면

$$xy+3y=2x-1 \quad \therefore x=-\dfrac{3y+1}{y-2}$$

$$\therefore g(x)=f^{-1}(x)=-\dfrac{\boldsymbol{3x+1}}{\boldsymbol{x-2}}$$

*$\boldsymbol{Note}$　$g(f(x))=x$에서

$$g\!\left(\dfrac{2x-1}{x+3}\right)=x$$

$\dfrac{2x-1}{x+3}=t$ 로 놓으면 $x=-\dfrac{3t+1}{t-2}$

$$\therefore g(t)=-\dfrac{3t+1}{t-2}$$

$$\therefore \boldsymbol{g(x)=-\dfrac{3x+1}{x-2}}$$

12-13. $y=\dfrac{2x-3}{x-1}=\dfrac{-1}{x-1}+2$ ……①

①의 그래프는 아래 그림의 굵은 곡선이고, 직선 $y=mx$가 ①의 그래프와 만나는 것은 아래 그림에서 점 찍은 부분(경계선 포함)에 존재할 때이다.

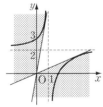

직선과 곡선이 접할 때, 방정식

$mx=\dfrac{2x-3}{x-1}$ 이 중근을 가지므로

$$mx(x-1)=2x-3$$

곧, $mx^2-(m+2)x+3=0$에서

$$D=(m+2)^2-12m=0$$

$$\therefore m^2-8m+4=0$$

$$\therefore m=4\pm2\sqrt{3}$$

따라서 구하는 m의 값의 범위는

$$\boldsymbol{m\leq4-2\sqrt{3},\ m\geq4+2\sqrt{3}}$$

12-14. $y=\left|1-\dfrac{1}{x}\right|=\dfrac{|x-1|}{|x|}$ ……①

$x<0$일 때 $y=\dfrac{-x+1}{-x}=-\dfrac{1}{x}+1$

$0<x\leq1$일 때

$$y=\dfrac{-x+1}{x}=\dfrac{1}{x}-1$$ ……②

$x>1$일 때 $y=\dfrac{x-1}{x}=-\dfrac{1}{x}+1$

따라서 ①의 그래프는 아래 그림에서 굵은 곡선이다.

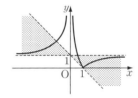

직선 $y=mx+1$이 ②에 접할 때, 방정식 $\dfrac{1}{x}-1=mx+1$이 중근을 가지므로

$$1-x=x(mx+1)$$

곧, $mx^2+2x-1=0$에서

$$D/4=1+m=0 \quad \therefore m=-1$$

이때, $x=1$, 곧 점 $(1,\ 0)$에서 접한다.

그런데 직선 $y=mx+1$이 ①의 그래프와 서로 다른 세 점에서 만날 때는 위의 그림에서 점 찍은 부분(경계선 제외)에 존재하므로

$$\boldsymbol{-1<m<0}$$

*$\boldsymbol{Note}$ 1°　$y=\left|1-\dfrac{1}{x}\right|=\left|\dfrac{1}{x}-1\right|$

의 그래프는 $y=\dfrac{1}{x}-1$의 그래프를 그린 다음, x축 윗부분은 그대로 두고 x축 아랫부분만 x축을 대칭축으로 하여 x축 위로 꺾어 올려도 된다.

⇦ p. 196 참조

*Note 2° 직선의 방정식이

$$y=mx+3 \; (m<0)$$

으로 주어질 때에는 이 직선이 곡선 ②
와 $m=-4$일 때 점 $\left(\dfrac{1}{2}, \, 1\right)$에서 접하
므로 서로 다른 세 점에서 만나도록 하
는 m의 값의 범위는 $-4<m<0$이다.

13-1. $x-y=(a+b)^2-4ab=(a-b)^2$

$$\therefore \sqrt{x-y}=\sqrt{(a-b)^2} \quad \Leftarrow a-b<0$$
$$=-(a-b)=\boldsymbol{b-a}$$

13-2. $x+y=4a+(a^2+16)$

$$=(a+2)^2+12,$$
$$x-y=4a-(a^2+16)$$
$$=-(a-2)^2-12$$

이므로 모든 실수 a에 대하여

$$x+y>0, \quad x-y<0$$

따라서

$$\sqrt{(x+y)^2}+\sqrt{(x-y)^2}=(x+y)-(x-y)$$
$$=2y=\boldsymbol{2(a^2+16)}$$

13-3. $\sqrt{a^2+2a+1}-\sqrt{a^2-2a+1}$

$$=\sqrt{(a+1)^2}-\sqrt{(a-1)^2}$$

$a<-1$일 때, $a+1<0$, $a-1<0$

$$\therefore (준 \ 식)=-(a+1)+(a-1)=-2$$

$-1\leq a<1$일 때, $a+1\geq 0$, $a-1<0$

$$\therefore (준 \ 식)=(a+1)+(a-1)=2a$$

$a\geq 1$일 때, $a+1>0$, $a-1\geq 0$

$$\therefore (준 \ 식)=(a+1)-(a-1)=2$$

이상에서 **$a<-1$일 때 -2,**

$-1\leq a<1$일 때 $2a$,

$a\geq 1$일 때 2

13-4. $x=(a-1)^2$이므로

$$x+4a=(a-1)^2+4a=(a+1)^2,$$
$$x-a^3+2a^2-a=(a-1)^2-a^3+2a^2-a$$
$$=-(a-1)^3$$

따라서 주어진 식을 P라고 하면

$$P=\sqrt{(a-1)^2}+\sqrt{(a+1)^2}-\sqrt[3]{-(a-1)^3}$$

$a<-1$일 때, $a-1<0$, $a+1<0$

$$\therefore \; P=-(a-1)-(a+1)+(a-1)$$
$$=-(a+1)$$

$-1\leq a<1$일 때, $a-1<0$, $a+1\geq 0$

$$\therefore \; P=-(a-1)+(a+1)+(a-1)$$
$$=a+1$$

$a\geq 1$일 때, $a-1\geq 0$, $a+1>0$

$$\therefore \; P=(a-1)+(a+1)+(a-1)$$
$$=3a-1$$

이상에서 **$a<-1$일 때 $-(a+1)$,**

$-1\leq a<1$일 때 $a+1$,

$a\geq 1$일 때 $3a-1$

13-5. $\dfrac{\sqrt{x+1}+\sqrt{x-1}}{\sqrt{x+1}-\sqrt{x-1}}$

$$=\frac{(\sqrt{x+1}+\sqrt{x-1})^2}{(\sqrt{x+1}-\sqrt{x-1})(\sqrt{x+1}+\sqrt{x-1})}$$
$$=\frac{x+1+2\sqrt{x+1}\sqrt{x-1}+x-1}{(x+1)-(x-1)}$$
$$=x+\sqrt{x^2-1}=\boldsymbol{\sqrt{5}+2}$$

13-6. $\sqrt{2x\pm 2\sqrt{x^2-1}}$

$$=\sqrt{2x\pm 2\sqrt{(x+1)(x-1)}}$$
$$=\sqrt{(\sqrt{x+1}\pm\sqrt{x-1})^2}$$

이고, $x>1$일 때 $x+1>x-1>0$이므로

$$\sqrt{2x\pm 2\sqrt{x^2-1}}=\sqrt{x+1}\pm\sqrt{x-1}$$

(복부호동순)

$$\therefore \; \frac{1}{\sqrt{2x-2\sqrt{x^2-1}}}+\frac{1}{\sqrt{2x+2\sqrt{x^2-1}}}$$
$$=\frac{1}{\sqrt{x+1}-\sqrt{x-1}}+\frac{1}{\sqrt{x+1}+\sqrt{x-1}}$$
$$=\frac{(\sqrt{x+1}+\sqrt{x-1})+(\sqrt{x+1}-\sqrt{x-1})}{(\sqrt{x+1}-\sqrt{x-1})(\sqrt{x+1}+\sqrt{x-1})}$$
$$=\frac{2\sqrt{x+1}}{(x+1)-(x-1)}=\sqrt{x+1}$$
$$=\sqrt{4+2\sqrt{3}}=\sqrt{(\sqrt{3}+1)^2}=\boldsymbol{\sqrt{3}+1}$$

13-7. (1) $y=1+\sqrt{x+2}$에서

$$y-1=\sqrt{x+2}$$

따라서 그래프는 다음과 같고,

정의역은 $\{x \,|\, x\geq -2\}$,

치역은 $\{y \,|\, y\geq 1\}$

(2) $y=2+\sqrt{1-x}$ 에서
$$y-2=\sqrt{-(x-1)}$$
따라서 그래프는 아래와 같고,
정의역은 $\{x\,|\,x\leq 1\}$,
치역은 $\{y\,|\,y\geq 2\}$

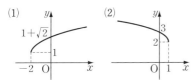

(1) $1+\sqrt{2}$ (2)

(3) $y=1-\sqrt{2-x}$ 에서
$$y-1=-\sqrt{-(x-2)}$$
따라서 그래프는 아래와 같고,
정의역은
$\{x\,|\,x\leq 2\}$,
치역은
$\{y\,|\,y\leq 1\}$

13-8. 주어진 함수의 정의역을 U, 치역을 V 라고 하자.

(1) $U=\{x\,|\,x\geq 1\}$, $V=\{y\,|\,y\geq -1\}$ 이고, U 에서 V 로의 일대일대응이다.
$y=\sqrt{x-1}-1\,(x\geq 1,\ y\geq -1)$ 에서
$$\sqrt{x-1}=y+1$$
$$\therefore\ x=y^2+2y+2\ (y\geq -1,\ x\geq 1)$$
x 와 y 를 바꾸면
$$\boldsymbol{y=x^2+2x+2\ (x\geq -1)}$$

(2) $U=\{x\,|\,x\geq 1\}$, $V=\{y\,|\,y\leq -1\}$ 이고, U 에서 V 로의 일대일대응이다.
$y=-1-\sqrt{x-1}\,(x\geq 1,\ y\leq -1)$ 에서
$$-\sqrt{x-1}=y+1$$
$$\therefore\ x=y^2+2y+2\ (y\leq -1,\ x\geq 1)$$
x 와 y 를 바꾸면
$$\boldsymbol{y=x^2+2x+2\ (x\leq -1)}$$

(3) $U=\{x\,|\,x\geq 0\}$, $V=\{y\,|\,y\geq 2\}$ 이고, U 에서 V 로의 일대일대응이다.
$y=x^2+2\,(x\geq 0,\ y\geq 2)$ 에서
$$x^2=y-2$$

$x\geq 0$ 이므로
$$x=\sqrt{y-2}\ (y\geq 2,\ x\geq 0)$$
x 와 y 를 바꾸면 $\boldsymbol{y=\sqrt{x-2}}$

(4) $U=\{x\,|\,x\leq 1\}$, $V=\{y\,|\,y\geq -1\}$ 이고, U 에서 V 로의 일대일대응이다.
$y=x^2-2x\,(x\leq 1,\ y\geq -1)$ 에서
$$y+1=(x-1)^2$$
$x\leq 1$ 이므로 $\ -\sqrt{y+1}=x-1$
$$\therefore\ x=1-\sqrt{y+1}\ (y\geq -1,\ x\leq 1)$$
x 와 y 를 바꾸면 $\boldsymbol{y=1-\sqrt{x+1}}$

*__Note__ (4) $y=x^2-2x\,(x\leq 1)$ 에서
$$x^2-2x-y=0$$
근의 공식을 이용하여 x 를 구하면
$$x=1-\sqrt{y+1}\ (y\geq -1,\ x\leq 1)$$
x 와 y 를 바꾸면 $\boldsymbol{y=1-\sqrt{x+1}}$

13-9.

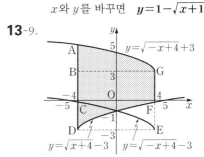

곡선 $y=\sqrt{x+4}-3$, $y=\sqrt{-x+4}+3$ 과 직선 $x=-4$, $x=4$ 로 둘러싸인 도형은 위의 그림에서 점 찍은 부분이다.

그런데 곡선 $y=\sqrt{x+4}-3$ 과 y 축에 대하여 대칭인 곡선의 방정식은
$y=\sqrt{-x+4}-3$ 이고, 이 곡선은 곡선 $y=\sqrt{-x+4}+3$ 을 y 축의 방향으로 -6 만큼 평행이동한 것이므로
(도형 ABG의 넓이)
$\qquad$ $=$(도형 CDE의 넓이)
$\qquad$ $=$(도형 FED의 넓이)
따라서 구하는 넓이는 직사각형 BDEG의 넓이와 같으므로
$$8\times 6=\boldsymbol{48}$$

13-10. 문제의 도형은 아래 그림에서 점 찍은 부분이다.

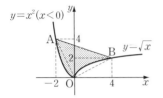

그런데 $y=\sqrt{x}$ 의 그래프를 직선 $y=x$ 에 대하여 대칭이동하면 $y=x^2\,(x\geq0)$ 의 그래프이고, 이 그래프를 y 축에 대하여 대칭이동하면 $y=x^2\,(x\leq0)$ 의 그래프이므로 아래 그림에서 점 찍은 두 부분의 넓이는 같다.

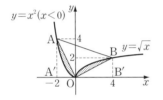

따라서 구하는 넓이는 $\triangle$AOB의 넓이와 같으므로

(사다리꼴 AA′B′B의 넓이)
$$-\triangle\mathrm{AA'O}-\triangle\mathrm{OB'B}$$
$$=\frac{1}{2}\times(4+2)\times6$$
$$\qquad-\frac{1}{2}\times2\times4-\frac{1}{2}\times4\times2$$
$$=\mathbf{10}$$

*__Note__ $\triangle$AOB의 넓이는 다음과 같이 구할 수도 있다.

(i) 세 점 $\mathrm{O}(0,0)$, $\mathrm{A}(x_1,y_1)$, $\mathrm{B}(x_2,y_2)$ 를 꼭짓점으로 하는 $\triangle$AOB의 넓이는

$$\frac{1}{2}|x_1y_2-x_2y_1|\qquad\Leftarrow\text{유제 }\mathbf{2}\text{-16}$$

임을 이용한다.

(ii) 두 직선 OA와 OB가 서로 수직이므로

$$\triangle\mathrm{AOB}=\frac{1}{2}\times\overline{\mathrm{OA}}\times\overline{\mathrm{OB}}$$

임을 이용한다.

13-11. $\quad y=\sqrt{x-3}\qquad\qquad\cdots\cdots$ ①
$\qquad\quad y=mx+1\qquad\qquad\cdots\cdots$ ②

주어진 조건을 만족시키려면 곡선 ①과 직선 ②가 만나야 하므로 직선 ②는 아래 그림에서 점 찍은 부분(경계선 포함)에 존재해야 한다.

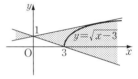

(i) 직선 ②가 곡선 ①에 접할 때

위의 그림에서 $m>0$ 이고

$\sqrt{x-3}=mx+1$ 의 양변을 제곱하면
$$x-3=(mx+1)^2$$
$$\therefore\ m^2x^2+(2m-1)x+4=0$$
이 이차방정식이 중근을 가지므로
$$D=(2m-1)^2-16m^2=0$$
$$\therefore\ m=-\frac{1}{2},\ \frac{1}{6}$$

그런데 $m>0$ 이므로 $m=\dfrac{1}{6}$

(ii) 직선 ②가 점 $(3,0)$ 을 지날 때
$$0=3m+1\quad\therefore\ m=-\frac{1}{3}$$

(i), (ii)에서 $-\dfrac{1}{3}\leq m\leq\dfrac{1}{6}$

13-12. (1) $\sqrt{2-x}=a-2x\qquad\cdots\cdots$ ①
$\qquad y=\sqrt{2-x}\ \cdots$ ②$\quad y=a-2x\ \cdots$ ③

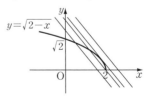

(i) 직선 ③이 곡선 ②에 접할 때

①의 양변을 제곱하여 정리하면

$$4x^2-(4a-1)x+a^2-2=0$$

이 이차방정식이 중근을 가지므로

$$D=(4a-1)^2-16(a^2-2)=0$$

$$\therefore a=\frac{33}{8}$$

(ii) 직선 ③이 점 $(2, 0)$을 지날 때

$$0=a-4 \quad \therefore a=4$$

따라서 곡선 ②와 직선 ③의 교점의 개수에서 ①의 실근의 개수는

$a<4$, $a=\dfrac{33}{8}$일 때 **1**,

$4\leq a<\dfrac{33}{8}$일 때 **2**,

$a>\dfrac{33}{8}$일 때 **0**

(2) $\sqrt{1-x^2}=x+a$ ⋯⋯①

$y=\sqrt{1-x^2}$ ⋯② $\qquad y=x+a$ ⋯③

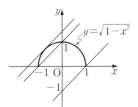

(ⅰ) 직선 ③이 반원 ②에 접할 때

반원 ②의 중심 O와 직선 ③ 사이의 거리가 반지름의 길이인 1과 같으므로

$$\frac{|a|}{\sqrt{1^2+(-1)^2}}=1$$

$a>0$이므로 $a=\sqrt{2}$

(ii) 직선 ③이 점 $(-1, 0)$을 지날 때

$$0=-1+a \quad \therefore a=1$$

(ⅲ) 직선 ③이 점 $(1, 0)$을 지날 때

$$0=1+a \quad \therefore a=-1$$

따라서 반원 ②와 직선 ③의 교점의 개수에서 ①의 실근의 개수는

$a<-1$, $a>\sqrt{2}$일 때 **0**,

$-1\leq a<1$, $a=\sqrt{2}$일 때 **1**,

$1\leq a<\sqrt{2}$일 때 **2**

Note $y=\sqrt{1-x^2}$

$$\Longleftrightarrow y^2=1-x^2 \ (y\geq0)$$

곧, $y=\sqrt{1-x^2}$

$$\Longleftrightarrow x^2+y^2=1 \ (y\geq0)$$

이므로 $y=\sqrt{1-x^2}$의 그래프는 중심이 원점이고 반지름의 길이가 1인 원의 $y\geq0$인 부분(반원)이다.

찾 아 보 기

〈ㄱ〉

가정 ···························· 115
결론 ···························· 115
결합법칙
　집합 ························ 101
공역 ···························· 156
공집합 ·························· 82
교집합 ·························· 91
교환법칙
　집합 ························ 101
귀류법 ·························· 136
그래프 ·························· 165
　기하적 표현 ················ 165
　무리함수 ···················· 240
　삼차함수 ···················· 210
　유리함수 ···················· 227
　이차함수 ···················· 199
　일차함수 ···················· 190
기울기 ·························· 22
기하평균 ························ 145
기함수 ·························· 210

〈ㄴ〉

내분(점) ······················ 12

〈ㄷ〉

다항함수 ························ 190

〈ㄹ〉 — 오른쪽 단

대우 ···························· 123
대우를 이용한 증명법 ········· 136
대응 ···························· 157
대전제 ·························· 123
대칭이동
　도형 ························ 73
　점 ·························· 73
독립변수 ························ 156
동치 ···························· 129
두 원의 교점을 지나는 원 ····· 58
두 원의 교점을 지나는 직선 ··· 58
두 원의 위치 관계 ············ 58
두 점 사이의 거리 ············ 7
두 직선의 위치 관계 ·········· 24
드모르간의 법칙 ·············· 101

〈ㅁ〉

명제 ···························· 114
모든 ···························· 115
무게중심(의 좌표) ············ 15
무리식 ·························· 236
　성질 ························ 236
무리함수 ························ 240
무연근 ·························· 315
무한집합 ························ 82

〈ㅂ〉

반례 ···························· 118

방정식의 그래프 ·················· 22
벤 다이어그램 ·················· 85
부등식을 증명한다 ·················· 143
부분집합 ·················· 82
부정
　명제 ·················· 114
　조건 ·················· 114
분배법칙
　집합 ·················· 101
비둘기집 원리 ·················· 141
비례식 ·················· 219
　성질 ·················· 216

〈ㅅ〉

사상 ·················· 160
산술평균 ·················· 145
삼단논법 ·················· 127
삼차함수 ·················· 190
상수함수 ·················· 169, 190
서로 같다
　집합 ·················· 82
　함수 ·················· 156
서로소
　집합 ·················· 92
수심 ·················· 253
순서쌍 ·················· 165
실원 ·················· 47
쌍곡선 ·················· 228

〈ㅇ〉

아폴로니오스의 원 ·················· 65
약분 ·················· 217

어떤 ·················· 115
여집합 ·················· 91
역 ·················· 123
역대응 ·················· 182
역함수 ·················· 181
　성질 ·················· 181
연산법칙
　집합 ·················· 101
외분(점) ·················· 12
우함수 ·················· 210
원 ·················· 46
　반지름 ·················· 46
　중심 ·················· 46
원과 직선의 위치 관계 ·················· 51
원소 ·················· 82
원소나열법 ·················· 82
원의 방정식 ·················· 46
　일반형 ·················· 46
　표준형 ·················· 46
원의 접선의 방정식 ·················· 51
유리식 ·················· 216
　기본 성질 ·················· 216
유리함수 ·················· 227
유한집합 ·················· 82
이 ·················· 123
이차함수 ·················· 190
이항연산 ·················· 160
일대일대응 ·················· 169
일대일함수 ·················· 169
일차함수 ·················· 190

〈ㅈ〉

자취 ·· 16
　원 ··· 63
　직선 ··· 41
전체집합 ··· 92
절대부등식 ·· 143
점과 직선 사이의 거리 ····················· 38
점근선 ·· 228
점원 ·· 47
정리 ·· 136
정의 ·· 136
정의역 ·· 156
정점을 지나는 직선 ·························· 34
조건 ·· 114
조건제시법 ·· 82
조화평균 ·· 145
종속변수 ·· 156
중선 정리 ··· 17
증명 ·· 136
직선의 방정식 ································· 22, 28
　일반형 ··· 25
진리집합 ·· 114
진부분집합 ·· 82
집합 ·· 82

〈ㅊ〉

차집합 ·· 91
충분조건 ·· 129
치역 ·· 156

〈ㅋ〉

코시-슈바르츠 부등식 ···················· 149

〈ㅌ〉

통분 ·· 217

〈ㅍ〉

평행이동
　도형 ··· 69
　점 ·· 69
　좌표축 ··· 71
포물선의 방정식 ······························ 206
필요조건 ·· 129
필요충분조건 ······································ 129

〈ㅎ〉

함수 ·· 156
함수의 개수 ·· 171
함숫값 ·· 156
합성함수 ·· 174
　성질 ··· 177
합집합 ·· 91
합집합의 원소의 개수 ····················· 108
항등함수 ·· 169
해석기하 ·· 16
해집합
　방정식 ··· 97
　부등식 ··· 97
허원 ·· 47

실력 수학의 정석

공통수학2

1966년 초판 발행
총개정 제13판 발행

지 은 이 홍 성 대 (洪性大)

도 운 이 남 진 영
　　　　　 박 재 희
　　　　　 박 지 영

발 행 인 홍 상 욱

발 행 소 **성지출판(주)**

06743 서울특별시 서초구 강남대로 202
등록 1997.6.2. 제22-1152호
전화 02-574-6700(영업부), 6400(편집부)
Fax 02-574-1400, 1358

인쇄 : 동화인쇄공사 · 제본 : 광성문화사

ISBN 979-11-5620-044-4 53410

수학의 정석 시리즈

홍성대 지음

개정 교육과정에 따른
수학의 정석 시리즈 안내

기본 수학의 정석 공통수학1
기본 수학의 정석 공통수학2
기본 수학의 정석 대수
기본 수학의 정석 미적분 I
기본 수학의 정석 확률과 통계
기본 수학의 정석 미적분 II
기본 수학의 정석 기하

실력 수학의 정석 공통수학1
실력 수학의 정석 공통수학2
실력 수학의 정석 대수
실력 수학의 정석 미적분 I
실력 수학의 정석 확률과 통계
실력 수학의 정석 미적분 II
실력 수학의 정석 기하